生成式 AI

羅光志 博士 著

52 個零程式互動體驗，打造
新世代人工智慧素養

AI for Everyone！
不會程式也能
體驗 AI

<請下載 QR Code App 來掃描>

- FB 官方粉絲專頁:旗標知識講堂
- 歡迎訂閱「科技旗刊」電子報：
  flagnewsletter.substack.com
- 旗標「線上購買」專區:您不用出門就可選購旗標書！
- 如您對本書內容有不明瞭或建議改進之處，請連上旗標網站，點選首頁的 聯絡我們 專區。

若需線上即時詢問問題，可點選旗標官方粉絲專頁留言詢問，小編客服隨時待命，盡速回覆。

若是寄信聯絡旗標客服 email，我們收到您的訊息後，將由專業客服人員為您解答。

我們所提供的售後服務範圍僅限於書籍本身或內容表達不清楚的地方，至於軟硬體的問題，請直接連絡廠商。

學生團體　訂購專線：(02)2396-3257 轉 362
　　　　　傳真專線：(02)2321-2545

經銷商　　服務專線：(02)2396-3257 轉 331
　　　　　將派專人拜訪
　　　　　傳真專線：(02)2321-2545

國家圖書館出版品預行編目資料

「生成式⇄AI」：52 個零程式互動體驗，打造新世代人工智慧素養 / 羅光志 著. -- 初版. -- 臺北市：旗標科技股份有限公司, 2025.07　面；　公分

ISBN 978-986-312-835-9(平裝)

1.CST: 人工智慧　2.CST: 機器學習　3.CST: 自然語言處理

312.83　　　　　　　　　　　　　　　114005749

作　　者／羅光志

發 行 所／旗標科技股份有限公司
　　　　　台北市杭州南路一段15-1號19樓

電　　話／(02)2396-3257(代表號)

傳　　真／(02)2321-2545

劃撥帳號／1332727-9

帳　　戶／旗標科技股份有限公司

監　　督／陳彥發

執行企劃／劉冠岑

執行編輯／劉冠岑

美術編輯／林美麗

封面設計／陳憶萱

校　　對／劉冠岑

新台幣售價：599 元

西元 2025 年 7 月 初版

行政院新聞局核准登記-局版台業字第 4512 號

ISBN 978-986-312-835-9

Copyright © 2025 Flag Technology Co., Ltd.
All rights reserved.

本著作未經授權不得將全部或局部內容以任何形式重製、轉載、變更、散佈或以其他任何形式、基於任何目的加以利用。

本書內容中所提及的公司名稱及產品名稱及引用之商標或網頁，均為其所屬公司所有，特此聲明。

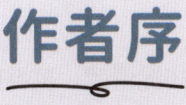

作者序 Preface

人工智慧 (AI) 已經廣泛融入我們的日常生活，從透過臉部辨識來解鎖手機、串流平台的影片推薦，到購物、客服甚至醫療照護，AI 正全面且深刻地改變著我們的生活。尤其是近幾年興起的「生成式 AI」，如能與你自然對話的 ChatGPT、能自動生成圖像的 Midjourney，讓人驚嘆科技創造的無限可能。然而，對許多初學者或非資訊科技背景的人來說，AI 仍充滿神秘感，常令人覺得難以觸及與理解。本書的誕生，正是希望打破這層神秘面紗，讓更多人輕鬆入門 AI 的精彩世界。

生成式 ⇄ AI：理解脈絡，才能玩轉未來科技

書名《生成式 ⇄ AI》中的「⇄」符號，強調了當今熱門的「生成式 AI」應用與過往 AI 技術之間密不可分的關係。生成式 AI 並非突然出現的新興技術，而是建立在過去數十年來持續演進的人工智慧研究基礎上；唯有打好基礎、理解 AI 的核心原理，才能真正掌握當今熱門工具如 ChatGPT、NotebookLM 等生成式 AI 應用與未來趨勢的發展，並為未來的科技發展做好充分準備。本書將透過這種雙向學習、瞻前顧後的學習視角，逐步引領讀者深入探索生成式 AI 領域，建立完整且扎實的知識架構。

培養你的 AI 素養 (AI Literacy)

這本書不只是人工智慧導論，更是一張為初學者量身打造的生成式 AI 學習地圖。全書共設計 10 個章節，內容循序漸進、架構清晰，以簡單易懂且貼近生活的實例，引導讀者逐步建立對 AI 全面且實用的認識。從基礎的機器學習與深度學習概念，到電腦視覺、自然語言處理、聊天機器人及生成式 AI 等進階應用，每個主題皆以生活化案例呈現，使無程式或數學背景的讀者也能輕鬆理解、快速掌握。

3

本書的核心目標不僅在於知識傳遞，更希望幫助每位讀者建立必備的 AI 素養 (AI Literacy)，並圍繞以下四大核心能力展開設計：

- **學習基本觀念** (Concepts)
- **理解應用情境** (Context)
- **具備實際應用能力** (Capability)
- **培養創造力** (Creativity)

這四個能力不僅幫助讀者理解 AI，更重要的是能讓讀者明白 AI 如何被應用於真實生活，並能創造性地解決各類問題。本書中還特別設計了 52 個零程式碼互動活動，透過輕鬆有趣的「做中學」方式，讓每位讀者能親自體驗生成式 AI 的驚人潛力，即使沒有程式經驗或數學背景，也能快速上手並享受學習樂趣。

本書內容不僅涵蓋了 AI 的基礎知識，更特別強調實務應用與跨領域整合，從日常生活場景、商業應用案例，到教育與藝術設計的創新應用，展示 AI 在各個領域中的巨大潛力。此外，本書也深入探討 AI 帶來的道德與社會議題，包括隱私權、資料偏見、著作權爭議與假新聞等問題，培養讀者敏銳的科技倫理觀點，並鼓勵讀者以前瞻性的視野面對未來科技發展的種種挑戰。

邀請你共同探索 AI 的無限可能

無論你的專業背景為何，我們正身處一個被 AI 全面改變的時代中，而《生成式⇄AI》將成為你最佳的啟蒙與指南。這本書將陪伴你從基礎出發，一步一步深入理解 AI 的奧秘，並鼓勵你勇於探索與善用 AI 所帶來的無限可能。

最後，誠摯希望透過本書，每位讀者都能建立扎實而全面的 AI 素養及知識基礎，成為未來 AI 時代的領航者，積極開創更多可能性，以創新思維迎接未來的各種挑戰與機會。

目錄 contents

第 1 章 從 AI 邁向生成式 AI

- 1-1 AI 在生活中的一天 1-2
- 1-2 人類智慧與人工智慧 1-5
- 1-3 人類智慧與人工智慧是競爭還是合作？ 1-8
  - 活動：用音樂作畫 1-9
  - 活動：你的眼睛會說話 1-10
- 1-4 人工智慧類型 1-11
  - 基於能力分類 1-11
- 1-5 AI 的前世今生 1-15
- 1-6 人工智慧擅長與不擅長的領域 1-21
  - AI 擅長的領域 1-21
  - 活動：訓練 AI 辨識水果 1-21
  - 活動：讓 AI 修復照片 1-24
  - AI 不擅長的領域 1-25
- 1-7 AI 如何運作 1-28
  - 傳統程式與機器學習的差異 1-30
  - 活動：溫度的轉換 1-32
  - 活動：限時塗鴉 (Quick, Draw!) 1-33
- 1-8 什麼是生成式 AI (Generative AI) 1-34
  - 生成式 AI 的定義和基本概念 1-34
  - 生成式 AI 與判別式 AI 的區別 1-36
- 1-9 生成式 AI 的歷史與演進 1-38
  - 活動：此人不存在 1-41

第 2 章 機器學習

2-1 什麼是機器學習 (Machine Learning) 2-2
從學校教育看人類的學習過程 2-2
機器怎麼認出一隻貓 2-3

2-2 機器學習如何工作 2-5
收集資料 2-5
進行訓練 2-6
預測評估 2-8

2-3 機器學習三大類型 2-10
監督式學習 (Supervised Learning) 2-10
非監督式學習 (Unsupervised Learning) 2-16
強化式學習 (Reinforcement Learning) 2-19
👑 活動：小鳥學飛 2-22
玩家玩 Flappy Bird 2-23
電腦程式透過機器學習玩 Flappy Bird 2-24

2-4 動手做做看：影像辨識 – 貓還是狗？ 2-25
👑 活動：影像辨識操作 2-25

第 3 章 深度學習

3-1 什麼是深度學習 (Deep Learning) 3-2
3-2 深度學習的重要核心 - 神經網路 (Neural Network) 3-5
生物神經元 3-5
人工神經元 (感知器) 3-7
神經網路架構 3-9

3-3 神經網路如何工作 ... 3-11
- 👑 活動：單個神經元工作方式 ... 3-12
- 👑 活動：多個神經元工作方式 ... 3-16
- 👑 活動：神經網路如何訓練？ ... 3-22
- 神經網路的類型 ... 3-23
  - 👑 活動：Emoji 實物尋寶大冒險 ... 3-24
  - 👑 活動：用 AI 玩剪刀、石頭、布 ... 3-26

3-4 卷積神經網路 (Convolutional Neural Networtks) ... 3-27
- 什麼是卷積神經網路 ... 3-27
- 卷積神經網路架構 ... 3-30
  - 👑 活動：在瀏覽器中輕鬆學習卷積神經網路 ... 3-31
- 輸入層 (Input Layer) ... 3-32
- 卷積層 (Convolutional Layer) ... 3-34
- 激勵函數 (Activation) ... 3-38
- 池化層 (Pooling Layer) ... 3-39

3-5 循環神經網路 (Recurrent Neural Networks) ... 3-41
- 序列性資料 ... 3-41
- 什麼是循環神經網路 ... 3-42
  - 👑 活動：讓 AI 陪你一起畫畫 I ... 3-45
  - 👑 活動：讓 AI 陪你一起畫畫 II ... 3-46

第 4 章 電腦視覺

4-1 什麼是電腦視覺 (Computer Vision) ... 4-2
- 👑 活動：尋找威利 ... 4-3

4-2 電腦視覺如何工作 ... 4-4

4-3 電腦視覺任務 ... 4-9
- 👑 活動：Google Vision AI ... 4-11

7

(Part I) 選擇有人臉的照片來測試 4-13
(Part II) 選擇有風景的照片來測試 4-15

4-4　電腦視覺應用 (Applications)　　　　　　　　　　4-17
自動駕駛汽車 (Self-driving car) 4-17
臉部辨識 4-20
圖像轉換 4-23

4-5　動手做做看　　　　　　　　　　　　　　　　　　4-25
👑 活動：物體偵測 –「捷運搭乘守則」 4-25
👑 活動：臉部辨識 –「猜猜我的年紀」 4-33

第 5 章　自然語言處理

5-1　什麼是自然語言處理 (NLP)　　　　　　　　　　　5-2
5-2　自然語言處理如何工作　　　　　　　　　　　　　5-4
詞向量 (Word Vector) 5-5
自然語言處理流程 (Pipeline) 5-8

5-3　自然語言處理應用 (Applications)　　　　　　　5-11
機器翻譯 (Machine Translation) 5-11
數位寫作協助 (Writing Assistant) 5-12
語音助理 (Voice Assistants) 5-13
文字生成 (Text Generation) 5-14
情感分析 (Sentiment Analysis) 5-16

5-4　動手做做看　　　　　　　　　　　　　　　　　　5-18
👑 活動：單字聯想遊戲 Semantris 5-18
ARCADE 5-19
BLOCKS 5-20
👑 活動：文字辨識 –「智慧教室」 5-22

第 6 章 聊天機器人

6-1 什麼是聊天機器人 (Chatbot) 6-2
基於規則 (Rule-Based) 聊天機器人 6-3
人工智慧驅動 (AI-powered) 聊天機器人 6-3

6-2 聊天機器人如何工作 6-5
基於規則 (Rule-Based) 的聊天機器人工作方式 6-5
人工智慧驅動 (AI-powered) 聊天機器人工作方式 6-6

6-3 動手做做看 6-9
Google Dialogflow 簡介 6-9
👑 活動：簡易餐廳聊天機器人 6-13
👑 活動：智慧化餐廳聊天機器人 6-22

第 7 章 生成式人工智慧

7-1 生成式 AI 如何工作 7-2
大型語言模型 (LLMs) 7-3
Transformer 架構 7-4
ChatGPT 如何生成內容？ 7-4
ChatGPT 的運作流程 7-5

7-2 生成式 AI 應用 (Applications) 7-10
文本生成 (Text Generation) 7-10
👑 活動：AI 筆下的奇幻世界 7-13
圖像生成 (Image Generation) 7-15
👑 活動：利用生成式 AI 輕鬆創造風格字體 7-17
👑 活動：用生成式 AI 繪出音符與畫作的共鳴 7-22

第 8 章 生成式 AI 大未來：從提示工程到智慧代理

8-1 生成式 AI 的智慧核心：推理模型大進化 ... 8-3
AI 運作的兩大階段：從訓練到推理 ... 8-3
傳統推理模型 vs 現代推理模型 ... 8-5
OpenAI 推理模型的演進與進步 ... 8-8
DeepSeek ... 8-12
👑 活動：AI 推理大比拼：GPT-4o 與 o1 的推理能力挑戰 ... 8-16

8-2 與 AI 精準對話的藝術：提示工程 ... 8-19
什麼是提示工程 (Prompt Engineering)？ ... 8-19
為什麼提示工程 (Prompt Engineering) 重要？ ... 8-21
如何與 AI 模型互動？ ... 8-21
常用 Prompt 技巧與範例 ... 8-22
👑 活動：Prompt 實戰挑戰，解鎖 AI 實用技巧！ ... 8-28
文字摘要、資訊提取、問答系統、情緒分類、對話生成、程式碼生成、程式碼說明、數學推理

什麼是檢索增強生成 (RAG)？ ... 8-30
RAG 的運作原理 ... 8-32
RAG 的應用 ... 8-37
👑 活動：AI 智能檢索挑戰：RAG 技術大探索！ ... 8-39
114 學測五標查詢互動、台北觀光資料

什麼是生成式 AI 搜尋？ ... 8-45
生成式 AI 搜尋如何運作？ ... 8-46
OpenAI 的生成式 AI 搜尋引擎 - ChatGPT search ... 8-49
👑 活動：ChatGPT search vs Google search 智慧搜尋大交鋒！ ... 8-53
導覽性查詢、資訊性查詢、商業性查詢

8-3 自主行動的未來：AI Agent 與 Agentic AI ... 8-58
什麼是 AI Agent 與 Agentic AI？ ... 8-58
AI Agent 如何運作？ ... 8-59
AI Agent 主要類型 ... 8-61
AI Agent 應用 ... 8-63
👑 活動：AI 互動新時代：打造你的 AI Agent 並深度對話！ ... 8-64

8-4 重塑資訊探索的未來：生成式 AI 搜尋ㅤㅤㅤㅤㅤㅤ8-45
什麼是生成式 AI 搜尋？ 8-45
生成式 AI 搜尋如何運作？ 8-46
OpenAI 的生成式 AI 搜尋引擎 - ChatGPT search 8-49
👑 活動：ChatGPT search vs Google search 智慧搜尋大交鋒！......8-53

8-5 自主行動的未來：AI Agent 與 Agentic AIㅤㅤㅤㅤ8-58
什麼是 AI Agent 與 Agentic AI？ 8-58
AI Agent 如何運作？ 8-59
AI Agent 主要類型 8-61
AI Agent 應用 8-63
👑 活動：AI 互動新時代：打造你的 AI Agent 並深度對話！ 8-64

第 9 章 生成式 AI ✕ 多媒體：開啟創作新時代

9-1 Google NotebookLM 實作：讓 AI 成為你的智慧學習夥伴ㅤㅤㅤㅤㅤㅤ9-3
Google NotebookLM 是什麼？ 9-3
特色功能 9-4
完整介紹與教學 9-5
其他應用場景 9-15

9-2 Freepik 實作：從圖像生成到視覺重塑ㅤㅤㅤ9-17
Freepik 是什麼？ 9-17
圖像生成器 (AI Image Generator) 介紹 9-19
情境式 AI 生成圖像創作 9-21

9-3 Suno AI 實作：用 AI 創作音樂ㅤㅤㅤㅤㅤㅤ9-30
Suno AI 是什麼？ 9-30
Suno AI 如何運作？ 9-30
Suno AI 結構化提示與標籤 9-36
創作自己的 AI 音樂 9-38

11

第 10 章 人工智慧道德與社會影響

10-1 偏見 (Bias) 10-3
　　亞馬遜招聘演算法 10-3
　　詞嵌入 (Word Embedding) 10-4
　　社群網路 10-5
　　生成式 AI 的偏見風險 10-5

10-2 隱私 (Privacy) 10-7
　　人臉辨識用於校園管理 10-7
　　人臉辨識用於預防犯罪 10-8

10-3 問責制 (Accountability) 10-9
　　影像辨識 (Image Recognition) 10-9
　　深偽技術 (Deepfakes) 10-11
　　自動駕駛 10-12

10-4 工作 (Job) 10-13

10-5 動手做做看 10-17
　　♛ 活動：最適者生存？AI 招聘的公平性挑戰 10-18
　　♛ 活動：道德機器 (Moral Machine) 10-27

10-6 人工智慧的演變及未來 10-33
　　想像一下未來的 AI 會是怎麼樣 10-33

歡迎連結到本書資源頁面，取得本書相關的延伸學習網站資源，作者也會不定時補充新的資料：

https://www.flag.com.tw/bk/st/F5327

請依照網頁指示輸入關鍵字即可取得資源連結，也可以輸入 Email 加入成為旗標 VIP 會員。

第 1 章

從 AI 邁向生成式 AI

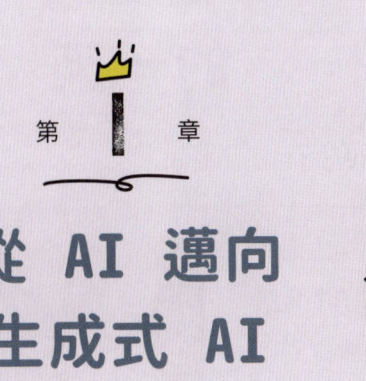

「人工智慧 (AI, Artificial Intelligence)」一詞對很多人來說可能很新潮,也或許很高科技,但其實大家在生活當中已經使用了數十年,特別是近年來生成式技術有了明顯突破,讓 AI 應用又更加普及。您能想像在一天的生活當中,我們接觸到多少東西是跟人工智慧有關呢?

AI 在生活中的一天

先帶大家看看一些生活中的例子，而在這些例子中會講到許多名詞，也許您會感到陌生，但不用擔心，這些我們都會在後面的章節一一為讀者說明，Let's go！

AI 已經與我們的生活層面息息相關

1. **使用 Face ID 解鎖手機**：假如您有一部 iPhone 手機，一早拿起了手機，透過臉部辨識解鎖就是一種 AI 的應用。利用電腦視覺的技術來掃描您的臉部，並使用機器學習演算法來確認這是您的臉，解鎖後讓您可以使用手機。

2. **登入社交媒體獲取訊息**：手機解鎖後，通常我們都會開始使用一些社交媒體來獲取最新訊息，AI 會在這些社群媒體（例如 Facebook、Instagram 或 twitter）的幕後，根據您過往的歷史資訊，推薦一些會引起您興趣的新聞、訊息或廣告，同時利用機器學習的方法來識別並過濾一些假新聞或網路霸凌的資訊。

1-2

3. **撰寫文件或簡報**：當您準備上午的重要會議或課堂報告時，可能會使用生成式 AI 工具 (如 ChatGPT) 快速產生內容大綱或初步草稿，這些工具能根據您的需求提供建議與架構，節省您大量時間，提高工作效率。

4. **使用 AI 搜尋工具快速找資訊**：當您需要快速且精確地查詢特定資訊或獲得問題解答時，可能會使用像 Perplexity 或 Google 的 AI 搜尋工具。這類工具能夠即時整合並總結網路上多個來源的資訊，提供您清晰而全面的答案，節省大量時間並提高資訊搜尋效率。

5. **數位語音助理協助工作**：從指引您餐廳位置到詢問周末天氣，數位語音助理 (例如 Siri、Alexa 或 Google Home) 是我們非常好的幫手。他們都是使用自然語言處理的 AI 技術來理解我們的問題後，將正確答案回覆給您。

6. **使用智慧家庭設備提升生活便利**：許多家庭都會利用類似 Google Nest Hub，讓自己的家庭愈來愈智慧化，也愈來愈便利。它不僅了解我們的生活習慣，還會根據我們的喜好即時調整溫度；有些智慧冰箱可以根據冰箱中缺乏的東西為您建立需要清單，或是在您烹調晚餐時推薦搭配的葡萄酒。

7. **搭乘自動駕駛交通工具通勤上班**：AI 技術也應用在交通上，不僅包括地圖 (Google Map) 和其它可監視交通狀況 APP，提供許多駕駛者不錯的輔助功能。在美國加州山景城 (Mountain View) 還可以向 Google 子公司 Waymo，提出自動駕駛上下班的通勤服務。

8. **使用銀行安全交易業務**：現今銀行系統在交易的安全性及偵測欺詐行為上，都會採用許多 AI 技術來完成。當您使用手機掃描支票並存入銀行 (國外許多銀行有提供此功能) 或是收到餘額不足的警告訊息，AI 都會在幕後幫您監督著。

9. **亞馬遜線上購物推薦**：美國最大的線上零售商亞馬遜 (Amazon) 是許多人最常接觸 AI 的另一種應用場景，系統會根據您的習慣精準的推薦給您相關商品，並個人化您的購物體驗。亞馬遜對其預測分析和 AI 演算法非常有信心，甚至他們會知道您在什麼時候大概會決定購買，會事先與相關運輸業完成備貨。

10. **利用 Netflix 串流服務放鬆休閒**：忙碌了一天回到家後，大家在輕鬆休息時，最常使用 Netflix 串流服務來看一些影片。該公司的推薦引擎是使用 AI 技術完成的，它會根據您過去的觀看記錄，了解您可能想要觀看的內容 (包括類型、演員及時段等等) 而來提供建議。實際上，我們正在觀看的影片中有 80% 是由 Netflix 推薦所決定的。不僅是 Netflix，其他像是 Youtube 也是利用類似方式推薦使用者影片及推播廣告。

因此，人工智慧可以幫助人類提高生產力並過更便利的生活，我們應該多了解 AI，並利用 AI 的優勢來協助我們解決問題，而不是擔心或將其視為競爭。雖然它們也引起了很多關注，例如可能會侵犯隱私權及許多道德問題，這些我們將在本書最後跟大家一起來探討。

1.2 人類智慧與人工智慧

要了解人工智慧 (Artificial Intelligence, AI) 之前，我們先來談談什麼是人工 (Artificial)，以及什麼是智慧 (Intelligence)。

首先，什麼是人工呢？其實就是人造的意思，並非是自然形成。本書講的人工指的是人所製造的機器，例如冰箱、烤箱、電視、電腦、汽車或是我們每天使用的手機，我們都稱為人工的機器。

那什麼是智慧 (Intelligence) 呢？對於智慧的定義有很多種方式，通常是指人類才具備的感知、學習、推理、邏輯、理解、聯想、情感、知識、思考、創造、解決問題的能力，例如：

- 當您要計劃事情時，您會想要「思考」
- 當您與朋友聚會時，會開心地互相「聊天」
- 當您在玩棋類遊戲時，您會「推理」下一步要怎麼走
- 當您聽到音樂或開心時，您會「擺動」身體手足舞蹈
- 當您看到貓跟狗，您會很容易地「識別」出它們
- 當您需要在短時間處理困難問題時，您會有「解決問題」的能力

所以我們可以稱這樣的智慧叫做「人類智慧 (Human Intelligence, HI)」，也就是指我們人類可以有下面這些能力：

- 感知、理解和分析資訊的能力
- 學習和增加知識的能力
- 根據知識做出決策的能力

那麼人工智慧又是什麼呢？人工智慧就是希望能將人造的機器，表現的像上述人類智慧一樣，可以有能力處理許多事情，例如：

- 具有豐富個性及社會認知的人工智慧機器人，會**「思考」**如何跟人類進行有深度具意義的互動

- 我們可以跟 Siri 或 Google 語音助理互相**「聊天」**，並請它們講笑話、猜謎或預約服務

- 人工智慧跟人類一起下棋時，也會**「推理」**下一步怎麼走可以取得勝利

- 人工智慧機器人，也可以隨著音樂**「擺動」**身體，並有節奏的手足舞蹈

- 全身捲曲在沙發的貓，具有人工智慧的機器也能精確**「辨識」**出它們

- 人工智慧可以廣泛地運用來**「解決許多問題」**，例如在工廠可以快速及高效率地判別瑕疵的產品

所以我們希望人造的機器可以模仿或模擬與人類智慧 (Human Intelligence) 相似的認知行為或特質，例如可以進行推理、問題解決以及學習，同時希望變得跟人一樣具有這些智慧 (Human Intelligence)。

1-6

目前，AI 在某些領域的表現確實相當出色。例如圍棋因其高度複雜性，一直被視為人工智慧的一大挑戰。2016 年，DeepMind 推出的 AlphaGo，成功擊敗世界頂尖棋士李世乭，這場世紀對決 (可參考紀錄片：https://www.youtube.com/watch?v=WXuK6gekU1Y&t=30s) 被譽為人機對弈的重大突破，也讓人類自 1997 年 IBM 超級電腦「深藍」戰勝西洋棋冠軍後，再次跨越一項重要門檻。除此之外，AI 在自動駕駛、語音與臉部辨識、生成式 AI 等多個應用領域，也展現出令人驚豔的能力。

這也讓許多人產生疑問：AI 是否比人類更聰明？對於需快速處理大量資料並完成特定任務的情境來說，答案多半是肯定的。然而，對於需要整合複雜背景知識、深入情境理解，或進行價值判斷與創造性思考的任務，目前 AI 雖有顯著進步，仍難以完全取代人類的智慧與判斷。

儘管人類智慧 (HI) 與人工智慧 (AI) 之間存在一些相似之處 (例如感知、學習及推理)，但是人類智慧依舊遠比人工智慧相對複雜許多，許多對您我再自然不過的事情，對機器來說卻是困難的。例如人類與機器交談時，機器通常較難以表達情感，但這也是目前科學家非常想突破的方向。而這兩者的實際運作上也還是有不同之處，因此我們仍應將人類智慧 (HI) 與人工智慧 (AI) 當成兩個不同的事物來看待。

> 根據美國電腦科學教師協會 CSTA (Computer Science Teachers Association) 與人工智慧促進協會 (Association for the Advancement of Artificial Intelligence) 等兩大組織，針對學生所推動的 AI 教育計畫當中指出 AI 的五大理念，分別是感知 (Perception)、表示與推理 (Representation & Reasoning)、學習 (Learning)、互動 (Natural Interaction) 與社會影響 (Societal Impact)，而這五大理念也正好可以幫助許多初學者，利用生活上所接觸的應用或實例，更系統性了解什麼是人工智慧，並且可以做為人工智慧素養很好的基礎方向。

1.3 人類智慧與人工智慧是競爭還是合作？

我們從另外一個角度來看待人工智慧 (AI) 和人類智慧 (HI) 之間的關係。例如人工智慧和人類智慧是否可以一起工作，並且互補彼此的缺點呢？

我們可以先看看下面幾個例子：

1. 葛萊美獲獎音樂製作人 Alex Da Kid 與 IBM Watson 超級電腦合作，以前所未有的方式尋找靈感，一起將音樂和文化中的數據轉化為認知音樂，並且共同創作一首歌 -'Not Easy'（音樂連結：https://www.youtube.com/watch?v=U-e90ELRnnQ）。當許多音樂工作者對 AI 產生恐懼時，音樂家 patten 則擁抱 AI，發行第一個由 AI 所生成的 " Mirage FM " 音樂專輯並進行商業販售。

2. 麻省理工學院計算機科學與人工智能實驗室 (Computer Science and Artificial Intelligence Laboratory，CSAIL) 主任丹妮拉·羅斯 (Daniela Rus) 認為，人和機器不應該是競爭對手，而應該是合作者，就像是使用人工智慧技術幫助視力受損的人在自動駕駛汽車中導航。

3. 野生動物安全保護助理 (PAWS, Protection Assistant for Wildlife Security)，是一種新開發的人工智慧，它使用以前盜獵活動的數據，根據可能發生盜獵的地方來確立巡邏路線，而這些路線也是隨機的，主要是為了防止盜獵者也會學習巡邏模式而避

開。PAWS 使用人工智慧的一個分支領域 - 機器學習技術，可以隨著更多數據增加來不斷發現新的觀察與見解。

4. 法律行業也是人工智慧能做出貢獻的一個例子，例如人工智慧就可以用於進行耗時的研究並蒐集資料，減輕法院和一般法律服務的負擔並加快司法程序；AI 也可以用在法律合同和訴訟文件等相關分析及生成（例如使用 OpenAI 的 ChatGPT）。

惠普企業人工智慧、數據和創新全球副總裁比納·阿曼納特（Beena Ammanath) 就說過：要真正為法律領域建構強大的人工智慧產品，就需要有一名律師參與在產品設計過程中。也就是需要有同時懂 AI 也懂法律的角色，才能了解律師們的需求，並在初期從旁協助 AI 完成法律工作，進而建構出相對應的 AI 產品。

活動：用音樂作畫

Paint With Music 是一種互動體驗，它連接了兩種藝術表現形式：繪畫和音樂創作。在人工智慧的幫助下，您的畫筆筆觸會被轉換成由您選擇的樂器所演奏的音符！

活動目的：了解人類與電腦在音樂上的合作與創作。

活動網址：https://artsandculture.google.com/experiment/YAGuJyDB-XbbWg

使用環境：桌機或 Android 設備

完整說明步驟可參考：
https://simplelearn.tw/google-paint-with-music/

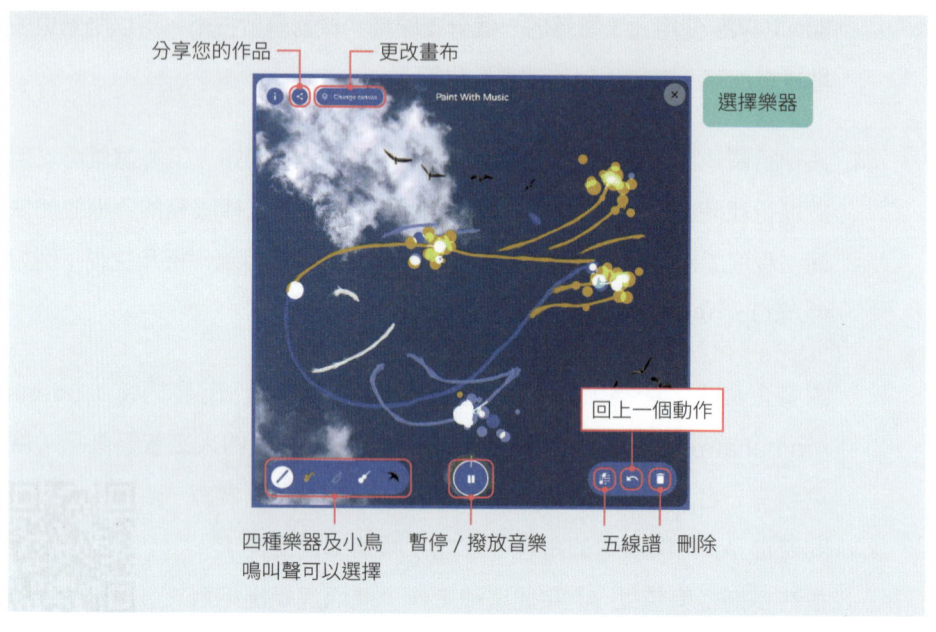

活動：你的眼睛會說話

活動目的：Look to Speak 可以讓人們利用他們的眼睛來選擇預先寫好的短語並讓它們大聲朗讀，了解人類與電腦如何一起合作來幫助行動不便的人。

活動網址：https://play.google.com/store/apps/details?id=com.androidexperiments.looktospeak

使用環境：Android 手機或平板

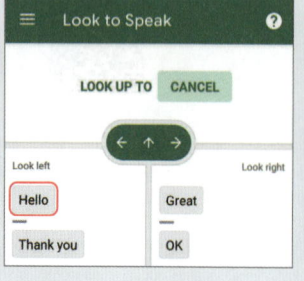

靠眼球左右移動來控制游標，唸出最後選到的字

人工智慧類型

由於人工智慧研究的主旨在於讓人造機器能夠模擬人類的智慧及能力,我們基於這個標準,通常會從兩個層面來區分人工智慧的類型:一個是從「能力」層面,也就是人工智慧模仿人類特徵的能力,並用於為實現人類特徵的技術,而另一個則是從「功能」層面,希望具人工智慧的機器能與人類思維有其相似性,希望它們能像人類一樣「思考」甚至有「感覺」的能力,我們將在下面更深入地討論當人工智慧是基於「能力」來做分類時,會有哪些類型。

基於能力分類

使用「能力」作為分類時,所有人工智慧系統(無論是真實的或假設的)都將屬於以下三種類型之一。

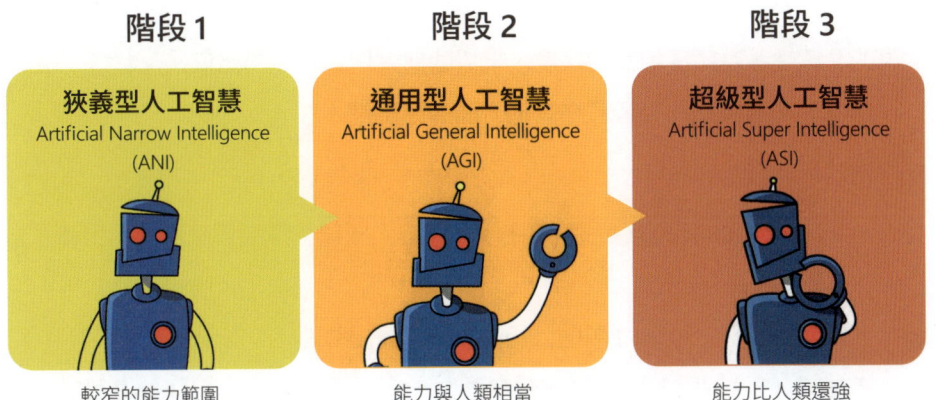

1-11

狹義型人工智慧 (Artificial Narrow Intelligence, ANI)

也叫做弱人工智慧 (Weak AI 或 Narrow AI)，是到目前為止我們唯一成功實現的人工智慧類型，也是當下最常見的 AI 形式。此弱人工智慧是以目標為導向，主要是設計用來執行單一任務，例如臉部辨識、語音辨識、語音助理、自動駕駛汽車、Netflix 推薦系統及互聯網上的搜尋等等，都能非常聰明地完成要執行的特定任務，並且能夠在某些特定環境中接近甚至超越人類的功能。

儘管這些具有弱人工智慧的機器看起來具有智慧，但它們都還是在特定約束和限制下運行的。它們通常只能針對一項特定任務接受訓練，無法超越其設定的領域來執行，否則可能會無法成功做出預測，而這就是為什麼這類型的人工智慧會被稱為弱人工智慧。弱人工智慧不會模仿或複製人類的智慧，只是根據較窄範圍內的數據或參數資料來模擬人類的行為。

我們後面在介紹人工智慧是怎麼運行時，您將會更能理解這部份。大家可以試著想一下 iPhone 上 Siri 虛擬語音助理利用語言辨識與使用者的互動，自動駕駛汽車的影像辨識來判斷路況，以及 Amazon 的推薦引擎可以根據購買記錄來推薦您喜歡的產品，這些系統只會利用學習或被教導完成某些特定的任務。

儘管弱人工智慧看似離真正的人工智慧還很遙遠，但過去十年機器學習和深度學習（參閱後面章節）等技術取得的不錯成就，也使弱人工智慧有了許多突破。例如，當今的 AI 系統透過學習人類的認知和推理，可以用於醫學領域、以極高的準確性診斷癌症和其他疾病，來協助病人做更早期的治療。

讓我們來看看弱人工智慧在其他方面的應用吧！

- Google Rankbrain 搜索（用來幫助 Google 產生搜尋頁面結果的機器學習演算法）。
- 蘋果公司的 Siri，亞馬遜公司的 Alexa 虛擬助理。
- 臉部辨識軟體，可用來作手機解鎖、大樓門禁管理、犯罪偵查等許多應用。

- 無人智慧機，用於國防、救護、運輸、農業等許多應用。
- 電子郵件、垃圾郵件過濾器、社交媒體監視工具，可用於處理危險內容。
- YouTube、Netflix、Amazon 根據使用者的觀看／購買等行為，做為娛樂或行銷推薦的參考。
- 自動駕駛汽車，可以應用在運輸交通、自動化配送物品等應用。

通用型人工智慧 (Artificial General Intelligence, AGI)

也叫做強人工智慧 (Strong AI)，是目前人工智慧研究的主要目標之一，希望 AI 可以像人類一樣思考及高效率的執行任何具智力任務，也就是具備執行一般智慧行為的能力。目前雖然沒有這樣的系統可以歸類為強人工智慧，或者能用媲美人類的能力來執行任務；但在 OpenAI 這家公司於 2022 年 11 月推出席捲全球目光的 ChatGPT 後，已開始有通用型人工智慧 (AGI) 的雛形。該公司更在 2023 年 2 月提出「Planning for AGI and beyond」的文章，提醒大家應該為這類型的 AI 提早做好準備，同時在 OpenAI Podcast (Ep.1) 中也提到，現在的模型已經遠遠超越了以往對於 AGI 的定義。

一個強人工智慧需要由數千個或更多可協同工作的弱人工智慧系統組成，相互通訊來模仿人類推理，即使使用目前最先進的計算系統，如 Google TPU 或 Nvidia A100，也需要很長的時間進行訓練，這說明了人類大腦的複雜性，也說明了利用我們現今資源，來構建強人工智慧所面臨的巨大挑戰。不過在相關科學家及專業人士的努力下，相信這是指日可待的。

超級型人工智慧 (Artificial Super Intelligence, ASI)

超級型人工智慧是一種假想的人工智慧，它不僅可以模仿或理解人類的智力和行為，自我意識更能超越人類智慧和能力。長期以來，超級型人工智慧一直是科幻小說喜愛寫的劇本——在這類小說中，機器人可能會擺脫人類控制，甚至會推翻和奴役人類。

在理論上，超級型人工智慧在每一件事都會比我們做得更好，例如數學、科學、體育、藝術、醫學、情感等等，同時具有更大的記憶儲存、更快速的處理及分析數據的能力，因此，超級型人工智慧的決策和問題解決能力將遠勝於人類。不過目前為止，超人工智慧仍然是只是一個假想概念。

目前人工智慧所處位置，已經快到達通用型人工智慧（如下圖），但許多科學家相信在不久的將來，將可以進入到下一個階段（強人工智慧）的初期。

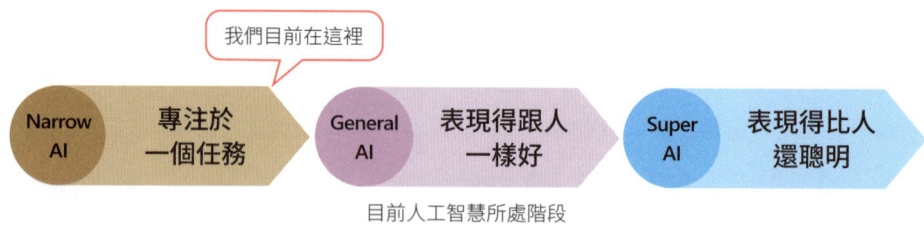

目前人工智慧所處階段

綜合以上內容，人類目前僅實現了狹義人工智慧的階段。隨著機器學習與深度學習的進步，科學家逐漸逼近通用人工智慧，對未來的想像也越來越多。目前常見的有兩種看法：一是悲觀派，認為未來的超級智慧機器人可能統治世界、甚至威脅人類生存，這類情節常出現在科幻作品中；另一派則較樂觀，預期人類與 AI 能攜手合作，將其作為提升生活與效率的強大工具。

事實上，AI 已經深刻影響我們的工作與經濟模式，但人類獨特的情感、理解與創造力仍非常獨特，無法被取代。

筆者個人堅信，我們應該避免不必要的恐懼及揣測，轉而更加支持人類與人工智慧攜手共創雙贏未來——這也正是筆者撰寫這本書的動機之一。

1.5 AI 的前世今生

　　人工智慧到底能做些什麼？以及哪一些是目前還不能做的？我們將先帶大家從整個人工智慧發展史來看出一個脈絡，同時在這一個章節我們也將探討 AI 擅長及不擅長的領域分別有哪些，這將幫助對 AI 有興趣的您，了解未來的 AI 可能會是怎麼樣，就先讓我們看看人工智慧整個發展史吧！

　　人工智慧 (AI) 是一門大約僅有六、七十年左右的年輕學科，是一組希望模仿人類認知能力的科學、理論及技術，包括數學邏輯、機率、統計學、神經生物學及計算機科學。它的發展開始於第二次世界大戰，與計算機 (電腦的前身) 的發展有著緊密的關聯，希望讓計算機可以執行原本只能委派給人類的複雜任務。

　　但是嚴格來說，這種只是自動化的執行任務，與人類的智慧仍相去甚遠，使得人工智慧這個名稱容易受到許多專家學者的質疑及批評。但許多科學家依舊鍥而不捨的研究與發展，希望他們研究的最終階段可以達到真正『強大』的 AI，也就是前一小節所提到的超人工智慧 (Artificial Super Intelligence, ASI)：這時的 AI 就可以完全自主方式來解決各類非常專業的問題。若能做到這種程度，當前只能專注於處理一個任務上的狹義型 (弱) 人工智慧 (Artificial Narrow Intelligence, ANI) 就絕對無法與其相提並論。

　　下頁圖是人工智慧的發展簡史，我們將從距離現在較近的 2010 年開始，帶大家深入了解這段歷程。

> 完整的人工智慧發展歷程，可參考作者整理的網頁資料。
> https://simplelearn.tw/ai-literacy-history/
>
>

1-15

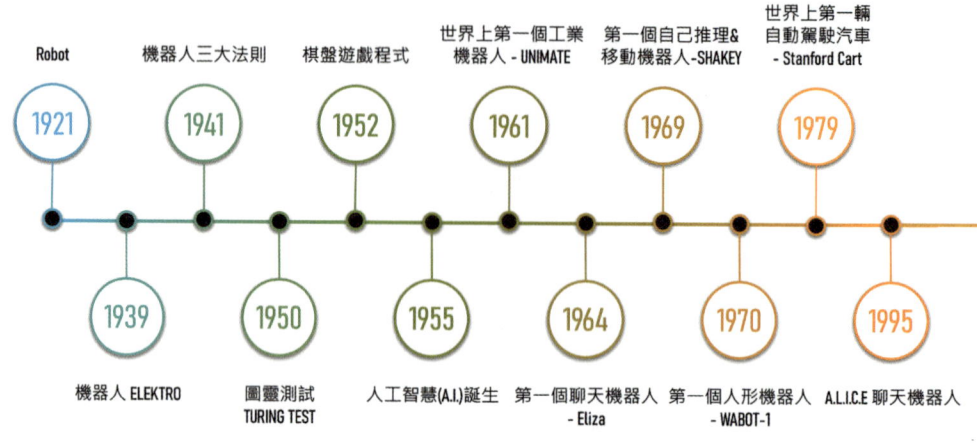

2011 Apple Siri

　　Siri 是一款內建在蘋果 iOS 作業系統中的人工智慧助理軟體，它是一個基於語音的虛擬助手，使用自然語言處理來回答問題並執行服務請求。亞馬遜的語音個人助理 Alexa 則於 2015 年發布，緊跟著是 Google Assistant 和個人智慧助理音箱 Google Home。

2014 臉部辨識

　　臉部辨識 (Facial Recognition) 是利用分析比較人臉特徵資訊進行身份鑑別的計算機技術。而 Facebook 是全世界最大的社群，並且有大量用戶會在社群上張貼照片，於是開發了一種演算法，可以識別人臉並將其與用戶做關聯，其準確度非常高。

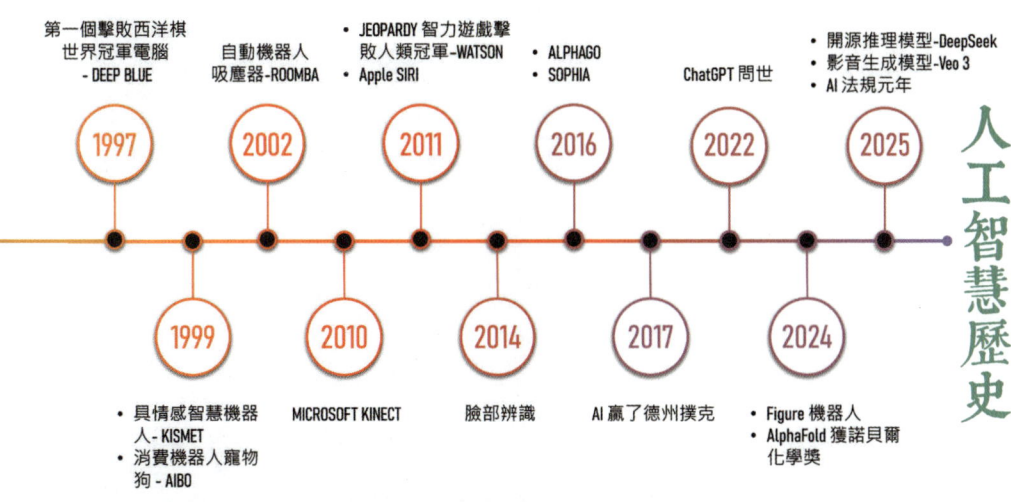

人工智慧歷史

2016 AlphaGo

　　Google 的人工智慧 AlphaGo 在遠比西洋棋複雜的圍棋中，擊敗了世界頂尖職業棋士李世乭，隔年更打敗世界排名第一的柯潔，使大家開始思考人工智慧從 20 年前的 IBM 深藍走到現在，是否真的已經發展出了超越人類的理解能力。

人工智慧歷史
動態呈現

2016 Sophia

蘇菲亞 (Sophia) 是由香港漢森機器人公司 (Hanson Robotics) 開發的人形機器人，其外貌設計靈感來自古埃及皇后娜芙蒂蒂 (Nefertiti)，曾在全球多地展出。她的誕生旨在探索 AI 在人類社會中的角色，以及人類與 AI 如何友善共存。與以往機器人相比，Sophia 是一大突破，具備擬人化表情、圖像識別，並能透過自然語言處理與人互動。

蘇菲亞 (Sophia)。來源：Wikipedia

2017 AI 贏了德州撲克

卡內基‧梅隆大學 (Carnegie Mellon University) 所開發的人工智慧機器人 Libratus，在長達 20 天的馬拉松德州撲克比賽中，擊敗了世界上四個最佳職業撲克選手。這被認為是一個重要的里程碑，因為在撲克中，人工智慧必須在處理不完整的資訊下進行戰略性推理，此能力已經超越了許多最優秀的人，這也比像圍棋之類的所有資訊都可用時要難得多。

2022 ChatGPT 推出

ChatGPT 是 OpenAI 所開發的人工智慧聊天機器人程式，於 2022 年 11 月推出。它是基於 GPT-3.5 架構的智慧型聊天機器人。與傳統聊天機器人相比，不僅學習方式不同，更能與使用者進行自然流暢的對話，以及模擬人類的語言表達和思考方式。ChatGPT 推出短短兩個月的時間，使用者就破億，打破臉書、Instagram、TikTok 等過去所有網路服務的紀錄。

2023 GPT-4 增強大型語言模型的推理能力

GPT-4 是 OpenAI 在 AI 推理領域的重要里程碑，透過多模態架構大幅提升模型的理解與推理能力。此後，OpenAI 持續推出強化版本（如 GPT-4o、o1、o3 等），進一步拓展模型應用的深度與廣度。

2024 Figure 機器人具備語言推理與多模態協作能力

Figure AI 與 OpenAI 合作，將大型語言模型（LLM）整合至 Figure 01 機器人中，賦予其語言理解與推理能力。Figure 01 不僅能精準感知環境、理解語音指令，還能進行語境推理與自然語音互動，並具備預測與規劃行動的能力。新一代 Figure 02 則進一步強化語音、視覺與多模態推理能力，實現多台機器人間的即時協同與任務分工，為智慧型人形機器人開啟新的應用篇章。

2024 AlphaFold 獲頒諾貝爾化學獎

諾貝爾化學獎一半授予 Demis Hassabis 和 John Jumper（DeepMind），另一半授予 David Baker（華盛頓大學），表彰他們在蛋白質結構預測與設計上的突破，成功解決困擾生物學界半世紀的蛋白質折疊問題。AlphaFold 的成果已廣泛應用於藥物研發與生命科學研究中。

2025　DeepSeek 開源高效推理模型

DeepSeek 透過創新演算法顯著降低訓練成本，推出效能媲美封閉模型的開源推理系統，在兼顧效能與資源效率下，引起全球開源社群與研究機構的高度關注。

2025　AI 法規實施元年 —— 歐盟 AI 法案上路

歐盟 AI 法案為全球首部針對人工智慧的全面性立法，採風險導向分級管理，自 2025 年起禁止高風險用途，並要求大型模型如 GPT-4 符合透明性與安全性規範。法案強調以人為本，並設立嚴格罰則與統一監管機制，引領全球 AI 治理發展。

2025　Google 發表先進影音生成模型 Veo 3

在 2025 年 Google I / O 開發者大會上，Google 推出最新一代影音生成模型 Veo 3，由 DeepMind 團隊研發。Veo 3 能生成高畫質影片，並首次整合原生音訊生成功能，能同步產生對話、音效與背景聲，打造具備聲畫同步的完整影片體驗，展現生成式 AI 在視覺創作領域的全新突破。

人工智慧歷經超過 60 年的發展，如今依然不斷前進，深深影響著我們的工作、學習、生活、溝通與娛樂等層面。回顧歷史，在經歷兩次 AI 發展熱潮後的「人工智慧寒冬」，當時因為缺乏明顯的經濟效益，導致許多新創公司無法生存。

然而這一波第三次 AI 浪潮則大不相同。根據 PwC 預測，到 2030 年，人工智慧有望為全球 GDP 增加高達 16 兆美元，帶來前所未有的經濟影響力。事實上，近二十年來 AI 在機器學習、電腦視覺與自然語言處理等領域的突破，正快速推動各行各業的變革，也創造出大量新的就業與商業機會。總歸來說，現今人工智慧應用之所以能不斷興起，可歸於下面幾個原因：

- 機器學習的強大功能
- 物聯網 (Internet of Things, IoT) 取得大量數據的能力
- 計算機的計算能力和速度的強大

1.6 人工智慧擅長與不擅長的領域

雖然 AI 如今在許多領域可以表現得非常出色，超乎了 AI 發展初期人們的想像，也讓很多人對它有更多期待，但現實是現今仍有很多事情是 AI 沒法做得好的。尤其，現階段的 AI 並不能行使自由意志，也不能解釋自己所做的決定，通常還是需要人類參與其運作。

AI 擅長的領域

AI 可以從資料中學習

AI 系統就像人類一樣，可以透過學習來學會特定的辨識能力，例如怎麼玩圍棋以及在道路上駕駛。為了教會 AI 某種行為，我們必須給它資料，就好像我們（人類）教孩子去認識『蘋果』，若不是指著圖片中的蘋果，就是實際拿一顆蘋果給孩子看。要是看一次還記不住，那麼我們就得重複教他，直到孩子認識和能辨認蘋果的特徵為止。

活動：訓練 AI 辨識水果

活動目的：快速了解機器學習訓練的步驟。

活動網址：Teachable Machine
(https://teachablemachine.withgoogle.com/train)

使用環境：桌機

操作示範可參考：https://simplelearn.tw/teachable-machine-makes-ai-easier-for-everyone/

AI 可以識別影像

人工智慧能從靜態或動態影像辨識事物的這種能力，等同於人類的視覺能力，我們稱之為電腦視覺 (computer vision)，這也屬於人工智慧的子領域。除了可用在電腦醫學及自動駕駛之外，也可以利用識別人臉後來做身份檢查、解鎖手機、機場辦理登機手續等應用。

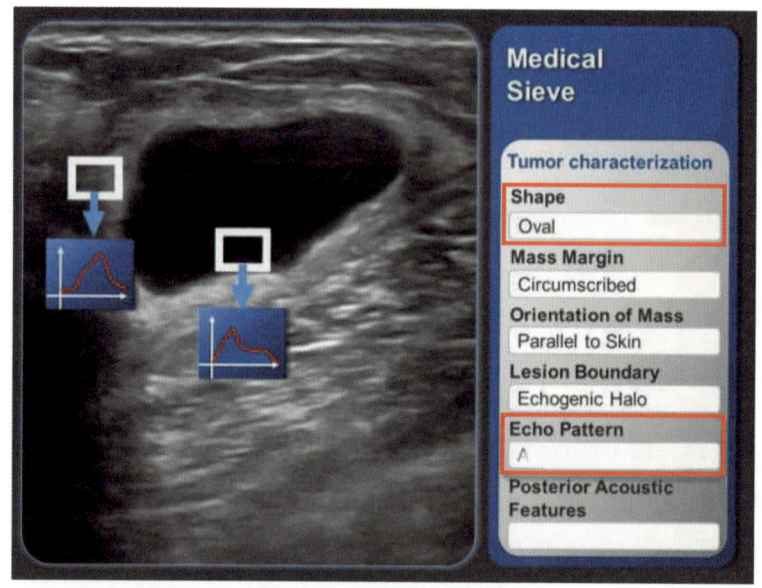

AI 從 X 光片中偵測到腫瘤。
來源：Wikipedia

出於同樣的原理，我們可以訓練 AI 辨識 X 光片中有病變的位置，而且在辨識速度與精確度上還能超越訓練有素、經驗豐富的醫生，替醫生省下寶貴的時間仔細進行問診。

AI 可以處理和分析人類語言

除了電腦視覺，人工智慧的另一個子領域是自然語言處理 (NLP)。現在已經有 AI 可以處理多種人類的語言，像是翻譯、聊天機器人、偵測文字中的情緒或作者風格等等。

AI 可以做出有效預測

人工智慧也可以用於某些領域的預測，例如預測銷售業績、股票漲跌、什麼樣的人容易得心臟病等等。全球最大社群媒體 Facebook 的人工智慧應用之一，還可以根據用戶發文內容及使用行為的改變，來預測可能發生的自殺行為並通報有關單位。

AI 可以提出合適推薦

從 Netflix 到 Amazon 等平台，推薦系統越來越重要，因為它們每天都直接與用戶互動，而這也是人工智慧非常擅長的領域之一。亞馬遜 (Amazon) 的人工智慧系統會向它的客戶推薦相關產品，而 Netflix 則會向訂閱用戶推薦相關的電影或影集。事實上有 80% 的 Netflix 觀看次數都來自該 AI 服務的推薦。

AI 可以撰寫文章及創作音樂

對許多人來說，撰寫一篇文章不見得是一件容易的事，人工智慧系統要來寫就更難了吧？但事實上目前的 AI 確實已經可以有效率地寫出許多流暢的新聞報導，或是律師日常所需處理的一般訴訟文件內容，而它們在這方面可以帶來更高的時效性。美聯社已經在使用 AI 自動產生像是運動比賽結果或企業財報的簡短報導，好讓記者有更多時間投注在其他報導上，而 2014 年洛杉磯地震時，洛杉磯時報的 Quakebot 人工智慧演算法在地震結束僅僅三分鐘後就發布了報導。

AI 不僅僅可以撰寫文章，相關技術也可以用在音樂創作上。例如，開發於盧森堡的 AIVA 能夠創作古典音樂、搖滾樂和各種配樂，而蘋果收購的新創公司 AI Music 則能根據使用者的互動狀況、甚至是心跳速度，將無版權音樂編輯成全新的背景音樂。有些藝人更已經使用 AI 來創作整首或一部分的歌曲內容。

AI 可以寫程式

儘管 AI 還沒辦法扮演完全獨立的程式設計師，OpenAI 與 Github 合作推出

的 Copilot 可以根據使用者的簡單幾行指示，針對不同程式語言來自動產生具備所需功能的程式碼，大大增進程式開發者的作業效率。

AI 可以協助提升網路安全

　　網路安全一直是網際網路使用的主要議題之一。AI 技術目前在網路相關安全領域當中，都能獲得非常好的成效，例如自動過濾垃圾郵件和留言、防堵駭客或機器人程式攻擊、診斷系統弱點等等。

AI 可以玩遊戲

　　AI 技術在遊戲產業當中的應用非常多，當然也包括可以玩很多遊戲，而且在大多數情況下甚至玩得比人類還要好。例如，Google DeepMind 的人工智慧不僅在乒乓球遊戲、西洋棋、圍棋等遊戲都獲得極高的掌握度，就連『星海爭霸 2』(StarCraft 2) 這種必須依據不完整資訊來做決策的即時戰略遊戲，也都能獲得非常好的表現。

AI 可以重建影像

　　經由適當的訓練，AI 可以用來將歷史黑白照片『還原』成彩色照片、把古老的影片轉成流暢的 4K 60fps 高畫質影片，推斷失蹤孩童長大後的可能長相，或者從挖掘到的頭顱重建出主人生前的可能樣貌…等等。

活動：讓 AI 修復照片

活動目的：找一張已經久遠的舊照片，並利用 AI 來修復。

活動網址：https://imagecolorizer.com/

使用環境：桌機

AI 可以擔任智慧助理

AI 更可以成為我們每個人的私人助理，有時表現比人類助理還好。最受歡迎的 AI 助理包括亞馬遜的 Alexa、Google 的 Google Assistant 蘋果的 Siri 以及三星 (Samaung) 的 Bixby，可以根據您的要求立即線上搜尋訊息並回覆您，幫助您控制智慧家提設備，以及管理、提醒日常行程等等。

除此之外，人工智慧還能做非常多的事情，例如 AI 輔助門診、AI 科技執法、繪圖與藝術、金融科技、交易股票、天氣預測等許多方面。

智慧助理

AI 不擅長的領域

儘管人工智慧取得了許多令人矚目的成就，但它畢竟不是魔法，現在有一些事情是 AI 仍然做不到的。以下是其中一些部分：

AI 欠缺原創性與想像力

儘管 AI 已經被應用在許多創意領域，例如文章、寫詩、音樂、廣告、電影、繪圖及藝術等等，但它仍然缺乏原始創意。人類有能力從『無』創造出全新的東西，而現存的 AI 必須從既有的創作產生新作品。舉例來說，世界上第一位機器人藝術家 Ai-Da，其製作的精美繪圖就需要一些人工輔助，證明了這一點。

這是因為當前 AI 技術的關鍵之一在於訓練及學習，而在學習就是透過大量既有資料來訓練，所以它無法產生與訓練資料無關的想法。

圖片來源：機器人藝術家 Ai-Da 與其作品

AI 無法擁有真實情感

現今的 AI 還不能理解情感，也缺乏真正了解人類情感的能力。儘管 AI 在情感方面有取得了巨大突破，例如可以辨識人類的情緒表情，並且可以解釋我們的情緒，但依然無法擁有自己的情緒，也不能將之表現為真正的情感。

AI 不能行使自由意志

目前的 AI 並不能在無人類直接或間接管控下，自行選擇要做什麼事，目前也並不可能在沒有人類允許的情況下逕自行動。

AI 很難沒有偏見

現在的 AI 大多都是根據人類給予的資料以及分類來學習，而這些資料本身可能就含有偏見。許多研究證明顯示，AI 會因此學習到類似人類的偏見。2018年時，國際特赦組織一項研究顯示，用來識別幫派成員的 AI 系統，會因為其訓練樣本多半來自少數族裔、尤其是黑人，AI 根據這樣的資料進行學習，就會更有可能將多數黑人判定為幫派份子。

AI 無法真正理解其行為／不瞭解因果關係／無法自我解釋

AI 可以和人類交流，但不能理解其行為的真實意義。這是什麼意思呢？當我們跟像是 Amazon 的 Alexa 或 Google Home 這類型的智慧音箱進行交談時，它可以替我們完成任務，例如播放音樂、告知天氣狀況或講一個笑話，但他們本身其實並不理解自己所說的內容。

或者舉另一個例子：我們可以訓練 AI 辨識好幾種蘋果，但它並不曉得自己在辨識的是蘋果，只知道要找我們訓練它的同一批東西而已。

出於同樣的理由，AI 透過訓練知道某些東西和其他東西有關聯，但它們其實無法確定當中的因果關聯，也無法解釋這種關聯是如何找到的 (無法自我解釋，也就是不能解釋它以什麼依據做出判斷)。在我們能夠開發出真正的通用型人工智慧 (AGI) 之前，我們有可能會被既不了解自己又無法解釋自己的 AI 給困住。

AI 無法做出 100% 正確的預測

從預測天氣、股市到醫學，使用 AI 來對許多事物進行預測變得越來越普遍。然而現實世界存在的變數很多，AI 的預測能力絕不可能達到 100% 的完美表現。

另一個問題是，要預測的資料有可能因為隨著時間變化、導致舊的 AI 系統失準。例如 COVID-19 疫情期間的商品搜尋關鍵字會以醫療用品居多，但根據這種情形建立出來的 AI，在疫情結束後就會沒有用了。

沒有資料的 AI 就無用武之地

正如前面所見，現今利用機器學習為主的 AI 技術，需要有資料才能訓練。根據 HP 惠普總經理 Raf Peters 的說法：『沒有數據的 AI 根本不存在。』確實，如果沒有大數據 (Big Data)，AI 將一事無成，如果沒有每天在 Google 上進行的數十億次搜索，Google 就沒有大量即時的資料集來持續學習我們的搜尋偏好，自然也無從提供我們良好的搜尋體驗。同樣的，如果沒有數十億小時的口語資料來幫助 Siri 學習我們的語言，那麼它就無法對我們的請求做出智慧回應。

看了以上這麼多 AI 能做什麼及不能做什麼的說明與範例後，我們為大家做個小結論：

- 當今的 AI 大多屬於狹義型人工智慧 (ANI)，它們需要資料訓練才有辦法派上用場，而且很少能用於其訓練目的以外的用途。

- AI 不是萬能，無法產生 100% 的正確預測結果，而且有時其關聯尋找方式是很難解釋的，甚至可能因訓練方式而帶有偏見。

- AI 不具創意也無法抽象思考，但在辨識某些事物時能有更好的表現，可以取代人類來進行高效率的自動化重複性任務。

1.7 AI 如何運作

現在大家都知道 AI 愈來愈重要，但許多人其實對它的運作方式了解不多。即使在學校，老師們也常用電腦科學的角度解釋 AI，但這些說明往往需要數學、統計或程式背景，對非相關領域的人來說門檻不低。

如果能用簡單易懂的方式來說明 AI 怎麼運作，將能幫助更多人理解 AI 的本質，也能建立起與 AI 系統互動時所需的基本素養。

因此，本書將盡量不去使用數學或程式來具體描述各種演算法的細節，改以實際操作和生活應用為主軸，讓讀者輕鬆體驗 AI 的運作邏輯。在進入主題之前，我們會先釐清幾個常見又容易混淆的術語：人工智慧 (AI)、機器學習 (ML)、深度學習 (DL)、神經網路 (NN)，並透過圖解幫助大家建立基礎概念。

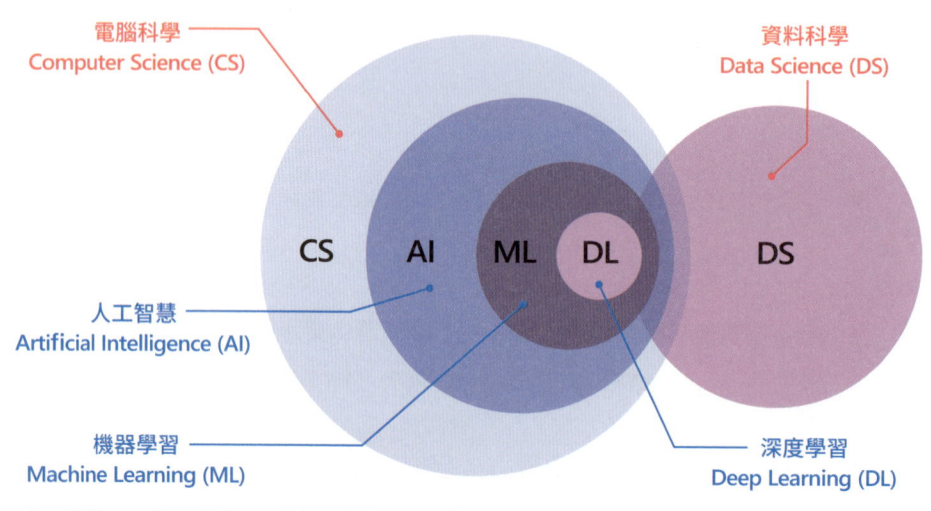

電腦科學
Computer Science (CS)

資料科學
Data Science (DS)

人工智慧
Artificial Intelligence (AI)

機器學習
Machine Learning (ML)

深度學習
Deep Learning (DL)

人工智慧 (AI)、機器學習 (ML) 及深度學習 (DL) 關係圖

- **電腦科學** (Computer Science, CS)：電腦科學是一個相對廣泛的領域，研究資訊處理和運算的理論跟實務應用，底下包括 AI 及其他子領域，例如分散式計算、人機互動和軟體工程等。

- **資料科學** (Data Science, DS)：資料科學的目的是從資料中挖掘有價值的資訊，需要用到電腦科學和 AI。但它也涉及許多統計、商業、法律及其他應用領域，因此通常不會將其視為電腦科學的一部分。

- **人工智慧** (Artificial Intelligence, AI)：讓人類製造的機器能模仿人類智力行為的技術。

- **機器學習** (Machine Learning, ML)：AI 技術的子集合，利用數理統計方法及資訊科技，使機器能從資料來自我學習並做出預測。

- **深度學習** (Deep Learning, DL)：機器學習 (ML) 的技術分支，用多層 (深度) 的神經網路技術來實現機器學習。

人工智慧是電腦科學的一個子領域；隨著技術的演進，從早期以規則為基礎的系統 (Rule-Based Systems，例如生產系統、專家系統，並利用規則做為知識表示) 發展到現今以學習為基礎的系統 (Learning Systems)，將所取得的資料讓電腦學習歸納規則，後者其實正是機器學習的基本概念，所以機器學習也就成為人工智慧的一個分支。而在機器學習領域中，可使用的技術方法又非常多，包括像是決策樹 (Decision Tree)、支持向量機 (Support Vector Machine, SVM)、單純貝式 (Naive Bayes)、K- 近鄰 (K Nearest Neighbor)、多層感知器 (Multilayer Perceptron，一種簡單的神經網路) 等等許多不同演算法。

因為近年硬體計算能力的增強，以及許多演算法的精進，人們開始將傳統的單層神經網路擴增為更複雜的多層神經網路，這即為所謂的深度學習，在諸如影像辨識和自然語言處理方面都能得到很好的結果。如今我們口中的狹義型人工智慧，其核心其實就是由機器學習或深度學習技術構成。

AI 的子領域非常多，除了上面所提的機器學習之外，常見的還有認知系統 (Cognitive Systems) 及機器人 (Robotics)。

如同第一章所介紹過的，我們可以淺顯一點來說，人工智慧其實就是希望讓人造機器能跟人類一樣具有智慧。但要如何才能做到呢？現階段而言，辦法便是利用上述技術或方法來讓機器或是電腦能仿效人類的智力行為，例如計劃、學習、推理、感知、運動、創造力及解決問題等等，以便達到人類想要的目標。

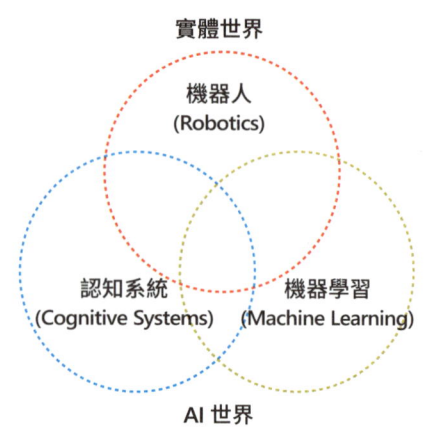

人工智慧包括認知系統、機器人和機器學習

我們會在後面章節分別對機器學習、神經網路及深度學習做更完整的介紹。其中，也會有較多篇幅來跟讀者介紹機器學習的整體概念及應用。因為無論是在自我學習或工作職場上，機器學習都會是瞭解 AI 應用及發展很重要的基礎。

傳統程式與機器學習的差異

常常會聽到一些初學者很好奇，傳統的程式開發與機器學習有什麼不一樣。我們先用下面一張示意圖來解釋；雖然後面章節也會說明，但大家可以先參考這個範例及說明，可以讓您在進入 AI 前先有一個概念。

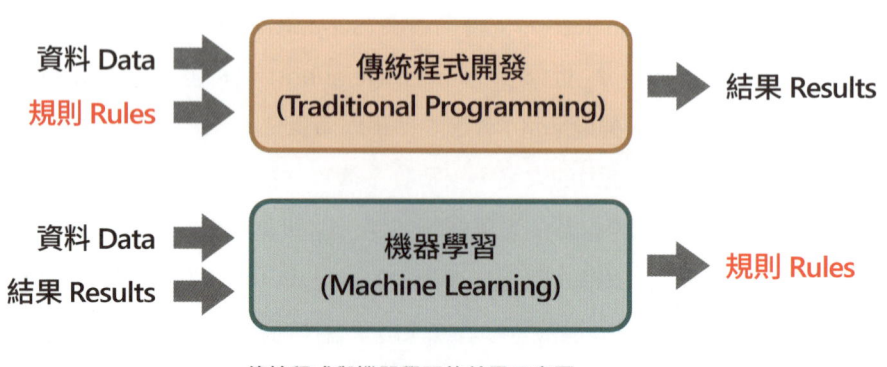

傳統程式與機器學習的差異示意圖

根據上圖，我們可以先了解一下兩者主要的差異在哪。傳統程式開發可以想像是一種手動的過程，由程式設計師一個人根據公式 (規則) 進行程式開發，開發完成後再將資料輸入，看看執行結果是否正確。例如我們把它簡化成下面步驟：

1. **規則已知**：我們都知道攝氏跟華氏溫度的轉換公式 (規則) 是 F = C x 1.8 + 32。
2. **程式設計**：我們根據公式 (規則) 設計一個程式。
3. **資料測試**：當輸入資料為 20 (攝氏 20 度) 時，應該要產生 68 (華氏 68 度) 的輸出結果。

而機器學習則是在不知道規則的情況下，利用已知的過往資料與對應的結果，進行自我學習並建立規則 (這便是『機器學習』的意義)。例如，在電腦還完全不知道華氏跟攝氏溫度的轉換公式下，我們將學習過程簡化成下面步驟說明：

1. **資料準備**：準備多組的攝氏溫度資料 (例如 0、15、20、30….)，以及相對應的華氏溫度 (32、59、68、86…)。

X	Y
0	31.5
8	46.2
15	59.8
39	102
45	113.1

2. **進行學習**：將以上資料提供給電腦做學習，電腦就可以透過某些方法 (演算法) 不斷的自我學習，進而推測出攝氏溫度與華氏溫度間的轉換規則。

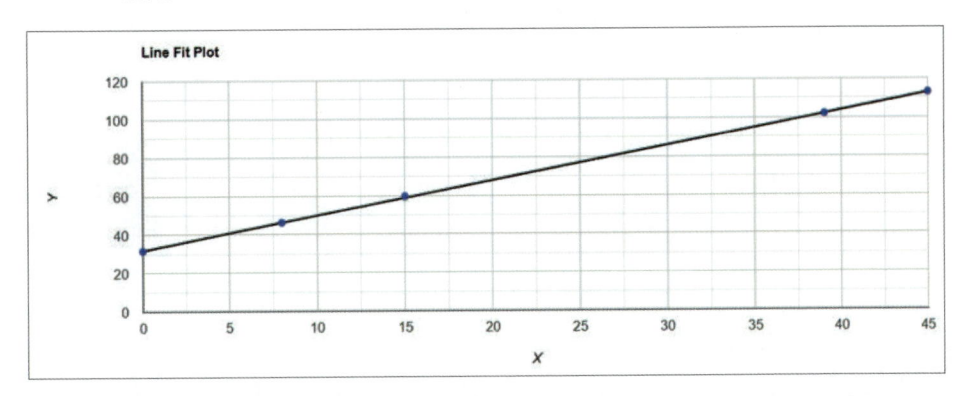

3. **進行預測**：為了測試，我們可以試著輸入一筆電腦在訓練時沒有參考過的攝氏溫度，它應該要輸出一筆很接近正確華氏溫度的值，表示電腦成功透過機器學習找出攝氏溫度與華氏溫度之間的關係。

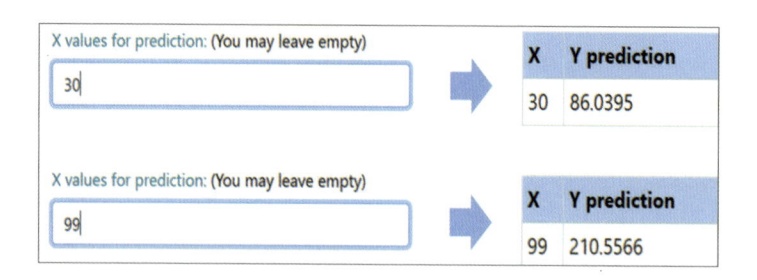

X values for prediction: (You may leave empty)		X	Y prediction
30	→	30	86.0395

X values for prediction: (You may leave empty)		X	Y prediction
99	→	99	210.5566

活動：溫度的轉換

活動目的：了解機器學習從數據推測出規則的過程。

活動網址：Linear Regression Calculator (https://www.statskingdom.com/linear-regression-calculator.html)

使用環境：桌機

這就是傳統程式開發與機器學習最大不一樣的地方。簡單來說，現在的 AI 就是由大量數據 (Dataset) 加上機器學習演算法 (Algorithm) 所組成的，至於是怎麼組成及應用，我們會在後面章節跟大家陸續說明。

更多有關機器學習的體驗，可以參考作者整理的 AI Playground 平台專案實作：

https://simplelearn.tw/ai-playground-smart-classroom-nlp/

活動：限時塗鴉 (Quick, Draw!)

這是一款基於機器學習的遊戲。您可以進行繪製，然後類神經網路會嘗試猜測您正在繪製的內容。當然，它並不是每次都會那麼精準，不過隨著玩的人越多，它將學的越多。這是 Google AI 開發團隊試著以有趣的方式，讓大家了解機器學習的一個範例！

活動目的：透過機器學習來猜測你在畫什麼，並藉此了解資料集及演算法。

活動網址：https://quickdraw.withgoogle.com/

使用環境：桌機或手機

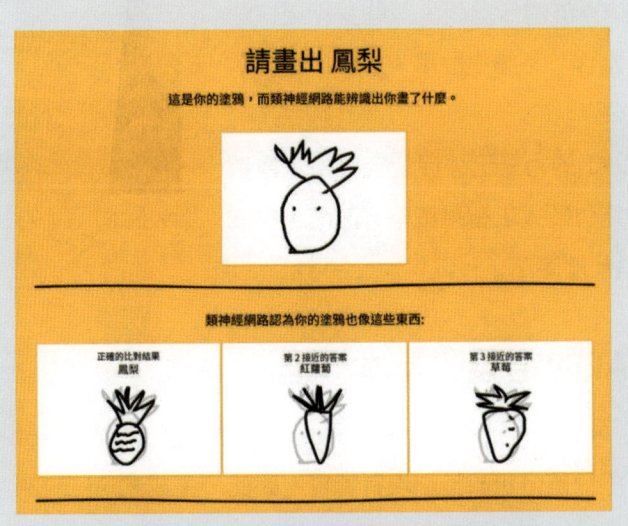

請畫出 鳳梨
這是你的塗鴉，而類神經網路能辨識出你畫了什麼。

類神經網路認為你的塗鴉也像這些東西：

| 正確的比對結果 鳳梨 | 第 2 接近的答案 紅蘿蔔 | 第 3 接近的答案 草莓 |

類神經網路會告訴你它認為你畫的圖形像下面這些東西。

完整說明步驟可參考：https://simplelearn.tw/google-quickdraw/

從 AI 邁向生成式 AI

1-33

1.8 什麼是生成式 AI (Generative AI)

生成式 AI 是當前科技界的熱門話題，也是我們生活中的新趨勢。它是一種能基於現有資料創造新內容的技術，這些 AI 模型可以學習大量文字、圖像、音訊等資料，並創造出與原始資料風格相似的全新內容。簡單來說，生成式 AI 能夠模仿創作過程，幫助我們更快速且大規模地創作，不論是故事、畫作、音樂，甚至是程式碼。

生成式 AI 的力量已經促使各行各業重新思考自己的定位及人工智慧策略。然而，生成式 AI 究竟是什麼呢？

Photo by Sanket Mishra on Unsplash

生成式 AI 的定義和基本概念

生成式 AI (Generative AI) 是一種人工智慧技術，能基於已學習的資料生成新內容，而不只是分析和識別現有資料。因此，生成式 AI 的核心在於模仿與創造。舉例來說，它可以學習數以萬計的圖像，並在此基礎上創造新圖像；它也可以透過學習文本資料庫來創作類似風格的故事或對話。生成式 AI 已經在許多領域展開應用，例如文本撰寫、藝術創作、音樂編寫、語音合成，甚至是程式碼自動生成。

生成式 AI 與人工智慧的其他分支，如機器學習和深度學習，有著密切的關係。其中人工智慧是電腦科學的一部分，致力於創造能夠推理、學習和自主行

動的智能系統。而機器學習作為人工智慧的一個重要分支,透過讓電腦從大量資料中學習規律,實現預測能力並有效解決各類問題。深度學習則是機器學習的一部分,使用人工神經網路來學習資料中的複雜模式。生成式 AI 正是深度學習技術的一部分,它利用神經網路學習大量資料中的模式,進而創造出新內容。下圖為人工智慧、機器學習、深度學習與生成式 AI (Generative AI) 之間的關係示意圖:

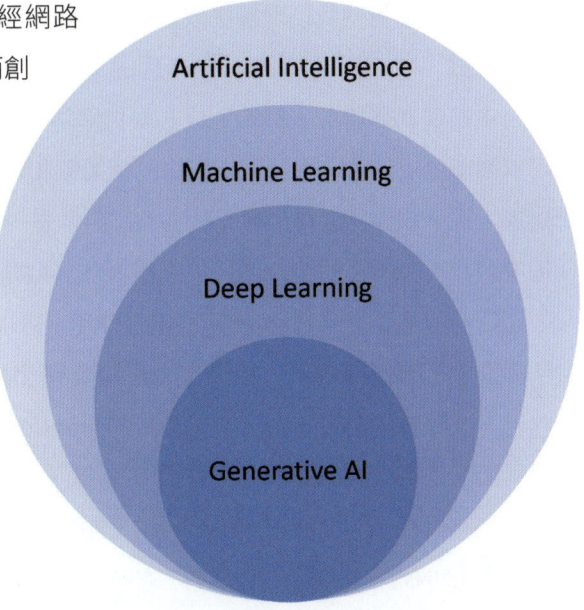

如果你對這些概念還不熟悉,可以用以下類比來幫助理解:

Artificial Intelligence(人工智慧)可以類比為「像是啟蒙孩子的學習旅程,讓他們從學習基本概念到發展創造性能力」。

而在這個比喻中:

- **Machine Learning**(機器學習)就像是「教孩子閱讀句子,學著理解規則和語法」,因為機器學習專注於從大量的數據中學習規則和模式。

- **Deep Learning**(深度學習)就像是「讓孩子讀小說,理解故事情節和角色關係」,因為深度學習能夠處理更複雜的結構和層次,提取高層次特徵。

- **Generative AI**(生成式 AI)就像是「讓孩子變成作家,能寫出自己的小說和詩歌」,因為生成式 AI 不僅能理解,還能創造新的內容。

而 Artificial Intelligence（人工智慧）本身則是涵蓋了這整個過程的框架，從啟蒙孩子學習基本概念開始，到最終幫助他們具備創造能力，展現智能的多樣性與潛能。

這些類比能幫助我們理解生成式 AI 與其他人工智慧技術的差異與關係。

生成式 AI 的實現依賴於一些有趣的深度學習模型，它們在生成多樣化和創意內容中扮演關鍵角色。例如生成式對抗網路 (GANs) 和變分自編碼器 (VAEs)。你可以將 GANs 想像成兩個互相比拼的藝術家和評論家，一個負責創作、一個不斷挑剔，最終讓作品越來越好；而 VAEs 更像是一個經常加入新創意的畫家，確保每次創作都有所不同。此外，生成式 AI 的發展歷史中，循環神經網路 (RNNs) 和長短期記憶網路 (LSTM) 發揮了奠基性作用。RNNs 和 LSTM 擅長處理連續性資料，如文本和音樂，猶如一位善於構思連貫情節的作家，能創作出流暢且有趣的內容。雖然這些模型如今已被更高效的 Transformer 架構（如 GPT 和 BERT）所取代，但它們的概念為生成式 AI 奠定了基礎，並啟發了現代技術的演進。

總結來說，生成式 AI 的強大能力來自這些深度學習模型的協同作用與技術傳承，從 RNNs 和 LSTM 的基礎到 GANs、VAEs 和 Transformer 的發展，讓它在文字、音樂、圖像等創作領域展現出無限可能。

生成式 AI 與判別式 AI 的區別

AI 可以分為兩類：生成式 AI (Generative AI) 和判別式 AI (Discriminative AI)，其區別在於目標和應用。

- **判別式 AI** (Discriminative AI)：主要學習數據之間的邊界，對數據進行分類、辨識或預測。例如，辨識圖片中的物體是貓還是狗，或是在電子郵件中區分垃圾郵件和非垃圾郵件。判別式 AI 適用於分類任務，但無法基於上下文創造新內容。

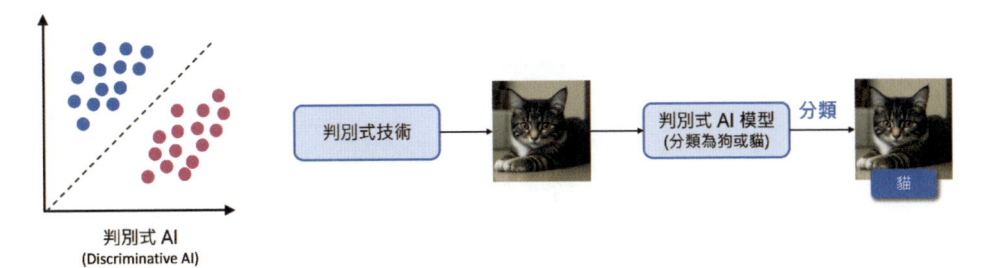

判別式 AI
(Discriminative AI)

- **生成式 AI** (Generative AI)：學習數據的分佈，並根據輸入提示生成新內容。例如，根據給定描述生成圖像或文本。

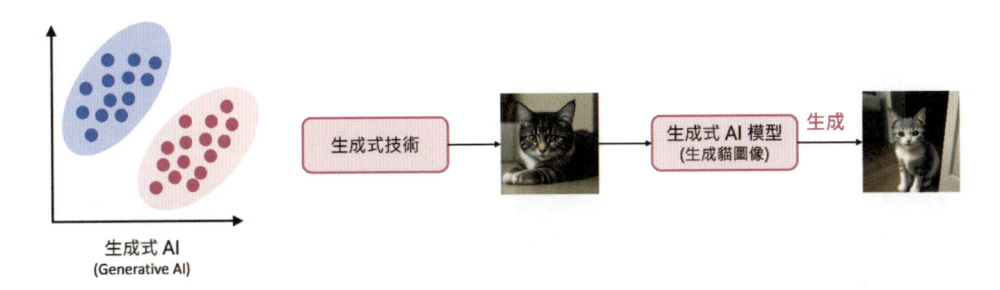

生成式 AI
(Generative AI)

簡單來說，生成式 AI 關注的是如何「創造」，而判別式 AI 關注的是如何「區分」。兩者各具優勢，並在不同應用領域中發揮重要作用。

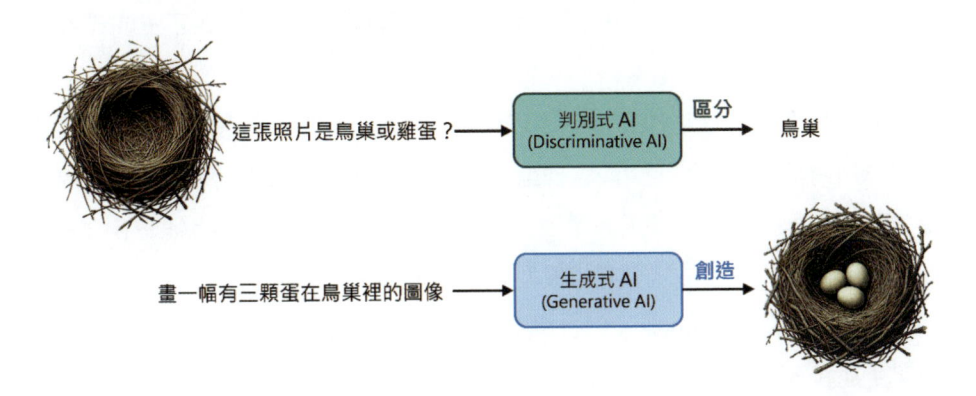

生成式 AI 的發展，使我們能夠重新思考人類創造的過程，讓科技成為創作的助力，為各種行業帶來了無限的可能。從藝術創作到產品設計，生成式 AI 已逐漸融入我們的日常生活，改變了人們創造和使用數位內容的方式。

1.9 生成式 AI 的歷史與演進

生成式 AI 的發展歷史雖然不長，但卻充滿驚喜與突破，宛如一場奇幻冒險之旅。從模仿人類行為到創造全新內容，每一步都在挑戰科技的極限，為人類創作與應用開啟了嶄新的篇章。

生成式 AI 並非全新的概念，其根源可追溯至機器學習的誕生。早在 1950 年代後期，科學家就已探討利用演算法來生成新數據的可能性。到了 1990 年代，隨著神經網路的興起，生成式 AI 的發展逐漸加速。然而，真正的突破出現在 2010 年代，當大型數據集的可用性增加以及計算能力大幅提升，深度學習技術得以迅速進步，使生成式 AI 取得了突破性的進展。

2014 年，Ian Goodfellow 和其團隊提出生成式對抗網路 (Generative Adversarial Networks, GANs)，開啟了生成式 AI 的新篇章。隨後，變分自編碼器 (Variational Autoencoders, VAEs) 與 Transformer 等模型進一步奠定了生成式 AI 的技術基礎，推動了基礎模型與工具的發展。

基礎模型是一種功能廣泛的 AI 模型，可進一步調整為專業化模型以應對特定應用需求。其中，大型語言模型 (Large Language Models, LLMs) 是一類特定的基礎模型，旨在理解人類語言並生成文字。2018 年，OpenAI 推出了基於 Transformer 架構的生成式預訓練模型 (GPT)，隨後推出的 GPT 系列 (如 GPT-3 和 GPT-4)、Google 的 Pathways 語言模型 (PaLM) 以及 Meta 的 Llama 模型，顯著提升了生成式 AI 在生成連貫且相關文本方面的能力。

類似的技術進展也出現在其他領域，例如圖像生成技術中的擴散模型 (Diffusion Models) 和 DALL-E 模型。這些多樣化的生成模型不僅提升了生成式 AI 的能力，也擴展了其應用範圍，以滿足不同場景的需求。

以下是生成式 AI 發展中的一些重要里程碑：

- **1960 年代：ELIZA**
  ELIZA 是早期的聊天機器人之一，能根據使用者的輸入文字生成回應，模擬與人類的對話。雖然 ELIZA 並未真正具備智能，但它是生成式 AI 最早的應用案例之一，展示了模擬對話的初步嘗試，並揭示了人機互動的可能性。

- **1980–1990 年代：神經網路的發展**
  隨著硬體和軟體技術的進步，研究人員開發了更複雜的生成式 AI 模型，利用模仿人類大腦學習數據中複雜模式的神經網路，為生成式技術奠定了基礎。

- **2000 年代初期：深度學習**
  深度學習技術的發展使生成式 AI 進入新階段。研究人員利用多層神經網路結構和大量數據集，訓練出能辨識複雜模式並生成與人類創作極為相似內容的模型，為後續技術打下堅實基礎。

- **2014 年：生成式對抗網路 (GANs)**
  Ian Goodfellow 提出了生成對抗網絡 (GANs)，這是一種革命性的雙網路架構，透過「生成器」和「鑑別器」之間的對抗學習生成逼真的內容。GANs 被廣泛應用於圖像生成、藝術創作和風格轉換等領域，為生成式 AI 的實用性開啟新篇章。

- **2015 年：擴散模型**
  擴散模型引入漸進式雜訊處理技術，透過向數據添加和移除雜訊的過程生成高品質內容，成為生成式 AI 領域的重要突破之一，並廣泛應用於圖像生成。

1-39

- **2017 年：Transformer 架構**

    Google 提出了 Transformer 架構，這是一種基於自注意力機制的深度學習模型，大幅提升了序列數據處理的效率。此技術後來被應用於多個大型語言模型 (如 GPT 系列)，成為生成式 AI 的核心技術。

- **2020 年：GPT-3**

    OpenAI 發布了 GPT-3，這是一款基於 Transformer 架構的大型語言模型，擁有 1750 億參數。GPT-3 能夠生成自然語言文字、進行翻譯、撰寫文章等，展現了自然語言處理與生成的突破性能力。

- **2023 年：Bard**

    Bard 是 Google 推出的生成式 AI 模型，著重於自然語言處理和多模態生成，進一步拓展了生成式 AI 的應用範疇。

- **2024 年：多模態生成與開源化**

    生成式 AI 在 2024 年進一步實現了多模態生成與開源化。OpenAI 推出的 GPT-4 能處理文字與圖像數據的結合；Meta 的 Llama 開源大型語言模型則降低了生成式 AI 的研究門檻，使更多研究人員與企業能參與技術開發。

1960 年	2000 年代初期	2015 年	2018 年	2020 年	2022 年
ELIZA	深度學習	Diffusion Model	BERT	GPT-3	ChatGPT

1980–1990 年代	2014 年	2017 年	2019 年	2021 年	2023 年之後
神經網路	GANs	Transformer 架構	GPT-2	DALL-E、LaMDA、LaMDA 2	GPT-4、Llama、BARD、PaLM-2、Gemini … …

這些里程碑概述了生成式 AI 的發展歷程，展示了自然語言處理、圖像生成及底層架構對該領域的重要影響。生成式 AI 的歷史雖然短暫，但每一步都帶來了革命性的變化。它從一個研究概念，逐漸發展為強大且實用的創造力工具，改變了我們的創作方式，並為各行各業帶來了無限的可能。

活動：此人不存在

隨機人臉生成器 (Random Face Generator) 是一個免費線上工具，它可以利用 AI 生成逼真的各種男人、女人及小孩的照片。其技術主要是採用 Nvidia 在 2018 年所提出的 StyleGAN 對抗式神經網路。網站特別提出這些 AI 生成的臉都不是真實的，並且在每張照片上都會打上註明不是真實的網站名稱，並且介紹如何識別真假。

活動目的：認識對抗神經網路 (GANs) 圖像生成工具，並且了解生活中常見深偽技術 (Deepfake) 產生的圖像要如何簡單辨別。

活動網址：隨機人臉生成器
(https://this-person-does-not-exist.com/)

使用環境：桌上型電腦或筆記型電腦

STEP 1 選擇你想要隨機產生的人臉條件，並且按下 "Refresh Image"，系統將產生下面這一張照片，是不是很逼真呢。

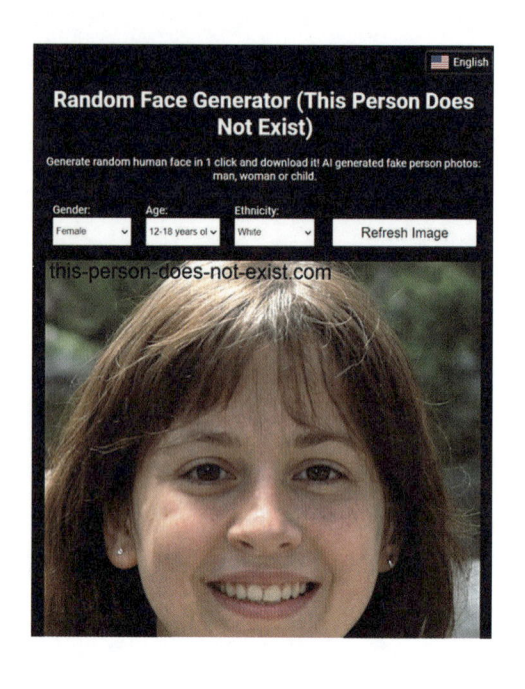

STEP 2 如果要下載隨機產生的照片，平台提供兩種選擇。免費下載會帶有浮水印，若是要去掉浮水印則需付費。

STEP 3 **如何判別真假**

此演算法有留下一些線索可以作為一些判斷。例如水漬、背景問題、眼鏡、頭髮、牙齒及其它不對稱性，除此之外讀者也可以試著探索一下是否還有其他判別線索。在目前生成式 AI 快速進步的同時，當 AI 演算法修正上述這些問題後，人類是否將會更難判斷圖片真假。

第 2 章

機器學習

我們知道第三波的人工智慧是當今非常重要的學門,而如前面所提,機器學習是人工智慧一個重要的子領域,事實上也時常被當成 AI 的同義詞。

舉凡無人駕駛汽車提供安全的道路駕駛服務、Google 街景帶我們走訪全球地標並欣賞自然奇觀、Gmail 幫助我們過濾垃圾郵件、Grammarly 軟體幫我們自動檢測文法錯誤、Netflix 推薦適合我們的電影、使用信用卡購物時避免詐欺及盜刷、利用 Face ID 進行手機解鎖,這些日常使用的各種工具或應用都是建立在機器學習技術之上。

那什麼是機器學習呢?機器學習又是如何運作的?要是我不會程式,也能運用機器學習嗎?當然可以!本章我們就要來更深入介紹機器學習,同時帶大家實際動手做做看機器學習活動。

2.1 什麼是機器學習 (Machine Learning)

我們要了解**機器學習 (Machine Learning)** 之前,可以先了解幾件事,分別是:什麼是機器?為什麼要有機器?以及什麼是學習?

在印度電影《三個傻瓜》中,工程師主角簡單地說:「讓工作更輕鬆、節省時間的東西,就是機器。」電腦就是一種能幫助工作與資料儲存的電子機器。

那為什麼需要機器?在電影《模仿遊戲》中,主角為破解德軍加密訊息,設計出自動化機器,成功解碼而改變戰局,說明了「機器能用來解決問題」。

從學校教育看人類的學習過程

至於學習,人類是透過經驗累積知識。例如,學生藉由課本、上課、測驗等方式學習,最後將知識應用於實際生活。

而機器學習 (機器的學習) 正是出於一樣的道理。對機器來說,「經驗」就代表很多很多的資料。

機器學習簡單來說,是讓機器從資料中學習特定模式 (pattern),並做出智慧性的判斷。更精確地說,是讓機器分析資料、建立一個數學模型 (model),這個過程稱為訓練,之後再用這個模型來預測新的資料。

收集資料 ▶ 進行訓練 ▶ 預測評估

機器學習三階段:機器利用資料來訓練模型,透過訓練好的模型進行預測

機器怎麼認出一隻貓

讓我們先來看一個例子。您看到右邊這一張圖片，知道它是什麼嗎？

一隻看著您的貓

當你看到這張照片，會立刻說出「這是一隻貓」，因為你從小學會了貓的特徵（如臉型、眼睛位置、毛髮等），大腦因此能快速辨認。眼睛就像機器的感測器，將影像傳給大腦，而大腦根據過去經驗，立刻為這隻動物貼上「貓」的標籤。

你認為機器必須做什麼，才能完成將這張照片分類或標記為「貓」或是「狗」的任務呢？

右圖是經過電腦處理後的像素化（pixelated）的圖像，每個像素（pixel）都包含少量資訊（如顏色值），透過與鄰近像素的組合呈現圖像。機器取得圖像後，會分析像素之間的關聯模式，進而判斷是否為「貓」。

上圖貓眼及鼻子像素化

傳統程式設計必須先定義規則，讓電腦依據這些規則將像素轉換為標籤（如貓或狗）。但試想，若要讓電腦只憑圖像來辨識「貓」，應該如何下指令？實際上，為各種貓的姿勢、種類、位置寫出通用規則是非常困難的。

此外，每張貓圖像的像素與位置都不同，無法用固定指令涵蓋所有情況，因此用傳統程式會很難開發出這類模型。

傳統程式很難規
則化上述圖像

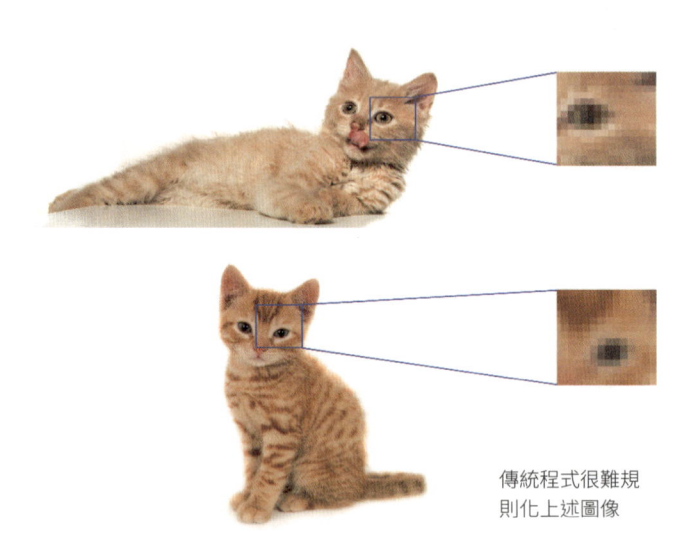

透過機器學習，我們可以提供電腦大量「貓」與「狗」的圖片樣本，它會利用數學模型從像素中找出某種關聯模式，並為圖像加上標籤（label），也就是「貓」或「狗」。這與人類直覺判斷物體的方式不同。

貓

狗

將圖像分為 " 貓 "
及 " 狗 " 兩個類別

在提供圖片時，我們需明確告訴電腦哪些是「貓」、哪些是「狗」，這在機器學習的術語中稱為分類（class）或標籤（label），是模型訓練的重要資料來源。要是我們想要電腦辨識更多物體，如兔子、汽車、行人，就需提供更多帶標籤的圖片。

因此，機器學習可定義為：讓機器從資料中，透過演算法學習模式並建立模型，以便自動判斷新資料的類別。雖然訓練模型需時間，但一旦完成，就能快速有效地處理大量圖像，就像《模仿遊戲》裡的密碼破解機那樣！

2.2 機器學習如何工作

　　機器學習訓練模型的過程，會根據任務需要使用不同的演算法進行訓練，訓練過程會牽涉到許多數學原理與計算，對初學者來說可以暫時忽略，並不會影響了解機器學習的知識，等有需要時再行深入理解即可。而機器學習美妙之處便在於，只要有適當的資料，它的學習(訓練)就能自主完成。

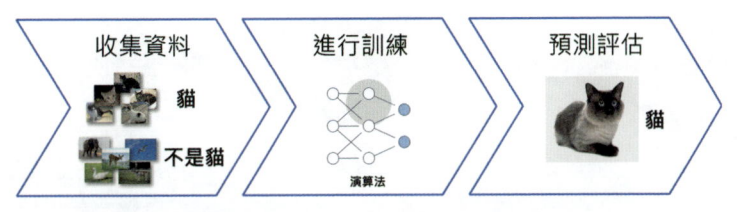

機器學習辨識「貓」或「不是貓」的三個階段

收集資料

　　收集資料的方法有很多，常見方式可以透過 Google 來搜尋儲存，或是利用應用系統收集(例如便利超商 POS 系統或停車場車牌辨識)，也可以直接到一些網站下載資料集(例如 Kaggle、UCI、Google、ImageNet 等等許多著名網站)。

　　但資料是什麼？資料在機器學習中又扮演什麼角色呢？

　　生活中利用 Word / Excel 產生的文字內容、觀看 Netflix / YouTube 的影片、賣場水果標價、Google Map 顯示的圖資、社群媒體訊息等等都是資料。實際上我們每天產生的資料遠比這些要來的多非常多。

資料就像機器的經驗，可以在機器學習過程發揮很大的作用。隨著時間的推移，人類會透過累積經驗變得擅長某些事。同樣，機器需要大量資料才能將許多工作做好，無論是自動駕駛汽車、文字理解、聽懂語音或是辨識圖片中的貓。

　　機器學習可以接受各式各樣的資料，對於機器來說，資料可以有很多種不同的形式，例如圖片 (Picture)、文字 (Text)、聲音 (Audio) 及影片 (Video)。

　　隨著資料以各種形式出現，機器如何理解它們？答案是數字。數字是機器的語言，如果不是數字形式，任何資料對機器將沒有意義。所幸機器幾乎可以將任何資料轉化成數字，包括圖片、文字和聲音。

將圖片轉成數字進後行學習

　　一旦將資料轉化為數字後，機器就可以學習數字間的關聯意義並創造奇蹟！

進行訓練

　　機器有了資料後，我們會用一些方法教它從這些資料中學習某件事情的細節，並將當中的關聯資訊找出建立成一個模型，而這個方法就是所謂的演算法。

　　通常在機器學習領域，會結合一些學習方法 (演算法)，從訓練資料原有的特徵集合中挑選出具有鑑別能力且有效的特徵，藉以決定最佳特徵子集合，使機器學習可以根據特定的效能評估指標來達到學習最佳化。而機器學習模型的成功之處，正是取決於如何利用不同類型的特徵。

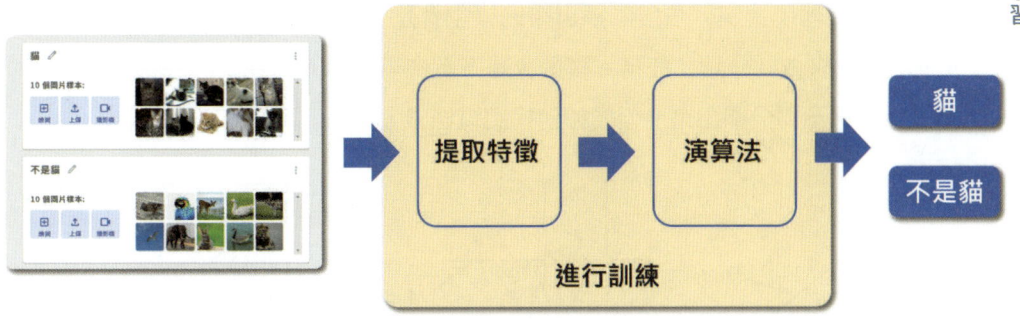

將圖片轉成數字進後行學習

　　使用機器學習方法 (演算法) 可以幫我們建立一個可查看所有特徵集的模型，以及所對應的學習類別 (例如「貓」或「不是貓」的類別)，而這個模型是由機器學習演算法所建構而成的，它將可以在沒有明確編寫辨識規則程式的情況下，就可以對新的圖片資料進行預測。

　　基本上，機器學習就是循著與人類學習的類似過程，來了解和區分東西。因此，機器學習演算法，受人類學習過程的啟發，會不斷的從大量資料中學習，並允許機器 (電腦) 在這些資料中找到潛在連接及相關性。

　　有人常說機器學習的訓練過程像是一個黑盒子，其實黑盒子裡面充滿了數學。機器學習過程中有很多的演算法可供選擇，但要找到適合的演算法需要經驗及反覆試驗外，同時也要問對問題 (也就是你希望機器要處理什麼任務)，才能找到最適合這項工作的演算法來幫忙訓練！

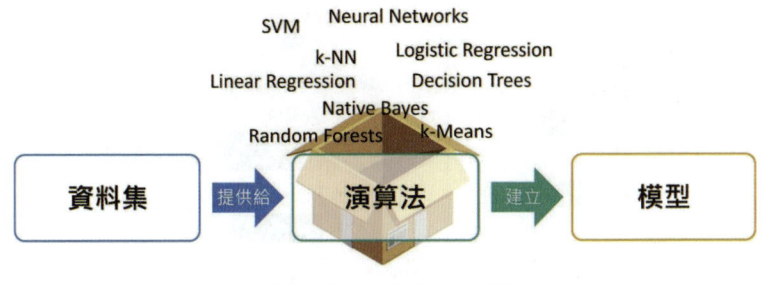

機器學習有很多演算法可供選擇

經由機器學習演算法所訓練出來的模型會是什麼圖形呢？我們試著舉其中 3 種演算法來做「分類」任務。模型會是下圖中黑色線的部分，它可以將藍色 x 和紅色 o 的資料分隔出來。但要如何找到這條線，就是演算法的工作了。

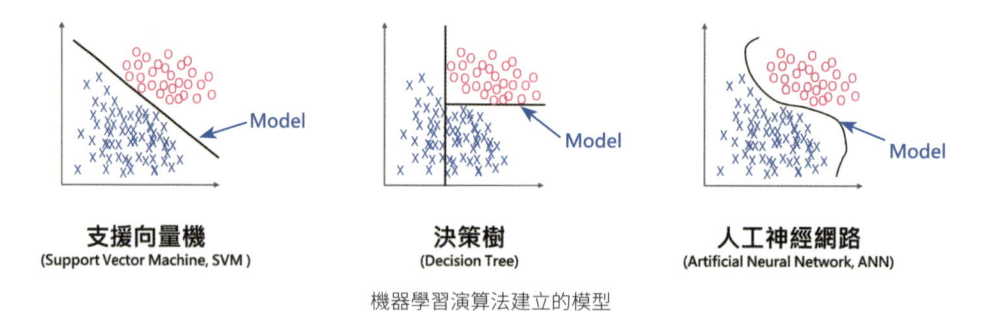

支援向量機
(Support Vector Machine, SVM)

決策樹
(Decision Tree)

人工神經網路
(Artificial Neural Network, ANN)

機器學習演算法建立的模型

預測評估

在本章最後一節學習活動中，機器經由演算法不斷學習資料特徵與類別間的關聯性後，所建立的模型將有預測功能。我們可以在無程式碼機器學習平台上的預覽區，提供機器從未見過的「貓」跟「不是貓」圖像，預測效果都還不錯 (如下圖)。

預測信心值很高

但是拿另外兩張圖像給模型預測時，發現辨識度就降低許多，為什麼呢？

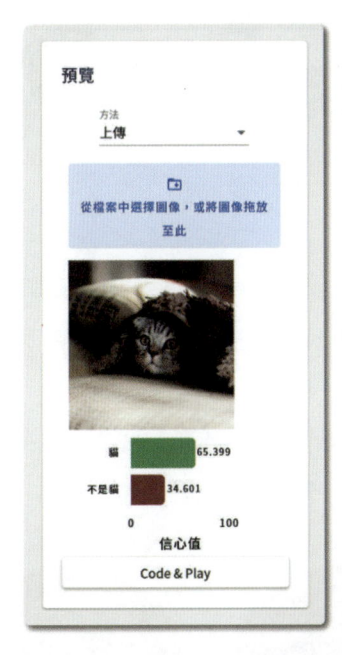

預測信心值不高

　　以左邊圖像為例，有可能在「貓」的類別中，沒有提供躲在毛毯內的貓讓機器進行訓練，因此學習到的特徵值內缺乏這些資訊，預測為貓的信心值自然不高。而右邊這張圖，則有可能是在「貓」的類別中，提供黃色毛髮的貓圖片給機器進行學習，所以辨識到黃毛狗圖像時，認為是貓的信心值很高。

　　這樣的過程就是一種評估模型的方法，當然也可以藉由其它額外資訊或訓練過程圖形進行評估。

　　要改善模型成效，可以藉由評估後的情況進行調整並重新訓練，例如增加訓練資料的數量，也可以多一些不同角度或種類的貓狗圖像提供訓練，讓機器多一點特徵值可學習。而這些機器學習實務專案，將在章節後面仔細帶領讀者完成。

2.3 機器學習三大類型

早期的機器學習源自於統計學,可以將其視為從資料中提取知識的一種藝術。尤其是常見的線性迴歸和貝葉斯統計等方法,它們都已經有兩個多世紀的歷史了,至今仍然是機器學習的核心之一。

機器學習能解決各種問題,但系統類型不盡相同。依學習方式不同,可分為三種常見類型:監督式學習、非監督式學習與強化式學習。

監督式學習 Supervised Learning　非監督式學習 Unsupervised Learning　強化式學習 Reinforcement Learning

機器學習三大類型

監督式學習 (Supervised Learning)

在介紹監督式學習之前,先跟大家進行一個小互動。我們提供下面 4 張圖片讓大家認識圖像中的動物,並且給大家圖片對應的答案 (貓跟駝鹿的標籤名稱)。

貓　　駝鹿　　駝鹿　　貓

假設你的視覺到目前為止只見過這 4 張圖，那你有可能已經根據圖中動物的某些特徵 (例如臉、四肢、角、外型或其他) 建立了一個視覺模型。

利用這個模型你可以執行分類的任務，例如你看到右邊這一張圖時，你的視覺模型將會提供 " 駝鹿 " 的答案 (標籤名稱)，其實這就是監督式學習的基本概念。

駝鹿

監督式學習可以在看到大量具有正確答案 (標籤或類別名稱) 的資料後進行預測，然後發現資料中產生正確答案的元素彼此間的關聯。這就像是一個學生可以透過平時測驗 (包含問題和正確答案) 來學習。一旦學生接受了足夠多的平時測驗訓練，學生就可以為參加新考試做好充分準備。

這就是監督式學習的基本概念。在監督式學習中，機器需要 " 目標 " 和 " 特徵 "。目標是我們希望機器預測的內容 (也可以說是標籤)，特徵則是機器用來學習預測時所需的東西。

監督式學習中，機器需要 " 目標 " 和 " 特徵 "

監督式學習最常見的兩種任務類型 – **分類 (Classification) 與迴歸 (Regression)**，我們用一些例子來認識這兩種類型

分類 (Classification)

預測物件的類別，例如判斷 Email 是否為垃圾信，或辨識圖片中的動物是貓、狗還是鳥。

假設以訓練一個「能分類貓、狗、鳥」的模型為例，需要先設定"目標"為分類出貓、狗及鳥，並找出可區分牠們的"特徵"，如鼻子、耳朵、嘴巴和鬍鬚。接著蒐集這些特徵資料來進行訓練。

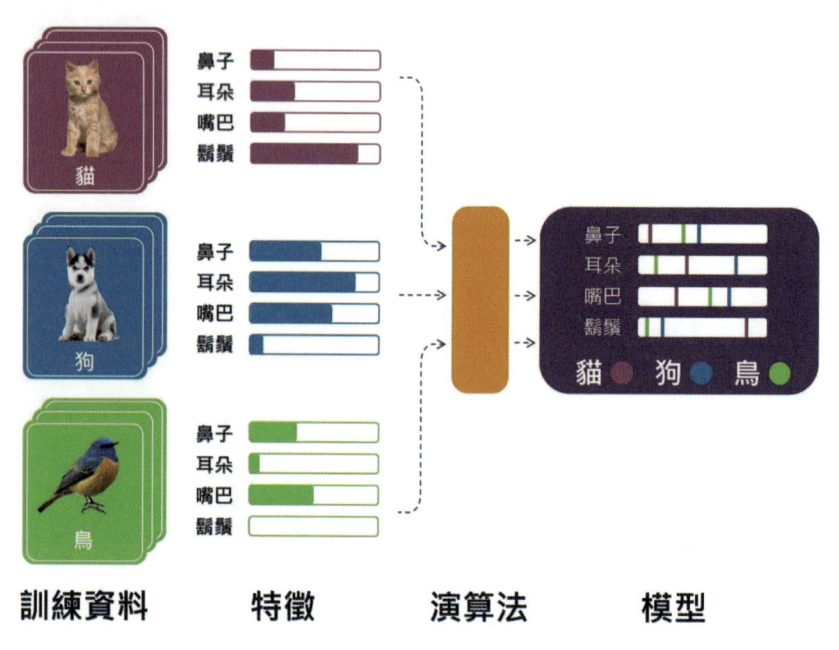

提供資料來訓練模型

這時候我們可以將新的動物照片（電腦從未在訓練時看過的動物資料），提供給這個訓練好的模型來進行預測，模型根據訓練時的特徵（**鼻子、耳朵、嘴巴及鬍鬚**）將其預測分類為貓、狗及鳥，如下圖。

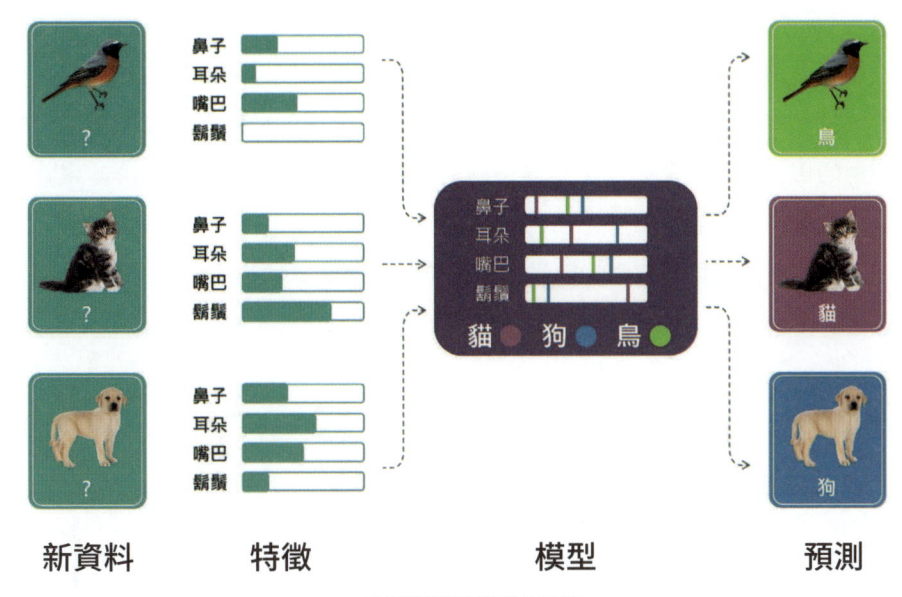

提供模型新資料進行預測

現在如果給此模型另一張新的動物圖片 (例如驢子)，由於這個模型不是為貓、狗及鳥之外的動物而設計，模型這時候會為 " 驢子 " 做了最好的分類處理 – 狗，但很顯然的這不是您要的答案。

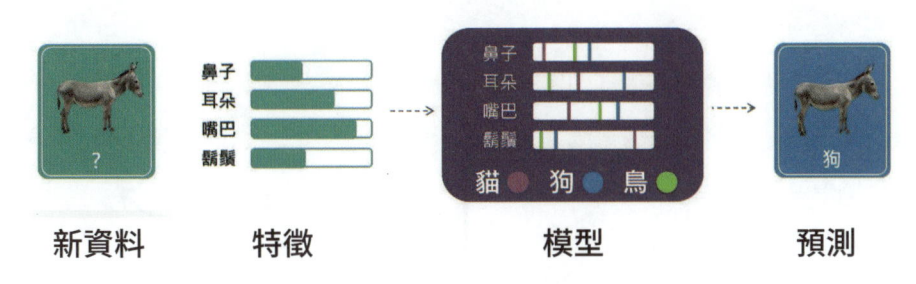

分類不正確時，你會怎麼處理呢？

如果你希望這個模型能夠辨識 " 驢子 "，那就必須為這個目標多收集一些特徵來訓練模型。這就是監督式學習中的分類 (Classification)。

迴歸 (Regression)

數值的預測。根據所提供資料的輸入特徵來預測輸出值,例如我們可以根據房間數、坪數、屋齡、樓層、區域位置等資料來建立模型並預測其房價,或是利用銷售資料來預測公司下一季度將可獲得多少收入。常見預測降雨量的天氣模型也是迴歸模型。

迴歸並不像分類是有限的數量,而是試圖在連續變動的線上找到答案 (類似數線上的任意點),例如我們希望根據狗的腿長來預測它的速度

根據狗的腿長來預測速度

我們會先根據各類型狗的腿長及其速度等資料,訓練電腦建立一個模型 (如右圖),圖中黃色線就是經過訓練後,所找到最佳適合的模型函數。此時再將新的腿長資料輸入到此模型 (黃色線函數) 即可預測其速度,輸出將是一個值,而非一個分類,這就是迴歸 (Regression)。

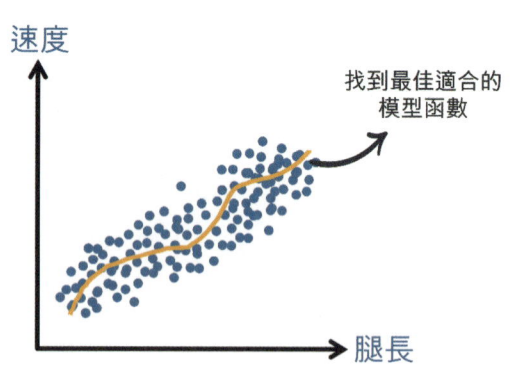

找到最佳適合的模型函數

當然真正在實作時不會這麼簡單，因為可能還會考慮其他特徵值，例如狗的體重、年紀等等，但利用上面的例子及說明可以讓一般初學者理解迴歸是什麼。我們整理了下圖來說明一下分類及迴歸的差異，讀者將會更為清楚。

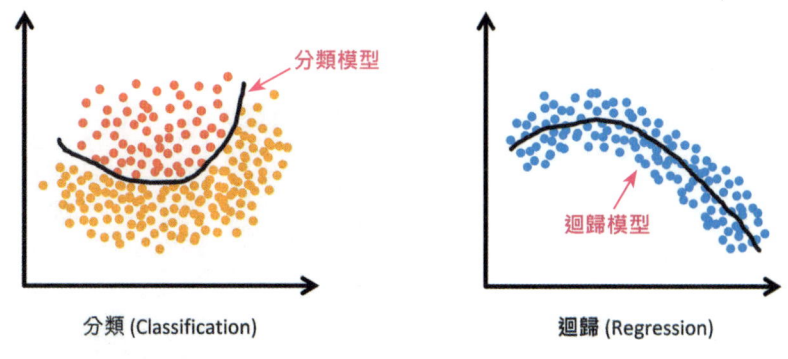

找到最佳適合的模型函數

- **分類** (Classification)：找到一個可分離標記類別 (如圖中紅點和黃點) 的函數。
- **迴歸** (Regression)：找到一個可通過我們資料集的最適合函數，如圖中通過藍色資料集函數。

監督式學習演算法用途很廣，產生的經濟規模也很大，生活上處處可見許多應用：

- 影像及物體辨識
- 醫療診斷
- 身份詐欺檢測
- 廣告人氣預測
- 天氣預報
- 股價預測
- 需求和銷量預測
- 人口增長預測
- 語音辨識
- 垃圾郵件過濾

2-15

現在我們瞭解了監督式學習、常見類型 (分類及迴歸) 及演算法，也知道生活上的應用有哪些。本書會在每一個機器學習方法最後，將重點整理成如下圖，讓大家經過定義、舉例及說明後，對每一種機器學習方法有更完整的認識。

非監督式學習 (Unsupervised Learning)

如果監督式學習是需要有人教，那非監督式學習就像是自學一樣，是在沒有任何老師或監督員的教導下自己學習而成。例如提供右方 6 張圖片，但沒有提供任何 " 標籤 "。

沒有提供任何標籤的圖片

你可以用你喜歡的任何規則將他們分為兩組，當中沒有標準答案。例如下面是其中一組分法，利用站姿及坐姿分為兩群。你也可以根據皮膚顏色或有沒有站在草地上進行分群。

站立　　　坐姿

根據「站姿」及「坐姿」分群

非監督式學習是從沒有正確答案的資料中找出有意義的模式。也就是說，模型沒有標籤可參考，必須自行推斷規則來分類或理解資料，這就是其基本概念。

在非監督式學習中，機器只需要"特徵"，因為特徵是機器用來學習的重要資訊。

非監督式學習中，機器只需要特徵

例如，機器只知道每種動物的"特徵"描述，卻沒有任何"目標"(也就是標籤)。因此，它會從許多動物的例子中學習，透過特徵找到模式，再將相似的動物歸為同一組。

由於沒有正確答案可依據，學習方式就會完全不同。我們無法透過訓練資料的正確答案來建構模型，這也讓成效評估變得更加困難，甚至無法確認學習結果是否理想。但在現實生活中，確實存在很多沒有答案 (或至少我們不知道答案) 的情況，因此就需要使用非監督式學習的技術，來試著從大量資料中找出關聯性，或推測出這些資料的標籤可能是什麼。

在非監督式學習中常見的任務類型為分群 (Clustering)。它主要是將類似屬性的部分集合起來，讓我們帶大家一窺究竟吧！

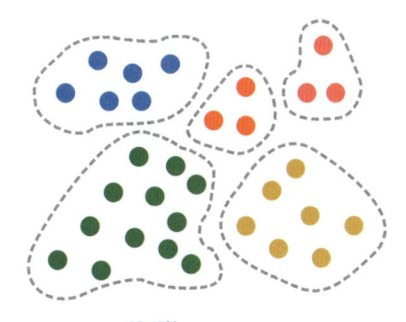

分群 (Clustering)
「將類似屬性的集合起來」

非監督式學習常見任務類型

2-17

分群 (Clustering)

當機器面對未知特徵時，會嘗試找出最佳的劃分方式。像是 Google 照片或 Apple 照片，會運用複雜的"分群"(Clustering) 技術，找出照片中相似的臉孔，進行自動分類。這些應用程式不需要知道您有多少朋友以及他們的長相，只會根據臉部特徵來分組，這就是典型的分群應用。

在所有非監督式學習方法中，分群是最常見的一種。它會將相似的資料自動分成事先未定義的群組，讓模型從未分類的資料中自行發現模式、相似與差異處。

舉個例子來說：老師要學生針對貓、狗、鳥的照片進行分組，但沒提供分類標準。有些學生依照種類分、有些按腳的數量分，也有人乾脆通通放一起。由於沒有既定答案，每種方式都可能合理。這正是分群的特色：無需事先定義分類方式，也能幫助我們發現資料中原本未察覺的洞察力 (insights)。

非監督式學習中的分群任務，通常會應用在市場細分 (例如客戶類型、忠誠度)、合併地圖上的接近點及檢測異常行為。

例如右圖中，如果知道平均購買洋芋片單價低且購買數量大的這一群人，其年齡都較輕且住在大學宿舍附近。而喜歡購買單價高，但數量少的這群人平均年紀較大，穿著較為正式，您可能會用分群技術將這兩群人分開並個別做行銷活動。

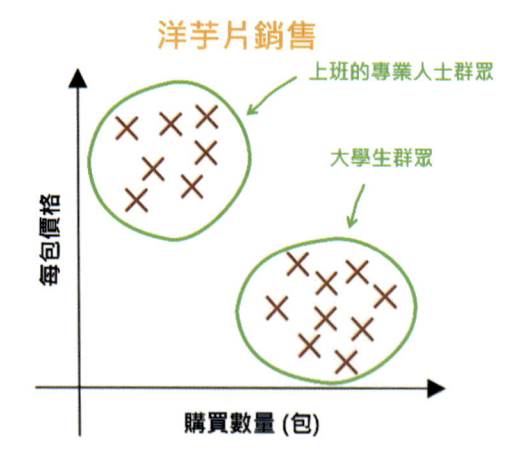

分群 (Clustering)

應用分群技術來進行市場區分

在真實世界中，非監督式學習演算法用途很廣，同時也與監督式學習一樣，產生的經濟規模非常大，所以在生活上有著非常多的應用：

- 檢測異常行為
- 用於市場細分 (例如客戶類型、忠誠度)
- 影像壓縮
- 推薦系統 (例如亞馬遜電子商務、Airbnb)
- 目標市場行銷
- 信用卡欺詐檢測

強化式學習 (Reinforcement Learning)

前面提到的機器學習方法，都需要大量資料來訓練模型，尤其模型越複雜，所需的資料就越多。但強化式學習則不同，它不依賴現成的訓練資料，而是讓機器透過自己不斷探索，自行學習與訓練！

強化式學習透過「環境中的行動」所獲得的獎勵或懲罰來學習，並建立一套策略，找出能獲得最多獎勵的最佳行動路徑。強化式學習常應用在機器人任務，例如 DeepMind 的 AlphaGo，就是靠這種方式自行學習、打敗圍棋世界冠軍。

為了讓 AI 找到最好的動作序列，強化學習系統會使用「獎勵訊號」指引方向：AI 做得好，就給正的回饋（正獎勵）；AI 做得差，就給負的回饋（負獎勵）。這就像訓練一隻狗學會撿飛盤──每次牠成功完成任務，就給牠一塊餅乾，狗會記住正確動作會帶來好處，進而越做越好。

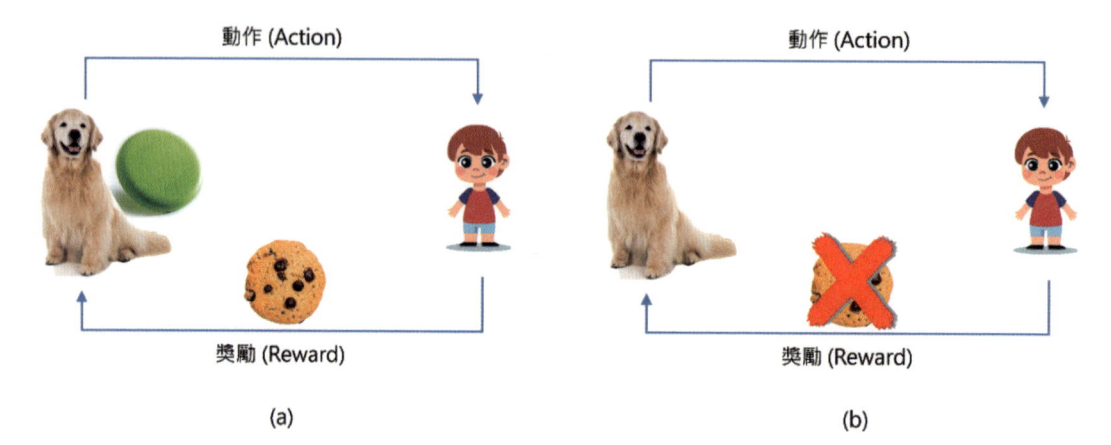

圖：(a) 將飛盤取回，獲得獎勵 (b) 沒有將飛盤取回，所以沒有獎勵

為了讓讀者深入認識強化式學習，一定要瞭解其核心架構 – 兩個主要組成部分及三個要素，此方式主要是希望建立一個可以從經驗中學習如何與環境互動的框架。

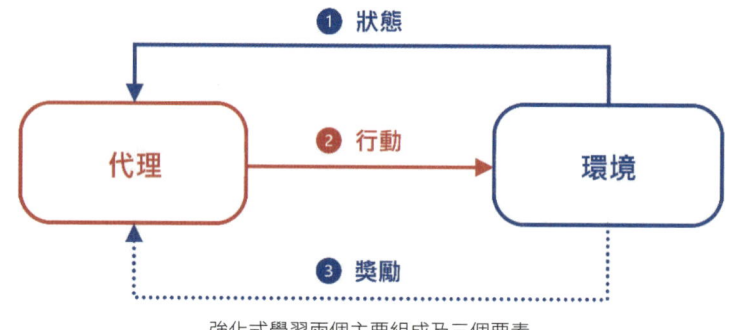

強化式學習兩個主要組成及三個要素

其中兩個主要組成部分如下：

- **代理** (Agent)：主要是可以在環境 (Environment) 中採取行動 (Action) 的東西，例如搬運貨物的機器人或走迷宮的老鼠 (你可以把它想像成是一隻程式)。
- **環境** (Environment)：環境是代理 (Agent) 生活的世界，它是代理 (Agent) 存在和執行所有行動 (Action) 的地方。例如打磚塊時的遊戲場景，或是像迷宮這樣的實體世界。

同時代理 (Agent) 可以在環境 (Environment) 之間傳送命令或採取行動。例如：無人機 (Agent) 在世界上 (Environment) 送貨 (Action)，而遊戲 Flappy Bird(Agent) 則是希望不要撞到遊戲中的這些水管場景 (Environment)。

而三個要素分別是：

- **狀態** (State)：有時也叫做觀察 (Observations)，指的是環境當前的狀態，代理 (Agent) 會根據它來選擇一個行動。

- **行動** (Action)：代理可以在環境中採取的動作，並且可以將所有可能動作集合在一起 (Action space)。例如向前、向後、向左或向右，也可以是一系列連續動作。

- **獎勵** (Reward)：在環境定義的狀態下採取行動的數值結果。衡量代理 (Agent) 行為成功或失敗的獎勵反饋，例如在馬力歐的遊戲中，觸摸到時，它就贏的一枚金幣。

Google DeepMind 團隊利用這樣的架構，讓 AI 能夠像人類一樣學習玩遊戲，例如 Atari Breakout Game。在沒有提供任何先備知識的情況下，讓代理看當前螢幕上的內容（環境），並將得分最大化。雖然它剛開始學習玩的時候表現得不太聰明，但如果稍待片刻，它會玩得越來越上手。

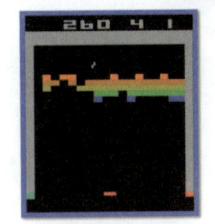

學習10分鐘　　學習120分鐘　　學習240分鐘

使用強化式學習技術讓 AI 學習玩 Atari Breakout 遊戲

強化式學習的應用領域包括遊戲、推薦系統、行銷廣告、工程與醫療保健等。在語言模型、機器人控制、自動駕駛等領域也有愈來愈多實作。儘管目前其經濟產值仍略低於監督式學習，但隨著強化學習與大型語言模型（如 RLHF）整合，以及更多高風險高回報領域的投入，未來其發展潛力仍被高度看好。

小結

本章以簡明方式介紹三種主要的機器學習方法，幫助讀者掌握各自的重要性與應用方向。下方圖表再次針對三種方法做統整說明，讓讀者做參考。

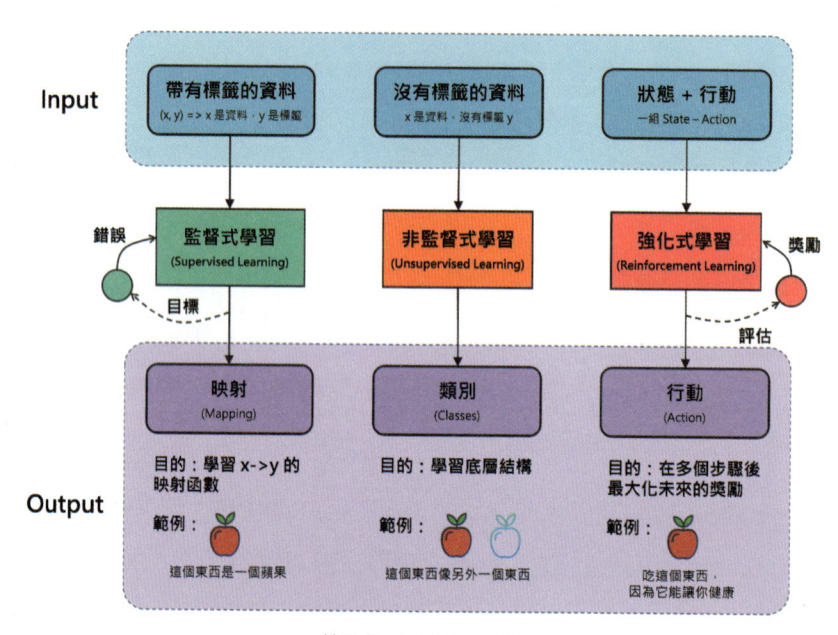

機器學習三大類型統整

活動：小鳥學飛

透過 Google 實驗的 FlappyLearning 來體驗強化式學習應用。它是一個透過機器學習 (Neuroevolution) 自行學習玩 Flappy Bird 的程式。

活動目的：體驗透過機器學習玩 Flappy Bird 遊戲

活動平台：FlappyLearning
(https://experiments.withgoogle.com/flappylearning)

使用環境：桌機或筆記型電腦的瀏覽器

玩家玩 Flappy Bird

STEP 1 安裝 Chrome 擴充功能 - "Flappy Bird Offline"

在 Google Chrome 瀏覽器 (https://chrome.google.com/webstore) 輸入 "Flappy Bird", 點擊第一個 "Flappy Bird Offline" 選項。再點擊 " 加到 Chrome" 即可進行安裝。

STEP 2 Play Game

玩家按空白鍵就可以開始玩。

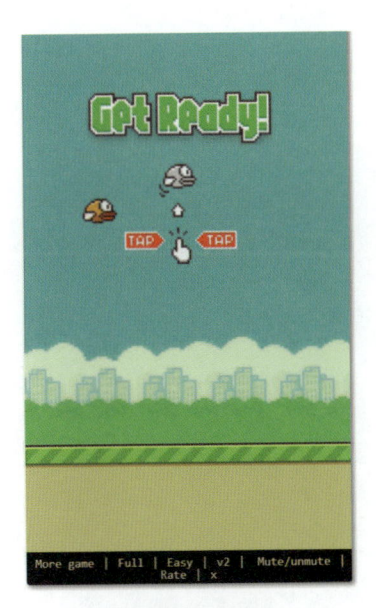

遊戲規則是操控小鳥飛行並且避開綠色的管道。如果小鳥碰到了障礙物，遊戲就會結束。每當小鳥飛過一組管道，玩家就會獲得一分。玩家可以試試看可以得到幾分。

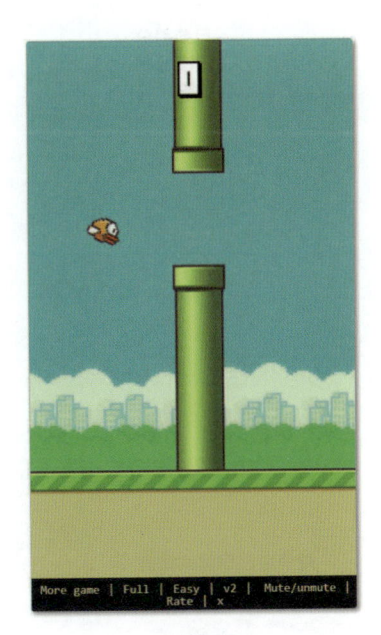

按空白鍵即可開始玩

Flappy Bird 遊戲展示

遊戲過程

電腦程式透過機器學習玩 Flappy Bird

STEP 1 連到 FlappyLearning 網頁

連到 Google 實驗 FlappyLearning 網頁
(https://experiments.withgoogle.com/flappylearning)

點擊開始實驗 (LAUNCH EXPERIMENT) 就可以連到遊戲主頁。

STEP 2 透過機器學習玩 Flappy Bird

這個遊戲是透過利用強化式學習概念，教會 AI 程式做出更合理的飛行路線，從每次迭代的成功或失敗中動態學習。你可以調整機器學習的速度，同時看到學習後的狀況與得分，是不是比自己玩還要厲害！

電腦程式透過機器學習自己學會玩 Flappy Bird

2-24

2.4 動手做做看：影像辨識 – 貓還是狗？

利用無程式碼機器學習平台 (AI Playground)，來實作影像辨識專案 (貓還是狗)。一方面瞭解機器學習的基本運作方式，同時視覺化整個流程，更能親手操作整個機器學習專案，並產生一個 AI 模型，未來也可以利用產生的 AI 模型來進行創作。

活動：影像辨識操作

活動目的：動手實作影像辨識服務來訓練電腦認識貓跟狗，並實際了解機器學習的三大步驟。

活動網址：https://ai.codinglab.tw/

使用環境：桌上型電腦、筆記型電腦或 Chromebook

在進行專案前，我們可以先收集貓與狗的照片，並選擇平台左側的影像辨識服務來訓練電腦。平台提供三種建立圖片資料的方法，本專案建議使用上傳照片的方式，比繪圖更省時。

資料與對應的類別 (標籤) 準備好後，就可點選「訓練模型」開始訓練。訓練完成後，請用"沒出現在訓練資料中的照片"來進行預測測試，否則結果將不具參考價值。

為了讓初學者更容易上手，這個平台採用無程式碼操作，透過簡單點選就能體驗機器學習的完整流程。接下來，我們將逐步帶你完成操作。

STEP 1 **收集資料**：為了訓練機器能識別出貓和狗，我們需要先準備許多貓和狗的圖片做為訓練資料。數量多寡會影響電腦學習成效，您可以先試著各找 10 張左右，看看學習的成效後再來調整數量。（參考來源：https://www.microsoft.com/en-us/download/details.aspx?id=54765）

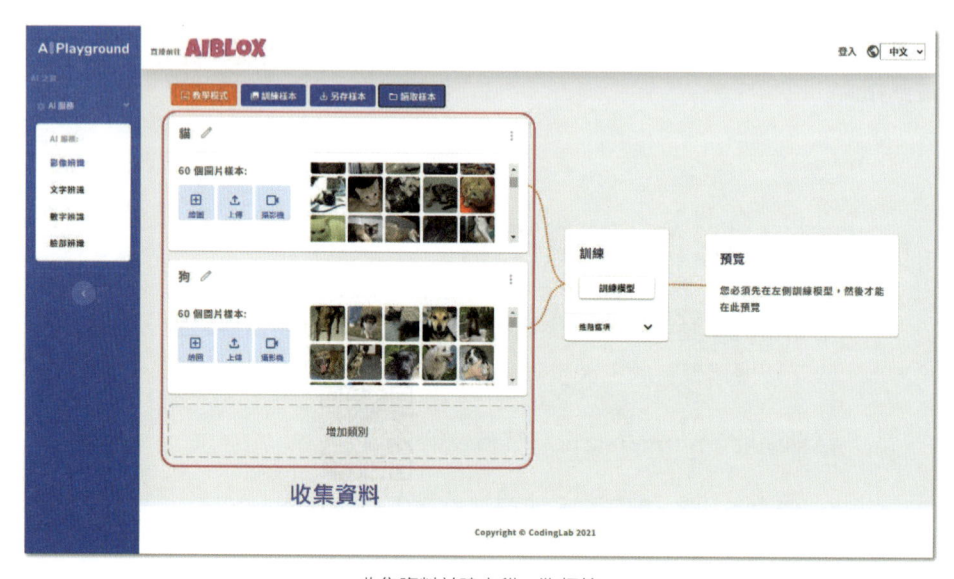

收集資料並建立貓、狗標籤

活動開始時，先建立「貓」與「狗」兩個類別，並使用上傳功能將對應圖片放入各自類別中（如上圖）。若之後想增加辨識種類，例如牛、羊或兔子，只需新增類別並上傳對應圖片。本專案將以貓與狗兩類為示範。

STEP 2 **進行訓練**：訓練資料準備好後，只要按下訓練區塊內的「訓練模型」電腦就可以開始進行學習。

機器學習

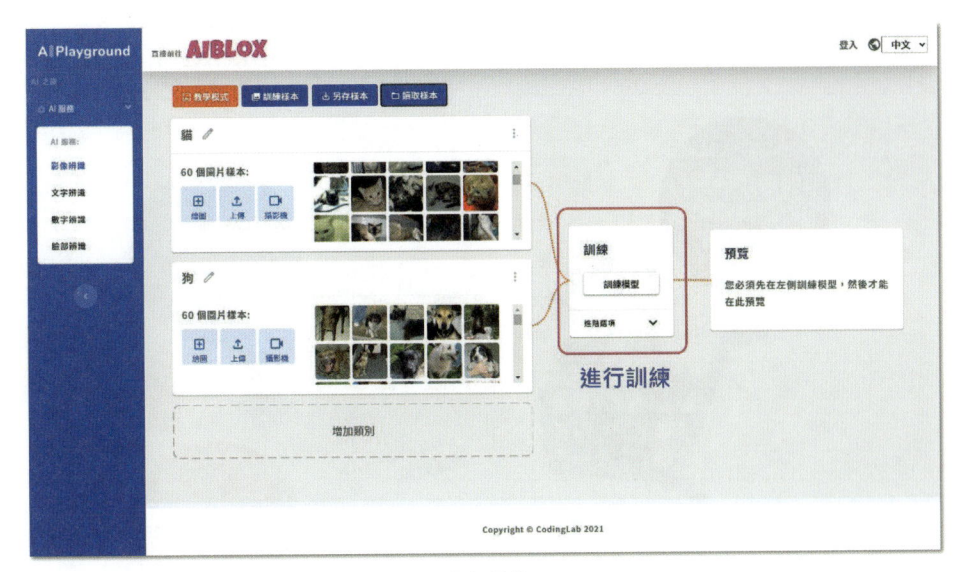

進行訓練

您也可以選擇進階選項中「檢視訓練儀表板」，畫面將會顯示訓練過程(見下圖)。當中一些參數調整主要是給進階使用者學習使用，有興趣的人可以試著玩玩看。這裡我們將直接點選按鈕進行訓練，等訓練完成後就可進入下一個步驟。

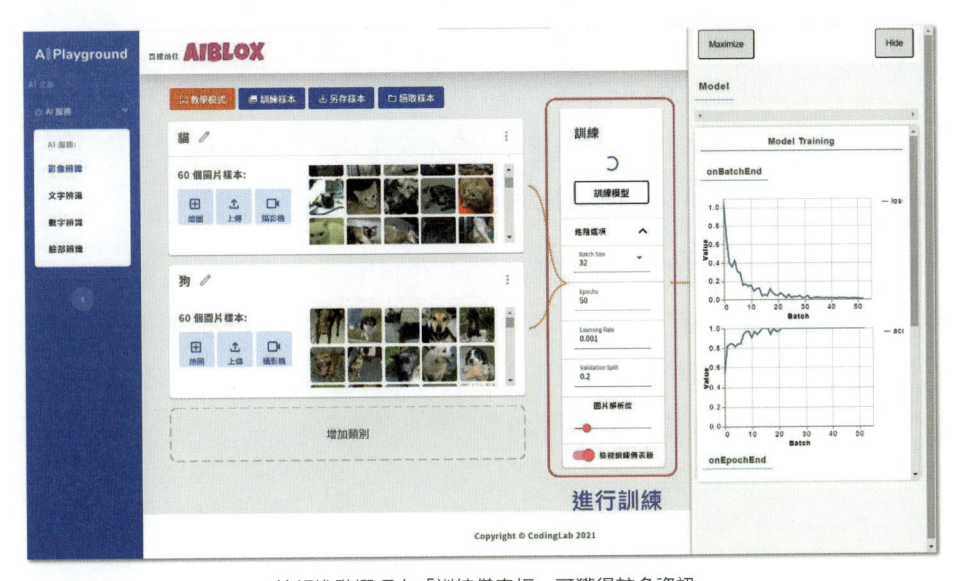

檢視進階選項中「訓練儀表板」可獲得較多資訊

2-27

電腦在此訓練階段,會有幾個小步驟如下:

```
1. 將收集的資料分為訓練資料及測試資料
2. 使用訓練資料來訓練演算法
3. 使用測試資料來計算誤差
```

將收集到的資料分為訓練資料及測試資料

電腦會反覆執行步驟 2 和 3,多次優化模型,提升性能與可用性。由於過程中涉及不少數學概念,為了讓更多人能理解與參與,我們先聚焦在觀念與素養的建立就好。

大家可以透過 CodingLab 的無程式碼機器學習平台(AI Playground)實際操作,幫助建立對機器學習的基本認識。若未來有興趣深入學習,可再搭配 Python 或深度學習教材進一步探索。

STEP 3　預測評估:現在您可以使用所訓練好的模型來辨識新圖像 – 貓和狗。您可以在預覽區中,使用 3 種方式進行預覽,下圖展示使用「上傳」的預覽,顯示電腦學習效果蠻不錯,信心值也很高,如果家中有養貓或狗的朋友,也可以試著選擇攝影機的方式來預覽唷。

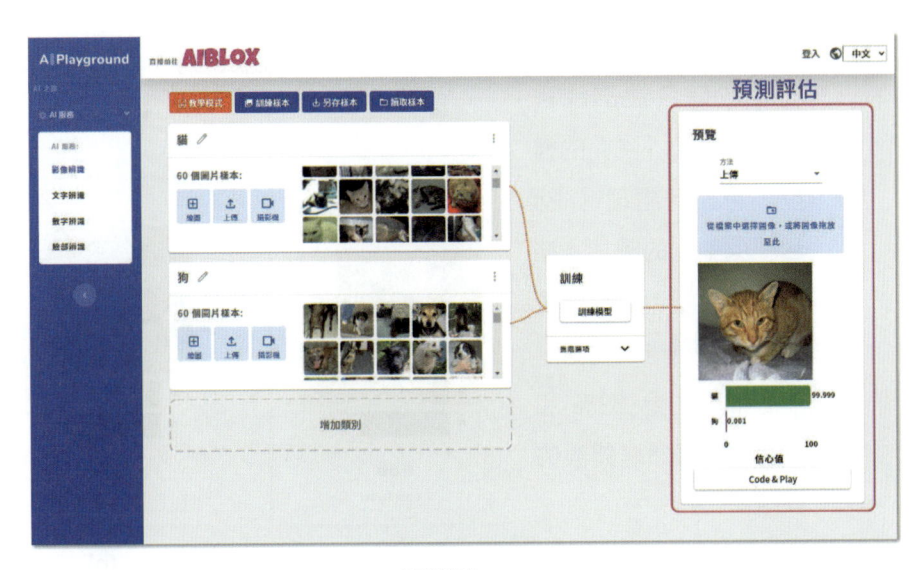

預測評估

從下圖中可以看見，拿貓跟狗照片給電腦辨識時，都可以正確的辨識出來，差別在於信心值高低，而信心值的高低都跟訓練時的資料有關。以下圖 (b)，電腦認為 95.9% 的信心值認為是狗，4.1% 的信心值認為是貓，主要是在貓的訓練資料中有一些毛長、顏色、面部特徵跟這張照片有一些相似的地方，所以訓練後的模型看到這張照片時，會覺得有一點點像。

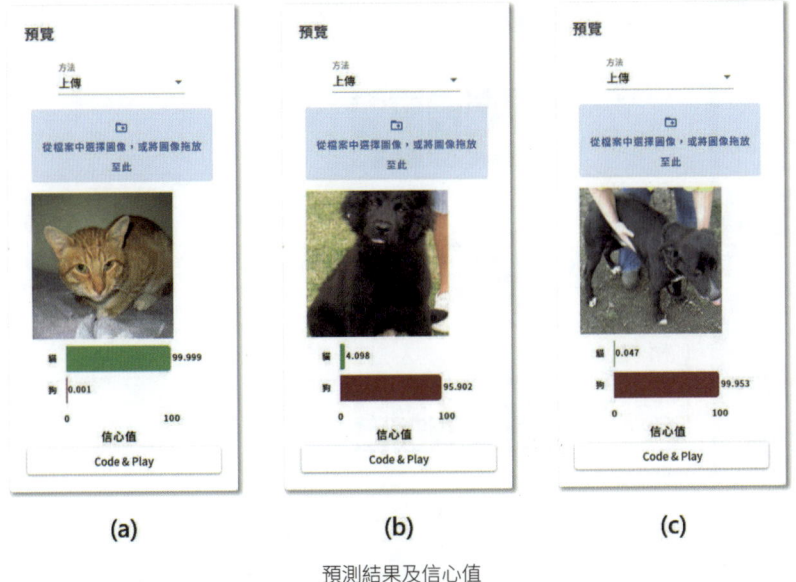

(a)　　　　　　　(b)　　　　　　　(c)

預測結果及信心值

2-29

我們來做進一步測試，看看這個只被訓練辨識「貓」和「狗」的模型，會如何處理「牛」和「兔子」的圖片。結果如圖片所示：模型把兔子和牛都辨識成狗，信心值分別為 83% 和 72.6%，顯然是錯誤的判斷。

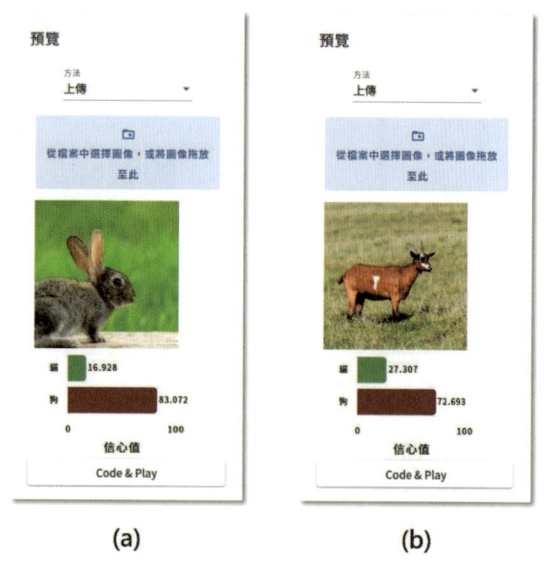

(a) (b)

拿兔子及牛的圖片給只會辨識貓或狗的模型進行辨識

　　人類很容易分出兔子與牛，但這個 AI 模型的目標只包括貓與狗，因為我們只提供了貓和狗的訓練資料。如果希望它也能辨識兔子，就必須加入兔子的圖片，並標註為「兔子」類別，讓電腦學習。

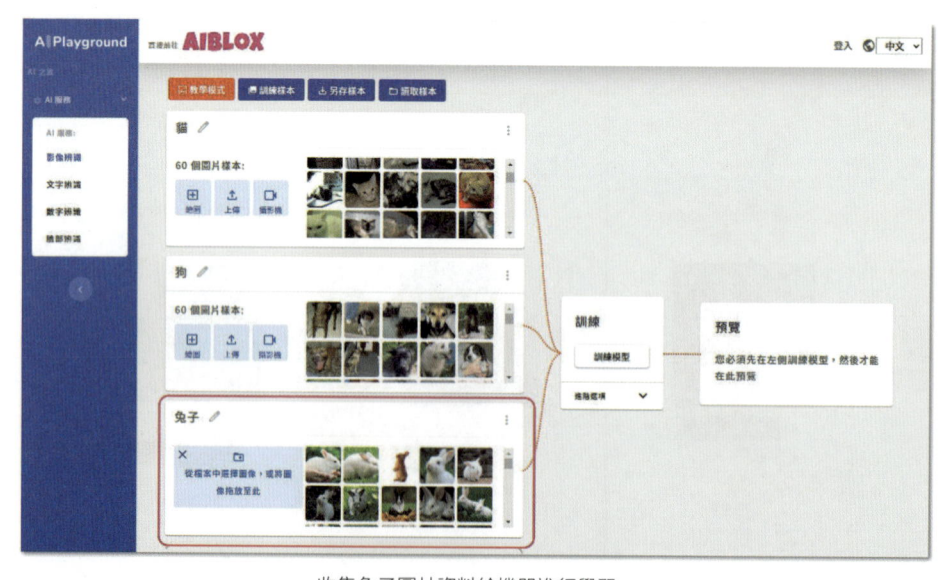

收集兔子圖片資料給機器進行學習

將兔子的訓練圖片加入資料區後，點選「訓練模型」重新訓練，就能產生一個能辨識兔子的 AI 模型。此時若再提供兔子的圖片進行辨識，預覽畫面會顯示正確結果，信心值甚至高達 99.95%。

新訓練的模型可以正確辨識兔子

　　但請注意，拿來預測的圖片不能取自於訓練資料，必須是模型從沒見過的圖片。否則結果會失真，無法反映模型是否具備泛化能力，也就是能正確判斷新的資料，而不只是記住訓練時的圖片。

MEMO

第 3 章

深度學習

在本章節中我們將為大家介紹深度學習 (Deep Learning)，並瞭解它為何成為當今如此熱門的話題。進入本章節前，我們可以先思考兩個問題，什麼是深度學習？以及深度學習的用途是什麼？第二個問題的答案可以毫不誇張地說，深度學習無所不在，因為它在各行各業正被以無數種方式進行應用。

例如深度學習正幫助醫療保健行業完成癌症檢測和藥物發明等任務。在互聯網服務或手機行業，我們可以看到各種使用深度學習進行圖像 / 視訊分類和語音辨識等應用 (例如 Siri、Alexa)。而在媒體、娛樂和新聞產業中，我們可以看到影片字幕、即時翻譯及許多個性化等應用 (像是 Netflix / YouTube 推薦系統)。在自動駕駛汽車的開發中，深度學習正幫助研究人員克服許多重要的問題，例如標誌和乘客偵測或車道追蹤。在安全領域方面，深度學習廣泛用於人臉辨識和視訊監控。現今火紅的生成式 AI，也是利用深度學習製作出 ChatGPT、Midjourney 等應用。而這些都只是深度學習在部分行業中的幾個應用例子，它同時還被廣泛用於其他許多領域。

而今天深度學習日益普及主要來自三個最新發展：第一是計算機處理能力的快速提升 (例如 GPU)；第二是用於訓練計算機系統的巨量資料的可用性；第三則是機器學習許多演算法和研究的進展。

3.1 什麼是深度學習（Deep Learning）

那什麼是深度學習呢？回答這個問題之前，我們先帶大家簡單回顧一下人工智慧、機器學習及深度學習間的關係。

人工智慧
任何能夠模仿人類行為的技術

機器學習
利用數理統計方法，讓機器從資料中學習人類行為模式並做出決策

深度學習
利用多階層神經網路技術，進行資料特徵計算的一種學習演算法

人工智慧、機器學習及深度學習關係圖

- <u>**人工智慧**</u>

人工智慧是一門科學，探討使機器能夠模仿人類智慧或行為的技術，同時專注在建構相關演算法來做到這一點。而這些演算法能夠查看大量資料並從中發現趨勢，以及人類極難找到的洞察力。然而，人工智慧相關

的演算法並不能像你我一樣可以任意思考，他們必須經由訓練或學習才能來執行非常專業的任務。

- **機器學習**

    機器學習可以看成是人工智慧的一個子領域，主要是利用數理統計方法及資訊科技技術，來教演算法學習從資料中識別特徵或人類行為模式，並做出決策或預測，進而實現人工智慧，而不需要明確的編寫程式就可達成許多任務。機器如何學習取決於我們希望它處理什麼問題，因此不同的問題會需要不同的方法 (演算法)。

- **深度學習**

    而深度學習則是機器學習的一個子領域，探討許多可自行學習的演算法，其核心技術為神經網路 (Neural Networks)。它是一種受人腦結構啟發的機器學習技術，專注於用來自動提取原始資料中的有用模式 (patterns)，然後使用這些模式或特徵 (features) 來學習執行該任務。由於神經網路的角色是構成深度學習演算法的一個重要支柱，所以對於初學者來說，您可以將深度學習視為較多層的大型神經網路會更容易理解。

近年來經由神經網路架構所形成的深度學習技術，已經取得非常大的進步及應用，例如電腦視覺、手寫辨識、自然語言處理、語音辨識、機器人、醫藥、藝術或遊戲等許多領域，不過要直接深入這些應用領域對初學者會過於複雜，所以我們會用相對比較好理解的簡單分類問題來切入。

尋找最佳區分線

首先,您可以試著想想看是否可以畫出一條線,來分開沙灘上紅色和藍色貝殼?也許您畫出的這條線會像這樣(如下圖)。

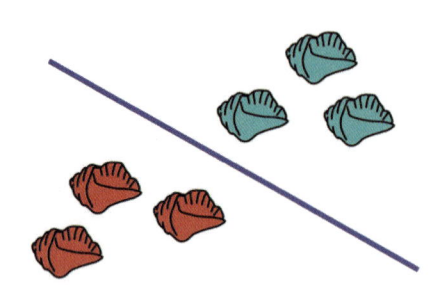

利用直線區隔紅色和藍色貝殼

這就是神經網路 (Neural Networks) 對於紅色或藍色形式的資料 (如下圖 (a)),所做的可以尋找區分它們的最佳直線。如果資料像下圖 (b) 這樣複雜,那我們可能就需要更加複雜的方法 (演算法) 來處理及尋找能夠分開這些點的複雜界線。而深度神經網路 (Deep Neural Networks) 就可以完成這個工作,所以記住這張圖 (上圖),將有助於我們學習神經網路及深度學習。

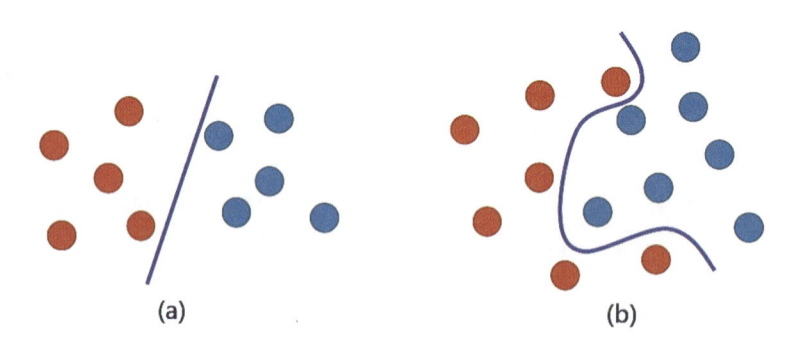

(a)　　　　　　　　　(b)

尋找區分紅色及藍色的最佳界線

3.2 深度學習的重要核心
– 神經網路 (Neural Network)

深度學習大致上可說是以神經網路 (Neural Networks, NNs) 為核心的機器學習技術。而神經網路有時也叫做人工神經網路 (Artificial Neural Networks, ANNs)，是由許多人工神經元 (Artificial Neuron) 所組成。它的名稱和結構受到人類大腦的啟發，並且希望能夠仿照人類大腦運作方式來做出決策。為了更好地理解整體的神經網路，我們將從組成它的各個單元開始討論。

由於人工神經元是透過模仿大腦中生物神經元 (Biological Neuron) 被激活 (activated) 後，互相發送信號的方式來解決問題。所以要了解人工神經元架構及如何工作之前，我們可以先了解真正的生物神經元是如何運作的。

生物神經元

一個大腦大約有數百億以上個稱為生物神經元的微小細胞 (沒有人確切知道有多少，大概估計從大約 500 億到多達 5000 億不等)，一個真正的生物神經元看起來如下圖。

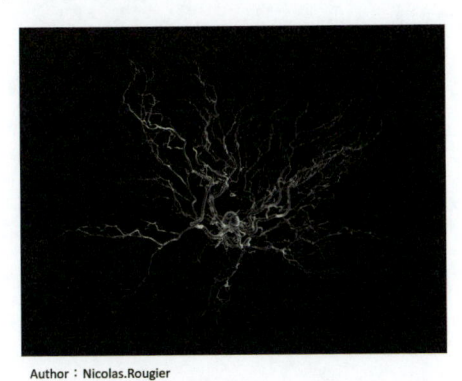

Author：Nicolas.Rougier
https://commons.wikimedia.org/wiki/File:Neuron-SEM-2.png

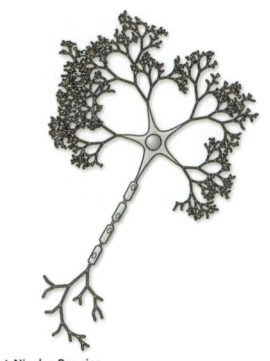

Author：Nicolas.Rougier
https://commons.wikimedia.org/wiki/File:Neuron-figure-notext.svg

生物神經元

簡化上面神經元圖形有助於了解它的一些組成要件。每個神經元最主要都由一個細胞體 (Cell body)、許多與其相連的樹突 (Dendrites)、單個軸突 (Axon) 及多個突觸 (Synapse) 所組成 (如下圖)。對單一神經元來說，它是一個很簡單的資訊處理器，每個樹突 (Dendrites) 負責從神經系統中的其它神經元接收資訊信號後，將其帶到細胞體 (Cell body) 中來處理這些資訊，軸突 (Axon) 則是負責從細胞體向其它神經元發送資訊，而每個軸突可以在稱為突觸 (Synapse) 的交叉點再連接到其它一個或多個樹突，就這樣將數百億個神經元串接起來成為生物神經網路。

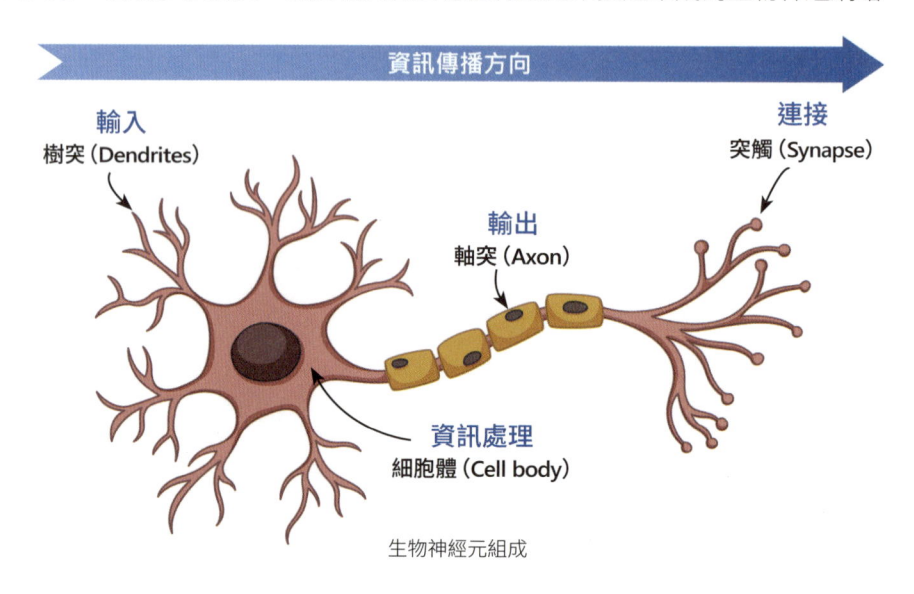

生物神經元組成

所以簡單總結生物神經元運作的四個階段，分別是：

1. **輸入**：樹突 (Dendrites) 負責神經元的接收。
2. **資訊處理**：細胞體 (Cell body) 負責神經元的資訊處理。
3. **輸出**：軸突 (Axon) 負責神經元的輸出。
4. **連接**：突觸 (Synapse) 負責連接其它神經元的樹突 (Dendrites)。

試想人的大腦有上百億個神經元，然後將這麼多個神經元連接在一起 (如下頁圖)。而神經元透過突觸互相連接後，將構成非常複雜的神經網路，深深影響我們的思考與判斷。

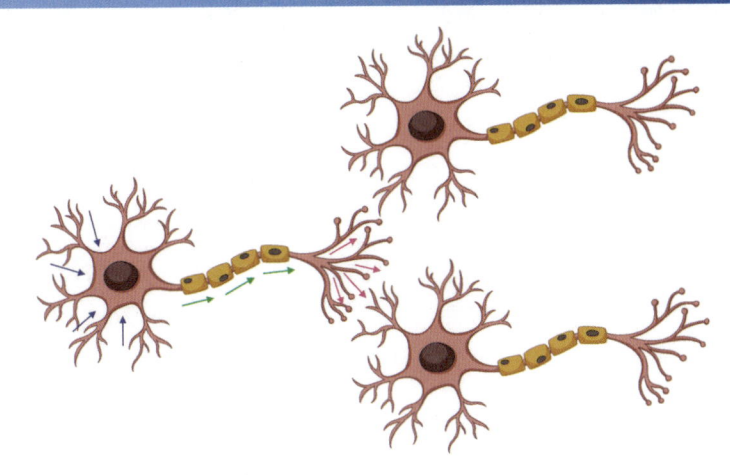

生物神經元間的訊息傳遞

人工神經元 (感知器)

　　研究學者在 1943 年左右提出建立一個基於大腦工作方式的「數學模型」想法。首先，學者為單個人工神經元建立一個模型，該模型模仿生物神經元的輸入、處理 (閾值) 和輸出概念。並且與大腦一樣，神經網路是由這些人工神經元互相連接而成，而這些人工神經元也稱為「感知器」(Perceptron)。

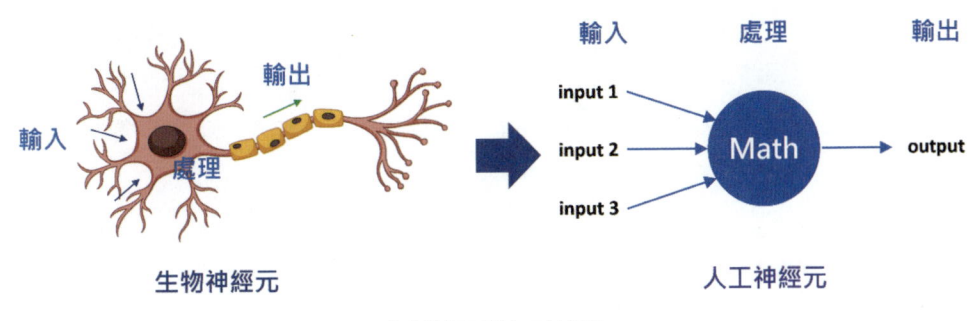

生物神經元與人工神經元

　　每個神經元會接收多個輸入數值，經過運算後產生輸出。例如輸入可以是購買胡蘿蔔、馬鈴薯、雞蛋的數量，對應的權重 (weight) 則像是各自的價格。

3-7

神經元會將每個輸入乘以其對應的權重，然後加總（sum），最後再加上一個偏差（bias），你可以把它想像成用信用卡付款時的額外處理費用，這樣就會得到最終的輸出結果。

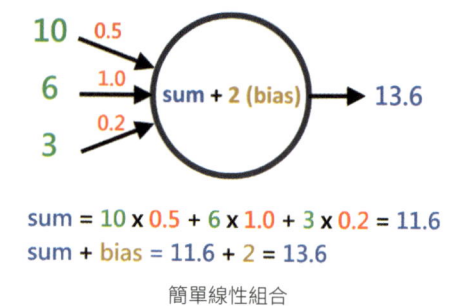

sum = 10 x 0.5 + 6 x 1.0 + 3 x 0.2 = 11.6
sum + bias = 11.6 + 2 = 13.6

簡單線性組合

以上方的圖片為例，當單一神經元輸出加總值為 13.6 時，只是個線性組合或線性函數，就像一條直線，功能有限，無法靈活應對現實中的複雜資料。

但如果我們加入一個簡單的判斷條件，例如「加總值是否大於 10？」，大於就表示「貴」，否則表示「不太貴」，這樣的輸出就有了意義，不再只是單純的數字，加強了模型的應用能力。

sum + bias > 10？ { 1（很貴） / 0（沒有很貴） }

激發條件

這個「判斷」可以當作是一個激發條件，類似生物神經元在傳遞訊息時，必須超過某個閾值才會激發軸突傳遞訊號。對應到人工神經元，這個步驟稱為激勵函數（Activation Function），它會根據加總值來決定是否激活（Activate）神經元。

人工神經網路正是受這些原理啟發，利用數學模型模擬神經元運作：將每個輸入（input）乘以對應的權重（weight），加總後再加上偏差（bias），然後交給激勵函數處理並產生輸出（output）（如下圖）。

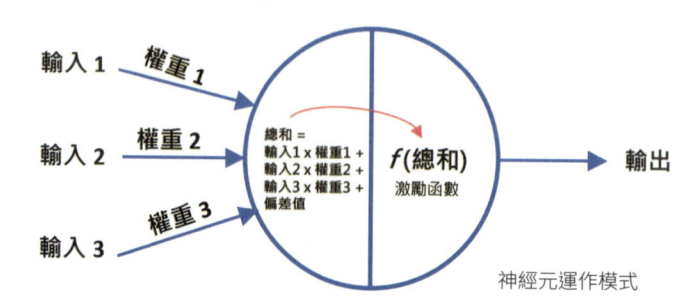

神經元運作模式

一個神經元發揮的效果有限，但當我們將單個神經元利用堆疊方式建構成神經網路時，神經網路將可提供機器做為學習之用，而它是如何做到就必須先認識其架構。接下來就讓我們看看神經網路的架構說明吧！

神經網路架構

如前一節所提，我們可以試著增加神經元數量及多個輸出，並利用堆疊方式來建構一個簡單的單層神經網路架構。此架構最常見的有 3 種層別，分別是輸入層、隱藏層及輸出層。

- **輸入層 (Input Layer)**：該層為神經網路輸入資訊 (特徵) 所在之層，會將來自外部世界的資訊提供給網路。在這一層不執行任何計算，這裡的節點只將特徵傳遞給隱藏層。

- **隱藏層 (Hidden Layer)**：此層節點並不會暴露於外部世界，所以狀態通常不容易觀察，對某些人來說資訊是隱藏的，所以視神經網路較為抽象的一部分。隱藏層會對經由輸入層所輸入的特徵執行各種計算，並將結果傳輸到輸出層。

- **輸出層 (Output Layer)**：此層會將神經網路所學到的資訊帶到外部世界。

當我們需要解決複雜的問題時，可能就需要將神經網路中的單個隱藏層增加為多個隱藏層 (如右圖)，中間會有非常多的資訊透過數學模型處理後傳遞。例如，每一層都由自己的權重參數所構成的數學矩陣，與輸入參數進行數學運算傳至下一個神經元，無論是從輸入層到隱藏層或是從隱藏層到輸出層都是如此，看起來是不是變得複雜許多。

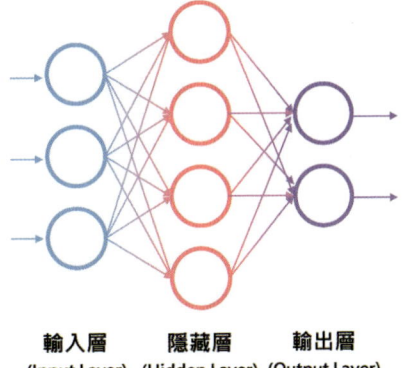

神經網路基本架構

擁有多個隱藏層的神經網路架構，我們就給它一個名稱叫做深度神經網路 (Deep Neural Network)。機器利用這樣的架構來進行學習，我們就稱為深度學習 (Deep Learning)，而深度學習中的 " 深度 " 是指神經網路中隱藏層的層數。目前沒有特別定義要多少層數才能叫做深度學習，但一般由三層以上隱藏層所組成的神經網路，就常被視為深度學習演算法。

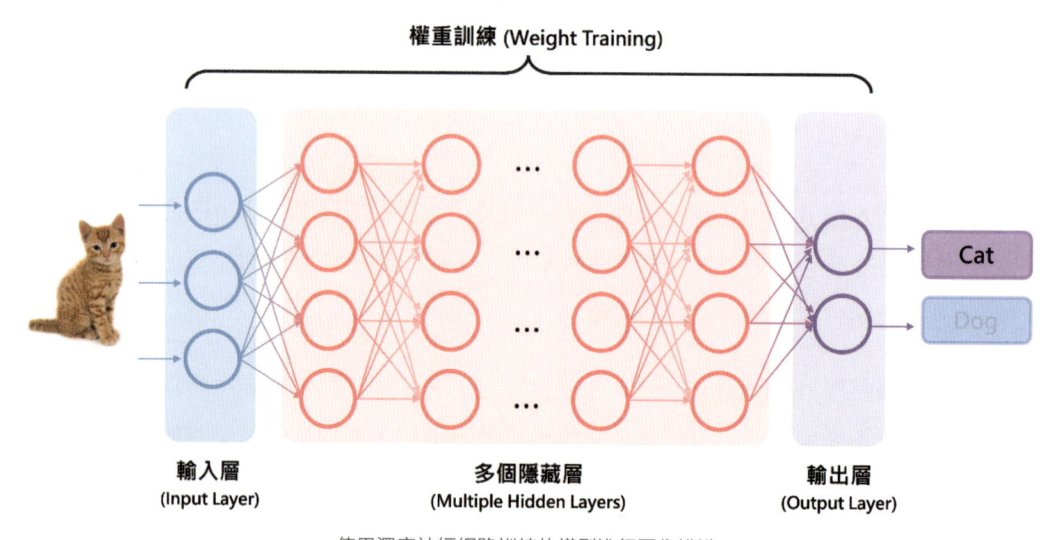

使用深度神經網路訓練的模型進行圖像辨識

若將訓練資料經由一定深度的神經網路數學運算並反覆學習後，將可訓練出一個可以做決策的模型。例如一個訓練好可以辨識貓跟狗的神經網路模型，將一張貓的圖片提供給此模型時，將可對其正確分類。由於輸入的特徵數變多，神經元的數量勢必增加，加上任務的複雜度提升，必須使用多個隱藏層，下一節我們就進一步看看多層的深度神經網路如何運作

3.3 神經網路如何工作

　　那神經網路實際是如何運作的呢？我們用一個簡單範例說明。首先，先將神經網路看成是一個黑盒子，也是一台我們還不是真正瞭解其內部運作方式的機器。我們希望這台機器可以接受一定數量輸入，並有一定數量輸出。

　　例如，我們希望對圖像分類 (草莓或藍莓)，那麼我們希望輸入資料會是圖片中的像素，輸出則是我們擁有的類別數 (草莓跟藍莓兩個類別)。

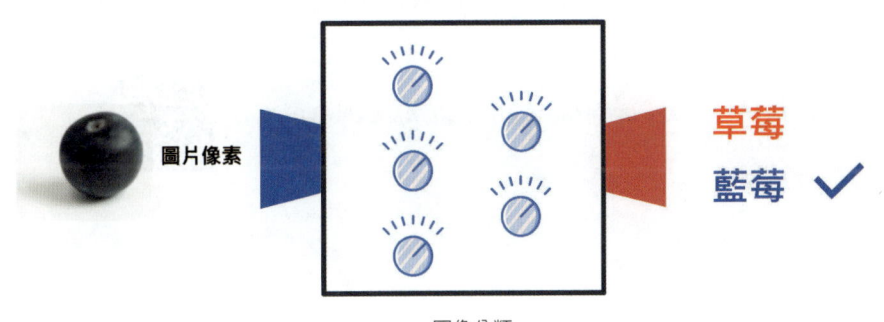

圖像分類

　　機器有了輸入和輸出，那我們要如何控制什麼樣的輸入會產生什麼樣的輸出呢？也就是說如何改變神經網路，讓某些輸入 (例如草莓或藍莓的圖像) 給出正確的輸出 (例如，0 表示判斷為草莓，1 表示為藍莓)？我們可以把神經網路想成是一部可以產生任何輸出的萬用機器，機器上面有無數個旋鈕，只要我們將這些旋鈕調到正確的位置，就可以將輸入的內容轉換成我們想要的輸出，而這些 " 旋鈕 " 就是所謂神經網路的參數。

例如，回到草莓跟藍莓的例子，如果我們給機器一張藍莓的圖像，但機器卻告訴我們這是草莓，代表機器還沒有辦法給予我們想要的答案，那麼我們可以繼續調整機器的旋鈕 (也就是所謂的調整參數) 直到機器告訴我們它看到的圖像是藍莓，此時黑盒子就是訓練好的模型。基本上，這就是訓練神經網路的意義。

現在就利用下面的活動來實際操作並了解相關工作方式與應用。

活動：單個神經元工作方式

現在讓我們看看黑盒子裡面發生了什麼事。我們可以利用此活動，從認識單個神經元內部運作方式開始。

活動目的：利用互動式功能，瞭解單個神經元工作方式以及激勵函數的應用

活動平台：AI Playground (https://ai.codinglab.tw)

使用環境：桌機及瀏覽器

當登入這個活動平台時，讀者可以點擊下圖中左側神經網路的選項，然後會看到歡迎畫面後，可以一步一步的察看內容，也可以直接點擊上方想看的內容。

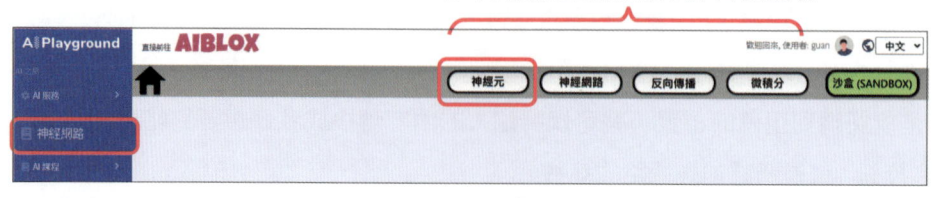

AI Playground 畫面

我們先直接點擊畫面上方「神經元」的選項，並按 next 至下方畫面 (讀者若對當中一些資訊有興趣可以停下腳步認識一下)。由於本互動網站只是讓大家做一些基本認識，所以提供的資料不會太複雜。

首先我們先提供神經網路一份藍莓的資料 (含長度及圓度兩個值)，並將其當作進入神經元的輸入。

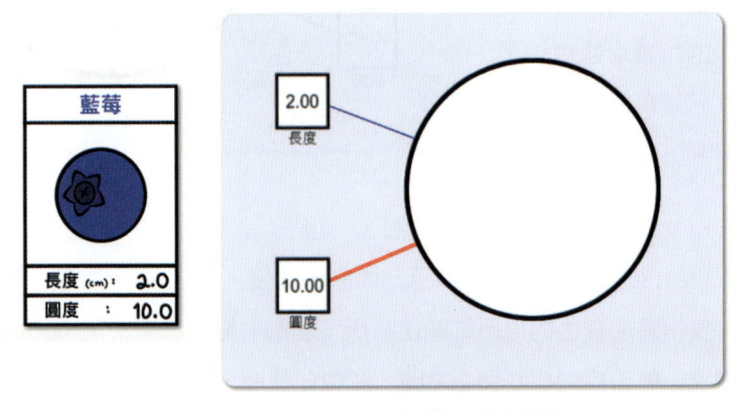

提供神經網路資料

接下來我們可以按下 next 會看到有出現紅底的互動 (interactive) 圖標，你將可以看到神經元中間的數學過程，會將每個輸入 (長度 2 及圓度 10) 乘以一個權重 (初始值是隨機數)，加總後再加上一個特別數字 - 偏差 (bias)，也就是 0.21。

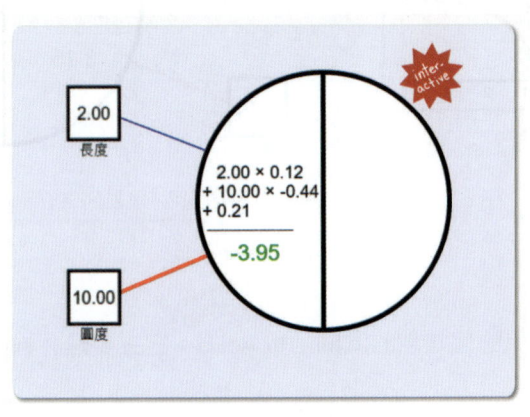

輸入資料處理過程

3-13

你可以將滑鼠游標移在線上 (也就是權重)，點擊如右圖中出現的 -/+ 來手動增加 / 減少權重的值，這時候你將會發現神經元內的值也會跟著改變。同時權重值如果是正的將會以藍色線呈現，反之若是負的則會以橘色線表示。

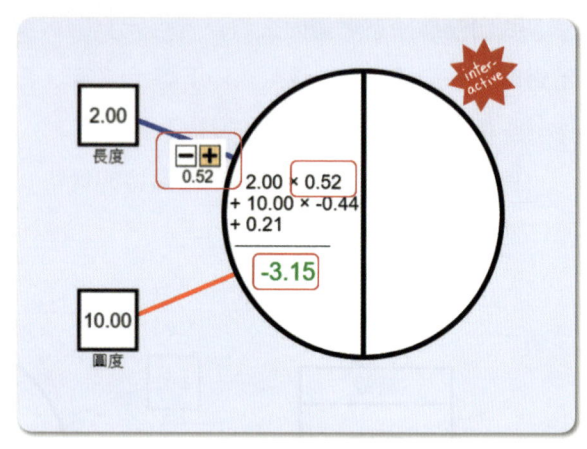

調整權重

按下 next 後，你會發現在神經元內原先的值，會放進一個激勵函數來做轉換，不會直接將加總後的值單純輸出。而下圖的激勵函數是使用 sigmoid 函數，它會將加總後的值控制在 0 到 1 之間，避免任意擴大。

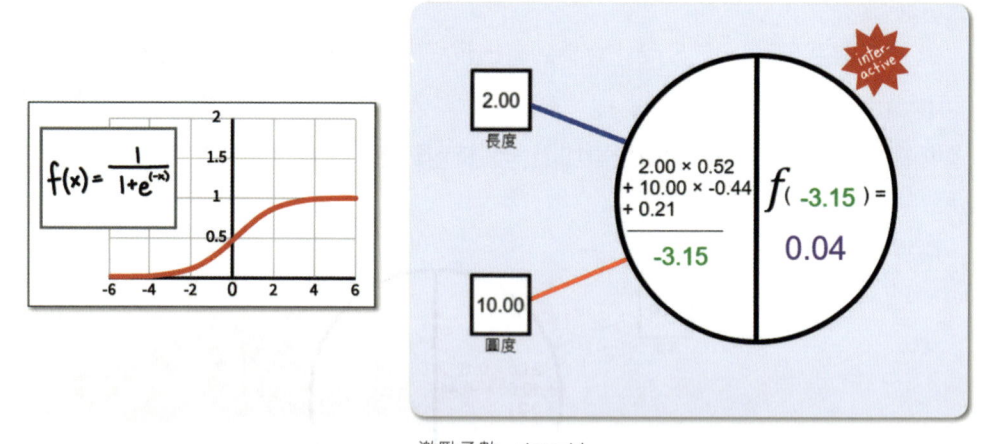

激勵函數 - sigmoid

而下圖則是另一個常用的激勵函數 ReLU，它主要是將輸出控制在非負數的狀況。

3-14

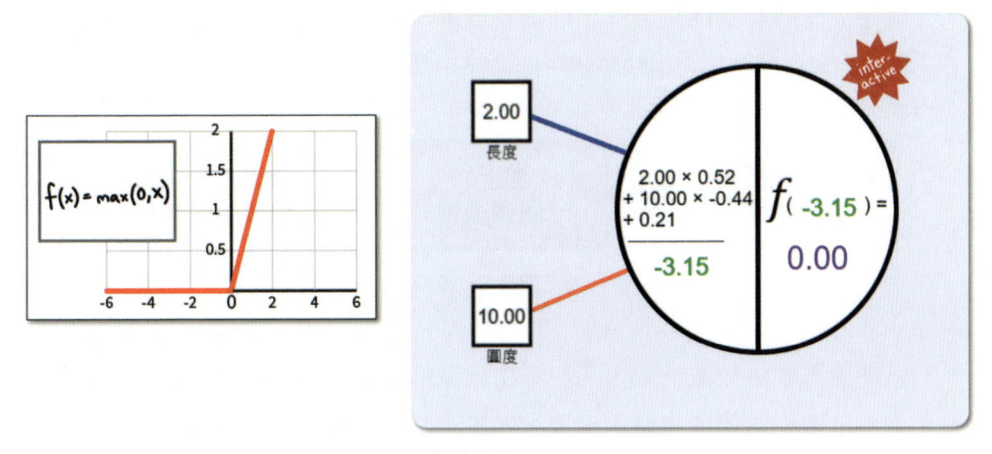

激勵函數 – ReLU

　　激勵函數在神經網路中是非常重要的，因為它可以將原先線性的關係變為非線性，也就是對無法用直線進行分隔的資料。使用激勵函數得到的值就是此神經元最後輸出 (也可以稱為激勵)，讀者可以試玩看看。

　　在本活動的互動過程中，不管是使用哪一種激勵函數，平台會將更活躍的神經元以更亮的黃色顯示，同時使用者可以將滑鼠移至神經元上面將可看到其數學公式。

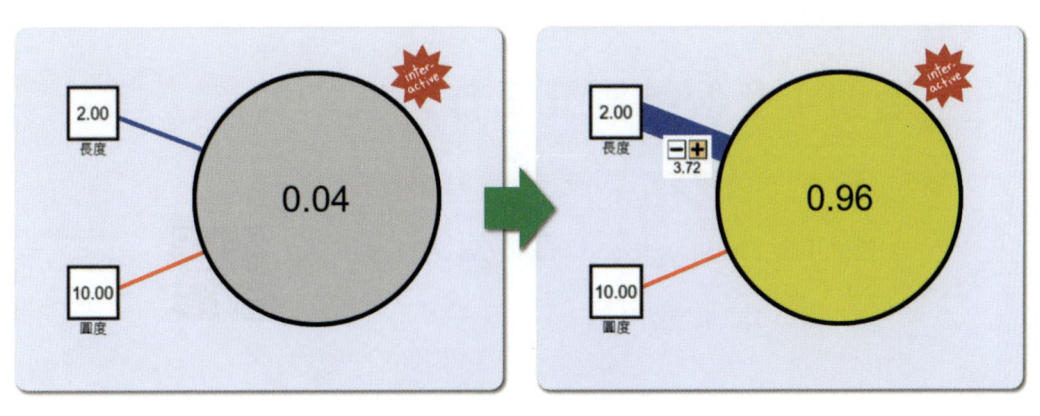

黃色愈亮顯示神經元愈活躍

經由上面的互動講解後，相信讀者對單一神經元的工作方式將會認識許多。同時也可以讓初學者很快瞭解一個神經元運作的三個步驟。

```
將輸入與權重    ➡    加上          ➡    透過激勵函數
進行乘積              一個偏差值          做非線性轉換
```

神經元運作三個步驟

這裡對激勵函數做一個小補充。由於激勵函數是神經網路設計的關鍵部分，它會確保從有用的資訊中學習，而不是陷入分析不是那麼有用的資訊困境。同時，在隱藏層中的激勵函數，會控制神經網路模型對訓練資料的學習程度；而輸出層中的激勵函數，則會定義這個神經網路模型最後可以做出的預測類型。

因此，根據訓練目標的不同，所使用的激勵函數也會不同，並且都與數學模型相關，有興趣的讀者可以朝此方向深入探討，可參考作者整理的網頁資源 https://simplelearn.tw/ai-literacy-activation-functions/。

接下來我們再藉由活動來瞭解，多個神經元所構成的神經網路是如何進行的。

活動：多個神經元工作方式

活動目的：利用互動式功能，瞭解多個神經元工作方式

活動平台：AI Playground (https://ai.codinglab.tw)

使用環境：桌機及瀏覽器

這個活動一樣是使用 AI Playground 的平台。讀者進入互動式神經網路歡迎畫面後，可以直接點擊上方的神經網路按鈕，或是持續按下方 next 也可以。

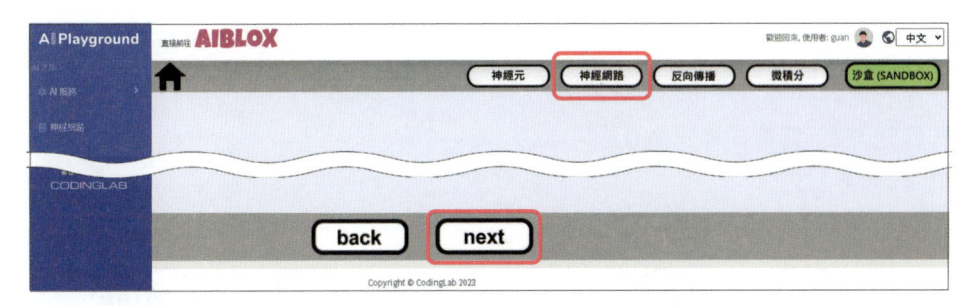

神經網路使用介面

此活動預計有 2 個分類（草莓及藍莓），所以我們最後的輸出層將會需要有兩個最終神經元。同時當我們左側圖像輸入是藍莓時，我們會希望達到下面這個目標，即草莓這個神經元為 0，而藍莓這個神經元為 1。

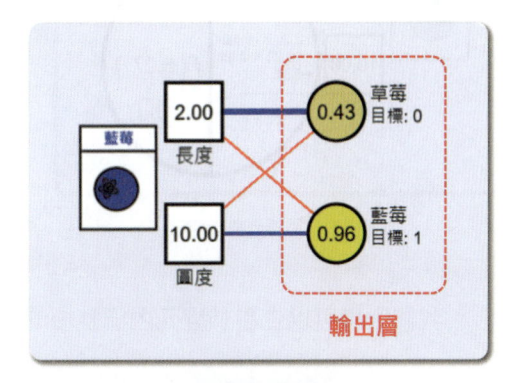

輸出層及其目標

將滑鼠移至藍莓這個神經元時，可以查看到裡面的數學變化，也就是前面所介紹將連結到此神經元的輸入乘以權重，加總起來後透過激勵函數做轉換（如下圖左）。由於我們希望的目標是介於 0~1 之間，所以此時選擇 sigmoid 激勵函數就會比較適合。這時候我們可以調整當中的權重（神經元間的連線），來達到藍莓的目標值為 1，及草莓的目標值為 0（如下右圖）。

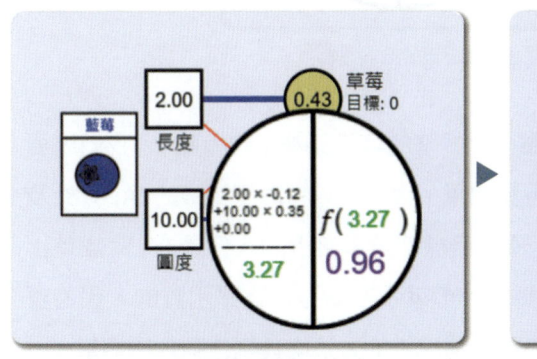

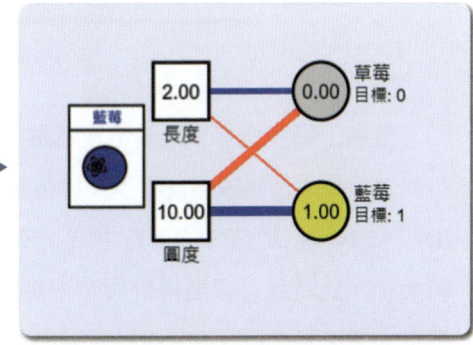

神經元內結構　　　　　　　　調整範例目標後神經網路架構

3-17

我們可以檢視調整後神經元內的狀況，並點擊左側的圖像 (例如換草莓圖像，長度及圓度分別為 9.9 及 2.57)。此時我們要調整的目標，是草莓這個終端神經元為 1，藍莓神經元為 0。

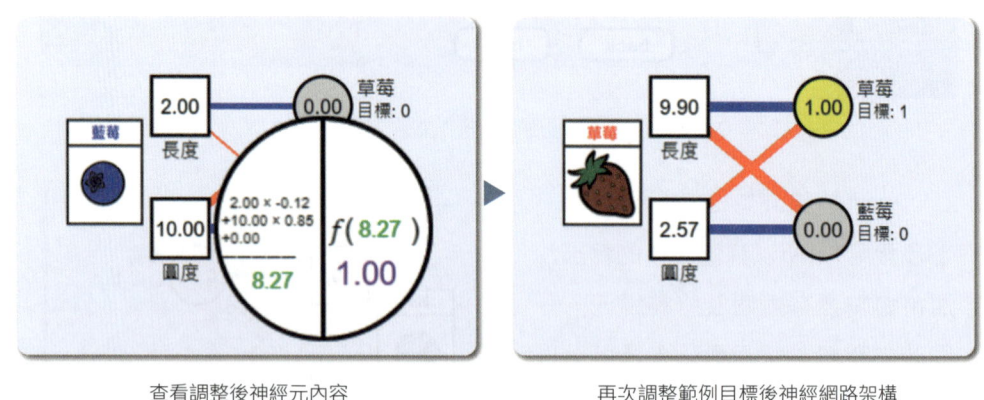

查看調整後神經元內容　　　　　　　　　再次調整範例目標後神經網路架構

我們一樣可以查看神經元內調整後的數學算式。(如下圖)

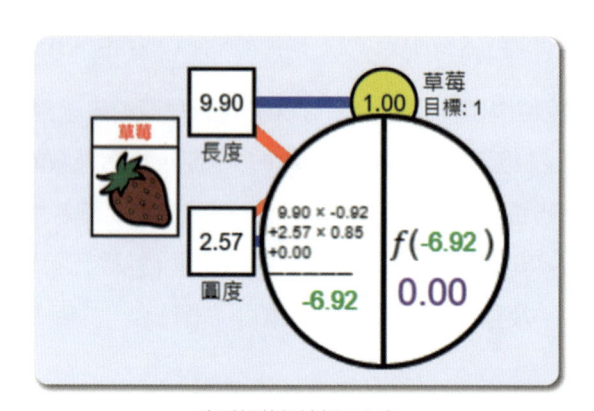

查看調整後神經元內容

根據上面兩個範例 (藍莓及草莓) 所調整的模型架構 (含參數)，我們試著將其他草莓或藍莓放進此模型來檢視其效果。大家可以發現下圖中的 (A)、(B) 及 (D)，放到剛剛調整好的模型中時，預測目標都還蠻接近的，但是 (C) 就誤差比較大了。此時就必須要再針對它做調整，但就手動調整而言是困難的，因為要滿足太多不同資料狀況，這時候就必須再利用其他方法來達到自動化的調整。

3-18

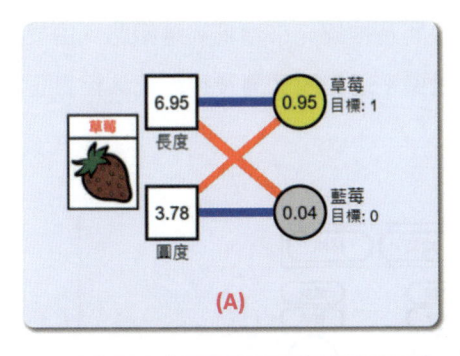

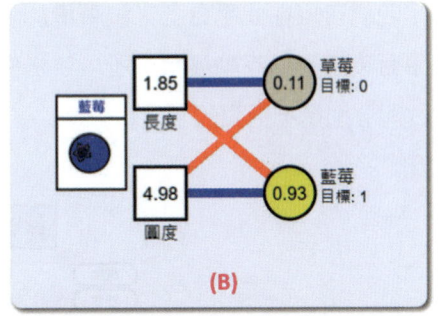

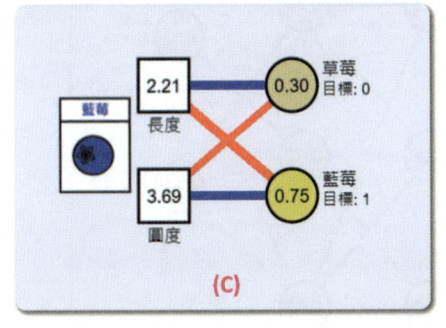

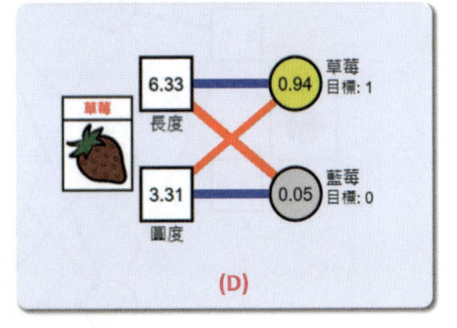

比較調整後的神經網路效果

我們可以增加隱藏層，並將神經元添加到每個隱藏層中。這時候要提醒讀者，每一層的輸出都會是下一層的輸入。而這種從輸入到最後輸出的過程就稱為「前向傳播」(Forward propagation)。

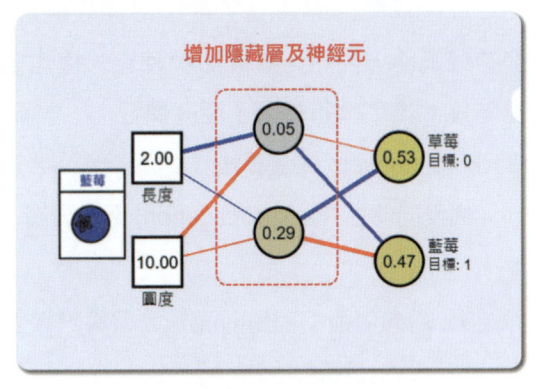

增加隱藏層及神經元

我們也可以將滑鼠移到中間新增的神經元，來看看神經元內的數學運算。

3-19

我們可以在此平台上,試著增加隱藏層及神經元來建構神經網路。由於這個平台只是提供互動展示,所以無法使用過多層的隱藏層及神經元,但真正的程式開發則是不受限的。

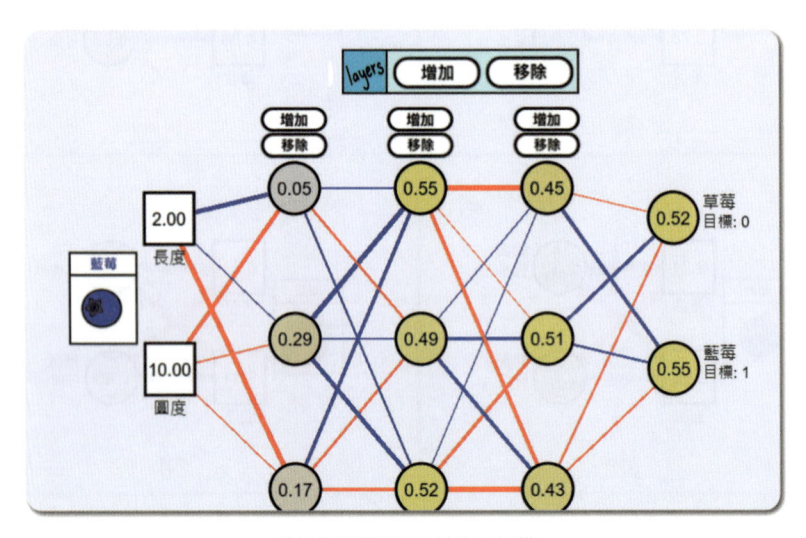

增加多個隱藏層及神經元架構

現在我們已經建立了自己的神經網路,而這樣的神經網路可以稱為深度神經網路,同時可以開始訓練它,這也是神經網路學習如何分離資料的重要階段。為了進行學習(深度學習),神經網路會使用一種稱為「反向傳播」(Backpropagation) 的演算法。

而反向傳播 (Backpropagation) 最主要有 3 個步驟:

1. **前向傳播**:就是前面帶大家實際做過的活動,提供神經網路一個輸入並計算輸出。

2. **誤差計算**:計算實際輸出值與目標值相差有多少。

3. **進行更新**:不斷調整權重和偏差值,讓每次實際輸出值可以更接近這些目標值。

而這些過程都可以自動化地完成訓練，而不需要藉由你我手動處理。而其背後運作都是利用許多數學及微積分在處理，這裡就先不深入介紹。

神經網路在結構上與大腦還是有很大不同。例如，神經網路組成還是比大腦小得多，同時神經網路中使用的人工神經元單元結構也比大腦神經元簡單許多。但是儘管如此，某些像是大腦獨有的功能 (例如學習或決策)，目前可以利用神經網路在更簡單的規模上複製仿照。

每次機器開始學習新事物時，人工神經元之間的連接也會發生變化。為了追蹤所有變動，神經網路會使用稱為 " 參數 " 的數字 (例如前面所提到的權重或激勵函數)。每個參數都儲存了機器所學內容的微小資訊。它擁有的參數越多，它可以儲存的學習資訊就越多。

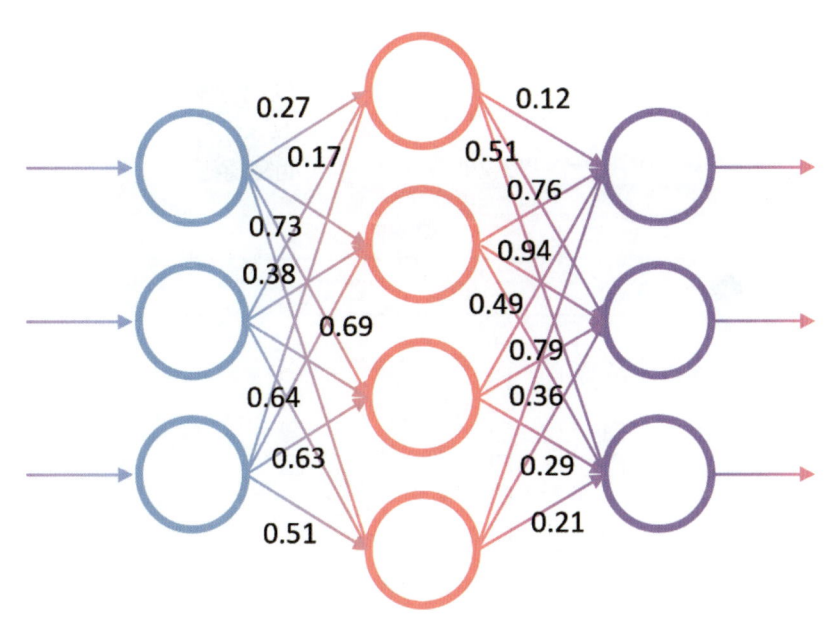

在神經網路中利用參數儲存機器所學資訊

這個神經網路很小，所以參數並不多，但今天許多大型神經網路，都擁有數十億個參數 (例如 GPT-3 模型的參數為 1750 億個，GPT-4 將超出更多)，因此可以學到非常多東西！而這就是人工神經元所構成神經網路最基本的概念。經有這個章節的說明及活動操作，相信大家對神經網路及深度學習都有了基本的認識，接下來就讓我們認識一些常見的神經網路類型吧！

活動：神經網路如何訓練？

活動目的：用接近業界的工具，了解神經網路實際訓練的細節。

活動平台：TensorFlow Playground (https://playground.tensorflow.org/)

使用環境：桌機及瀏覽器

操作示範可參考：https://simplelearn.tw/dl-tensorflow-playground/

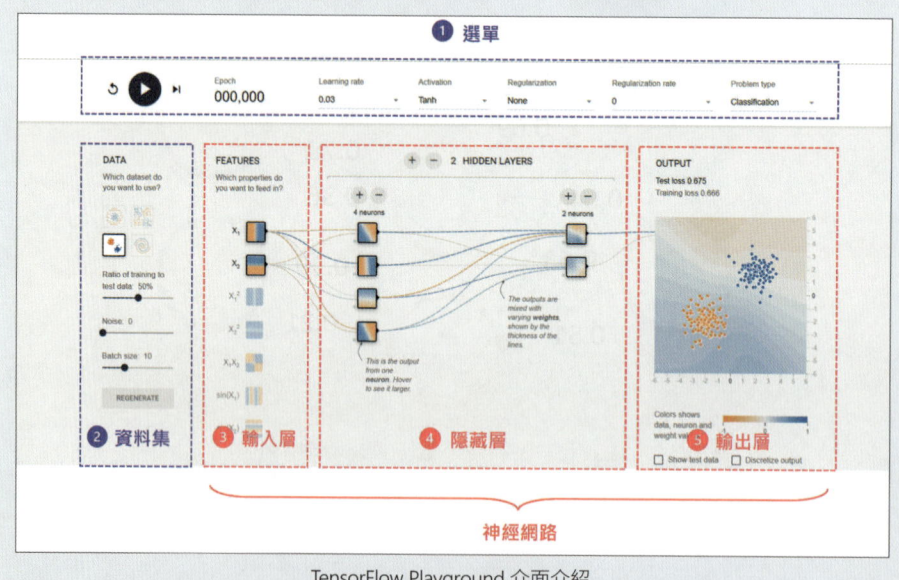

TensorFlow Playground 介面介紹

神經網路的類型

神經網路會因為不同目的而有許多不同類型，常見的幾個神經網路如下：

- 感知器是最古老的神經網路，由 Frank Rosenblatt 於 1958 年創建。它只有一個神經元，也是最簡單的神經網路形式，與 4.2 節所提單一神經元架構類似。

- **前饋神經網路** (Feedforward Neural Networks) 或多層感知器 (Multi-Layer Perceptrons, MLPs) 是我們主要關注的內容。它們由一個輸入層、一個或多個隱藏層和一個輸出層組成。資料通常被輸入到這些模型來訓練它們，所以它們是電腦視覺、自然語言處理和其他神經網路的基礎。

- **卷積神經網絡** (Convolutional neural networks, CNNs) 類似於前饋神經網路，但它們通常用於圖像識別、模式識別或電腦視覺。這些網路利用線性代數的原理，特別是矩陣乘法，來識別圖像中的模式。

- **循環神經網路** (Recurrent Neural Networks, RNNs) 主要用於使用時間序列資料來預測未來結果，例如股市預測或銷售預測。

而這些不同類型的神經網路，我們都會在後面章節逐一介紹。

活動：Emoji 實物尋寶大冒險

Emoji Scavenger Hunt 結合神經網路和手機上的相機來辨識真實世界中 Emoji 表情符號所代表的物品。當網頁出現 Emoji 符號後，你要在一定秒數內找到現實世界中同樣的物品，並利用手機鏡頭對準進行辨識。

活動目的：利用神經網路辨識真實世界中的表情符號 (Emoji)

活動平台：Emoji Scavenger Hunt
(https://emojiscavengerhunt.withgoogle.com/)

使用環境：具攝影鏡頭的手機或平板電腦

STEP 1　準備有攝影鏡頭的行動裝置

活動進行方式非常簡單，連結到 Emoji Scavenger Hunt 網站後，點選「LET'S PLAY」，並同意使用鏡頭。

STEP 2　限時完成十項辨識關卡

開始遊戲後，會倒數三秒並顯示一個 Emoji 符號做為尋寶題目 (如下圖中的手機圖示)，接著玩家會有一定的秒數來找到現實世界中的相同物品，並用手機鏡頭對準它 (畫面的左上角亦會有尋寶提示)，答對後從而延長計時器。

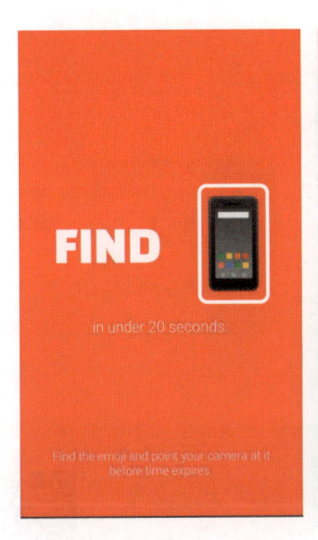

辨識後判斷不是答案要的物品 (此處眼鏡自然不是答案，但 AI 也誤判成摺疊椅)

初始時間為 20 秒，找到目標後總時間會加 10 秒。若於時間內找到則會出現如右圖比讚的圖，按下「NEXT EMOJI」就會到下一關。

STEP 3　完成十項辨識即挑戰成功！

當您在現實世界中找到這些物品時，後續要找的 Emoji 符號的難度會增加。若能在規定時間內完成辨識 10 項物品，即表示挑戰成功。若未能在規定時間內找到對應的物品，則代表挑戰失敗，結束後會將找到的物品全部呈現出來。

只找到 2 項物品

玩家可以從手邊可能有的物品開始，例如鞋子、書或你自己的手，然後逐漸發展到香蕉、蠟燭甚至腳踏車等物品。整個遊戲的尋寶物件約有 95 個左右。

遊戲核心功能是識別相機所看到的物品，將其與遊戲要求尋找的標的物 (Emoji) 進行比對。但是相機如何能知道它自己看到了什麼？因此需要一個可以幫助它辨識物體的圖像辨識模型。此模型架構則是如下圖的神經網路架構。

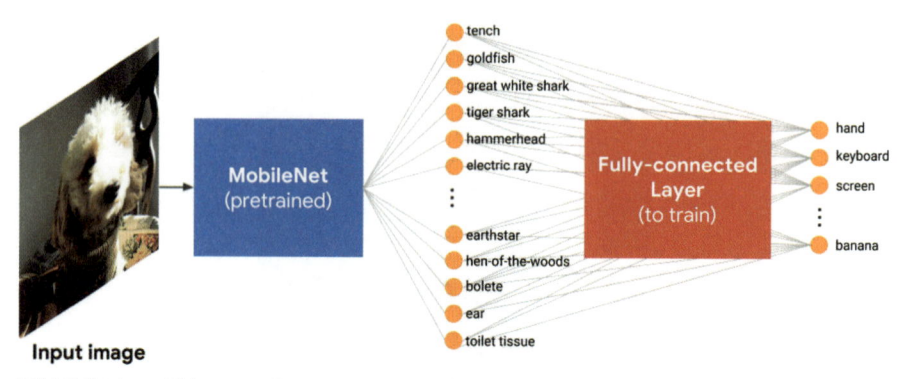

圖片出處：https://blog.tensorflow.org/2018/10/how-we-built-emoji-scavenger-hunt-using-tensorflow-js.html

不過遊戲過程中有時會遇到突然識別成功，或無法正確識別的問題，讀者可以思考看看，可能的原因會是什麼。但整體而言算是一個蠻有趣的 AI 遊戲體驗，大家不妨試一試玩玩看。

猜拳遊戲動態展示

活動：用 AI 玩剪刀、石頭、布

活動目的：體會機器利用神經網路技術做深度學習後，將可以跟你一起玩剪刀石頭布的小遊戲。

活動平台：Rock Paper Scissors
(https://tenso.rs/demos/rock-paper-scissors/)

使用環境：桌機或筆記型電腦的瀏覽器

完整說明步驟可參考：

https://simplelearn.tw/dl-rock-paper-scissors/

3.4 卷積神經網路 (Convolutional Neural Networtks)

什麼是卷積神經網路

卷積神經網路 (Convolutional Neural Networks, CNNs 或 ConvNets) 是一種用於深度學習的網路架構，在過去幾年的機器學習社群中獲得了非常多關注，主要是因為它具有廣泛的應用，像是在物體偵測或語音識別上都表現得很出色。

例如卷積神經網路可以學會從一張圖像中挑選出一隻鳥及青蛙，即使這隻青蛙只有部分可見。

2013 ILSVRC 比賽圖像範例
(圖片來源 : https://image-net.org/challenges/LSVRC/2013/index.php)

物體識別問題的解決靈感，主要來自於參考人腦視覺皮層的運作方式，因為人們認為大腦中的視覺處理是分層的，也就是一層饋入下一層，逐步從簡單的 " 特徵 "(例如邊緣) 計算到複雜的特徵，然後到達大腦的決策區域做出判斷 (如下圖)。

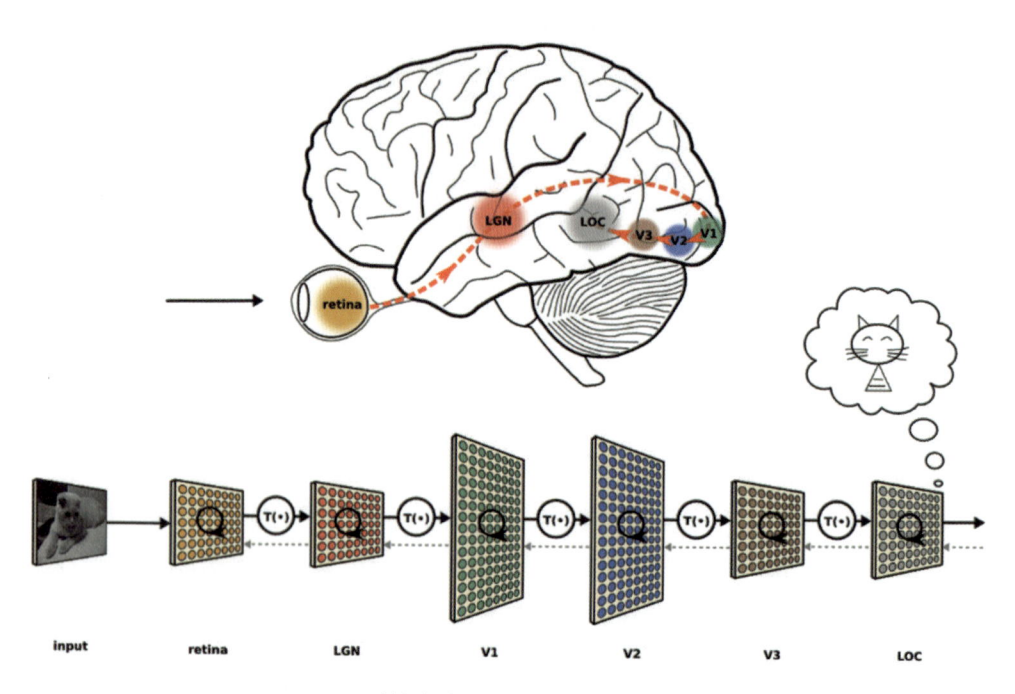

神經網路 " 分層 " 設計的靈感
(圖片來源：https://neuwritesd.files.wordpress.com/2015/10/visual_stream_small.png)

簡而言之，卷積神經網路從輸入圖像開始，先自動提取一些原始特徵，然後將這些特徵結合在一起形成局部形狀，最後再將各種不同形狀組合成物體全貌。(如下圖)。

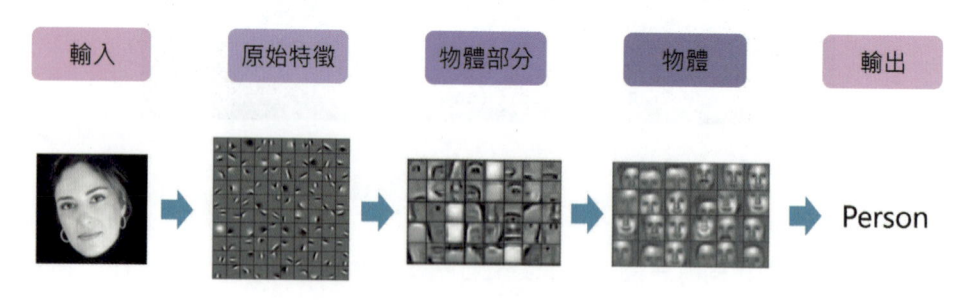

卷積神經網路學習分層特徵示意圖

從本質上來講,這是一種分層查看物體特徵的方式,也就是在第一層檢測到非常簡單的特徵,然後將這些組合起來,在第二層中形成更複雜的特徵,以此類推來檢測出貓、狗或其他物體。而卷積神經網路就是從這一系列步驟當中迭代回饋訓練多次而成,其背後運作是透過複雜數學運算及迭代訓練時更新權重來自動尋找特徵。

卷積神經網路是一種常用於深度學習的智能架構,能直接從資料中自動學習特徵,不需要由人工來提取。

它的一大優點是具有不變性,也就是即使影像有些微變形,仍能辨識出相同的特徵。例如,左圖是 X 的原始樣貌,右圖是略微扭曲後的 X,CNNs 依然能正確辨識。

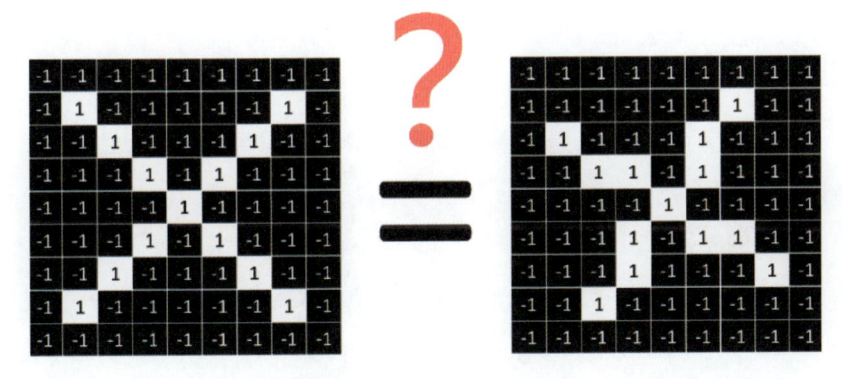

電腦會認為右邊的圖是 X 嗎?

我們可以透過卷積神經網路 (CNNs) 具有結構重複性之特性,能夠盡可能找出圖片在任何角落所具備的規律及重要特徵,也就是影像處理中所謂不變性 (特徵不受平移、旋轉及尺寸影響) 的特色,從而由右圖中識別出 X(如下圖)。也因為如此,卷積神經網路 (CNNs) 在圖像和視訊領域中的應用非常廣泛。

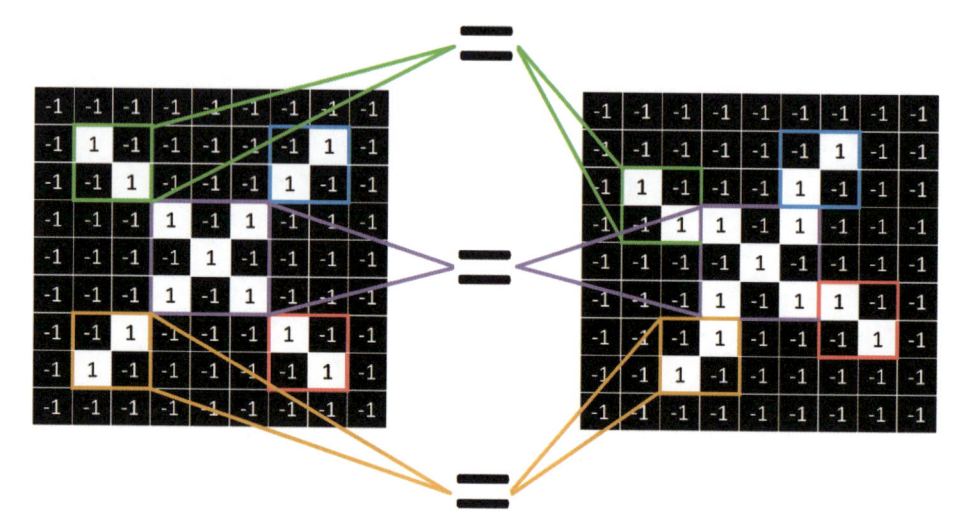

卷積神經網路具有結構重複性的特性

卷積神經網路架構

　　卷積神經網路 (CNNs) 是一種神經網路，與一般神經網路不同之處在於它在圖像處理上表現特別出色。CNNs 是由多個具不同功能的層 (Layer) 組成，可以視為一個層的序列。

　　而其中有三種主要類型的層，分別是卷積層 (Convolutional Layer)、池化層 (Pooling Layer) 和全連接層 (Fully-connected Layer)，如下圖所示，我們堆疊這些層來形成完整的卷積神經網路架構。

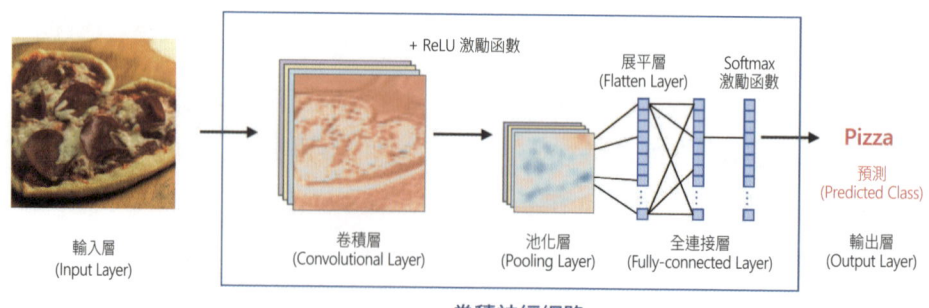

卷積神經網路基本架構

卷積層是 CNNs 的第一層，後面可接續更多卷積層或池化層，而最後一層會是全連接層。隨著資料逐層傳遞，CNNs 能夠辨識越來越複雜的圖像特徵。前層通常只抓取簡單特徵，如顏色與邊緣；後層則開始識別物體較大的組成或形狀，最終辨識出預期的物體。

活動：在瀏覽器中輕鬆學習卷積神經網路

這是一個讓新手認識卷積神經網路 (CNNs) 最好的活動，您可以了解如何使用簡單的卷積神經網路進行圖像分類，同時藉由此活動來認識網路中各層運作方式。

活動目的：利用互動式功能，瞭解卷積神經網路各層功能及運行方式

活動平台：CNN Explainer
(https://poloclub.github.io/cnn-explainer/)

因平台會先載入訓練好的模型，所以根據使用者環境狀況有可能載入時間會較長。

使用環境：桌機及瀏覽器

進入 CNN Explainer 活動平台後，畫面中會顯示輸入層、輸出層與整體的 CNN 架構。平台提供一個已經訓練好的模型，可辨識 10 種圖像類別，並在畫面上方展示這些圖像的樣本供學習使用，也支援使用者上傳自選圖像進行辨識體驗。

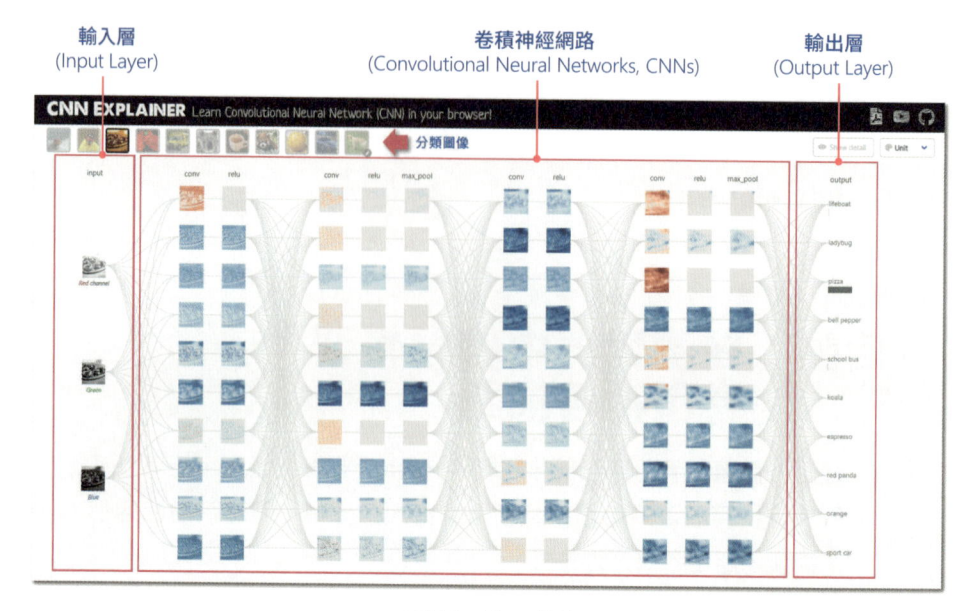

CNN Explainer 介面

　　現在就讓我們點選左上角的披薩,並依序來看看網路中的每一層的功能介紹及運行方式。

輸入層 (Input Layer)

　　輸入層(最左邊的層)表示輸入到卷積神經網路的圖像,神經網路及電腦會將輸入的圖像視為數值網格,如果你輸入的是灰階圖像,您將看到灰階圖像放大部分(如下圖)。

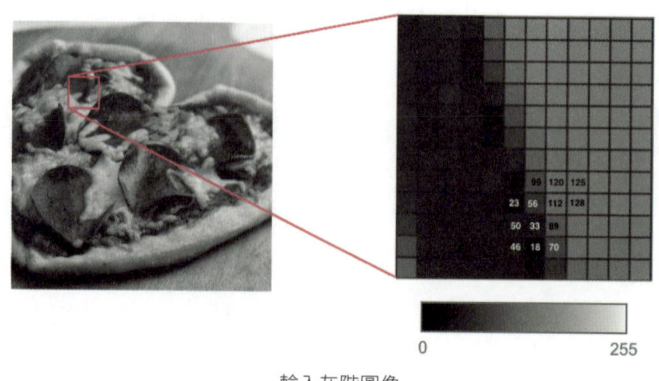

輸入灰階圖像

圖像會被分解成一個一個的網格，每個網格單位被稱為一個像素，而每個像素都會是一個介於 0 到 255 之間代表不同深淺的值，以此處灰階圖像來說，其中 0 代表的是黑色，255 則是白色，一般見到的灰色則會是介於兩者之間。

如果我們輸入的是彩色圖像，每個像素位置都有一組 RGB 值（紅、綠、藍），例如 [255, 0, 0] 表示紅色，[255, 255, 0] 表示黃色。這些 RGB 像素值可視為三張圖層的堆疊，彩色圖的顏色深度為 3，而前述提到的灰階圖像的顏色深度則為 1。因此，一張圖像就是具有寬度、高度與顏色深度的三維資料。

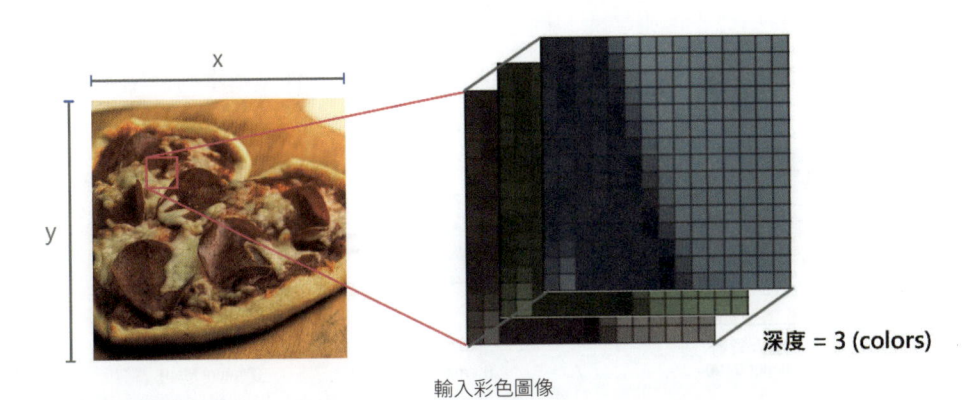

輸入彩色圖像

因為此平台使用 RGB 圖像作為輸入，所以輸入層會有 3 個通道，分別對應於紅色、綠色和藍色通道，如圖所示。同時點擊右上方的 Show detail 時，可以查看到這一層和其他層更詳細的資訊。

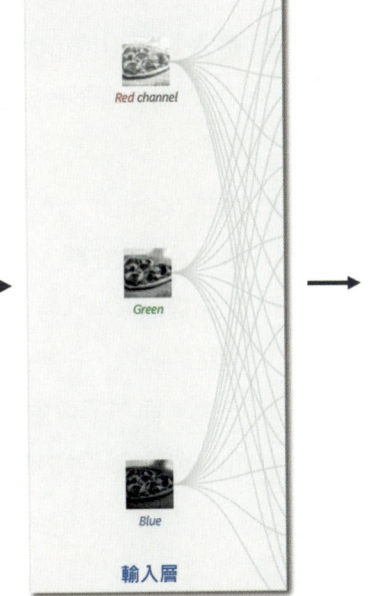

輸入彩色圖像
RGB 三個通道

輸入層

當您單擊上面的圖像時，如果您只看一小部分披薩的圖像，您會發現每張圖像的像素值確實不同，而輸入層後面所接的卷積神經網路各層（例如卷積層），就是要處理這些不同像素值所形成的特徵。

卷積層 (Convolutional Layer)

卷積層是卷積神經網路的核心建構區塊，是大部分數學計算發生的地方，同時也是這個神經網路的特徵提取器，它會學習如何在輸入圖像中找到特徵。所以它需要一些組成元件來完成，例如輸入資料 (Input Data)、內核 (Kernel) 及特徵圖 (Feature Map) (如下圖所示)，我們將對這些組成元件做基本的介紹。

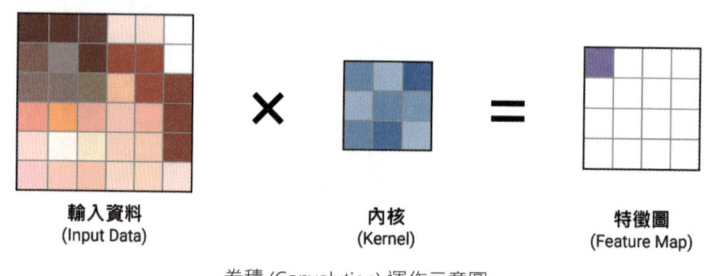

輸入資料　　　　　內核　　　　　特徵圖
(Input Data)　　　(Kernel)　　　(Feature Map)

卷積 (Convolution) 運作示意圖

- **輸入資料** (Input Data)：其中會先將輸入圖像轉成對應的像素值 (0~255)。本平台對輸入的圖像資料有做預先處理，也就是將每個像素控制在 0~1 之間。

- **內核** (Kernel)：也可以叫過濾器 (Filter)，我們會利用內核 (Kernel) 在輸入圖像的感受域 (receptive fields) 中移動來提取某些 " 特徵 "。您可以將內核視為是卷積神經網路的眼睛，在整個圖像上由左到右、由上到下的掃過一遍。而在圖像處理中，內核其實就是用於模糊、銳化、邊緣檢測等的數學小矩陣 (如下圖)。

卷積運算的動態展示

經由不同內核可實現不同效果之示意圖

我們可以想像，卷積神經網路訓練過程就是不斷地在迭代回饋中改變內核 (Kernel) 來凸顯這個輸入圖像上的特徵。

- **特徵圖** (Feature Map)：過程中會將內核與輸入圖像資料進行數學運算後產生特徵圖 (Feature Map)，這個過程就稱為卷積 (Convolution)。

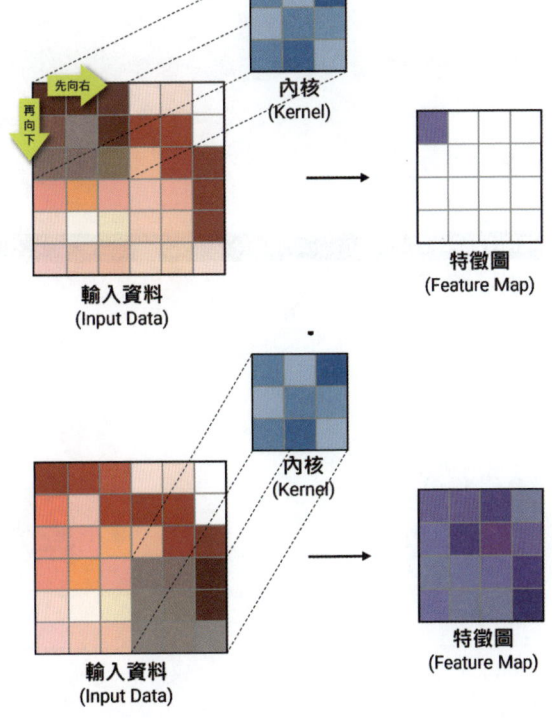

卷積 (Convolution) 運作示意圖

使用不同內核所產生的特徵圖會不一樣 (如下圖)，例如強化垂直或水平邊緣的特徵圖，將會使用適合邊緣檢測的內核。

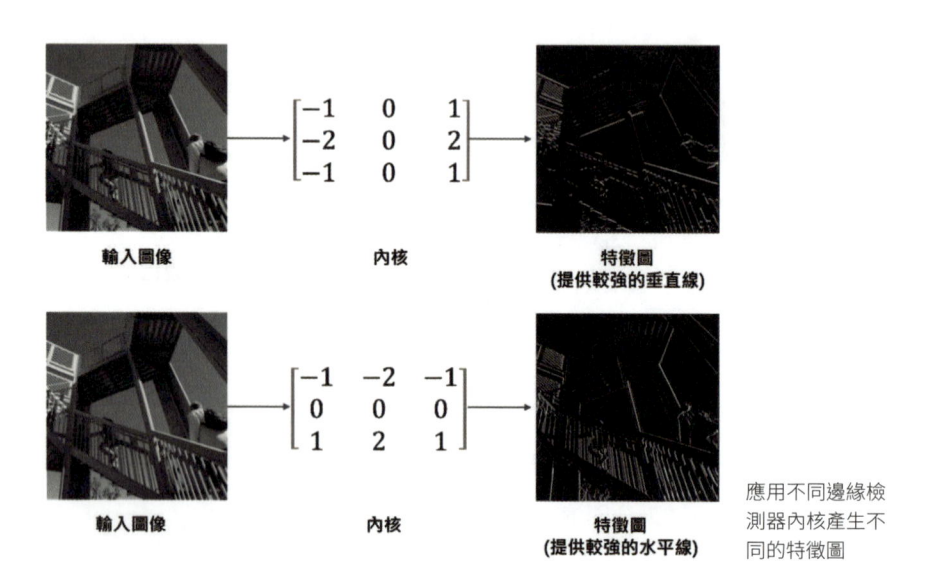

$$\begin{bmatrix} -1 & 0 & 1 \\ -2 & 0 & 2 \\ -1 & 0 & 1 \end{bmatrix}$$

輸入圖像　　　　　　　　內核　　　　　　　　特徵圖
(提供較強的垂直線)

$$\begin{bmatrix} -1 & -2 & -1 \\ 0 & 0 & 0 \\ 1 & 2 & 1 \end{bmatrix}$$

輸入圖像　　　　　　　　內核　　　　　　　　特徵圖
(提供較強的水平線)

應用不同邊緣檢測器內核產生不同的特徵圖

我們可以在平台上看一下架構中的第一個卷積層。這一層卷積層有 10 個神經元，要掃描前一層 3 個通道的圖像資料，因此要讓卷積層每個神經元都與前一層的各神經元做連接，讀者可以照下面標示的位置得到許多資訊。

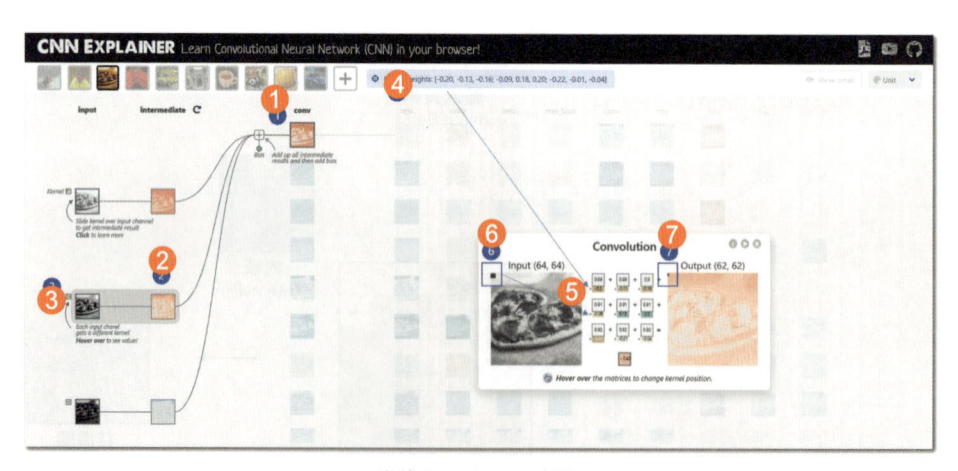

卷積 (Convolution) 操作

3-36

首先可以試著點擊上圖中❶的神經元，系統將會展開讓你看到連結狀況。

接著點擊❷或❸後，就會在圖中右側出現卷積視覺化的過程。

滑鼠移至❸的位置時，可以在❹的地方看到目前卷積所使用的內核參數是多少。以此圖為例，你將會看到內核值為 [-0.20, -0.13, -0.16; -0.09, 0.18, 0.20; -0.22, -0.01, -0.04]。這些值就如同右圖的表示，同時也會在❺的箭頭所指位置呈現這些內核值，此處看到的內核參數（權重）是已經訓練完成，訓練過程這些數值會持續變化，直到輸出結果令人滿意為止。

-0.20	-0.13	-0.16
-0.09	0.18	0.20
-0.22	-0.01	-0.04

內核參數

❻的地方就是內核要處理的像素區域，然後依序向右移動。

❼的部分則是輸入資料與內核運算後的結果。我們利用下面的對照圖就可以了解卷積的運算方式。

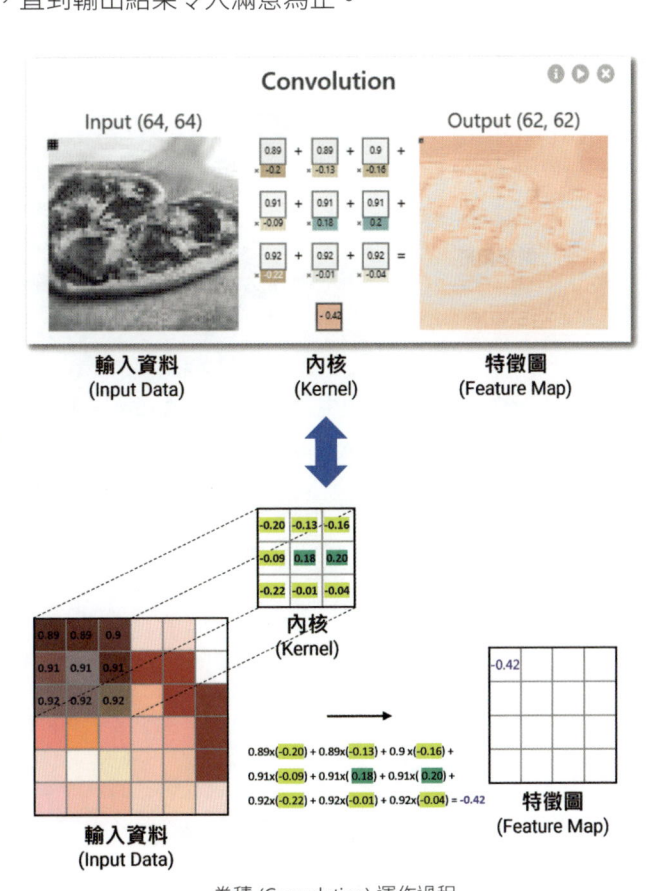

卷積 (Convolution) 運作過程

而這些內核大小實際上會是由神經網路架構設計者指定的超參數 (Hyperparameters)，但平台目前以互動為主所以無法調整。

激勵函數 (Activation)

每次經過卷積操作後，卷積神經網路都會對特徵圖使用 ReLU 激勵函數做變換，目的就如同前面章節所說，可以產生非線性的模型。

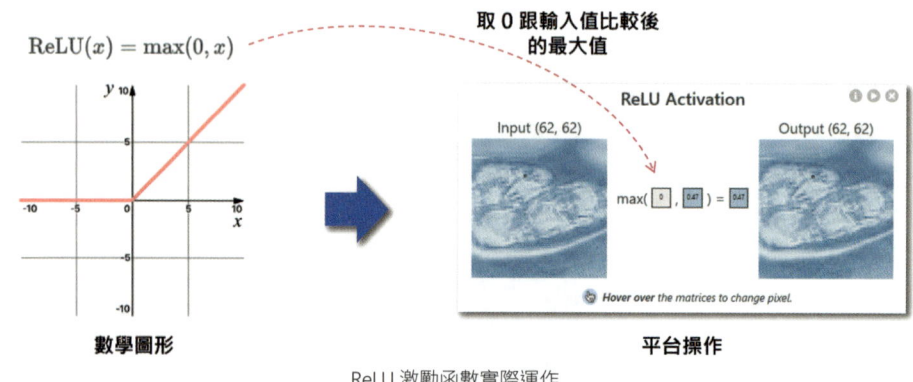

ReLU 激勵函數實際運作

而在最後一層則會使用另外一個 softmax 激勵函數來操作，其關鍵目的在於確保卷積神經網路辨識圖像後的機率輸出總和為 1。例如目前此神經網路模型可辨識的圖像有 10 個類別，當輸入一個新的圖像進入卷積神經網路處理後，透過 softmax 函數會對每一個類別對應一個它辨識後的機率值，而這 10 個類別機率總和會是 1。

例如下圖判斷結果，模型認為是 pizza 的機率是 0.9906：

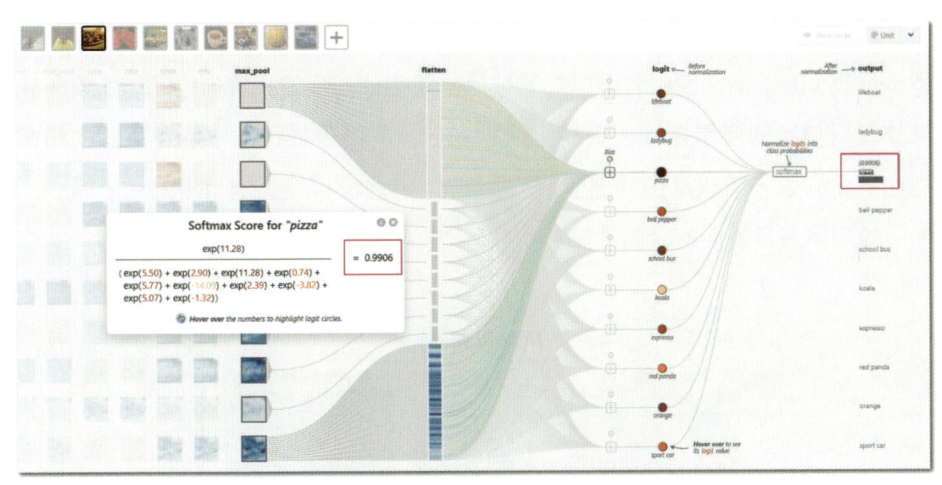

softmax 激勵函數實際運作 – pizza 的機率

池化層 (Pooling Layer)

　　接在卷積層之後是池化層，也叫做降採樣 (downsampling)。池化層負責減小卷積特徵的空間大小，這是為了透過降維及減少輸入中的參數數量，例如 4 個特徵值只取 1 個平均值或最大值代表，來降低處理資料所需的計算能力。同時，它有助於提取旋轉和位置不變的特徵，進而保持模型有效訓練的過程。池化有兩種方式，最大池化 (Max-Pooling) 及平均池化 (Average pooling)，以下圖為例，採取的是最大池化，就是在對應區域內尋找最大值的方法。

若採平均池化則是返回計算對應區域所有值的平均值。

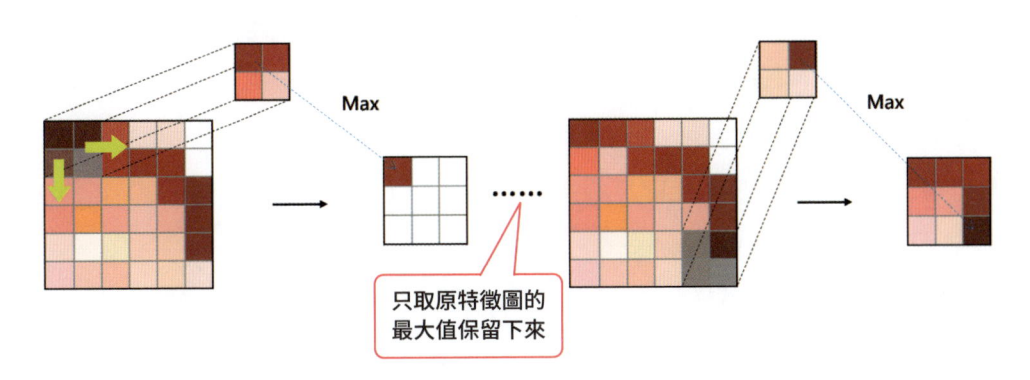

只取原特徵圖的最大值保留下來

而本互動平台採用的是最大池化 (Max-Pooling)，並且使用內核大小為 2x2 及步長為 1 的架構。使用者可以點擊神經網路中的一個池化層神經元來查看，該操作會以指定的步長在輸入資料上滑動內核，同時僅從輸入中選擇每個內核掃描切片處的最大值以產生輸出值 (如下圖)。你會發現經過池化後的大小減少一半，並且保有其重要的特徵值。

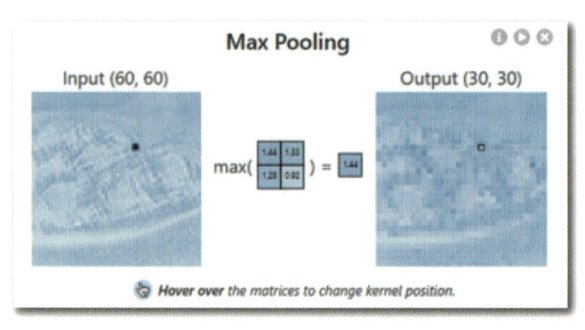

池化層 (Pooling Layer) 實際運作

　　雖然池化層會丟失許多資訊，但它對卷積神經網路來說有很多好處，例如它們會有助於降低複雜性、提高效率並限制過度擬合 (overfitting) 的風險。

　　最後一個池化層所產生的每個輸出，會再接到一個全連接層當成輸入，後面再經過激勵函數處理，才能進行適當的分類 (通常會使用 softmax 函數輸出每一項分類的機率)。

　　由本小節的活動及說明，相信讀者對卷積神經網路應該會有基本的認識，同時可以理解前一章節所提的神經網路只是一個基礎，許多專家學者都會在此基本神經網路上根據需求發展許多不同架構，而卷積神經網路就是一個非常具代表性的進階神經網路架構，如果讀者想要對此平台做進一步了解，可以在網站最下方有許多說明連結可供參考。

3.5 循環神經網路 (Recurrent Neural Networks)

循環神經網路 (RNNs) 是一種使用序列資料或時間序列資料的人工神經網路，也是一種深度學習網路結構。此神經網路可用於處理順序性及時序性的問題，例如語言翻譯、自然語言處理 (NLP)、語音辨識和圖像描述；因此它們也被整合到日常生活中常見到的各種應用當中，例如 Siri 和 google 翻譯。

序列性資料

什麼是序列性資料 (Sequential Data)？我們來看一個直觀的例子：若只看到一顆球的當前位置，很難預測它下一步會去哪。但如果知道球之前的位置變化，就容易判斷它會往右繼續移動。

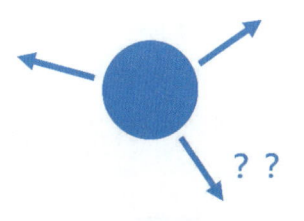

球接下來的方向？

這個例子說明了：要在序列上建立模型、進行預測，就需要考慮前後順序與時間關聯，這就是序列性資料的核心概念。

知道球之前的位置，接下來的方向是不是就容易多了

只要資料集 (Dataset) 中的每個點依賴其他資料點，就可稱為序列性資料。常見例子包括時間序列，如股票價格，上面的每個資料點就代表一個時間點的觀察結果。

其他序列資料還包括：句子、基因序列、天氣資料等。醫學上的心電圖波形也是一種序列，適合使用循環神經網路（RNNs）來處理。

什麼是循環神經網路

為了說明什麼是循環神經網路（RNNs），我們先舉個例子。

假設一位體育老師每天依固定順序運動：第一天呼拉圈 → 第二天瑜珈 → 第三天跳繩，然後循環重複。因此我們只要知道她前一天的運動，就能推測今天會做什麼。

體育老師條理性的按順序運動

這樣的行為不取決於日期，而是依靠前一天做的運動來預測（根據前一項輸出作為下一次的輸入）。這正是 RNNs 的核心概念——讓輸出連接到下一次的輸入，形成一個可以記住過去狀態的網路架構（如下圖所示）。

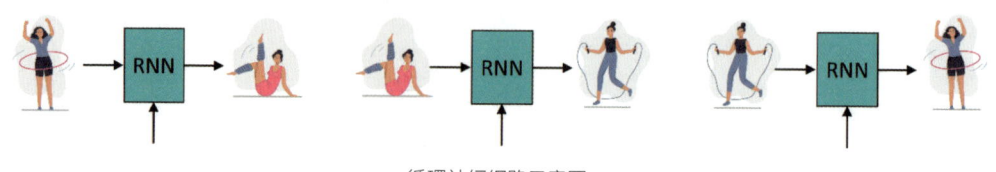

循環神經網路示意圖

在這個例子中，因為不需要額外資訊（如天氣），輸入只來自前一次的輸出。若昨天輸入是呼拉圈，今天輸出是瑜珈；今天輸入瑜珈，明天輸出跳繩，依此類推，這就是 RNNs 的運作方式。

RNN 範例的動態展示

今天的輸出成為明天的輸入

我們也可以將神經網路展開成右圖這個樣子，右邊節點的輸出將會是左邊節點的輸入，這就是為什麼它被稱為循環神經網路，因為它的輸入不僅僅是單純一件事，而是可能源自於前一次的輸出，構成一個非常簡單的循環神經網路 (RNNs)。

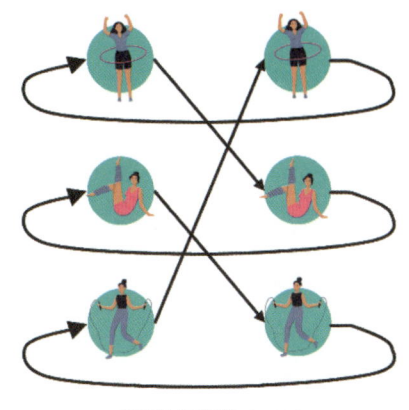

循環神經網路 (RNNs)

我們現在來看一個更複雜的範例，如果體育老師每天的運動規則是前面兩個規則組合，她仍然會按照順序來運動，也就是呼拉圈、瑜珈及跳繩，但每天要做什麼運動將會取決於天氣。

晴天
跟昨天一樣的運動

雨天
下一樣的運動

做什麼運動將會取決於天氣

如果天氣是晴天，她會做跟昨天一樣的運動，如果是雨天她就會做下一種運動，因此我們就可以得到序列中的下一件事。

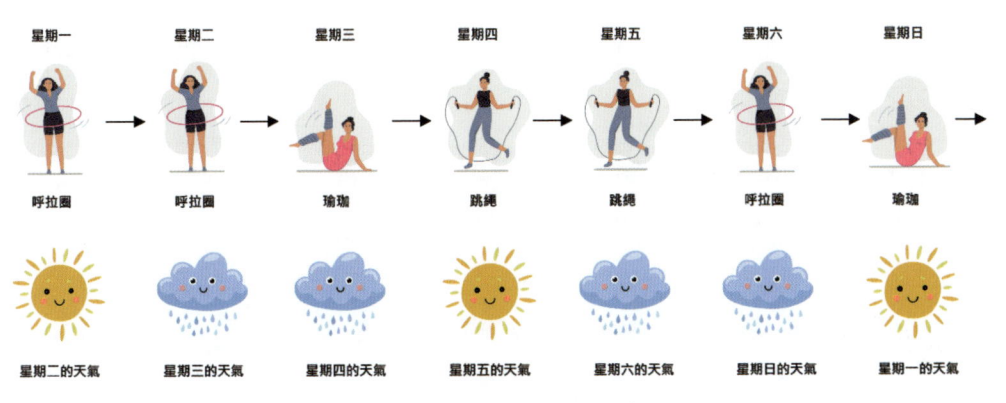

星期一	星期二	星期三	星期四	星期五	星期六	星期日
呼拉圈	呼拉圈	瑜珈	跳繩	跳繩	呼拉圈	瑜珈
星期二的天氣	星期三的天氣	星期四的天氣	星期五的天氣	星期六的天氣	星期日的天氣	星期一的天氣

每天做的運動會根據天氣來決定

3-43

我們來看另一個例子：假設老師星期一做呼拉圈，星期二遇到晴天，她便延續前一天的運動繼續做呼拉圈。(上頁圖的天氣顯示在前一天下方，純屬示意)

接著，星期三是雨天，所以她改為下一個運動順序：瑜珈；星期四也是雨天，就做跳繩。也就是說，當昨天做的是呼拉圈，今天又下雨，輸入這兩個資訊後，神經網路會輸出今天的運動是瑜珈 (如右圖所示)。

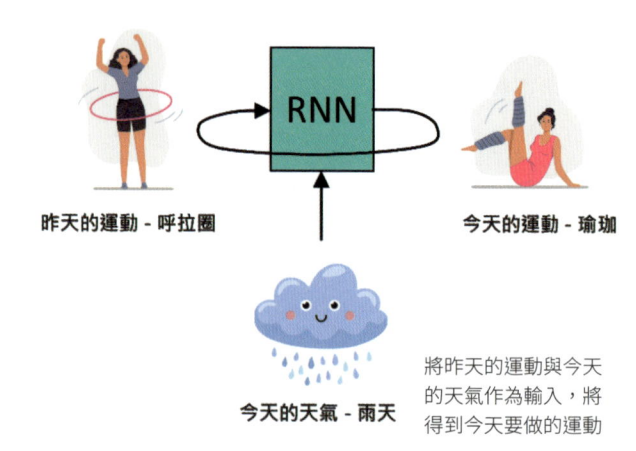

昨天的運動 - 呼拉圈　　今天的運動 - 瑜珈

今天的天氣 - 雨天

將昨天的運動與今天的天氣作為輸入，將得到今天要做的運動

透過上面幾個序列性資料的範例介紹，可以了解到循環神經網路 (RNNs) 就是適合處理這類資料的網路結構。利用輸出來做為輸入反饋到神經網路當中，這就是基本循環神經網路的概念，並且可以循環學習並記錄，是非常好用的一種神經網路架構。

RNN 擅長短期記憶，但缺點是難以儲存長期記憶。為解決這問題，後續又發展出長短期記憶網路 (Long Short-Term Memory, LSTM)，此處大致說明其內部原理。

LSTM 架構的隱藏層有 4 個主要閘門 (Gate)，每一個都有自己要做的事，分別如下：

- **Forget Gate**：它需要長期記憶，並決定保留或忘記哪些部分。
- **Input Gate**：它將短期記憶及事件組合起來，然後忽略其中一部分，保留其中重要的部分。
- **Update Gate**：這一個閘門要做的事比較簡單，它將來自 Forget Gate 出來的長期記憶，和從 Input Gate 出來的短期記憶中簡單地結合在一起。

- **Output Gate**：它將從 Forget Gate 出來的長期記憶裡獲取有用的內容，和從 Input Gate 出來的短期記憶中獲取有用內容，產生成新的短期記憶及輸出的方法。

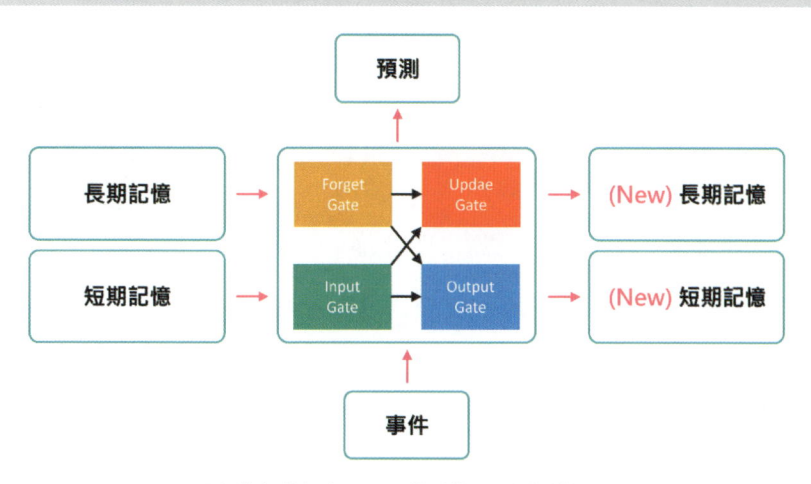

長短期記憶網路 (LSTM) 的隱藏層內部架構簡化圖

LSTM 網路使用額外的閘門來控制隱藏單元中的資訊，使其成為重要輸出及下一個隱藏狀態。這允許網路可以更有效地學習資料中的長期關係，因此 LSTM 可以說是最常見的 RNN 類型。

活動：讓 AI 陪你一起畫畫 I

由 Sketch-rnn 產生的向量圖

畫畫遊戲動態展示

由 Google Brain 團隊所做的一個互動式網路實驗，可以讓使用者與循環神經網路 (RNNs) 模型一起繪製的 sketch-rnn。這個實驗主要是利用 Quick, Draw! 所收集的數百萬筆塗鴉資料來訓練這個神經網路繪畫模型，每個草圖都表示控制筆的一系列運動動作，包括移動方向、何時抬起筆以及何時停止繪圖等，因此適合使用循環神經網路 (RNNs) 來完成。

活動網址：https://magenta.tensorflow.org/assets/sketch_rnn_demo/index.html

使用環境：桌上型電腦或筆記型電腦

完整說明步驟可參考：https://simplelearn.tw/dl-rnns-sketch-rnn1/

活動：讓 AI 陪你一起畫畫 II

活動目的：試看看另一個可多重預測的循環神經網路 (RNNs) 活動網站。

活動網址：https://magenta.tensorflow.org/assets/sketch_rnn_demo/multi_predict.html

使用環境：桌上型電腦或筆記型電腦

完整說明步驟可參考：https://simplelearn.tw/dl-rnns-sketch-rnn2/

第 4 章

電腦視覺

「如果我們想讓機器思考，我們就需要教他們看 (If We Want Machines to Think, We Need to Teach Them to See)」(李飛飛 Fei-Fei Li, 史丹佛大學教授及 AI 實驗室主任)。

本章將介紹電腦視覺領域的基本概念，並了解其在真實世界的許多重要應用，同時會利用幾個活動及專案，帶領讀者親自動手玩玩看，加深對電腦視覺的理解。

4.1 什麼是電腦視覺 (Computer Vision)

我們先來了解什麼是電腦視覺(Computer Vision)。你看到右圖就知道那是一顆蘋果，但電腦又是怎麼知道的呢？

你知道它是蘋果，電腦如何知道呢？

電腦視覺是一個快速發展的人工智慧領域，讓電腦能從圖像、視訊等視覺輸入中「看到」世界，並透過機器學習演算法分析資料、提取資訊，進而做出判斷或行動。簡單來說，如果 AI 是讓電腦能夠思考，電腦視覺就是讓它們能夠看見與理解。

要做到這點，電腦需大量圖像資料進行反覆學習。例如在本書第二章的活動中，訓練模型辨識「貓」與「不是貓」，就必須輸入大量不同角度與種類的圖片，幫助電腦學會分辨兩者特徵。

電腦視覺快速發展的原因之一，是當今產生的大量資料可用來訓練與優化模型。隨著行動裝置內建相機普及，每天在線上分享的圖像超過 30 億張，提供了龐大的視覺資料來源。同時，計算能力提升、硬體成本下降，加上演算法持續進步，使得物體識別的準確率從不到 50% 提升至 99%，甚至在反應速度與準確度上超越人類。

活動：尋找威利

用 AI 尋找威利（Waldo）就是一個例子：電腦視覺能在大量圖像中快速鎖定人臉，甚至結合機器手臂精準指出威利的位置。雖然可能削弱了遊戲的樂趣，卻展現了電腦視覺技術的巨大進步。

電腦視覺應用

　　電腦視覺的應用遠不只辨識貓狗或尋找威利，從物體辨識、產品檢驗、醫療影像診斷到自動駕駛，都呈現指數型成長。在能源、公用事業、製造與汽車等產業，其應用與經濟價值也持續擴大。

　　根據 Markets and Markets 的資料，全球 AI 電腦視覺市場將從 2023 年的 172 億美元，成長至 2028 年的 457 億美元。

4.2 電腦視覺如何工作

電腦視覺的目標是希望讓電腦看到圖像後能像人類一樣解釋它,甚至可能比我們解釋的更好。那電腦視覺是如何工作的呢?電腦視覺的工作原理與人類視覺非常相似,只是人類具有較領先的優勢。人類視覺包括可以捕捉光及圖像的眼睛 (Eye),並用來獲取光及圖像的大腦受體 (Receptors),以及用來處理光及圖像的視覺皮層 (Visual Cortex)。也因此人類視覺可以在毫不費力的情況下,自然且有效地執行多項視覺任務,那視覺資訊在生物系統中是如何處理和理解的?讓我們看個簡單的例子,假設有人向你扔球,你很自然地接住了它,看起來像是一項簡單的任務,但實際上這是一個複雜的理解過程。

讓我們一步步分析這個任務:當球的影像進入雙眼,會刺激視網膜,經過初步處理後,訊號透過視神經傳送到大腦的視覺皮層,負責進一步分析。

大腦會根據過往經驗與知識,判斷物體的類型、大小與路徑,並決定是否移動手部去接球。這一連串動作發生在極短時間內,主要來自大量練習後建立的直覺反應。

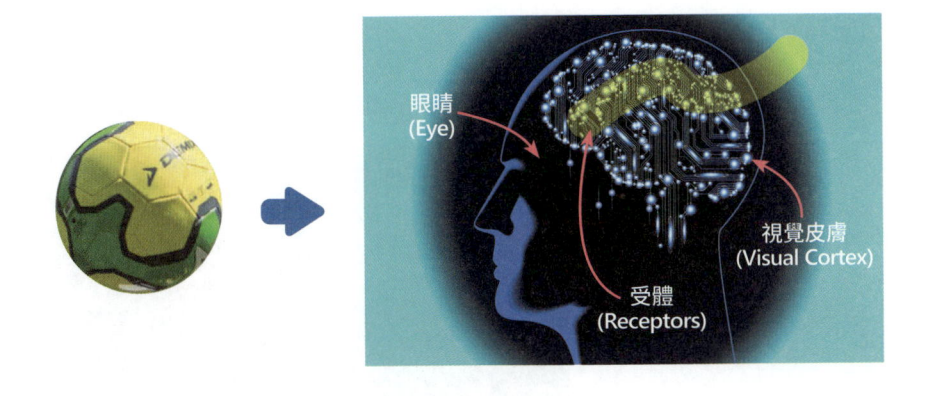

電腦視覺採取與人類視覺非常相似的方法，我們將其運作簡單分為 4 個步驟如下：

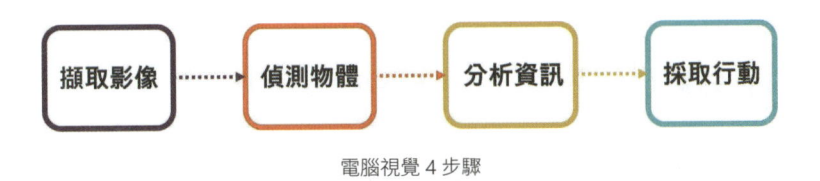

電腦視覺 4 步驟

- **擷取影像**：利用相機或攝影機等傳感器來擷取影像
- **偵測物體**：處理在影像中偵測到的物體及特徵
- **分析資訊**：識別物體特徵並分析資訊
- **採取行動**：根據資訊決定並採取行動

根據上面步驟，我們來看看以自動駕駛汽車為例，在不涉及過於技術層面的角度，它會是如何運行的。首先，自動駕駛汽車能夠感知周圍環境並安全行駛，運行過程中幾乎不需人工介入。

STEP 1　擷取影像

讓我們看看如果有行人進來，汽車會如何反應，首先是擷取影像。自動駕駛汽車使用車上的攝影機來獲取行人及周遭環境圖像，並以很快的速度進行圖像處理，假設汽車的攝影機已經獲取了右邊這張圖片。

自動駕駛汽車上的攝影機會先擷取影像

STEP 2　偵測物體

接著是電腦處理圖像並開始識別圖像中的所有物體，同時列出物體及其位置。在這種情況下它可以偵測並識別出道路上有東西，但是電腦仍然無法知道它是什麼物體。

擷取影像後偵測及辨識圖像中的物體

STEP 3 分析資訊

下一步則是分析物體資訊。電腦會將每個物體分為不同的類別。以下圖為例,它將物體辨識為行人及號誌,有時它還會將一些資訊標記在這些物體上,例如可能危險距離或其他參數,而這些標記是用來做為下一階段決策時的較高級資訊。

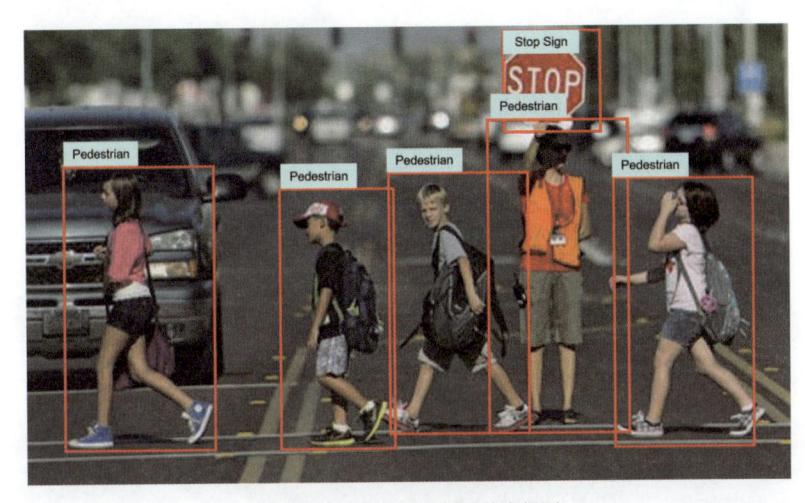

將偵測出來的物體分析是什麼類別

STEP 4 採取行動

自動駕駛汽車得到這些分析資訊後,會採取煞車的行動以避免撞到行人。

綜合上述,我們了解到自動駕駛汽車將取得的圖像資料轉為數字後 (如第二章機器學習提到數字是機器重要的溝通資訊),透過一些深度學習的方法 (例如利用第三章卷積神經網路對圖像分析處理方式),電腦即可辨識及分析圖像的意義,採取對應的行動。

因此只要提供足夠多跟任務相關的影像,電腦視覺最後就能正確辨識出物體,其準確性可以媲美與人類執行相同的圖像辨識任務。但與人類一

樣，這些訓練後的模型有時候並不完美，也確實會犯一些錯誤，就像是下圖中的牧羊犬和拖把的圖像，即使對我們來說也很難完全區分兩者。但若是透過特定類型的神經網路，例如前面章節提到的卷積神經網路 (CNNs)，就能改善這些問題。

拖把還是牧羊犬？
(https://www.beano.com/posts/sheepdog-or-mop)

卷積神經網路 (CNNs) 透過將圖像分解為給定標籤及標籤像素後，來幫助機器進行 " 觀察 "，並對其 " 看到 " 的內容進行預測，並在一系列迭代中來檢查其預測的準確性，直到預測開始成真，然後它就會以類似於人類的方式來辨識或查看圖像。相信大家經過說明，對電腦視覺應該有了初步的認識，接下來就讓我們來看看電腦視覺會有那些常見的任務。

4.3 電腦視覺任務

現在讓我們看一下電腦視覺的一些任務 (Task)，許多電腦視覺應用都會嘗試識別圖片中的事物，所以常用來進行下面這些任務，例如：

- **圖像分類** (Image Classification)：將看到的圖像利用機器學習模型對其進行分類，例如貓狗、蘋果、汽車或人臉。也就是給定一張圖像，它能夠準確預測屬於某個類別。例如右圖中，將圖像分類為狗，或是應用在社群媒體中，用來自動識別和隔離用戶上傳不妥的圖像。另外，像是第四章利用神經網路來辨識藍莓及草莓的活動，也是屬於這一類的任務。

圖像分類

- **物體偵測** (Object Detection)：另外一個不同類型的電腦視覺任務稱為物體偵測，主要是可以針對輸入圖像，告訴我們不同物體在圖片中的什麼地方，以及這些物體的種類。例如下圖中，辨識出狗及球，並且也知道它們在圖像中的位置及大小，可以將辨識出來的物體用矩形框起來並標示分類名稱。

物體偵測

- **圖像分割** (Image Segmentation)：圖像分割的方法對電腦視覺來說就更進一步了，下圖就是圖像分割演算法的輸出，它告訴我們不只是狗和球的位置，也告訴我們每一個像素，以及這些像素是不是狗或球的一部分。所以會在它找到的物體周圍繪製非常精確的邊界，這在醫學上有很大的幫助，例如在看 X-ray 圖或一些人體圖像，利用圖像分割演算法，可以清楚標示相關構造，然後可以小心地分割出肝臟、心臟或者骨頭等位置後進行必要的治療。

圖像分割

- **物體追蹤** (Object Tracking)：電腦視覺也可以應用在影片，其中一個應用任務就是追蹤，下圖中不僅僅是偵測到騎腳踏車的人，也可以追蹤騎腳踏車的人是否隨著時間在移動，所以紅色矩形框的線條顯示演算法追蹤正在騎腳踏車的人，並幫助電腦計算物體移動的軌跡。

物體追蹤

- **臉部識別** (Facial Recognition)：電腦視覺的另一個任務是臉部識別。然而，臉部識別不僅僅是識別圖像中出現了誰的臉，在這個電腦視覺領域還可以偵測圖像中的人臉，並嘗試分析每張臉以從臉部表情中解讀情緒、確定性別、估計年齡和其他許多事情。

臉部辨識

　　除了上面這些常見的任務外，電腦視覺還會用在許多方面，例如光學字符識別 (Optical Character Recognition, OCR) 用來從圖像和掃描文件檔中提取印刷和手寫文字，並將其呈現為數位文字，以方便進行索引、搜索和分析。另外像是姿態估計 (Pose Estimation)，可以透過識別各種身體關節來估計圖像中人物的姿勢，做為運動科技上使用。

　　接下來請試著在 Google Cloud Platform (GCP) 上動手玩玩看，貼近我們生活的 GCP 應用小範例！我們所使用的就是號稱 Google 機器人的眼睛 –Vision AI，這是由 GCP 官網所提供的遊戲區，就讓我們一起來看看實際的測試結果吧！

活動：Google Vision AI

本活動將透過 Google 的 AutoML Vision，使用預先訓練的 Vision AI 模型，將雲端或其他裝置中的圖片中進行深入分析並獲得結果。

活動目的：使用 AutoML Vision 機器學習模型，解讀圖片內容、偵測情緒、理解文字及其他應用

活動網址：https://cloud.google.com/vision/?hl=zh-tw

使用環境：桌上型電腦或筆記型電腦

4-11

STEP 1　進入活動網頁

連結活動網址後，請先登入 Google 帳號會進入 GCP 官網的 Vision AI 介紹頁，登入後請勿理會畫面中的**免費試用**，直接到下一步驟即可。

STEP 2　Try The API

在左邊找到**示範**，點選虛線方格即可上傳你要測試的圖片，也可以直接拖曳圖片到此處！現在我們可以開始動手玩看看唷！

STEP 3

此處我們分別上傳兩張圖片來測試一個是測試有人臉的照片，另一個則是使用有風景的照片來測試，AI 會依據圖片類型而有不同的解讀結果。

4-12

(Part I) 選擇有人臉的照片來測試

人臉偵測

　　上傳一張有人臉的照片，經系統分析後點選上面 Faces 功能，系統會顯示使用人臉偵測演算法後的結果，不僅標示出臉框，也利用當中的圖片情緒分析對照片中識別出來的人臉進行分析，這是一張小朋友詢問地圖的照片，因為都是側臉，所以情緒表示不明顯，但是你可以看到能夠分析出喜悅、悲哀、生氣或驚訝等等許多情緒！

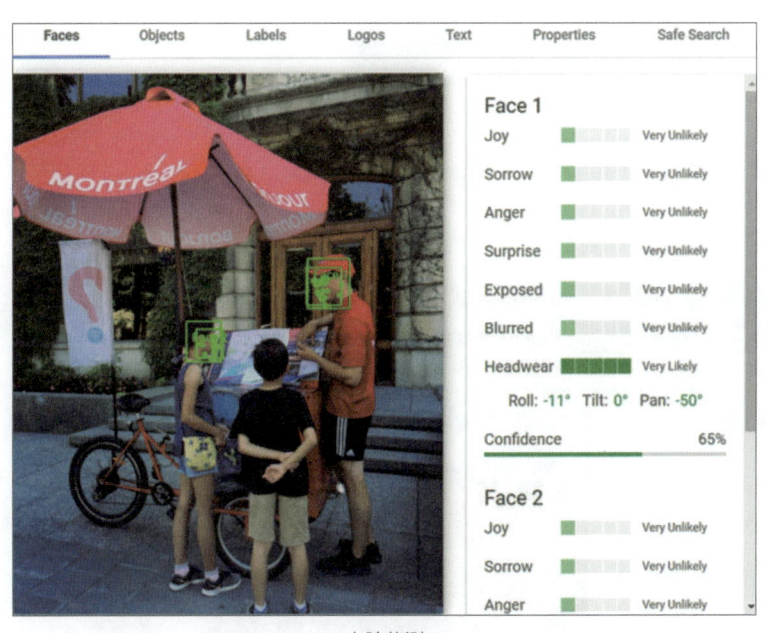

人臉偵測

物體偵測及辨識

　　點選上面 Objects 功能，系統會顯示偵測出來的物體有哪些，並且將其辨識名稱及信心閾值顯示出來，點選右側物體名稱時，左側長方形圖會以粗框呈現。

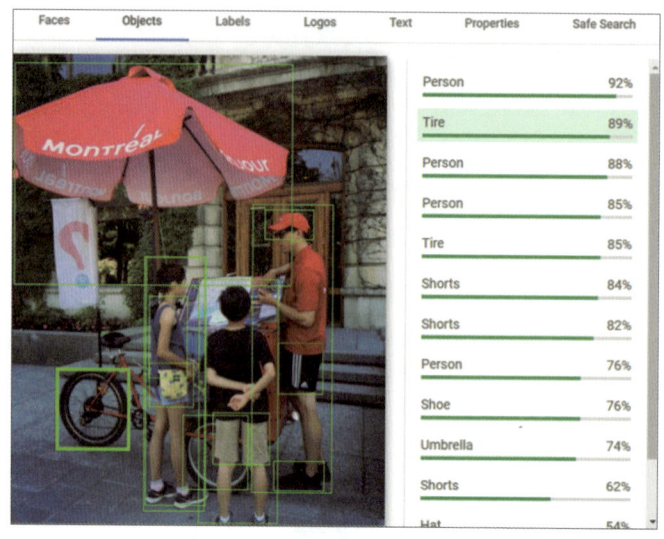

物體偵測及辨識

光學字符識別 (OCR)

　　此功能是將文字影像轉換為機器可讀文字格式的一種應用,例如當您掃描表單或收據時,電腦會將掃描結果儲存為影像檔案,然後透過 OCR 的技術 (目前主流利用 CNN+RNN),將影像轉換為文字文件,並儲存為文字資料。

　　因此點選 Text 功能時,可偵測圖片中文字並使用長方形框顯示出來,同時將它識別後的文字在右側顯示。

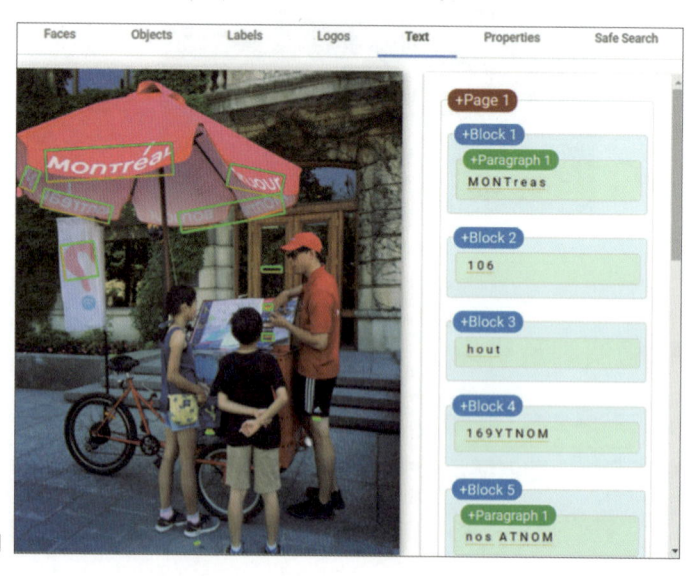

光學字符識別

(Part II) 選擇有風景的照片來測試

地標偵測 (Landmarks)

　　下圖是小朋友在湖中划獨木舟，Cloud Vision API 根據圖像辨識出是在加拿大班夫國家公園，同時也辨識出圖中的湖是明尼旺卡湖 (Lake Minnewanka)，並且在右側利用 Google Map 顯示地圖位置！

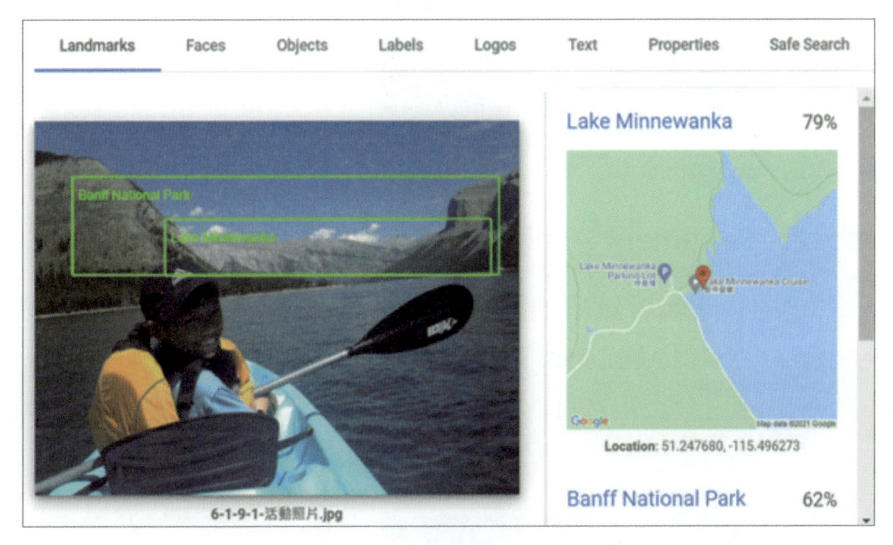

地標偵測

標誌偵測 (Logo Detection)

　　此功能可以偵測圖像中流行的產品或公司標誌 (logo)，如下圖所示系統偵測出船槳公司的 logo 名稱及位置。

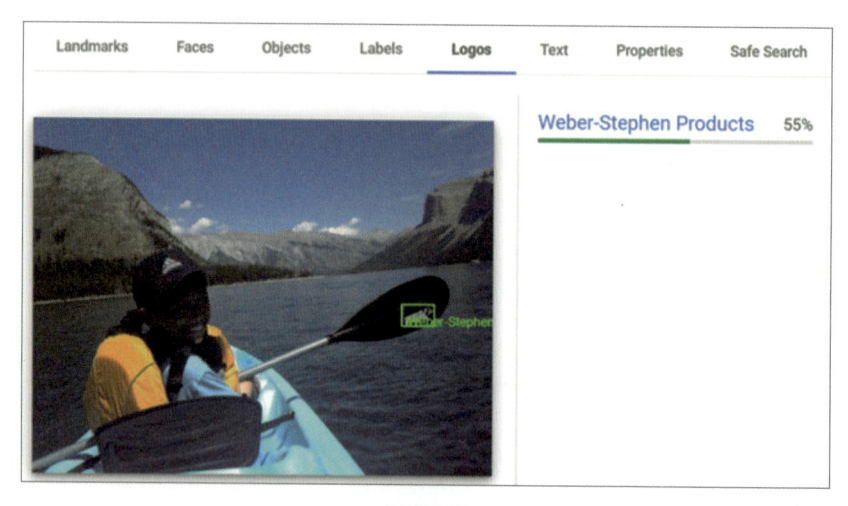

標誌偵測

情緒分析 (Sentiment Analysis)

　　這張照片因為是小孩的正面照，所以系統將人臉偵測出來後，進一步辨識它的情緒時，可以得到開心的表情結果，同時也偵測到他有帶頭飾 (如帽子)。

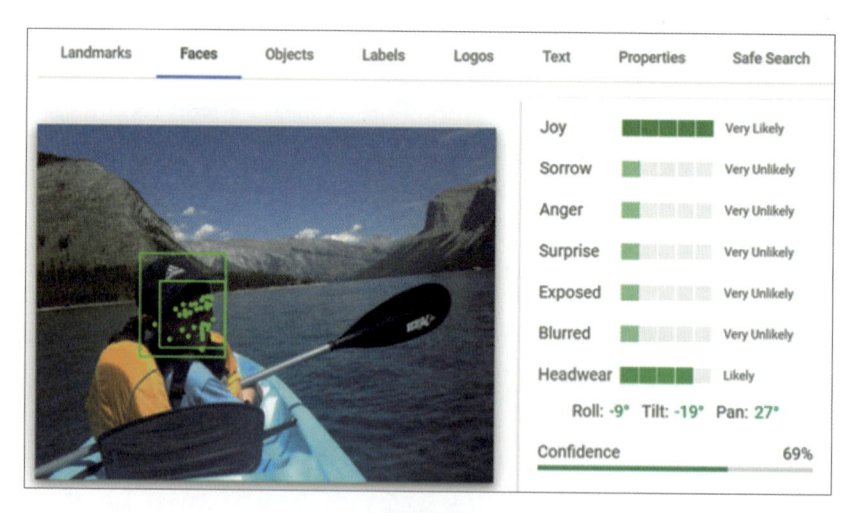

情緒分析

　　相信大家在 GCP 上動手做做看後，對電腦視覺的一些基本任務應該有了更多認識，接下來會介紹一些電腦視覺所帶來的重要應用。

4.4 電腦視覺應用 (Applications)

電腦視覺已廣泛應用於商業、娛樂、教育、金融、交通、醫療等各領域,甚至深入我們的日常生活。

其快速成長的關鍵在於來自智慧型手機、監視系統、交通攝影機等裝置所產生的大量視覺資料,這些資料為各種電腦視覺演算法提供養分,並對各行各業產生深遠影響。以下我們將舉幾個實際例子供讀者參考。

自動駕駛汽車 (Self-driving car)

想像你正坐在一輛沒有人駕駛的車上前往大賣場購物。雖然聽起來像科幻情節,但自動駕駛汽車如今已是現實,讓你能安心坐車、專注於其他事,這一切都要歸功於人工智慧,特別是電腦視覺技術的應用。

那麼,它是如何做到的呢?由於自動駕駛系統本身設計極為複雜,為幫助讀者更易理解,我們將以 Google 的 Waymo 為例,根據前面介紹的電腦視覺步驟,簡化說明其運作流程(如下頁圖)。

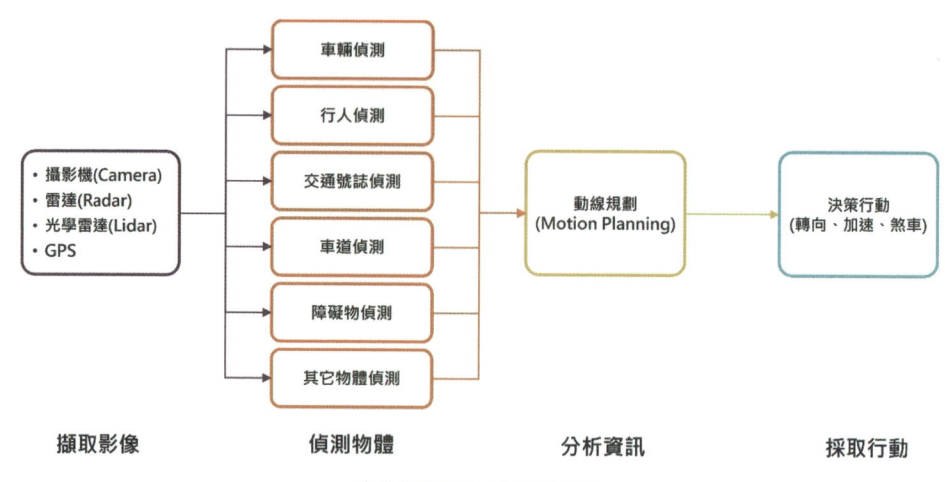

自動駕駛汽車 4 個關鍵步驟

```
擷取影像          偵測物體          分析資訊         採取行動
• 攝影機(Camera)   車輛偵測
• 雷達(Radar)     行人偵測
• 光學雷達(Lidar)  交通號誌偵測      動線規劃        決策行動
• GPS             車道偵測         (Motion Planning) (轉向、加速、煞車)
                  障礙物偵測
                  其它物體偵測
```

讀者可以至下面網址親身體驗 Waymo 360°全自動駕駛之旅，你可以進入此 360°視訊並利用滑鼠來控制攝影機，透過汽車的 " 眼睛 " 來觀看外圍環境，同時配合下面說明將會更了解電腦視覺在無人駕駛上的重要應用。

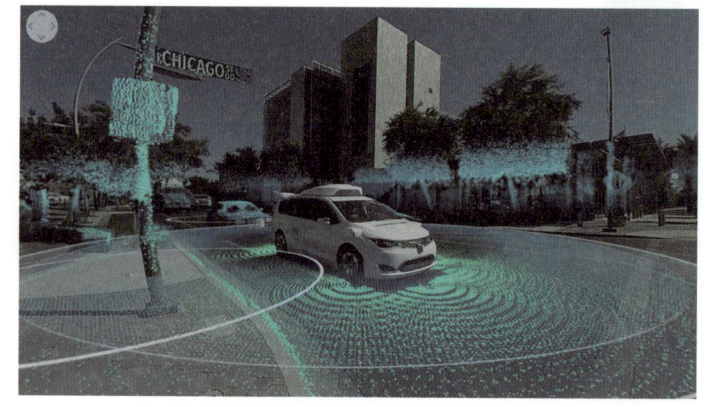

全自動駕駛 360°之旅

STEP 1 擷取影像

自動駕駛汽車基本上可以透過使用許多傳感器 (sensors) 來感知周圍的一切 (如下頁圖)，傳感器就像汽車的眼睛一樣，能夠收集汽車安全駕駛所需的所有資訊，其中像是攝影鏡頭、雷達 (Radar)、光學雷達 (Lidar) 和可以幫助汽車進行地理資訊定位的 GPS。攝影鏡頭可以幫汽車看到環

境影像，光學雷達可以感知物體有多遠，GPS 可以告訴汽車它目前在地球上的位置。這些汽車上有很多的傳感器，可以讓它們看到和感知到 360 度。

自動駕駛汽車使用許多傳感器來感知周圍環境

STEP 2 偵測物體

將感知到的這些圖像資訊，利用電腦視覺的技術來進行對行人、汽車、交通號誌等相關物體的偵測與辨識。例如，如果你乘坐一輛自動駕駛汽車，一隻狗突然衝出來，汽車就能感應到狗和附近的任何汽車或物體，然後，汽車的超級電腦將能夠處理所有資訊，並就如何盡快做出反應，而做出最安全的決定。

自動駕駛汽車利用電腦視覺技術偵測及辨識物體

STEP 3 分析資訊

根據偵測及辨識的物體資訊，以及感知器蒐集的重要資訊進行分析後，提供給相關系統進行規劃，也就是所謂的動線規劃 (Motion Planning) 系統，它將計算動作或計算你想讓車輛行走的路徑，這樣就可以往你的目標前進，並且可以同時避免任何碰撞。

動線規劃

STEP 4 採取行動

一旦車輛動線規劃好後，就會將你的方向盤轉換成特定的轉向角度、加速或剎車的命令，也就是踩油門踏板和煞車踏板的程度，來控制加速或剎車多少，好讓你的車以所需的角度和速度移動。

由以上簡單的 4 個步驟，可以了解電腦視覺在自動駕駛汽車上的應用，電腦視覺技術也同樣可以應用在無人飛機，或無人空中計程車。

臉部辨識

臉部辨識可能是我們許多人最熟悉的電腦視覺功能之一，它是一種使用識別人臉技術，並用來確認個人身份的方法。同時臉部辨識系統可用於識別照片、視訊或即時影像中的人。這些功能主要目的是在分析及提取有關人臉的相關資訊，一般可以將其分為兩大類，臉部偵測 (Face detection) 及臉部辨識 (Facial recognition)，你也可以將其視為兩大步驟。

4-20

STEP 1　臉部偵測 (Face detection)

臉部偵測是用來在圖像或視訊中發現人臉並分析其屬性，例如年齡、性別、髮色，或是眼睛間距、眼窩深度等特徵。值得注意的是，臉部偵測只能辨認出人臉是否存在，但無法辨識出這個人是誰。

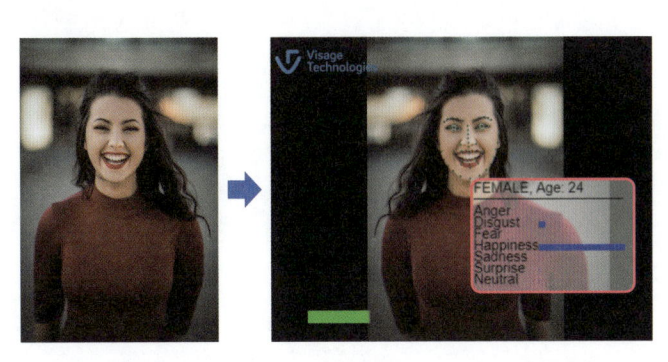

臉部偵測
(Photo by Michael Dam on Unsplash)

STEP 2　臉部辨識 (Facial recognition)

臉部辨識是在臉部偵測之後，進一步將偵測到的臉與資料庫中的臉部特徵資料進行比對，用來辨識這張臉是誰的。

如圖所示，系統會比較臉部特徵，判斷是否為同一個人，或根據相似度標記為相似人臉。

驗證結果：這兩張臉屬於同一個人。信心為 0.91693。

微軟臉部辨識服務

4-21

正如上面所述，臉部偵測和臉部辨識之間存在一些顯著差異，但是兩者卻有著緊密的關係。而這樣的臉部辨識技術可以應用在許多地方，例如：

手機解鎖

各種新款智慧型手機，包括最新的 iPhone，都使用臉部辨識來解鎖設備，一方面可保護個人資料，確保手機不會被存取敏感資料。

執法

根據 NBC 新聞報導，臉部辨識技術已被廣泛應用於執法單位中，尤其在美國與其他國家使用日益增加。

警方會將被捕者的臉部照片與地方、州、聯邦的資料庫進行比對，並將新照片加入資料庫，供未來案件比對使用。此外，警方也會建立失蹤人口與人口販運受害者的臉部資料庫，一旦系統辨識出對象，便能即時發出警報，協助搜尋行動。

機場和邊境管制

臉部辨識應用已成為世界各地許多機場的熟悉景象，越來越多的旅客持有生物識別護照，可以透過自動電子護照檢測系統快速通關，臉部辨識不僅可以減少等待時間，還可以讓提高機場安全性。

改善零售體驗

商店中的售貨處可以識別客戶，同時根據他們的購買歷史紀錄提出產品建議，並為他們提供正確方向。" 人臉支付 " 技術也可以讓購物者跳過傳統支付方式，不用在長長的結賬隊伍慢慢等待，此技術可提供改善客戶零售體驗的潛力。

市場行銷及廣告

行銷人員也能運用臉部辨識技術來提升消費者體驗。例如，冷凍披薩品牌 DiGiorno 在行銷活動中使用臉部辨識來分析派對參加者的表情，評估對不同口味披薩的情緒反應。許多媒體公司也利用此技術測試觀眾對電影預告、試播角色或廣告位置的反應，進一步優化行銷策略。

銀行業

銀行可將臉部辨識作為一種生物辨識技術，讓客戶透過智慧型手機或電腦授權交易，而非使用一次性密碼。由於沒有密碼可被竊取，能降低駭客入侵的風險。

搭配活體辨識技術，系統可辨識是否為真實人臉，防止駭客利用照片、影片或面具進行冒充。

臉部辨識的優勢非常多，像是可以提高安全性、減少犯罪、更方便及更快的處理速度。但缺點也不少，像是用來監視及侵犯隱私等等，這些都是值得留意及探討的議題。

圖像轉換

圖像轉換 (Image-to-Image Translation) 是一項電腦視覺與圖形處理的應用技術延伸，目標是學習輸入圖像與輸出圖像之間的對應關係，進而進行視覺內容的轉換。常見應用包括風格轉換 (如將照片變成繪畫風格)、季節轉換 (如夏天轉冬天)、照片增強、物種變換 (如將斑馬轉換成馬) 等。

Image-to-Image Translation

　　Everybody Dance Now 則是研究團隊使用電腦視覺技術，執行從一個對象的動作轉移到另一個對象。讀者可以看下面研究團隊的成果影片，給定一個人表演舞蹈動作的視訊來源，這個人的舞蹈動作可以轉移到業餘目標對象上。

Everybody Dance Now

4-24

4.5 動手做做看

活動：物體偵測 –「捷運搭乘守則」

這個專案我們希望電腦可以利用物體辨識技術，來模擬偵測捷運車廂內是否有違反規定的物品，例如飲食、攜帶刀械或腳踏車等等。我們將使用 AIBLOX 中包含物體辨識、文字轉語音及視訊偵測等擴充功能來進行實作。

活動目的：學習利用電腦視覺的物體偵測功能，實作偵測相關物體是否違反捷運車內規定

活動網址：AI Playground (https://ai.codinglab.tw/)

使用環境：桌上型電腦或筆記型電腦

STEP 1　登入平台

連結到平台後，即可使用平台上各項 AI 功能。

STEP 2　進入 AIBLOX

由於本專案無需進行機器學習，而是使用訓練好的 AI 模型，所以點擊畫面左方「AIBLOX」，直接進入 AIBLOX 進行專案製作。

進入 AIBLOX

STEP 3 角色及背景環境準備

進入 AIBLOX 後，首先將預設角色 Pola 刪除，我們需要新增一個空白的角色作為攝影機進行辨識活動，並將背景透過上傳圖片或繪畫等方式裝飾成「捷運車廂內部」。

於角色區點擊「繪畫」，不對角色進行任何造型編輯，將角色名稱改為「偵測」。

登入平台

4-26

背景的部分可以依照您的喜好佈置為主題「捷運車廂內部」。

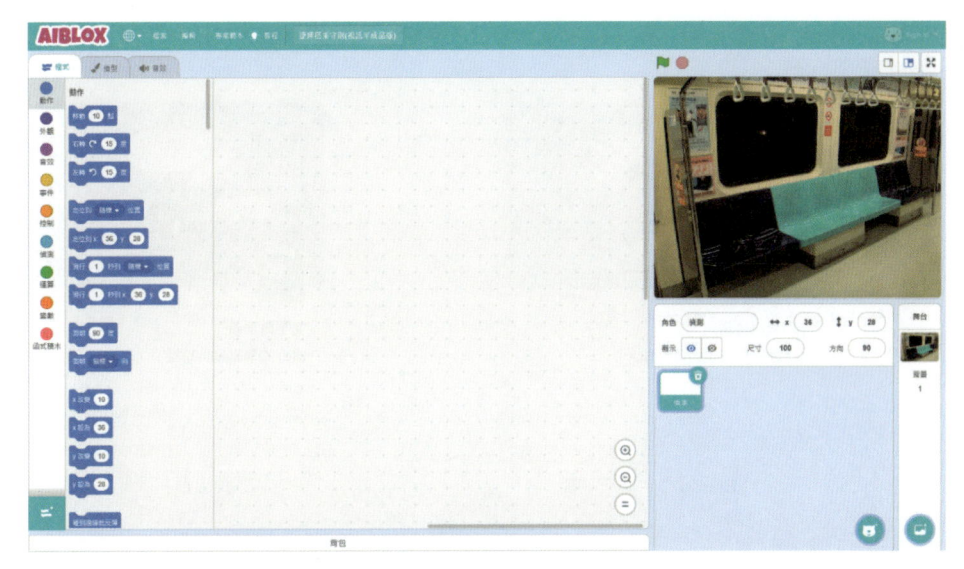

布置背景

STEP 4 擴充功能使用

本專案需要使用 AIBLOX 的「擴充功能」來進行視訊、偵測及語音輸出等功能，讀者可以按照以下步驟添加功能：

1. 於 AIBLOX 積木區，點擊左下角「添加擴展」進入「選擇擴充功能」頁面。

2. 因為需要對物體進行偵測辨識，所以添加「物體辨識 Object Detection」擴充功能。

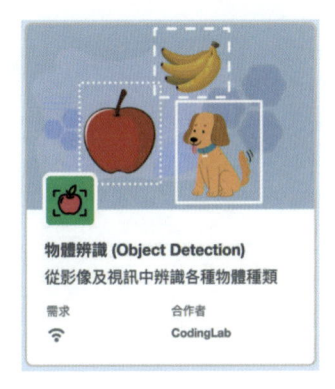

「物體辨識」擴充功能

3. 接下來，因為專案中會需要更改視訊透明度，所以添加「視訊偵測」擴充功能。

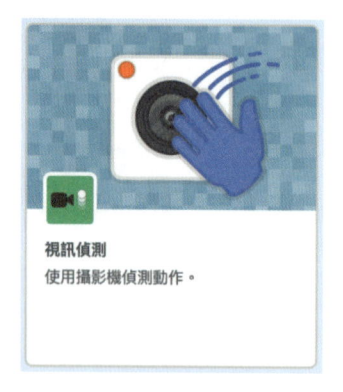

4. 最後，添加「文字轉語音」擴充功能，可以讓您的專案說話。

「視訊偵測」擴充功能　　　　　　「文字轉語音」擴充功能

將環境建立完成後，就可以按照腳本進行專案的製作囉！

STEP 5　專案製作

接下來，開始依照腳本進行積木的建立：

1. **設置攝影機**

   首先需要開啟並設置攝影機，進入角色「偵測」的程式區：

   ◇ 將「當綠色旗子被點擊」積木添加至角色「偵測」的程式區中。

   ◇ 拖曳出積木 ，從下拉選單將選項設為「開啟」。

   ◇ 若您是初次在 CodingLab 使用攝影機功能，請先進入網頁的「設定」→「網頁設定」→「codinglab.tw」，將攝影機的權限設為「允許」。

電腦視覺

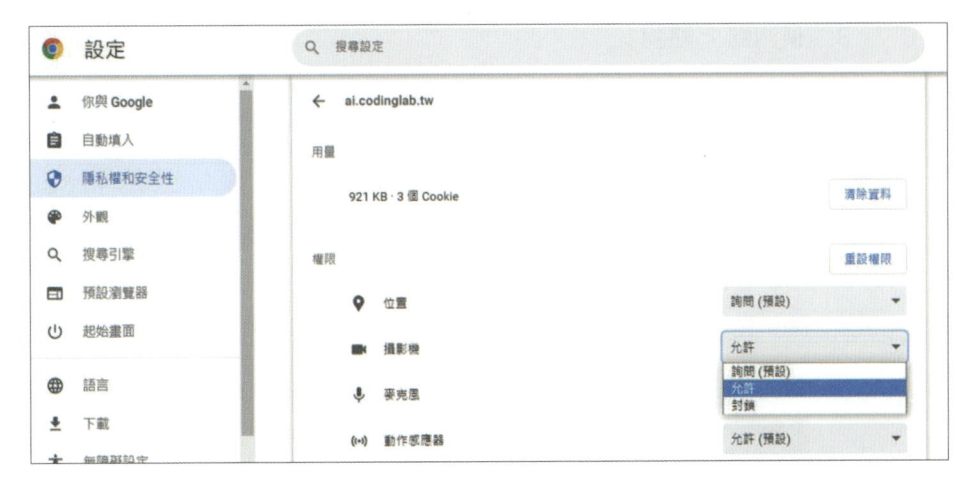

將攝影機的權限設為「允許」

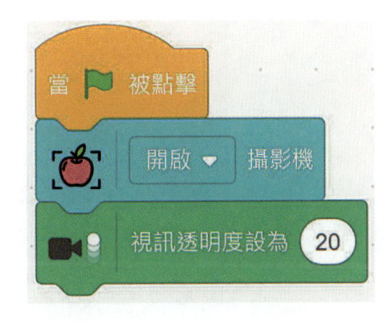

- ◇ 使用積木 ![視訊透明度設為 20] 來修改視訊透明度，以便我們可以更清晰地查看影像，填入數值 20 並與其他積木組合 (如右圖)。

2. **偵測及預測**

接下來，需要偵測攝影機拍攝到的內容：

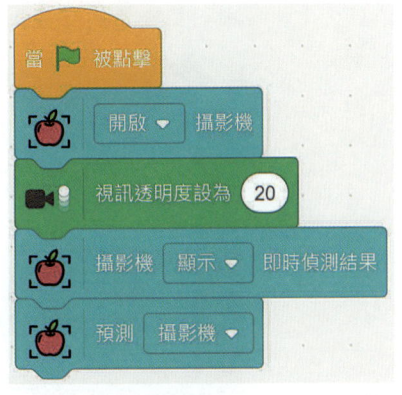

- ◇ 拖曳出積木 ![攝影機 顯示 即時偵測結果]，可以即時在舞台上顯示即時偵測的結果。

- ◇ 再來放入積木 ![預測 攝影機] 並組合成如右圖，就可以進行預測攝影機內容，並將預測結果存下來。

到這裡我們完成了對影像的預測，再來要設置當偵測到不同的物體，要讓程式給予不同的回應。

4-29

3. 偵測到 < 熱狗 >

   首先是當偵測到「熱狗」,可以設置語音告知乘客捷運上不可以飲食的規定:

   ◊ 拖曳出積木 ▰▰▰ ,於條件式位置放入積木 ▰▰▰ ,從下拉選單中將偵測的物體變更為「熱狗」,這樣當執行預測攝影機時,預測結果中含有「熱狗」,就會執行接下來的條件成立的程式。

   ◊ 再來就可以製作條件成立時,我們要執行的動作,插入積木 ▰▰▰ ,讓角色替您說話,填入內容「你好!捷運車廂內禁止飲食,請將食物妥善收好」。

4. 偵測到 < 剪刀 >

   完成偵測到「熱狗」的程式後,可以運用相同的積木組合去做出偵測不同物體的程式內容,接下來製作偵測到「剪刀」的程式:

   ◊ 將 ▰▰▰ 的積木組合進行複製,從下拉選單中將積木 ▰▰▰ 的物體更改為「剪刀」,並修改文字轉語音的內容為「你好!捷運攜帶刀具等危險用品,請妥善包裝收好」。

5. 偵測到 < 腳踏車 >

最後我們再新增一個偵測的物體為「腳踏車」：

◊ 同樣複製積木組合，首先將偵測物體更改為「腳踏車」，並修改文字轉語音的內容為「你好！捷運攜帶腳踏車搭乘，請妥善折疊收好」。

到這裡，將目前所有積木進行組合如右：

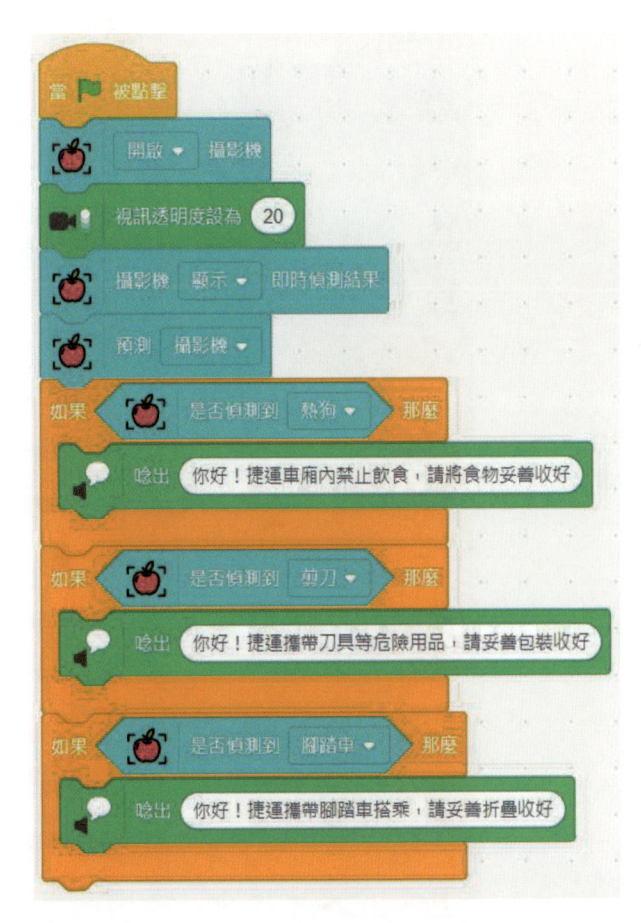

6. 重複偵測行為

   到目前為止，我們的專案已經可以進行特定物體辨識並讓角色語音說出相關的注意事項，但您執行完程式後，可以發現專案偵測的行為只會執行一次，所以接下來插入積木 `重複無限次`，使專案可以重複運行：

   ◇ 拖曳出積木 `重複無限次` 放入程式，將 `預測 攝影機` 以下的所有積木包在其中，這樣每次語音結束後要重新偵測時，就會從預測攝影機拍攝到的物體開始重新執行。

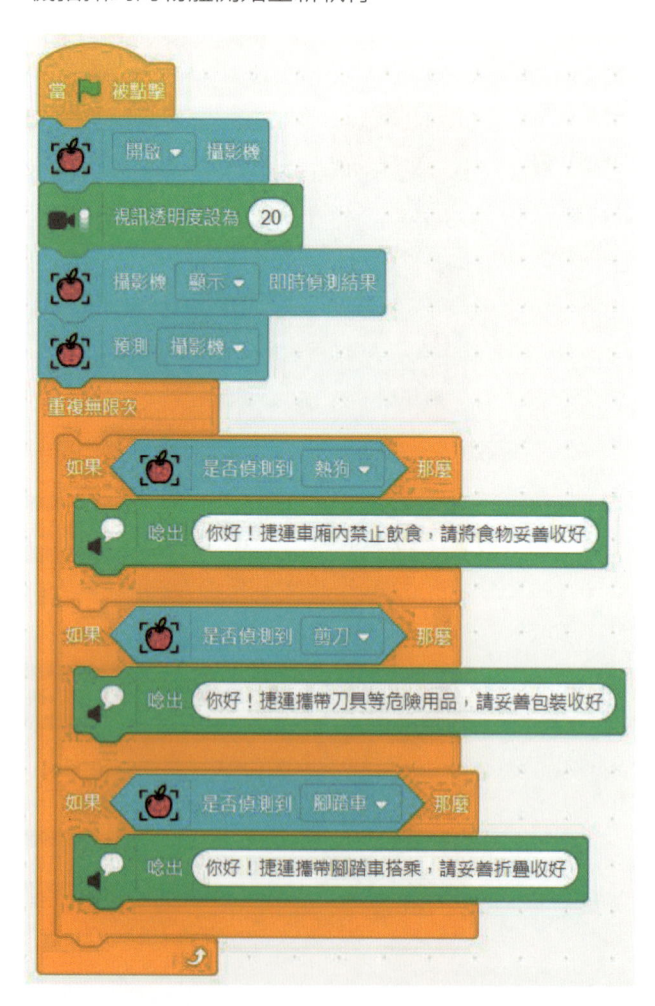

   ```
   當 ▶ 被點擊
   🍎 開啟 ▼ 攝影機
   📷 視訊透明度設為 20
   🍎 攝影機 顯示 ▼ 即時偵測結果
   🍎 預測 攝影機 ▼
   重複無限次
     如果 🍎 是否偵測到 熱狗 ▼ 那麼
       唸出 你好！捷運車廂內禁止飲食，請將食物妥善收好
     如果 🍎 是否偵測到 剪刀 ▼ 那麼
       唸出 你好！捷運攜帶刀具等危險用品，請妥善包裝收好
     如果 🍎 是否偵測到 腳踏車 ▼ 那麼
       唸出 你好！捷運攜帶腳踏車搭乘，請妥善折疊收好
   ```

電腦視覺

STEP 6 專案完成

到這裡您的專案已經製作完成，點擊綠色旗子後 AI 就會開始偵測捷運車廂內的物體是否有不符合捷運規定囉！

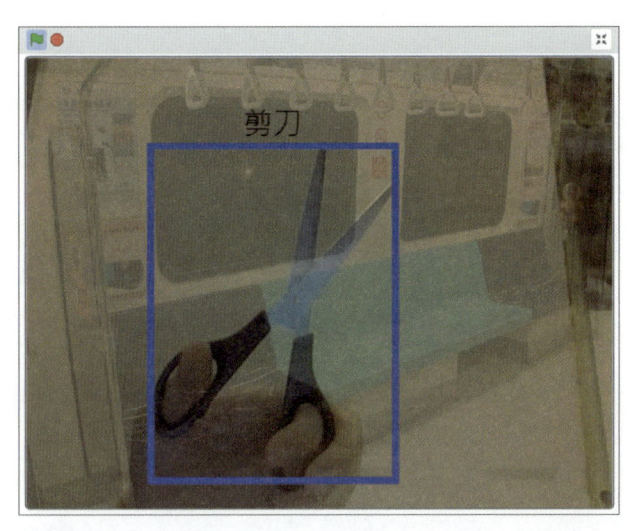

專案完成

活動：臉部辨識 –「猜猜我的年紀」

這個專案我們希望電腦可以利用臉部辨識技術，來猜測使用者的年紀及表情，我們將使用 AIBLOX 中包含專用於偵測及辨識人臉的擴充功能。

活動目的：利用電腦視覺的臉部辨識技術，實作猜測玩家的年紀與表情

活動網址：AI Playground (https://ai.codinglab.tw/)

使用環境：桌上型電腦或筆記型電腦

4-33

STEP 1　登入平台

進入方式都跟前面的專案一樣，若有不清楚處，讀者可以參考前面專案說明。

STEP 2　擴充功能

本專案需要使用 AIBLOX 的「擴充功能」來進行臉部辨識，讀者可以按照以下步驟添加功能：

1. 於 AIBLOX 積木區，點擊左下角「添加擴展」進入「選擇擴充功能」頁面
2. 因為需要對臉部進行辨識，所以添加「臉部辨識 Facial Recognition」擴充功能

完成添加後，就可以在積木區看到擴充功能的相關積木，

「臉部辨識」擴充功能

STEP 3　專案製作

接下來，開始依照腳本進行積木的建立：

1. 開啟攝影機

    將你的視訊鏡頭打開 / 關閉，並將畫面顯示在舞台背景 (角色) 上。

2. 預測攝影機

    預測指定目標 (此專案選擇預測攝影機)，並將預測結果存下來

3. **重複無限次**

   如果我們希望能一直跟電腦進行互動，可以選擇使用「重複無限次」積木來使用，並且將剛剛預測攝影機置放在迴圈當中來控制，這樣就能讓電腦不斷預測攝影機前的人臉

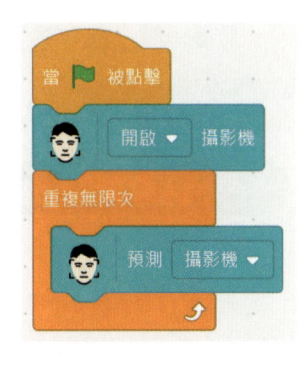

4. **字串組合**

   接下來我們可以利用字串組合積木，將相關想要敘述的文字及預測結果合併輸出。首先我們可以先將 " 我猜您應該是 " 與臉部辨識年齡的預測結果合併。

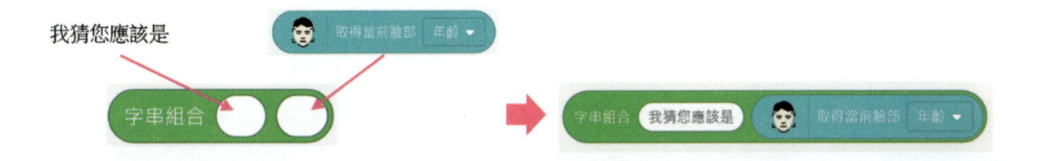

   接著再與 " 歲？" 進行組合，如果讀者有不同的敘述方式，那這一個組合不一定要有。

   將 " 表情是 " 與臉部辨識表情的預測結果合併。

最後再將上面年齡預測的組合與表情預測的組合合併在一起，就完成了主要的臉部辨識功能。

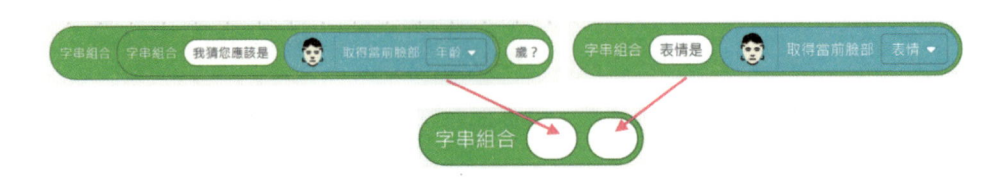

最後再利用說出的積木，就可以讓電腦不斷偵測攝影機前面的人臉，並且預測年齡及表情後說出答案。

將目前所有積木組合如下：

到這裡您的專案已經製作完成，點擊綠色旗子後 AI 就會開始預測攝影機前的人臉，進行年齡及表情預測囉！

第 5 章
自然語言處理

相信大家都還記得星際大戰 (Star Wars) 中的金色機器人 C-3PO，能夠跟人自然交談及回應互動，原先以為這是存在遙不可及的科幻電影情節中，但現在已經成為生活上每天見到的事實了。

C-3PO (Photo by Lyman Hansel Gerona on Unsplash)

例如，在網路上透過 email 回答你問題的人、手機上的 Siri 語音助理，Alexa 的智慧音箱或是透過 internet 撥打的客服電話，甚至是目前火紅的 ChatGPT，所有這些服務都有一個共通點，他們都不是真正的人。也許你會懷疑他們真的不是人類嗎？怎麼能夠發出這麼像是人類的聲音，或是回覆像是人類所打出的文字內容呢？他們又是如何聰明且清楚地回應我們的呢？這些神奇的部分，就是所謂自然語言處理 (Natural Language Processing, NLP) 的魔法。

Alexa (Photo by Lazar Gugleta on Unsplash)

5.1 什麼是自然語言處理 (NLP)

人類擁有最先進的交流方式，即自然語言 (例如英語、法語、日語、西班牙語或普通話等等)。雖然人類彼此之間可以透過電腦互相發送語音和文字訊息，但電腦並非天生就知道如何處理這些自然語言。當我們與 Alexa 或 Siri 語音助理互動交談時，他們是否能夠理解我們呢 (如右圖) ？

I bought an Apple.

可以理解嗎?

電腦能夠理解我們講的話嗎？

這當中主要是利用自然語言處理使機器能夠識別、理解人類語言 (無論是語音或文字)，並做出適當的回應。那什麼是自然語言處理呢？自然語言處理是計算機科學家對此領域稱呼的名稱，本質上與計算語言學同義 (語言學家對該領域的名稱)。因此自然語言處理 (Natural Language Processing, 以下簡稱 NLP) 剛好處於計算機科學、語言學和人工智慧的交匯點。

而科學家努力讓計算機可以用人類語言做一些聰明的事情，以便能夠像人類一樣使用這些自然語言來理解和表達自己，因此自然語言處理 (NLP) 可以算是人工智慧的一個分支領域，與電腦視覺 (第四章介紹)、機器人技術、知識表示及推理等技術，同為人工智慧相關重要領域。

但是自然語言在人工智慧中有一個非常特殊的部分，因為自然語言是人類溝通的獨特屬性；當我們經由表達想法來進行溝通時，自然語言很大程度上是我們思考和交流的工具，所以它一直是在人工智慧中考慮的關鍵技術之一，也是許多科學家希望能讓計算機處理及理解人類語言，以便執行有用的任務與目標。因此許多大型科技公司，像是 Apple 的 Siri、Google 的 Google Assistant、Amazon 的 Alexa 或是 Microsoft 的 Cortana，他們都正在積極地使用自然語言處理技術，以推出可以與使用者交流的產品。

自然語言處理 (NLP) 是由自然語言理解 (Natural Language Understanding, NLU) 及自然語言生成 (Natural Language Generation, NLG) 所組成（如右圖），這三者雖然有相關，但它們是屬於不同的主題。

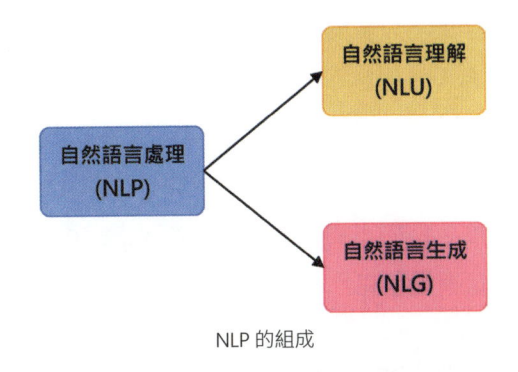

NLP 的組成

NLP 主要是將非結構化語言資料轉換為結構化資料格式，透過相關演算法的訓練，使電腦能夠容易理解語音和文字，並製定相關的上下文來回應。自然語言理解 (NLU) 是 NLP 的一個子集合，著重在透過句子的語法結構及語意分析來確定句子的含義，幫助電腦理解資料，進行機器閱讀理解，使其能夠確定句子的預期含意。而自然語言生成 (NLG) 則是 NLP 的另外一個子集合，著重於給定資料集並進行訓練後，由電腦生成文字或建構各種語言的文字，使電腦能夠進行寫作。

自然語言處理 (NLP) 的應用非常多，從電子郵件過濾器、語音助理、智慧音箱、線上搜尋、聊天機器人、機器翻譯等等，都可以看到自然語言處理 (NLP) 應用的許多例子。

5.2 自然語言處理如何工作

對於許多人來說，自然語言處理是困難的。為什麼呢？它不就是一些單詞序列，只要閱讀單詞的順序就可以了，為什麼會很困難呢？其中一個原因是因為人類語言不像程式語言被建構時需要明確性，例如 "else" 會與最近的 "if" 一起使用，或是在 Python 程式語言中必須正確使用縮排等等。而人類語言並非如此，有時候會是模稜兩可而不容易理解，或是常需要從上、下文中找出其理解性，例如下圖範例，對許多人來說可能都會有不同程度的理解想法，何況要讓計算機能完全理解更是不容易。

I never said my dog ate my homework. (別人說的)
I *never* said my dog ate my homework. (我沒說)
I never *said* my dog ate my homework. (我只是暗示)
I never said *my dog* ate my homework. (也許我的貓吃了它)
I never said my dog *ate* my homework. (牠只是撕了它)
I never said my dog ate *my homework*. (牠吃了我的作業)

你在想什麼？

為了讓自然語言處理能在人工智慧中達到所期待的目標，科學家結合了 NLP 及深度學習這兩方面的相關技術。其中利用神經網路、深度學習及特徵學習來表示這些想法，並將它們應用到自然語言理解、自然語言處理等方面的問題，來達到許多不同層次的應用，例如單詞、語法、語義的理解，或是機器翻譯、情感分析、對話代理人應用等等。深度學習的部分讀者可以參考第四章的

內容,而 NLP 的部份我們將分別對詞向量 (word vector) 及自然語言處理管線 (NLP Pipeline) 進行介紹。

詞向量 (Word Vector)

為了認識自然語言處理 (NLP) 的基本工作方式,我們可以先回想在第七章電腦視覺時曾經提到,對於影像而言,我們關心的是辨識物體的構成像素(數字),但相對於自然語言來說,讓電腦看懂人類語言的第一步,則是轉換成電腦可以理解,並且可以方便運算的「詞向量 (Word Vector)」數學形式。因為向量就是一堆數字列表,方便用來解決一些數學問題。因此科學家提出利用向量來表示每一個詞 (vector representation),如此一來,就能把一段由許多詞組成的文句,轉換成一個一個詞向量來表示,並把這樣數值化的資料,傳送到神經網路裡做後續處理及應用。

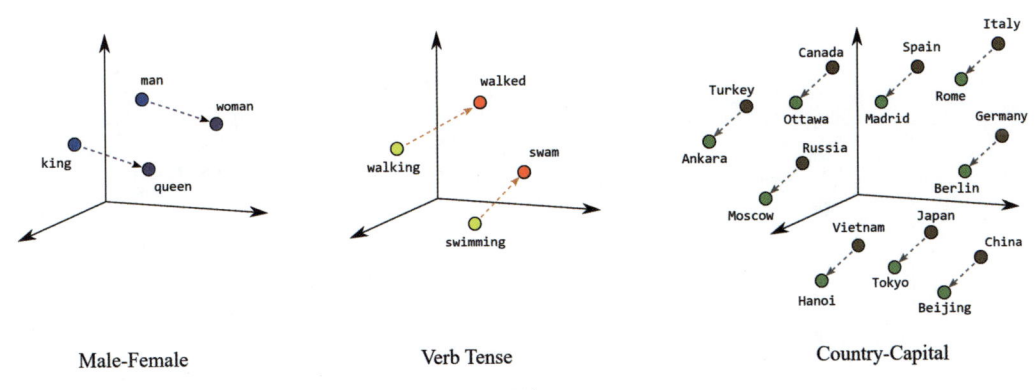

詞向量的幾何圖形關係 (Google Developers)

詞向量最傳統作法是使用一個叫做 one-hot encoding 的方式。其概念很簡單,每一個單詞 (word) 都會用一個向量 (vector) 來表示,而這個向量 (vector) 的維度 (dimension),就是單詞數目。例如右圖範例中有 6 個字,我們就將其轉成六維向量。

```
man    = [1 0 0 0 0 0]
woman  = [0 1 0 0 0 0]
king   = [0 0 1 0 0 0]
queen  = [0 0 0 1 0 0]
apple  = [0 0 0 0 1 0]
orange = [0 0 0 0 0 1]
```

one-hot encoding 示意圖

而這個向量在代表每個單詞時,只有一個維度為 1,其餘為 0。所以 man 的第一維是 1,其他都是 0,woman 則是第二維是 1,king 則是第三維為 1,以此類推。若這個世界上有 10 萬個單詞,那 one-hot encoding 的維度就會是 10 萬維度,一般人超過 3 維度 (3D) 就不太容易想像圖形如何呈現,所以 10 萬維度這個數字將會是非常複雜的。同時利用這種方式來描述一個單詞,向量具有的資訊密度相當低 (因為大多數會是 0),無法從這些詞向量中得知詞與詞之間的關係,例如,queen 跟 orange 就看不出有什麼關係。

為了改善 one-hot encoding 的許多缺點,許多研究團隊陸續發展出稱為詞嵌入 (Word Embeddings) 的技術,較為著名的有下面兩種技術:

- **Word2vec**:由 Google 研究團隊所創造 (Tomas Mikolov)。
- **GloVe**:由史丹佛 (Stanford) 研究團隊所創造。

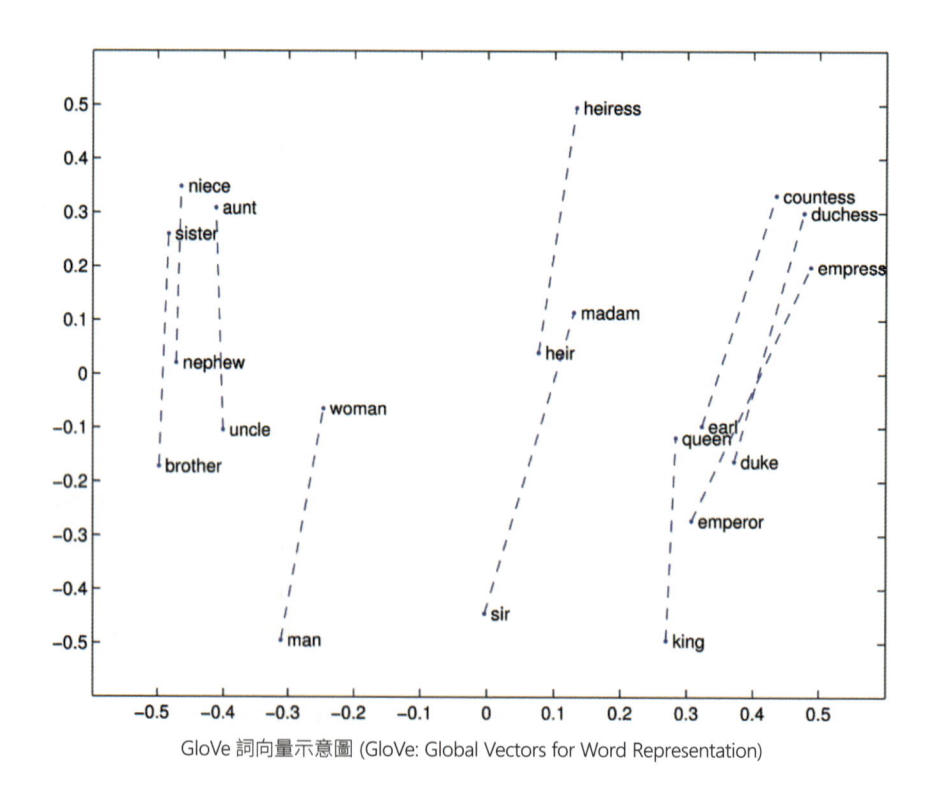

GloVe 詞向量示意圖 (GloVe: Global Vectors for Word Representation)

此兩種詞嵌入 (Word Embeddings) 技術都是藉由計算單詞在文件中出現的次數，進而統計其出現機率來決定其相似性，目的是希望能把原本資訊密度較低但維度高的向量，調整成資訊密度較高但維度降低的向量，並用來代表一個詞。而在這個低維度向量空間中的詞向量會有著一種特性，就是當詞與詞的意思越相近，他們在向量空間中就會越為接近，並且向量夾角會越小。

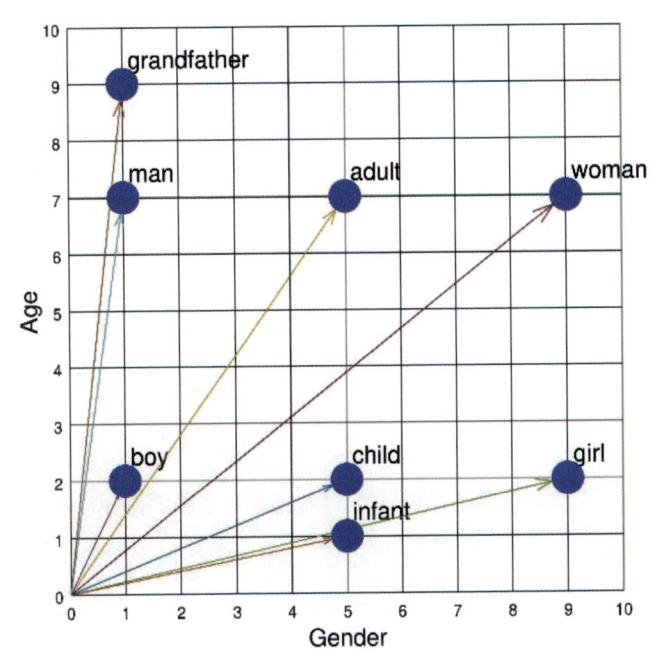

2D 向量空間中的單詞 (卡內基美隆大學資訊系)

　　電腦在計算處理的部分做得非常好，因此對單詞或文字特徵計算時，可以使電腦確定在一段文字中是否包含諷刺、霸凌等字眼，或是在情緒表達上是否為正面或負面。我們可以利用單詞出現的頻率，同時考慮上下文後來進行計算，而計算就成為是電腦如何理解自然語言很重要的基礎。

自然語言處理流程 (Pipeline)

許多自然語言處理任務都涉及到語法分析 (Syntactic analysis) 和語意分析 (Semantic analysis) 等兩大類。語法分析有時也稱為解析或句法分析，主要是識別文字中的語法結構和單詞之間的依賴關係，常會使用分析圖來表示。例如"She enjoys playing tennis."，利用語法分析圖，會呈現如右圖。

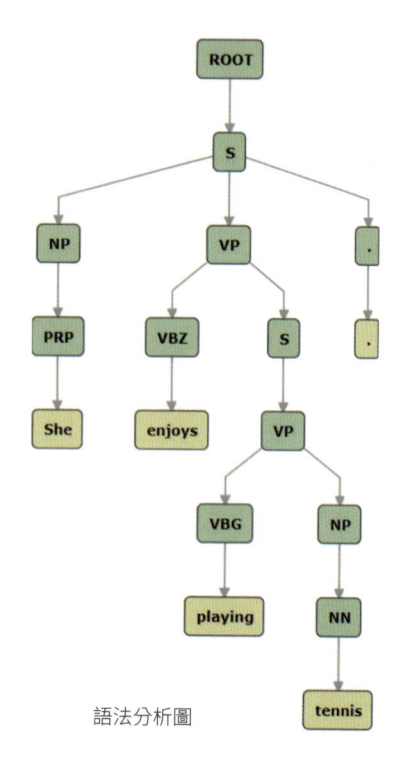

語法分析圖

語意分析則是著重於識別語言的含義，通常會根據分析句子結構及單詞間互動等相關概念，來試圖發現單詞的含義，以及理解文字的主題是什麼。由於語言常有多種涵義及模稜兩可情況，所以語意分析被認為是在自然語言中蠻具有挑戰性的領域之一。

當我們欲建構自然語言處理 (NLP) 應用程序時，由於是一項複雜的任務，通常會根據需求將問題分解成子任務，然後嘗試一個逐步開發的過程，並由不同的專家來解決它們。由於涉及自然語言處理，我們還會列出每個步驟所需的文本處理形式。這種對文本的逐步處理就稱為管線 (Pipeline)，它是建構任何 NLP 模型所涉及的一系列步驟。這些步驟在每個 NLP 專案中都很常見，像是一袋工具包，處理不同任務時會使用各自對應的工具。

整個自然語言處理管線 (NLP Pipeline) 中，常見的子任務如下圖，而這些同時也是語法分析和語意分析的一些主要任務。

自然語言處理

Text → 句子偵測 (Sentence Detection) → 標記化 (Tokenization) → 停用詞 (Stop Words) → 詞幹提取 (Stemming) → 詞性還原 (Lemmatization) → 詞性標記 (POS Tagging) → 專有名詞辨識 (NER) → Parsed Text

自然語言處理 (NLP) 常見任務

假設今天有一段文字如下，讓我們來看看這些任務會如何處理。

"The boy gave the frog to Michelle. The boy's gift was to Michelle. Michelle was given a frog in Paris."

- **句子偵測** (Sentence Detection)：將整個文件檔案分解成組成句子，你可以將文章沿其標點符號（如句號和逗號），進行分割來實現這個任務，好讓相關演算法理解這些句子。

  The boy gave the frog to Michelle.
  The boy's gift was to Michelle.
  Michelle was given a frog in Paris.

  句子偵測 (Sentence Detection)

- **標記化** (Tokenization)：我們從句子中得到每一個單詞，並將他們單獨解釋給我們的演算法做處理，因此我們將句子分解為其組成單詞並儲存他們，我們就稱為標記化 (Tokenization) 或斷詞，其中每個單詞都被稱為 Token，例如下圖。

  Michelle was given a frog in Paris   標記化 (Tokenization)

- **停用詞** (Stop Words)：我們可以透過去除不必要的單詞（單字）來加快學習過程，尤其是那些不會給我們陳述增加太多意義的單詞 (word)，只是為了讓我們的陳述聽起來更有凝聚力。

  Michelle was given a frog in Paris   停用詞 (Stop Words)

- **詞幹提取** (Stemming)：現在我們有了文檔的基本形式，我們需要向我們的機器解釋它，我們首先解釋一些詞，如 skipping、skips、skipped 是同一個詞，添加了前綴 (prefix) 和後綴 (suffix)。

  give
  gives
  gave
  given

  詞幹提取 (Stemming)

- **詞性還原** (Lemmatization)：依據字典規則作詞性還原，例如 was -> be, having -> have。

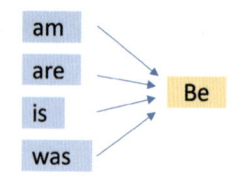

詞性還原 (Lemmatization)

- **詞性標記** (Parts of Speech (POS) Tagging)：我們透過這些標籤添加到我們單詞中來向機器解釋名詞、動詞、冠詞和其他詞性的概念。

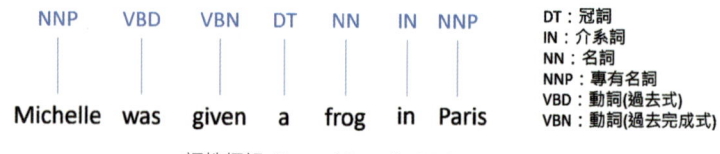

DT：冠詞
IN：介系詞
NN：名詞
NNP：專有名詞
VBD：動詞(過去式)
VBN：動詞(過去完成式)

詞性標記 (Parts of Speech (POS) Tagging)

- **專有名詞辨識** (Named Entity Recognition, NER)：又稱為命名實體識別，接下來，我們透過標記可能出現在文件檔案中的電影重要人物或地點等名稱，讓機器可以辨識這些專有名詞。

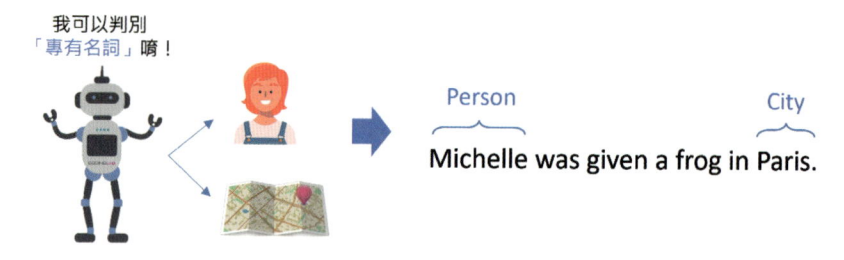

專有名詞辨識 (Named Entity Recognition, NER)

除了上面這些常見的任務外，有時還會包括文字分類 (Text Classification)、意圖檢測 (Intent Detection)、主題建模 (Topic Modeling)、語言檢測 (Language Detection)、句法成分解析 (Constituency Parsing) 及句法依存解析 (Dependency Parsing) 等等，有興趣的讀者可以繼續深入研究。

5.3 自然語言處理應用 (Applications)

自然語言處理是許多真實世界應用中人工智慧背後的驅動力，儘管自然語言處理目前還在不斷發展，但今天已經有很多應用在使用，並且大多數情況下，您會在不知不覺中接觸到自然語言處理，這裡有一些應用範例：

機器翻譯 (Machine Translation)

將文字和語音翻譯成不同語言一直是 NLP 領域的主要應用之一。真正有用的機器翻譯不僅僅只是使用一種語言的單詞來替換另一種語言的單詞，而是必須精準捕捉輸入語言的含義和語氣，並將其翻譯成與輸出語言具有相同含義和預期影響的文字。人類從 1954 年第一次成功將約 60 句的俄文自動翻譯成英文，再到目前使用的深度學習神經系統來進行翻譯，這當中雖然還存在著許多挑戰，但目前確實已經取得包括準確性在內非常顯著的進步。

Google Translate、DeepL 或沉浸式翻譯是是目前較為常用的機器翻譯服務。以 Google 翻譯為例 (如下圖)，它可以直接鍵入你欲翻譯的文章或檔案，然後根據需求翻譯成你所需要的語言結果。Google 翻譯服務目前提供超過 100 種的語言可進行翻譯，同時也可以使用語音輸入欲翻譯內容，以及聽取翻譯後的文字內容。

Google 翻譯

機器翻譯另一個有趣發展是客製化的機器翻譯系統，此類系統適用於特定領域並經過機器訓練以理解特定領域（醫學、法律或金融）相關的術語。例如 Lingua Custodia 就是一種使用深度學習技術，用來專門翻譯技術及財務文件的機器翻譯工具。

數位寫作協助 (Writing Assistant)

數位寫作協助是 NLP 最廣泛的應用之一，可以自動檢查使用者所書寫的英文是否存在文法、拼寫或標點等錯誤，例如在 word 中會根據你所寫的句子文法上的錯誤進行檢查 (如下圖)。

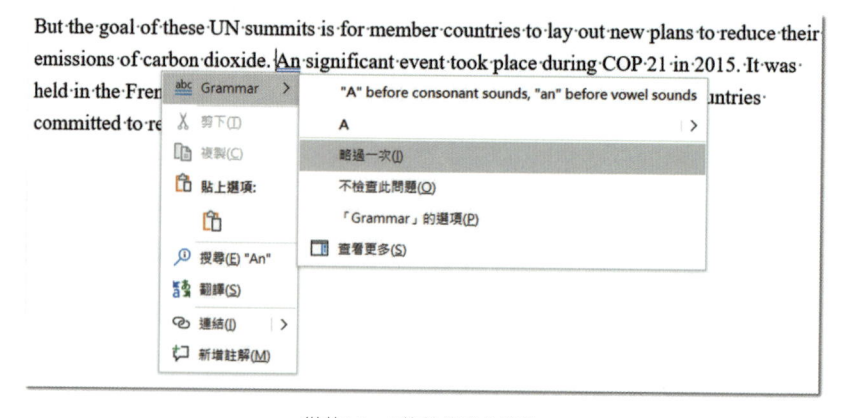

微軟 Word 的數位寫作協助

另外像是 Grammarly 此類文法檢查工具，也是使用了人工智慧和自然語言處理技術的數位寫作輔助工具，可檢查出上百種文法錯誤，幫助使用者編寫更好的內容。這些工具可以糾正文法、拼寫，建議更好的同義詞，並幫助提供更清晰和更吸引人的內容。它們還有助於提高內容的可讀性，從而使您能夠以最佳方式傳達您的信息。如果你曾經看過多年前文法檢查的應用情況，你會發現他們幾乎沒有今天這麼好的能力。

自然語言處理

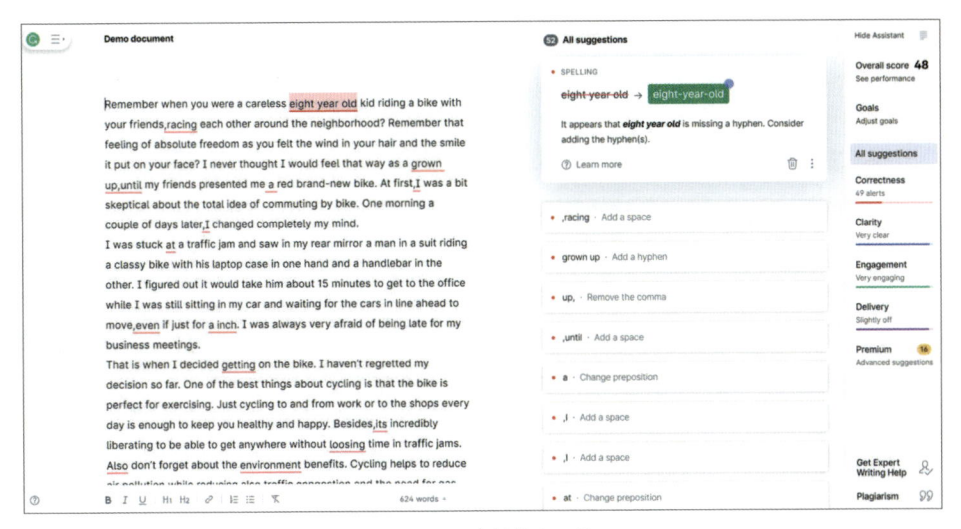

Grammarly 文法檢查工具

語音助理 (Voice Assistants)

相信所有人都非常熟悉 Siri 以及 Google Assistant 等語音助理。語音助理是一種軟體，它使用 NLP 深度學習和語音識別技術來理解和自動處理語音請求，並執行相對應的操作，例如可以設定早晨的鬧鐘、幫我們尋找餐廳等。隨著技術的演進，像 ChatGPT 和 Gemini 等生成式 AI，也具備類似的語言理解與回應功能，甚至能進一步進行多輪對話、協助寫作或解決問題。這些工具不僅提升了使用者的便利性，也為企業創造了全新的應用可能。

右圖是語音助理的簡單運作示意圖，展示透過自然語言處理的 AI 技術，將語音轉換為單詞的過程。

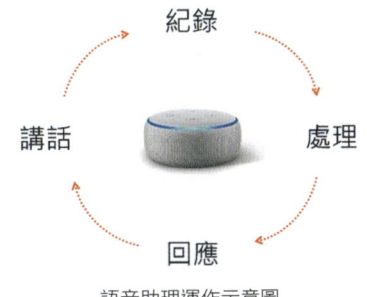

語音助理運作示意圖

其工作方式簡單介紹如下：

5-13

1. **記錄**：首先 Alexa 會先記錄您的講話，然後將此錄音傳送到 Amazon 的伺服器 (Server) 來進行有效的分析。

2. **處理**：系統會將錄音分解成單詞的聲音，然後查閱包含各種單詞的發音資料庫，來找出最接近對應的各個單詞聲音。

3. **回應**：接著識別關鍵字來讓任務具有意義，並執行可對應的功能。例如，如果 Alexa 或相關語音助理注意到 " 天氣 " 或 " 溫度 " 之類的單詞關鍵字，它將打開天氣應用程式並進行對應處理功能。

4. **講話**：Amazon 的伺服器 (Server) 會將資訊傳送到您的裝置，例如智慧音箱。如果語音助理 Alexa 需要對您說些什麼話，它將按照上面的過程進行，但方向會相反。

自然語言處理演算法允許個人使用者在沒有額外輸入的情況下，可以對語音助理進行自定義訓練，從以往的互動中進行學習，回應相關查詢並連接到其他應用程式上。語音助理應用預計將會繼續呈指數級增長，因為它們已被廣泛被用於控制家庭安全系統、家庭電器（如電視、恆溫器、燈）和汽車，甚至讓你知道冰箱裡的食物是不是過期或不足。今天，他們已經變成了一個非常可靠和強大的朋友，大多數人應該都無法想像沒有語音助理的生活會是多麼的不便。

文字生成 (Text Generation)

文字生成 (Text Generation) 是自然語言處理 (NLP) 的一個子領域，它利用電腦語言學和人工智慧方面的知識自動生成自然語言的文字，並滿足一定的互動需求，簡單來說就是透過訓練深度學習模型，以最簡單的形式產生隨機但希望有意義的文字。

我們可以先提供文字生成系統有關的提示 (Prompt) 資料，也就是訓練模型的初始文字輸入資料，並且期望經過訓練的模型能夠正確處理提示資料以生成合理的文字，例如：

- **輸入**：While not normally known for his musical talent, Elon Musk is releasing a debut album（如右圖）

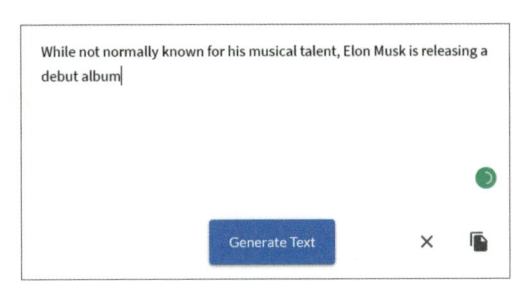

文字生成 – 輸入初始文句

- **完成**：While not normally known for his musical talent, Elon Musk is releasing a debut album on iTunes and Spotify later today, featuring a cover of Jeff Buckley's "Hallelujah."

The upload of the album has apparently sparked a lot of controversy among the music world, with some criticizing... (continued)

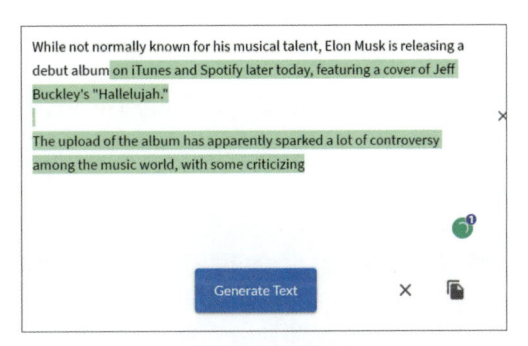

文字生成 – 產生輸出結果

如果你想要系統繼續產生適當的文字，可以按下「Generate Text」的鈕將會繼續產生文字（如右圖）

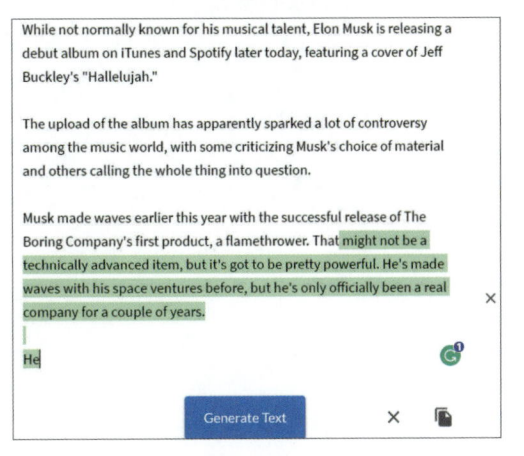

文字生成 – 持續生成文字

5-15

文字生成技術的應用很廣，訓練出來的模型可以生成不同複雜度和不同語氣的文字。如果您需要生成預先定義好類型的內容，例如社交媒體上的評論、線上商店中的庫存描述、說故事 (Storyteller) 及預定義主題範圍的文章等等，那它將會是很有幫助的應用。您也可以透過選擇不同的資料集進行額外訓練，讓您訓練出來的模型符合某些風格，例如將托爾斯泰 (Tolstoy) 的所有作品提供給模型訓練，那它將用相同的語氣來自動書寫文字作品。文本生成技術在導入 Transformer 模型之後有了突破性發展，後續在第 7 章會有進一步的介紹。

情感分析 (Sentiment Analysis)

　　情感分析是 NLP 一個重要的應用，當 NLP 工具將文字特徵提取並轉換為機器可以理解的內容，並利用機器學習演算法將輸入的訓練資料及預期輸出 (標籤) 之間建立關聯 (如下圖所示)，電腦將會使用統計分析方法來建立自己的 " 知識庫 "，也就是一個分類模型，同時對從未見過的資料 (新文字) 進行預測，辨別哪些特徵最能代表對應的情感標籤，如正面情緒 (Positive)、負面情緒 (Negative) 及中立 (Neutral)。提供這些 NLP 演算法輸入資料越多，文字分析模型準確度也將愈高。

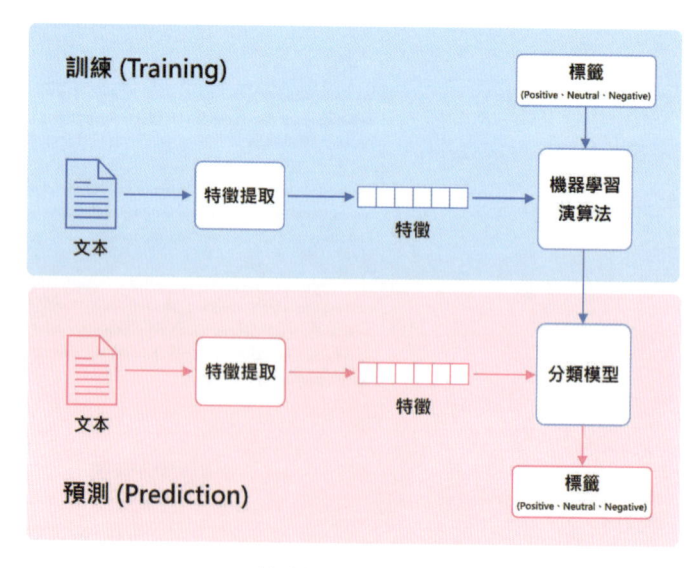

情感分析工作流程示意圖

以下圖為例，IBM 的文件分析器針對輸入的文字進行情緒分析後，顯示單詞及整篇文字為何種情感標籤。

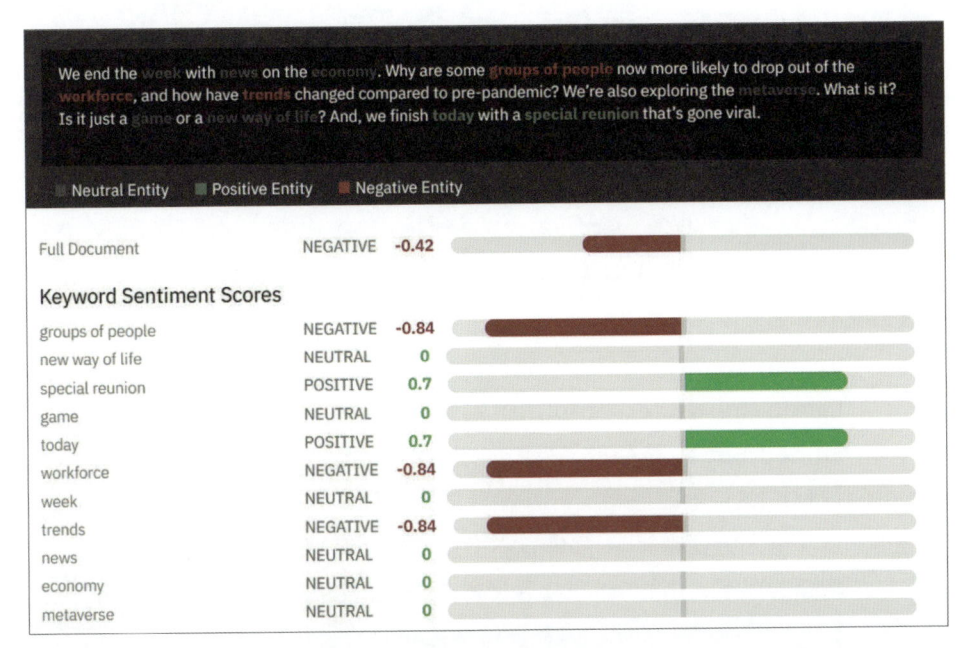

Full Document	NEGATIVE	-0.42	
Keyword Sentiment Scores			
groups of people	NEGATIVE	-0.84	
new way of life	NEUTRAL	0	
special reunion	POSITIVE	0.7	
game	NEUTRAL	0	
today	POSITIVE	0.7	
workforce	NEGATIVE	-0.84	
week	NEUTRAL	0	
trends	NEGATIVE	-0.84	
news	NEUTRAL	0	
economy	NEUTRAL	0	
metaverse	NEUTRAL	0	

IBM Text Analysis

除了上述 NLP 的應用外，其他像是垃圾郵件檢測、社交媒體監控、人員招聘、社交媒體分析、瞄準目標受眾廣告等等的應用非常多，但若是不當使用，例如生成假新聞、發布仇恨評論、垃圾郵件或建立惡意內容，都將會造成極大的影響，值得大家留意與深思。

5.4 動手做做看

活動：單字聯想遊戲 Semantris

Semantris 是由 Google 開發的一組以自然語言理解 (Natural Language Understanding) 為基礎，並且利用詞嵌入 (Word Embeddings) 技術的單字聯想遊戲，裡面包括「ARCADE」與「BLOCKS」兩款遊戲，都是讓我們透過關鍵字聯想來輸入單字。每次輸入線索時，AI 都會查看遊戲中的所有單字並選擇它認為最相關的單字。由於 AI 已接受了數十億個跨越各種主題對話的文字範例進行訓練，因此它能夠進行多種類型的關聯。

「ARCADE」版本會有時間壓力，「BLOCKS」版本則沒有時間要求，這使得它可以成為嘗試輸入短語或句子的好地方。

活動目的：試著發揮單字聯想力，瞭解 AI 在自然語言理解上詞嵌入 (Word Embeddings) 的應用。

活動網址：https://research.google.com/semantris/

使用環境：桌上型電腦、筆記型電腦

活動網站提供兩款遊戲—「ARCADE」與「BLOCKS」，玩家可以任意選擇遊戲，同時提供音樂開關及單字顏色選擇。

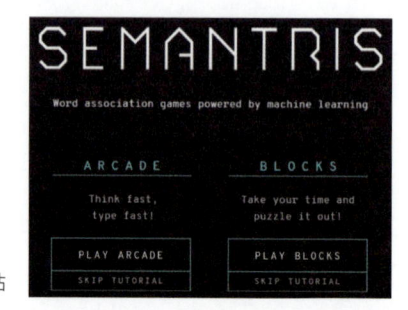

Semantris 活動網站

ARCADE

- **玩法**：主要是要考驗玩家英語單字的快速聯想能力！進入「ARCADE」遊戲後，你會看到一串的單字列表，單字列表會被一條線所分開。然後會看到箭頭指向選中的單字，玩家則需要在下面灰色框中，輸入自己認為和選中的字有關聯的單字或短語，但不能是與箭頭指向同一個單字，例如顯示的是「Library」，玩家如果輸入「books」，遊戲會判斷是否有關聯（如右圖），如果關聯性很高，就會將它排到最下方。如果同時有多個字都有關聯，則會依關聯性依序排列。

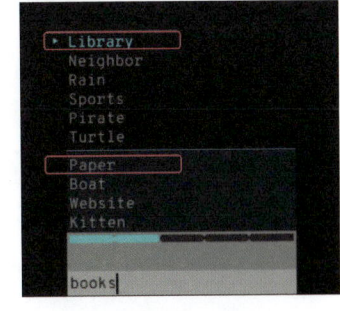

books 與「Library」及「Paper」都有關連

由於輸入的 books 與「Library」及「Paper」都有關連，並且 AI 判斷關聯性「Library」比「Paper」高，所以會將「Library」放在最下方，再來是「Paper」。（如右圖）

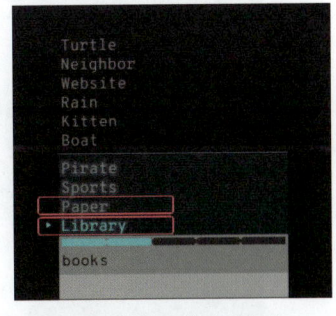

當「Library」在橫線下方時，橫線下的單字都會消除

由於指定的「Library」移動到橫線下方，所以會將橫線下的單字全消除掉，玩家就可以得到分數。然後遊戲會再掉下新的類型方塊（如右圖），就這樣越掉越快，玩家也要越回越快，如果掉下來的單字疊滿了螢幕畫面，遊戲就會結束囉！

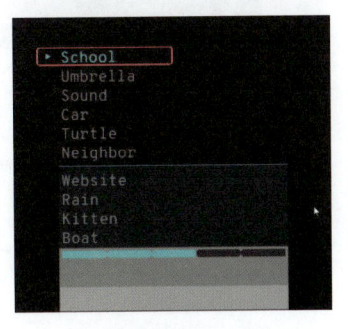

玩家會得到分數，遊戲會再掉下新的單字

輸入區上方 5 格長條圖形，它會顯示成功輸入的次數，每完成一定次數後，上方的單字會全部掉落並被消除。整個遊戲的趣味點在於速度要快，否則有點類似俄羅斯方塊，如果消除的慢則遊戲將會結束。

BLOCKS

- **玩法**：「BLOCKS」的玩法類似「ARCADE」，只是掉下來的是各種顏色及大小不一的方塊，類似俄羅斯方塊一樣會逐步往上堆疊。遊戲邏輯很簡單，玩家可以從這些單字中任意選擇一個，並且輸入你認為可以跟它對應的單字或短語，如果有關聯，方塊就會消除。例如你輸入「table」(如下圖)。

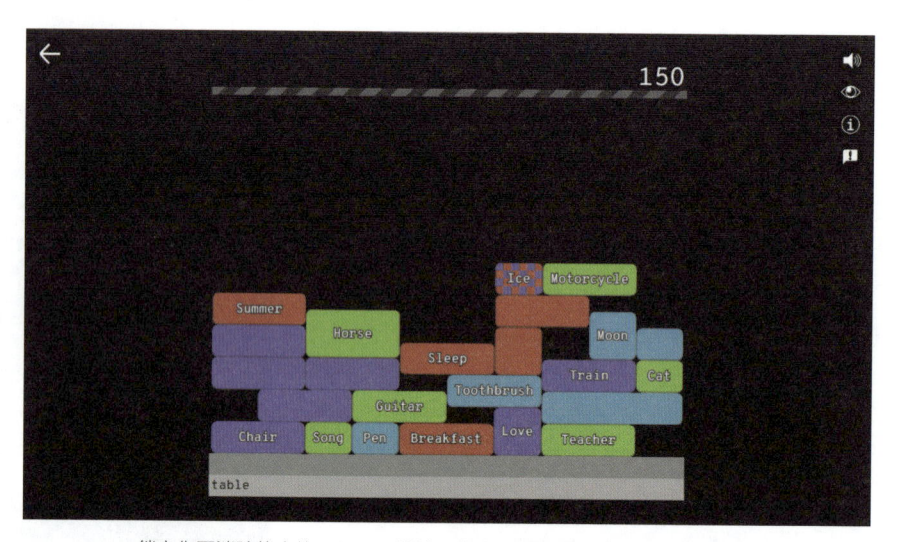

鎖定你要消除的方塊 (Chair)，並輸入與它有關聯性的單字或短語 (table)

AI 會認為最有關聯性的是「Chair」，所以會將「Chair」以及周圍相同顏色的方塊一樣消除 (如下圖 a)，並得到分數，然後從螢幕上方不斷地落下新的方塊(如下圖 b)。

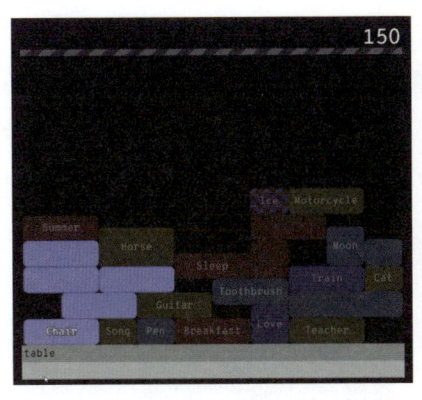

自然語言處理

a. 將「Chair」方塊及相連同色方塊一起消除

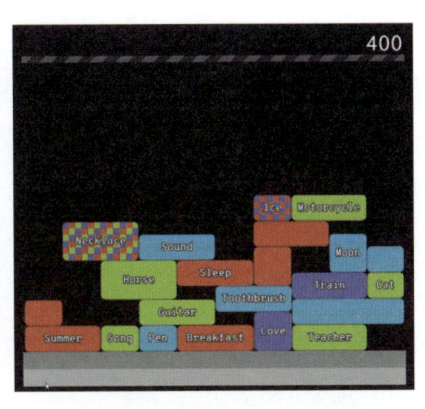

b. 方塊消除後會在掉下新的方塊

有些方塊是花色的，當它被消除時，周圍和它彩色方塊中任何相同顏色的方塊，也都會被消除。例如右圖中，當你輸入「song perform」短語，AI 覺得與彩色方塊「Singing」關聯性最高，會將周圍與它相同彩色方塊一併消除，然後掉下新的方塊。

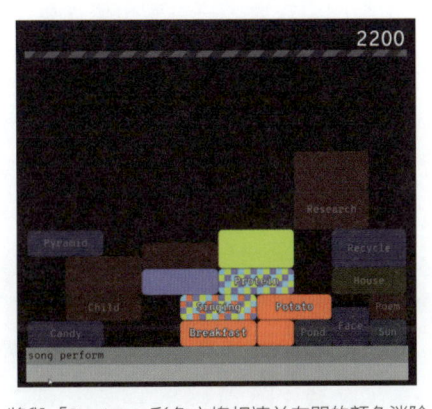

將與「Singing」彩色方塊相連並有關的顏色消除

掉下的方塊如果堆疊到達紅色線就表示遊戲結束 (如右圖)。

Semantris
遊戲動態展示

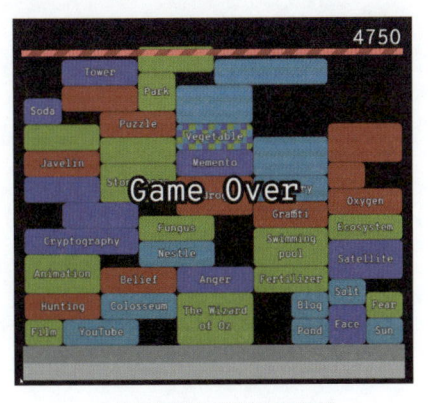

方塊碰觸到紅線就結束遊戲

5-21

Google 這款 AI 遊戲的目的是利用大量聯想詞的訓練，來幫助 AI 理解「如果看到一個單字，通常和它一起出現的單字會有哪些？」，如果 AI 能夠做到這一點，那麼它將可以完成「當人類和 AI 對話時，AI 就更能夠理解人類說的意思及對話流，並做出更合適的回應。」所以 Google 希望用數十億甚至更多的大數據來訓練這個可以理解語意的 AI，教會 AI 與人類真實的對話情況應該是什麼樣子。一旦 AI 從這些資料中學習，它就能夠預測一個敘述跟隨著另一個敘述，並做為回應的最佳可能性。

在此遊戲中，AI 只是將玩家輸入的內容視為開場白，然後查看許多可能的回答，並且找到最有可能的回答做回應。大家可以試著玩玩看，一方面測試自己的單字聯想能力，一方面也可以見識到自然語言處理 (NLP) 中的自然語言理解 (NLU) 在生活上的另一種應用，其它潛在應用還包括分類、語意相似性、語意分群、語意搜尋或是從許多備選方案中選擇正確的回應。

活動：文字辨識 –「智慧教室」

如果我們想要控制教室一些設備，例如風扇、電燈、投影機、電腦或是門窗，我們可以如何控制他們呢？這個專案將使用文字辨識，教電腦識別文字的意義，並進行和機器之間的對話。同時在 Scratch 中試著設計一個智慧助理，使您可以控制這些虛擬設備。

活動目的：利用 NLP 技術進行文字辨識，並可以控制虛擬裝置

活動網址：AI Playground (https://ai.codinglab.tw/)

使用環境：桌上型電腦或筆記型電腦

操作過程可參考作者整理的專案實作網頁：

https://simplelearn.tw/ai-playground-smart-classroom-nlp/

第 6 章

聊天機器人

本書將在這個章節中介紹什麼是聊天機器人 (Chatbot) 及其運作方式，同時也會介紹在生活中聊天機器人的應用及所帶來的重要性，最後會教讀者學習在不需要編寫任何程式碼的情況下，如何建構一個以自然語言處理為基礎的聊天機器人。

跟 Siri 互動

6.1 什麼是聊天機器人 (Chatbot)

當我們拜訪某些網站時常遇到網頁會彈出類似 " 您好！有什麼需要服務的嗎？"，例如 Facebook 的 Messenger 及 Drift 網頁，這些都是常見的聊天機器人。

傳統大家對聊天機器人的印象，其實是一問一答非常制式化的對話互動，若要機器人更聰明、更懂得你在說甚麼，就必須搭配像是上一章所提到的自然語言處理技術，讓 Bot 更能理解人類的語言，進而提供具有個性化的服務。而各大科技公司，如 Google、Microsoft 及 IBM 等，對於機器人代理程式會稱之為交談式 AI (Conversational AI)。為了讓讀者與生活上常見的應用做連結，我們這邊會先以聊天機器人 (Chatbot) 這個名稱來做介紹。

聊天機器人自 60 年代末就已經出現，第一個聊天機器人 Eliza 功能還很基本，但它在當時就證明了聊天機器人的潛力。那為什麼聊天機器人在經過半個世紀後的今日，突然變得如此受歡迎呢？關鍵因素是認知計算 (Cognitive Computing) 的出現，因為如果聊天機器人可以與人交談，但無法理解使用者想要什麼並做出適合的回應，那麼這項技術的用途就變得很小了。

聊天機器人主要有兩大類型，一種是基於規則 (Rule-Based) 聊天機器人，另一種則是人工智慧驅動 (AI-powered) 聊天機器人。

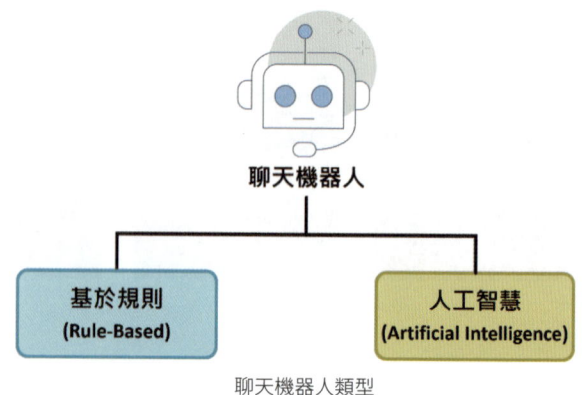

聊天機器人類型

基於規則 (Rule-Based) 聊天機器人

基於規則的聊天機器人，也可以視為決策樹式的對話系統，本質上是儲存大量 if-then 規則的集合。它們透過預先定義的規則進行回應，目的在於解決特定查詢。

整個對話流程就像一張流程圖，每個問題都有預設的答案。這些規則可能很簡單，也可能相當複雜，但都無法處理規則外或隨機性的問題。因此，此類聊天機器人只能回答程式中明確定義的問題。

它們常用於處理重複性高、結構固定的任務，例如餐廳訂位、電影票購買或線上送貨服務等簡單應用。

基於規則 (Rule-Based) 聊天機器人只能提供簡單回應

人工智慧驅動 (AI-powered) 聊天機器人

與基於規則 (Rule-Based) 的聊天機器人不同，人工智慧驅動 (AI-powered) 的聊天機器人能運用自然語言處理 (NLP) 來理解使用者的意圖與上下文。例如，當使用者輸入 "Hello"，系統可以辨識這與 "Hi" 或 "Good morning" 意思相近。然而，有些詞語可能依上下文而有不同意義，如 "I'm doing fine"（我很好）與 "I'm giving you a fine"（我要給你罰款），這就需要模型能理解語境。

近年來，人工智慧、機器學習、深度學習與自然語言處理技術快速發展，使聊天機器人能夠更準確理解問題、模擬人類對話並自動回應。這種技術正改變我們與軟體互動的方式，提供具成本效益與高度擴展性的解決方案，也為企業帶來多樣化的商業機會。

隨著時間推進，AI 聊天機器人已經能夠透過使用者的回饋與錯誤學習，持續提升回應的準確性與自然度。

人工智慧驅動 (AI-powered) 聊天機器人提供較為精確的回應

使用者可以透過打字或聲音的方式與聊天機器人進行互動，實際狀況取決於所提供的聊天機器人的類型。就像 Apple Siri 或是 Amazon Alexa 等虛擬助理都是目前流行的聊天機器人之一，其主要是透過語音而不是文字的方式來進行互動。

聊天機器人對消費者與企業都有顯著幫助，不僅能降低技術使用門檻、簡化操作流程，還能優化互動體驗，同時大幅減少企業的客服支援成本。多項研究指出，在多數情況下，人工智慧驅動的聊天機器人能比人力客服提供更快速、準確的回應，進一步提升業務成功率。

接著就來一起了解這些在日常生活中常見的聊天機器人，是如何實際運作的。

6.2 聊天機器人如何工作

我們將針對基於規則 (Rule-Based) 聊天機器人和人工智慧驅動 (AI-powered) 聊天機器人做介紹，它們背後的工作方式有很大的不同。

基於規則 (Rule-Based) 的聊天機器人工作方式

基於規則的聊天機器人會依照系統後端預先設計的對話流程，引導使用者沿著指定路徑互動。它們通常透過可點擊選項（事先設定的問題）或辨識特定關鍵字或詞組（如「訂房」或「生日禮物」）來啟動回應。

舉例來說，您可以設計一個聊天機器人，分為「銷售流程」與「自助查詢」兩條路徑。在銷售流程中，聊天機器人會引導使用者留下聯絡資訊、安排回電時間，最終連接到銷售人員。而在自助查詢路徑中，使用者可從預設選項中選擇問題，例如輸入「告訴我有關 A 選項的更多資訊」，系統即可根據關鍵字「A 選項」觸發回應，並依照決策樹結構進一步提供對應答案。

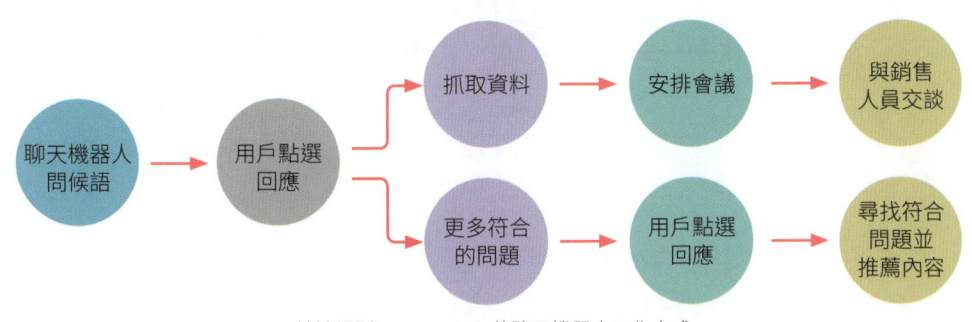

基於規則 (Rule-Based) 的聊天機器人工作方式

人工智慧驅動 (AI-powered) 聊天機器人工作方式

首先，每個這類型的聊天機器人都需要知識庫。知識庫是幫助聊天機器人找到使用者提出問題的正確答案。其次，我們需要一個具有自然語言處理功能的聊天機器人，它可以從使用者請求和話語中提取意圖 (Intents, 判斷一句話背後的用意)、實體 (Entities, 句子中提到的重要資訊) 和關鍵短語 (phrases)，在下一小節的活動中我們實際舉例，你會對這幾個名詞更加了解。最後，我們必須確保機器人可以透過使用者喜歡的互動管道進行交流。這種具有人工智慧的聊天機器人會有幾種方式進行互動，分別是文字型、語音型及混合型。

首先，當使用者發送文字時，該訊息將透過聊天管道發送到聊天機器人。聊天機器人將使用自然語言處理技術來理解使用者的意圖並查看知識庫以獲得答案，一旦找到答案，就會將回應傳遞給使用者 (如下圖)。

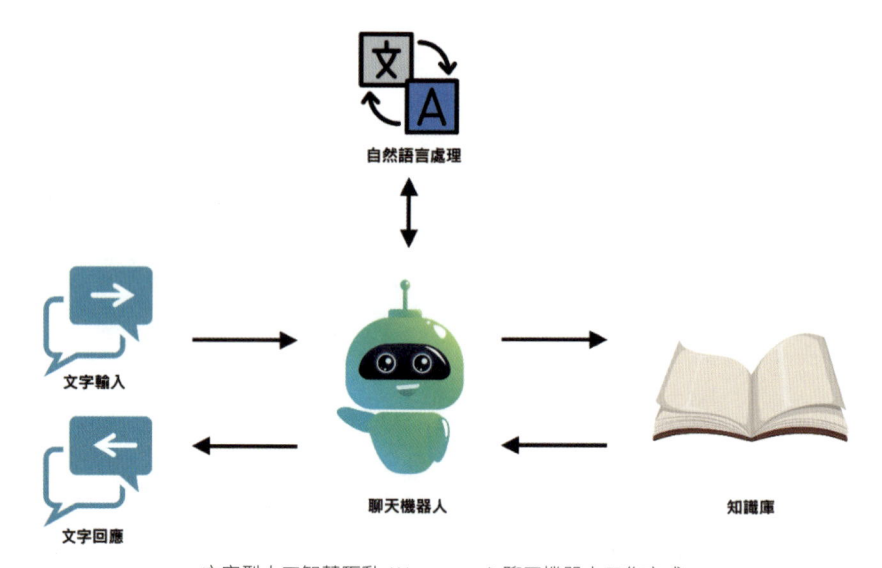

文字型人工智慧驅動 (AI-powered) 聊天機器人工作方式

而支援語音的聊天機器人大致的處理流程也相同，只是輸入和輸出需要進行語音識別和語音合成。當使用者利用語音輸入時，語音會先被直接先進行語音識別後，發送給聊天機器人以進行進一步的意圖提取和知識庫搜尋，一旦找到答案，訊息就會透過語音合成技術將語音發送給使用者 (如下圖)。

聊天機器人（Chatbot）

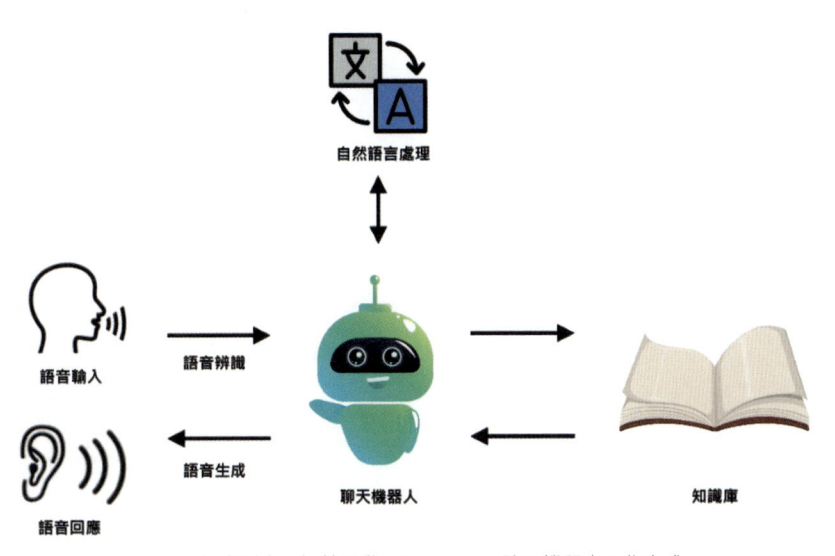

語音型人工智慧驅動 (AI-powered) 聊天機器人工作方式

而許多個人助理會同時使用文字及語音功能，這將有助於使用者選擇他們想要的適當溝通管道。但要特別注意的是，即使我們有多個管道，設計上仍然只會有一個聊天機器人和一個知識庫的服務，這將降低了企業整體解決方案的開發和維護成本。

在設計聊天機器人時，我們應該要盡量遵循三個基本原則：

- **原則一**：避免在回覆中使用是 (Yes) 或否 (No)。如果您的聊天機器人未能正確解釋問題，可能會產生誤導或提供錯誤資訊。例如下圖，"Yes" 在這裡對使用者來說是沒有作用，而回應像是 "Yes, 運送是免費的 "，這樣的設計比較好。

避免在回覆中使用是 (Yes) 或否 (No)

6-7

- **原則二**：如果可能，請在您的回答中包含使用者問題的一部分。例如在訂房服務中，會將日期及人數出現在回覆文字的一部分。

盡量在您的回答中包含
使用者問題一部分

- **原則三**：聊天機器人回答的長度，如果能夠提供簡潔又準確的答案會是最好的。

　　好的聊天機器人可以在設計範圍內以非常自然的方式來回應，他們會讓使用者感到被理解並得到了幫助。聊天機器人經常會為使用者提供某種形式的幫助，例如旅遊公司的聊天機器人可以詢問使用者與旅行相關的問題，以簡化預訂旅行安排的過程。線上音樂串流平台的聊天機器人可以讓使用者尋找歌曲，並在社群媒體上與朋友分享時變得更為容易。連鎖咖啡店的聊天機器人會允許您直接透過聊天訂購您最喜歡喝的拿鐵咖啡。除了提供客戶服務或銷售支援類型的聊天機器人外，我們會在下一個章節為大家介紹聊天機器人的許多應用。

6.3 動手做做看

這個小節我們將帶領讀者利用 Google Dialogflow 的平台，完整瞭解聊天機器人的建構方式及應用，同時在不用編寫程式的情況下，輕鬆建立屬於您的第一個聊天機器人，並以不同形式呈現，如右圖：

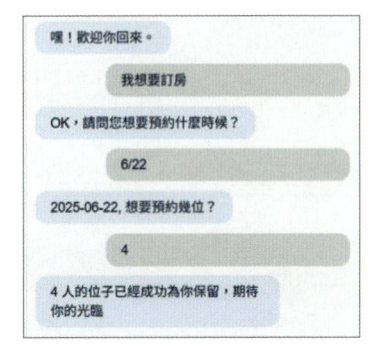

專案目標

Google Dialogflow 簡介

Dialogflow 是 Google 的一個自然語言處理平台，可以讓使用者輕鬆設計具有對話式使用者介面 (conversational user interface) 的聊天機器人。對於技術人員則可以輕鬆將其整合至相關行動應用程式、Web 應用程序、互動式語音回覆系統 (IVR) 及其他裝置，並與企業產品或服務進行互動。

Dialogflow 提供強大的自然語言理解 (NLU) 技術，可以分析來自客戶輸入的多種類型，包括文字或音訊等輸入，然後透過文字或合成語音的多種方式來回應您的客戶，為使用者提供與您的產品互動的新方式，同時具有下面三大特色：

1. 自然且準確地互動
2. 視覺化建構工具
3. 輕鬆管理虛擬專員 (聊天機器人)

使用 Dialogflow，您可以很快地建構對話體驗，使其能夠更有效地吸引客戶，並擴大您的平台及應用程式的影響力。透過利用平台上這些功能以及開發人員提供的輸入訓練數據，Dialogflow 會為每個特定的對話代理程式（聊天機器人）建立了獨特的演算法，並且隨著越來越多的使用者與您設計的對話代理程式進行互動，這些演算法會不斷學習並為您進行調整(如下圖示意圖)。

Dialogflow 互動示意圖

接下來介紹 Dialogflow 當中幾個基本概念，它將會幫助您更輕鬆理解聊天機器人的運作模式，為了讓讀者在下一小節進行專案操作時能夠與系統畫面一致，所以我們會保有原 Dialogflow 所使用的英文，同時輔以中文讓讀者瞭解。現在就讓我們來開始深入認識 Dialogflow 的部分重點。

首先，我們一開始會先建立一個 Dialogflow 的 Agent (代理程式)，您可以把它想像成是一個聊天代理人的應用程式。它會收集使用者所說的內容，然後對內容中的語句進行分析並預測其意圖 (Intent) 為何，同時提取語句中的一些關鍵字成實體 (Entity) 做為處理，然後將其意圖對應到最適合的動作，做出準確的回應。這就是使用者調用聊天機器人的方式，整個簡單的流程可以參考下圖。

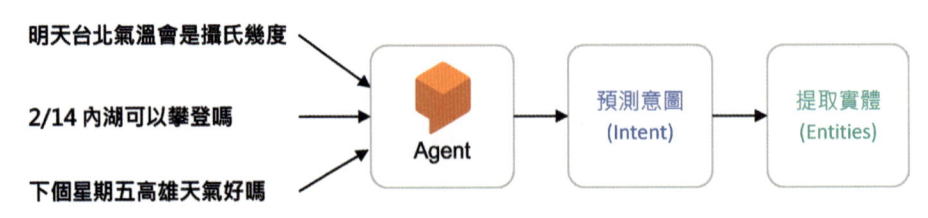

利用 Dialogflow 建立聊天機器人流程

6 - 10

所以，當我們對聊天機器人提出 " 我想要預訂一張從台北飛往多倫多的機票 "，整個句子就叫做 Utterance（語句），而這個語句會將 " 預訂 " 視為整個語句的 Intent（意圖），同時提取語句中相關的關鍵字也就是 Entities（實體），然後找出最適合這個意圖所對應的回應（如下圖）。

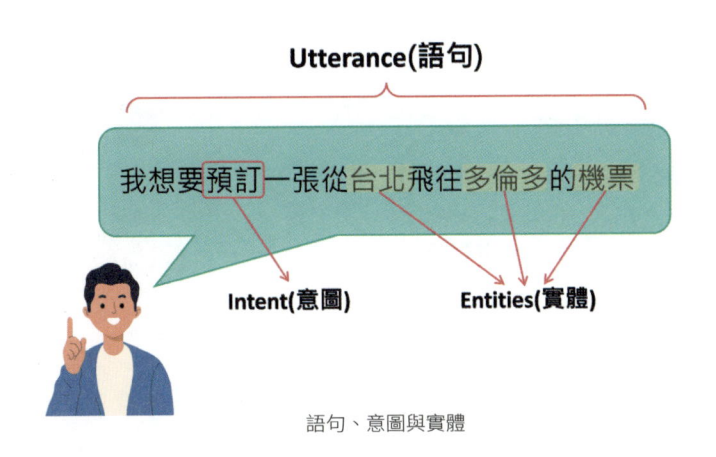

語句、意圖與實體

讀者剛開始學習利用 Dialogflow 來建立一個聊天機器人（Agent）時，會遇到當中的術語非常多，例如 Agent、Intent、Entity、Training phrase、Action&Parameters、Response、Context、Fulfillment 等等許多關鍵字。但不用擔心，對初學者來說可以先記得兩個重要的術語，也就是 Intent（意圖）及 Entity（實體），就可以透過 Dialogflow 來建立聊天機器人，並完成最基本的專案實作。

- **Intent（意圖）**：意圖代表的是使用者在語句中想要做的事情，它可以是一種行為，或是想要表達的目的或目標。例如 " 關閉冷氣 " 或 " 關閉電燈 "，意圖就是關閉設備。在交談過程中需要兩個方面的意圖，就是「使用者想要執行的操作」及「使用者可能要求的東西」。對於每個聊天機器人（Agent），您可以視用途及需求定義許多意圖。

Intent（意圖）

6-11

- **Entities（實體）**：在這裡因為跟自然語言有關，所以我們也可以稱它叫做關鍵字以方便理解。Entities（實體）可以透過對話時找到的名詞或量詞，例如人名、地名、食物名稱、特定數字或日期，來幫助了解互動的細節，例如剛剛所提的 " 關閉冷氣 " 或 " 關閉電燈 "，Entities（實體）就是冷氣及電燈。而 Entities（實體）從使用者所說的內容中提取有用的事實將有助於識別語句中的 What、When、Why、Where、How。

Entities（實體）

我們試著再舉一些範例來讓讀者了解意圖及實體用法，例如下圖為設計一個可以幫助使用者獲取與戶外活動時相關的天氣資訊，透過聊天機器人應用程式，可以詢問是否正在下雨、相關地點的氣溫或者適合的活動等等，其中 Dialogflow 會將語句中的實體識別出來，當然它也提供用戶在設計時可以自訂實體類別。

Intent (意圖)	Training phrases (訓練短語)	Entity (實體)
Weather	明天台北氣溫會是攝氏幾度	明天、台北、攝氏
	三天後台中的天氣	三天後、台中
	下個星期五高雄天氣好嗎	下個星期五、高雄
	東京今天早上的天氣怎麼樣	東京、今天早上
Activity	下星期日在北海道可不可以打雪仗	下星期日、北海道、打雪仗
	後天會遊泳嗎	後天、遊泳
	八月五號會不會沖浪	八月五號、沖浪
	明天在內湖可以攀登嗎	明天、內湖、攀登
Condition	明天會不會雷雨嗎	明天、雷雨
	這個星期五在台北會陰雨嗎	這個星期五、台北、陰雨
	稍後晚上會下雨嗎	晚上、下雨
	2/14天氣晴朗	2/14、晴朗

意圖、訓練短語與實體範例

對於 Dialogflow 有了基本認識後，我們可以動手來建立自己第一個聊天機器人。

活動：簡易餐廳聊天機器人

前面介紹了聊天機器人的基本知識、工作原理及許多應用，現在就來帶讀者利用 Google Dialogflow 平台，一起手把手輕鬆建立屬於您的第一個聊天機器人。

我們將帶大家在不需要具備程式能力情況下，訓練出有趣的餐廳小幫手，來幫助餐廳跟客人互動。下圖是我們預計完成的第一個作品，會用 Dialogflow Messenger 的方式展現，並且可以跟你做簡易的互動，另一個專案我們將讓聊天機器人更智慧化，並且會用不同方式呈現。

活動目的：利用 Google Dialogflow 平台簡易建立聊天機器人，並瞭解所有流程。

活動網址：Google Dialogflow (https://Dialogflow.cloud.google.com/)

使用環境：桌上型電腦或筆記型電腦，以及需要有 Gmail 帳號

準備好專案所需的平台網址及 Gmail 帳號後，接著我們將開始帶大家一步一步輕鬆完成專案！

STEP 1　環境簡介及建立 Agent (代理程式)

連結到 Dialogflow 平台 (如下圖) 後，您可以使用自己的 Gmail 帳號做登入。

使用 Gmail 登入 Dialogflow 平台

當我們登入後會看到下方歡迎畫面，點擊 **Create Agent** 來建立自己第一個聊天機器人。

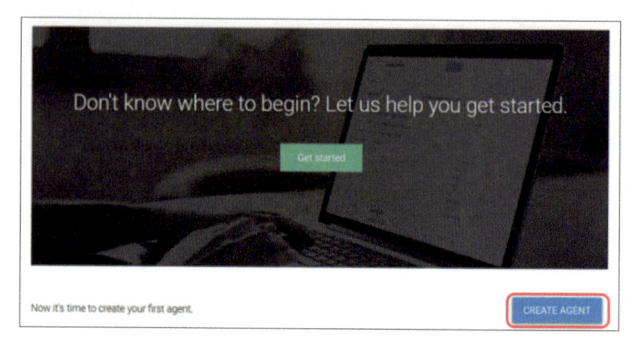

點擊 Create Agent 來建立自己第一個聊天機器人

接著我們就會看到如下圖，它是 Dialogflow 控制台的畫面，若需要建立相關 Agent、Intents、Entities 及其他設定都會在這裡進行處理，就讓我們依序介紹介面上幾個常用的功能。

① 幫你的 Agent（聊天機器人）命名，此專案取名叫做 **Restaurant Agent**。

② 選擇語言。此專案選擇以繁體中文為主 Chinese (Traditional) — zh-TW，如果你想要讓你的 Agent 同時也瞭解其他語言，您可以在下方另外加入其他語系

③ 選擇時區。此專案選擇 **(GMT+8:00) Asia / Hong_Kong** 這個時區。

④ 如果設定都沒有問題，可以按下 **Create** 按鈕，就可以建立完成。

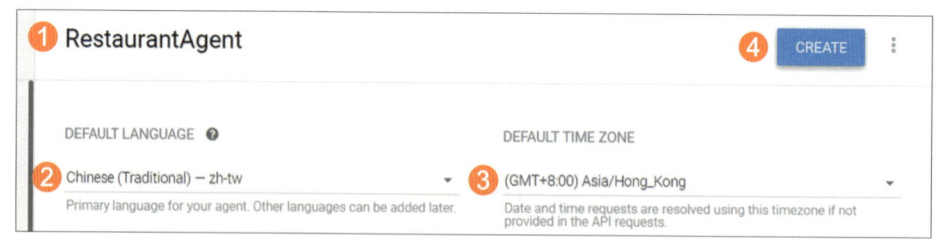

Dialogflow 控制台功能介紹

建立完一個新的 Agent 後，我們可以在下圖中，開始建立自己聊天機器人需理解那些意圖，接著會帶大家建立每一個 Intent，這裡將先介紹相關功能，首先：

6-14

① 如果要新增或查看相關 Intents (意圖) 時，可以在此點選。

② 這個位置可命名每一個 Intents (意圖) 的名稱。

③ 每個 Agent 被建立後，都會有兩個系統預設的 Intents (意圖)，其中一個是 Default Welcome Intent，也就是預設與歡迎有關的 Intent。

④ 另一個預設則是 Default Fallback Intent，也就是 Agent 不清楚訊息的意義時，就會使用這一個 Intent。

⑤ 最後如果要開始建立時，可以按下 **CREATE INTENT** 按鈕，就可以建立完成一個意圖。

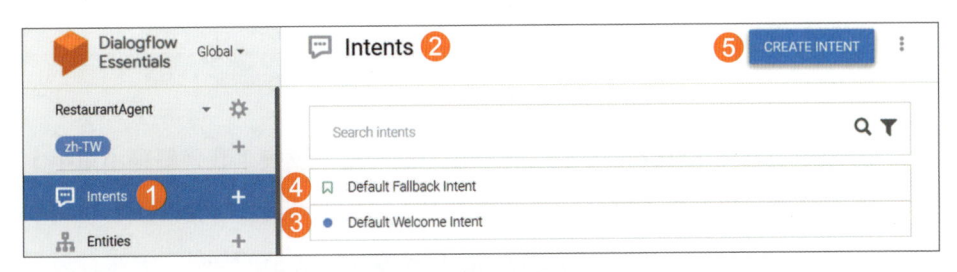

Intents (意圖) 功能畫面

下圖是 Default Welcome Intent 預設意圖，大家可以看到它接受了那些 Training phrases (訓練短語)，例如「你好」或「嗨」等短語，系統將會用這些短語來訓練這一個預設意圖。

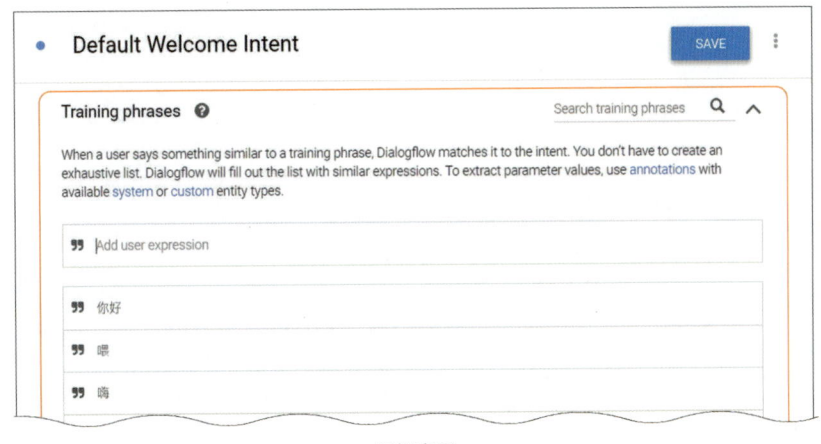

預設意圖

當 Agent 收到訊息，並判斷屬於這個 Default Welcome Intent 預設意圖時，它會做出的回應就是網頁下方 **Responses** 區的內容，如右圖「嘿！」、「你好！」等內容。

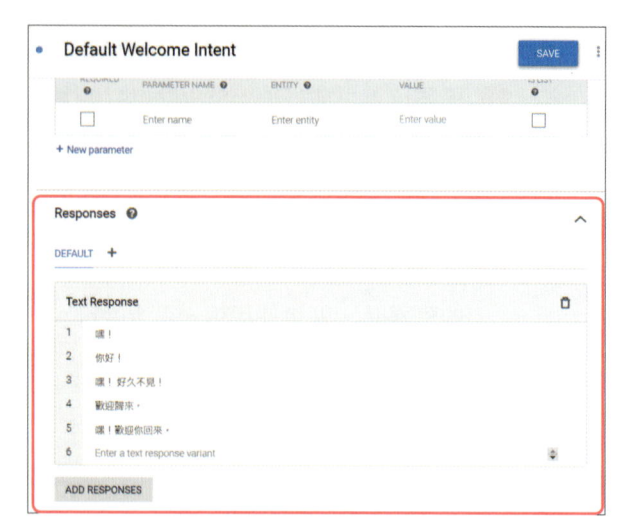

預設回應

我們試著在 **Responses** 區加入一個新的短語 "**安安！我是餐廳小幫手，有什麼可以幫忙的嗎？**"（如下圖所示）來增加活潑性，當然讀者也可以試著多一些自己覺得有趣的歡迎語句來讓 Agent 訓練理解，未來在真正互動時，這些語句就會隨機產生，就不會讓大家覺得 Agent 只會講一些固定內容而覺得枯燥。

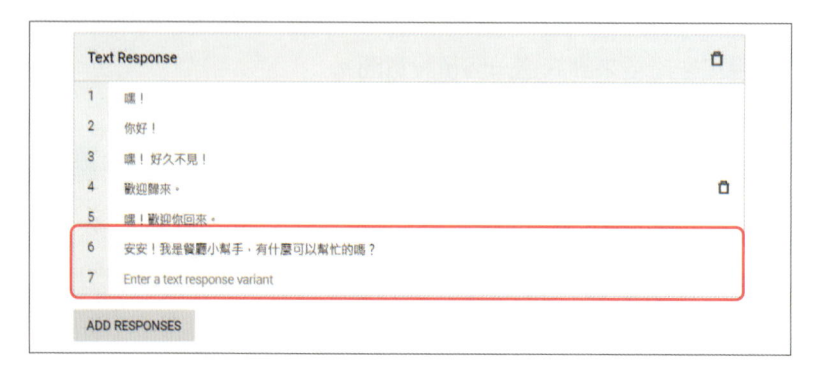

試著加入一個短語

預設的 Intents（意圖）還有另外一個 Default Fallback Intent。主要是當 Agent 無法識別您的意圖時會做的預設回應，大家也可以加入其他內容，此處我們先略過。

現在就讓我們利用這兩個預設意圖來理解 Dialogflow 基本運作。我們可以在畫面右側 **Try it now** 的地方試著輸入語句來看看效果，例如當我們輸入 **" 哈囉 "**，它辨識出來是屬於 Default Welcome Intent 預設歡迎意圖，於是會隨機顯示回應語句中的內容**「嘿！好久不見！」**(如右圖)。

試著輸入語句 " 哈囉 "

當我們輸入 "Hello"，它辨識不出來，所以是屬於這個 Default Fallback Intent 預設意圖，它就會隨機顯示回應語句中的內容**「對不起，我聽不懂你的問題」**(如右圖)。

試著輸入語句 "Hello"

這時候我們可以回到 Default Welcome Intent 預設意圖，加入 "Hello" 或 " 哩厚 " 短語進行訓練 (按下 SAVE 即可)。

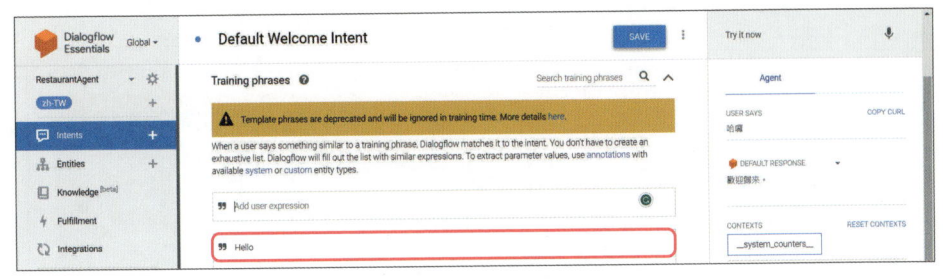

加入 "Hello" 單詞進行訓練

6-17

此時再鍵入 "Hello~~"，Agent 就能辨識為歡迎意圖，並且隨機回應當中的歡迎語句 " 歡迎歸來。"（如右圖）

這個部分只是讓讀者先暖身一下，瞭解整個 Dialogflow 的重要觀念，現在就繼續帶大家建立屬於自己的 Intents（意圖）。

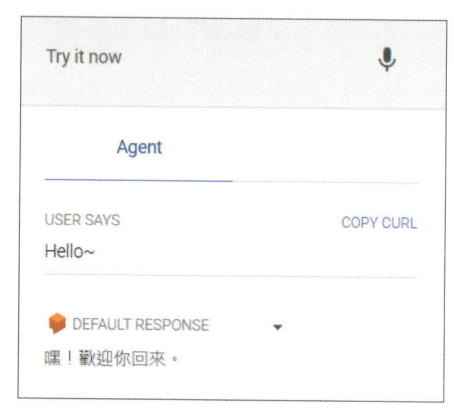

這時候可以辨識 "Hello" 的意圖

STEP 2　建立 Intents（意圖）

點選如下圖的 **CREATE INTENT** 按鈕就可以開始進行建立。

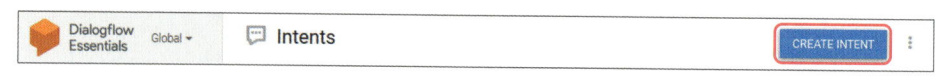

建立 Intents（意圖）

接著在下圖中的 Intent name 位置鍵入意圖名稱 " 聯絡資訊 "，並點擊下方**訓練語句 (Training phrases)**。然後在 Training phrases（訓練短語）中，輸入三筆資料（如下圖）：

◇ 請問餐廳地址
◇ 聯絡方式
◇ 電話號碼是多少

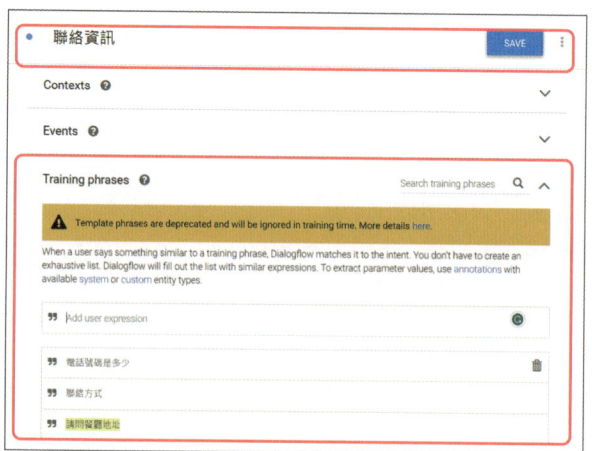

建立 Training phrases
（訓練短語）

6-18

並在同一頁的下方 Responses (回應)，鍵入欲回應的文字。

◇ (02) 2121-8888，台北市羅斯福路一段 99 號

當然您也可以視情況，增加多一點資訊或回應語句。

建立 " 聯絡資訊 " 意圖的回應

接著如下圖，我們可以再建立另一個意圖 " 預約 "，並將下面這些短語加入到訓練語句 (Training phrases) 當中。

◇ 我想要訂位子
◇ 想要預約
◇ 預約餐廳

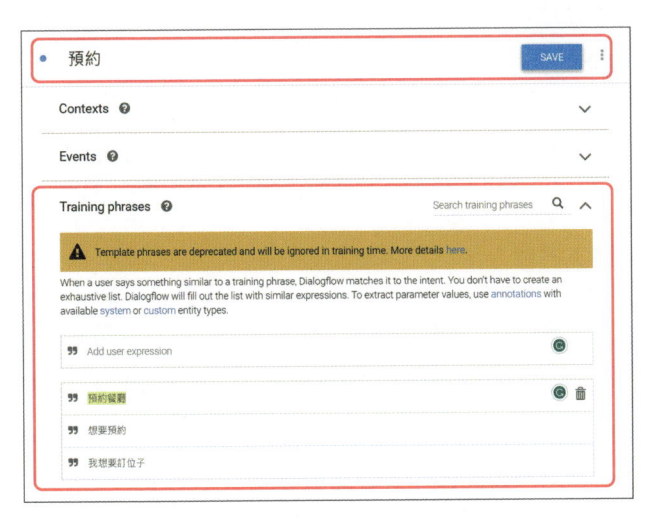

建立 " 預約 " 意圖

6-19

並且將下列文字回應，加在同頁面下方 Responses（回應）當中（如下圖）。

◇ 您好，請問您希望預約幾月幾號的位子？
◇ OK，請問您想要預約什麼時候？

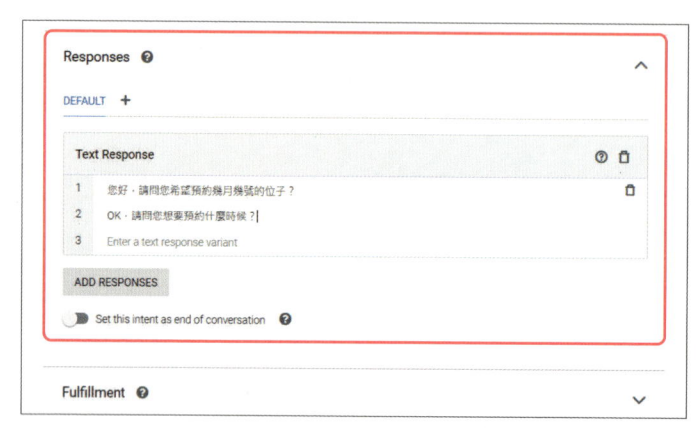

建立 " 預約 "
意圖的回應

這時候我們回到 Intents（意圖）主頁面時，就可以看到除了兩個系統預設的 Intents 之外，另外增加了剛剛我們建立的 " 聯絡資訊 " 及 " 預約 " 這兩個 Intents（如右圖）。

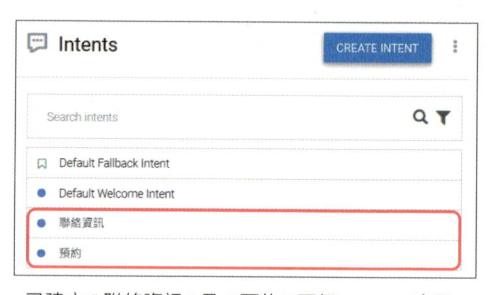

已建立 " 聯絡資訊 " 及 " 預約 " 兩個 Intents（意圖）

STEP 3 測試我們的聊天機器人

我們可以試試看剛剛建立的 Agent 及 Intents 有沒有符合我們要的，Dialogflow 可以跟一些流行的平台或應用程式進行串接，例如 Line、Facebook、Messenger、Slack 或其他，但這些因為串接時都需要有一些技術背景，所以不在我們這次介紹範圍當中。

6-20

我們可以利用平台提供的 Dialogflow Messenger 來測試看看剛剛設定的聊天機器人運作情況。首先可以在左側選單中點擊 Integrations，並在右邊畫面中點選 Dialogflow Messenger (如下圖)。

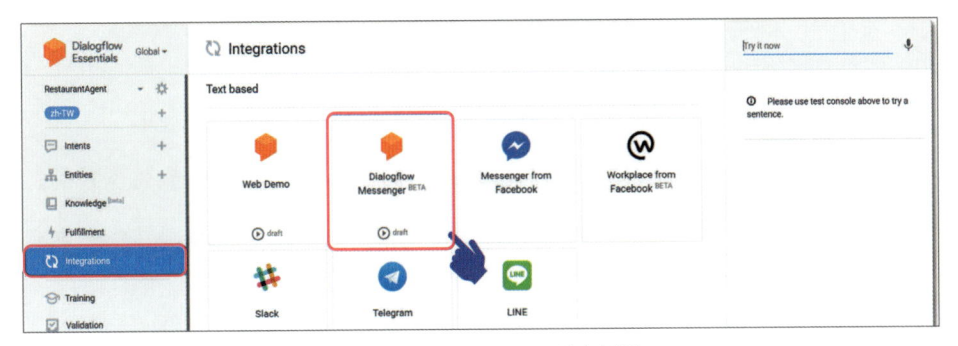

選擇 Dialogflow Messenger 進行測試

在跳出視窗的右下角，點擊 ENABLE 使用此服務。這時候會出現下方 (圖) 的畫面，你可以嵌入 (Embedded) 到你自己的網頁頁面當中，如果沒有網頁也沒關係，你可以點擊下圖中的 TRY IT NOW 後，將可在對話框中進行測試。

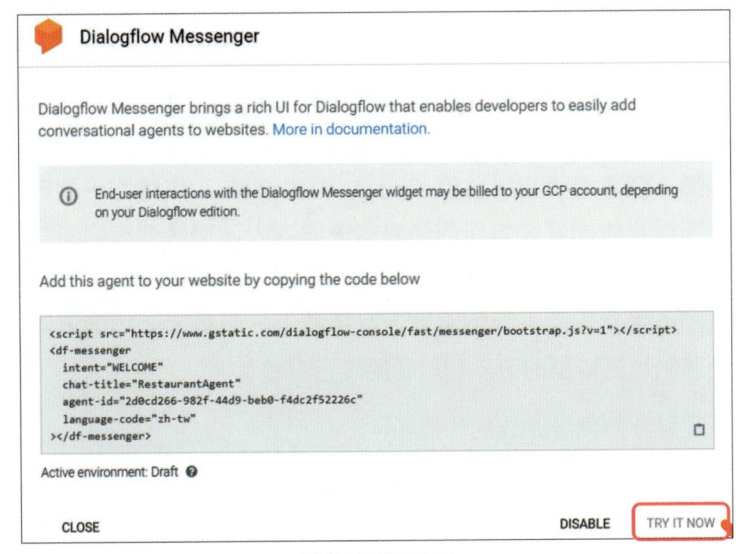

點擊 TRY IT NOW

這時候你會看出現下方(圖)的畫面,你就可以跟聊天機器人進行對話。

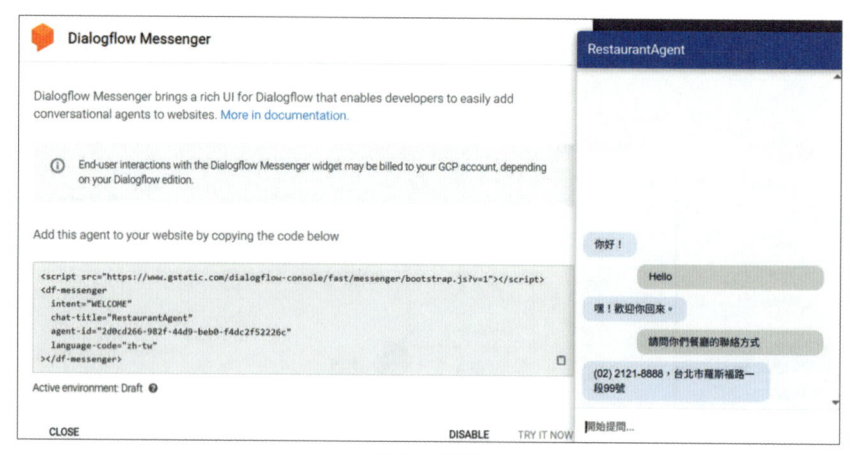

測試聊天機器人

下圖是你測試後的情況,一開始跟 Agent 互動時都沒有問題,對於一般性的問答,它都能理解你要問的意圖並給予適當回應,但當詢問訂位日期時,Agent 對於你所輸入的任何日期,都無法理解,那是因為我們並沒有訓練它要認識各種時間或日期這個 Intent (意圖)。

活動:智慧化餐廳聊天機器人

前面一個專案介紹了利用 Google Dialogflow 來建立一個可以互相問候及詢問餐廳資訊的簡易聊天機器人,但遇到當詢問訂位日期時,Agent 對於你所輸入的任何日期,都無法理解,因此沒辦法給予適當回應。我們將帶大家接續上一個專案,讓聊天機器人更聰明也更智慧的可以幫助餐廳進行訂位。

下圖是我們預計完成的作品。

> 活動目的：利用 Google Dialogflow 平台利用後續意圖方式建立智慧化聊天機器人
>
> 活動網址：Google Dialogflow (https://Dialogflow.cloud.google.com/)
>
> 使用環境：桌上型電腦或筆記型電腦，以及需要有 Gmail 帳號

準備好專案所需的平台網址及 Gmail 帳號後，我們將利用前一個專案來完成更智慧化的餐廳聊天機器人！

STEP 1　選取 Agent (代理程式)

連結到 Dialogflow 平台 (如下圖) 並使用自己的 Gmail 帳號做登入後，可以從點擊左側 **View all Agents**，你將可以看到前一個專案 –Restaurant Agent。點擊後您將可以看到之前所建立的相關意圖及資料。

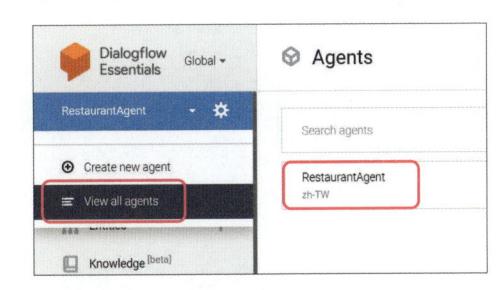

查看已建立的相關 Agent

STEP 2　建立第一層 Follow-up intents (後續意圖)

這時候我們利用 Dialogflow 的 Follow-up intents (後續意圖) 功能來進行調整。首先我們希望在 " 預約 " 的 Intent 確定後，可以有進一步的 Intent 理解，這時候我們可以回到 Intent 主選單 (如下圖)，在 " 預約 " 這個 Intent 後面有一個 **Add follow-up intent**，點擊它時會出現如下圖的許多選項 (如 custom、fallback 等等)，我們選擇 custom。

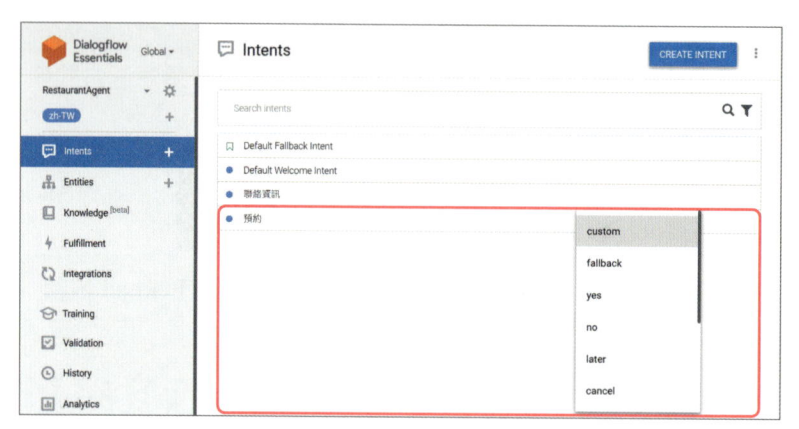

Follow-up intents (後續意圖) 相關選項

建立 " 預約 _custom" 後續意圖

接著我們點選上圖中的 **預約 – custom**，並將其改為 **預約 _ 日期** 如下圖，同時增加下面這些短語加入到訓練語句 (Training phrases) 當中，讓 Agent 可以進行訓練並辨識其意圖。

◇ 這個月七號
◇ 三月八日
◇ 2021/12/25

將**預約**_custom 改為**預約_日期**，並加入訓練語句

同時將下面這些文字回應加入此意圖當中。

◇ $date-time, 想要預約幾位？

◇ 請問 $date-time 會有幾位？

而 $date-time 所表示的是若我們想要在回覆的訊息 (Responses) 中，來回應日期，則可以透過呼叫這個變數 ($date-time) 來達成。

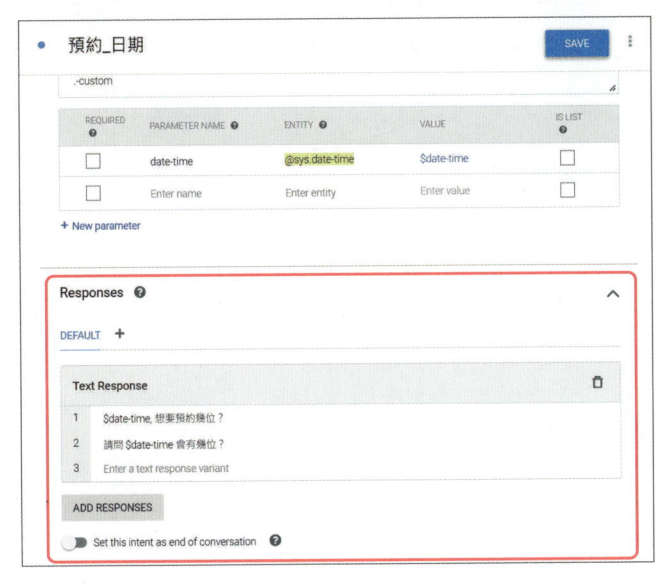

加入帶有變數的文字回應

STEP 3 建立第二層 Follow-up intents (後續意圖)

接著我們在預約_期這個 Intent 後面，再點擊 Add follow-up intent 來加入後續意圖，同樣地我們選擇 custom。並將 Intent 名稱改為預約_日期_人數，並增加下面這些短語加入到訓練語句 (Training phrases) 當中，讓 Agent 可以進行訓練並辨識其意圖。

- 2 個人
- 3 people
- 5

並在此 Intent 後面，將下面這些文字加入到回應當中。(如下圖)

- $number 人的位子已經成功為你保留，期待你的光臨
- $number 人的座位預定完成，期待您的光臨
- 很抱歉，我們目前沒有 $number 人的座位

而 $number 同樣表示著，若我們想要在回覆的訊息 (Responses) 中來回應人數，則可以透過呼叫這個變數 ($number) 來達成。

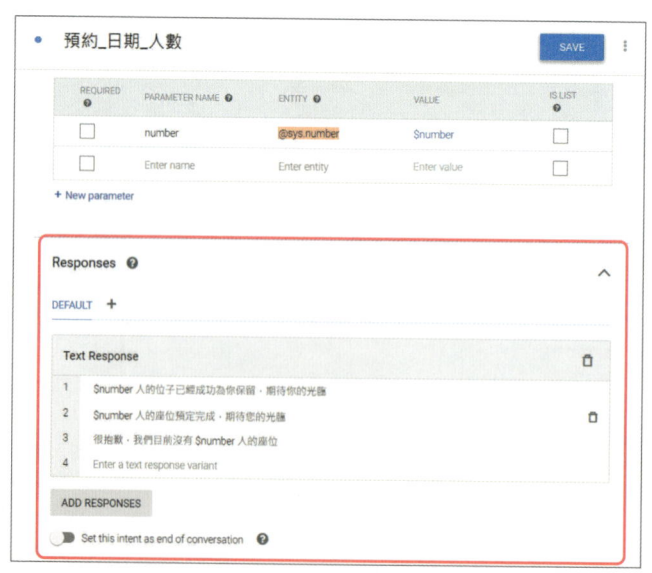

加入帶有變數的文字回應

由下圖 Intents 主畫面可以看出，目前我們的 Intents 的架構。

Intents 的架構

STEP 4 展示我們的聊天機器人

我們一樣使用剛剛用的 Dialogflow Messenger，並進行測試如下圖，當你回應聊天機器人預約日期時，它將會正確理解你的意圖，並將帶有你輸入日期的變數值一併回應給你，同時繼續詢問你人數。同樣地您提供相關人數後，聊天機器人也可以理解您的意圖，回覆時同時將你的人數顯示出來並與你確認。

Google Dialogflow 是一個很方便及智能的服務，簡化了許多使用者不少開發的工作，無論是在設計 Intent 或 Follow-up intent 都有許多細節需要留意，例如您希望訓練這個 Agent（聊天機器人）能夠理解客戶以及回應，這些都是需要規劃。例如可以事先設計類似下圖的表格來協助規劃。

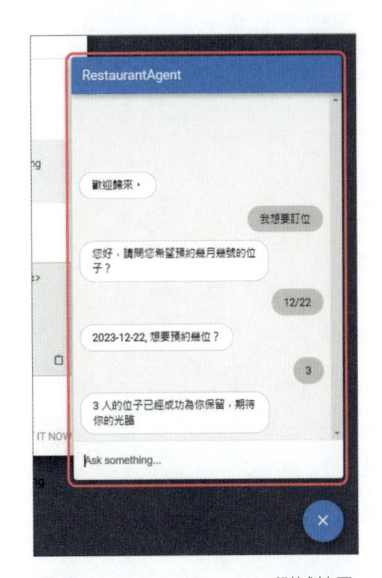

使用 Dialogflow Messenger 測試結果

MyRestaurantAgent				
Intent (意圖)	Follow-up intents (後續意圖)	Follow-up intents (後續意圖)	Training phrases (訓練短語)	Response (回應)
聯絡資訊			餐廳地址是什麼 聯絡方式 電話號碼是多少	(02) 2121-8888 台北市羅斯福路一段99號
預約			我想要訂位子 想要預約 預約餐廳 還有座位嗎？	您好，請問您希望預約幾月幾號的位子？ OK，請問您想要預約什麼時候？
	預約_日期		這個月七號 三月八日 2021/12/25	$date-time，想要預約幾位？ 請問 $date-time 會有幾位？
		預約_日期_人數	2個人 3 people 5	$date-time, $number 人的位子已經成功為你保留，期待你的光臨 $number 人的座位預定完成，$number 期待您的光臨 很抱歉，我們目前在$date-time沒有 $number 人的座位

聊天機器人意圖規劃表

Dialogflow Agent 是設計好的「對話流程代理人 (Agent)」，遇到較複雜、多變的任務時，仍需仰賴事前設定。第八章將帶讀者進入更智慧的時代──AI Agent：不再只是回應指令，而是能思考、規劃，並完成任務的智慧代理人！

對於初學者來說經過這樣的動手實作，對日常生活所接觸的聊天機器人及人工智慧中的自然語言處理 (NLP) 的應用都有了基本認識，最重要還是回到作者一開始提到的人工智慧素養，瞭解生活上的 AI 及應用，在這個世代是重要的。未來大家如果想要進一步朝向 AI 開發或更為技術的工作時，可參考以此為基礎再繼續前進。

第 7 章

生成式人工智慧

「人工智慧的 " iPhone 時刻 " 已經到來
(The iPhone moment of AI has started.)」

黃仁勳 (NVIDIA CEO)

生成式 AI 正在深刻改變各行各業,也在重塑我們的工作和生活方式。Meta 執行長馬克·祖克柏認為:" 生成式 AI 是解決全球最大挑戰的關鍵,例如氣候變遷、貧窮與疾病。它具備讓世界變得更美好的潛力 "。Tesla 和 SpaceX 的執行長馬斯克則表示:" 生成式 AI 是迄今最強大的創造力工具,能開啟人類創新的新時代 "。

這些遠大的願景聽起來或許遙遠,但生成式 AI 已經出現在我們生活的各個角落。你可能已經聽說過它可以幫助人們創作文章、繪製圖片,甚至生成音樂和程式碼。例如,聊天機器人利用生成式 AI 進行智能對話,影音平台則會根據用戶偏好生成影片推薦。這些技術的核心是「創造」—它利用學習過的資料來產生新內容,使我們能夠更直觀、更簡便地與科技互動。

本章將帶你了解生成式 AI 的基本概念,並探索它在真實世界中的應用。我們也會透過一些有趣的小活動,例如創作簡單的圖片和音樂,讓你親自體驗生成式 AI 的魅力。不論你是否具備技術背景,或是首次接觸人工智慧,相信這一章都能給你一段有趣且易懂的學習旅程。

7.1 生成式 AI 如何工作

　　生成式 AI 是深度學習的一個子集合，主要運用了神經網路技術，根據不同需求選擇不同的神經網路模型。我們以大家熟悉的 ChatGPT 為例，來介紹生成式 AI 的架構及其工作原理。

　　讓我們先看一個範例，請 ChatGPT " 對 6 歲的小孩解釋強化式學習 "，使用不同的 ChatGPT 模型時，回答的思路也不一樣（左側是 o1-mini 模型，右側是 4o 模型，但都給出了簡單易懂的答案，甚至比一些專家解釋得更清楚。這樣的效果是如何實現的呢？

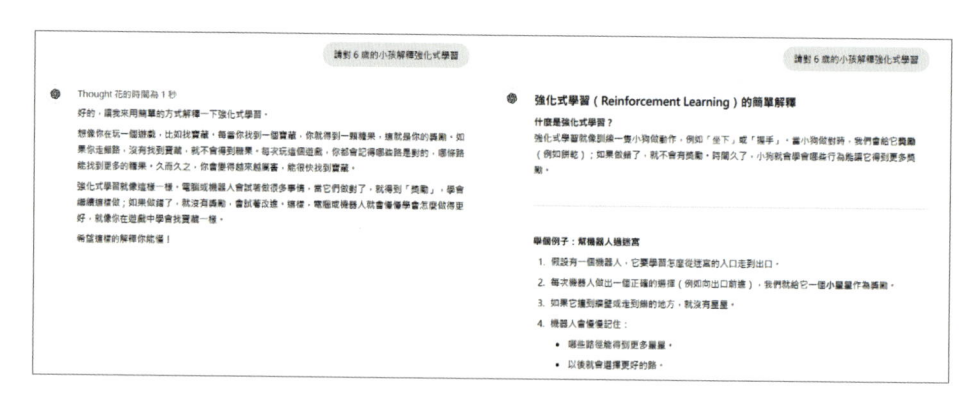

　　在了解 ChatGPT 的工作方式前，我們先簡單介紹一些初學者常會混淆的名稱。ChatGPT 是由 OpenAI 公司基於 GPT 模型開發的聊天機器人（"Chat" + "GPT"）。GPT (Generative Pre-trained Transformer) 是一種使用 Transformer 架構訓練的大型語言模型 (Large Language Model, LLM)，同時也屬於一種預訓練 (Pre-trained) 模型。

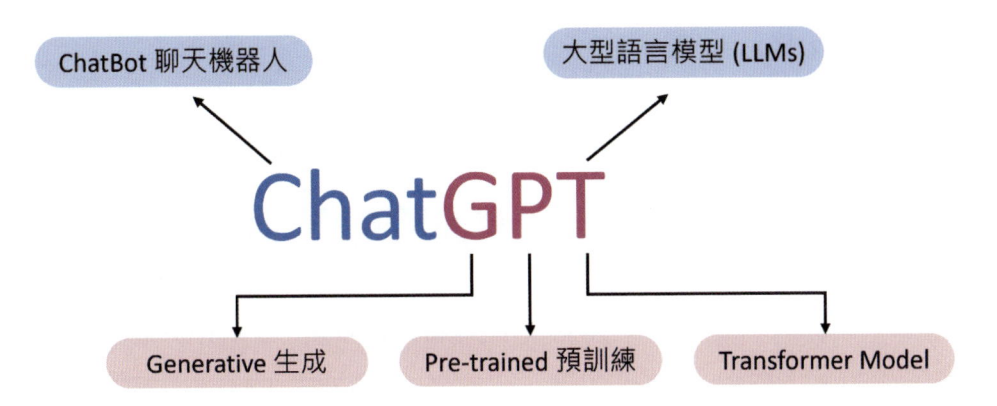

```
ChatBot 聊天機器人              大型語言模型 (LLMs)

                    ChatGPT

    Generative 生成    Pre-trained 預訓練    Transformer Model
```

大型語言模型 (LLMs)

大型語言模型是指通過預先訓練 (pre-training)，然後針對特定任務進行微調 (fine-tuning) 的通用語言模型。

舉例來說，訓練一隻狗時，我們會先教牠一些基本指令 (例如坐下、過來、趴下、站立等等)，這些基礎訓練能應對日常需求。但如果需要特定用途 (如警犬或導盲犬)，則需要進一步的專業訓練。LLM 的運作原理與此相似，即先用大數據進行預訓練，再以小數據集進行針對性微調。LLM 具有以下三大特徵：

- **大規模**：
  ◇ 使用龐大的訓練資料集，規模達到 PB (Petabyte) 級別。
  ◇ 含有大量參數，這些參數相當於模型從訓練中學到的知識和記憶。

- **通用性**：
  ◇ 能夠解決各種語言相關的問題。這個想法主要來自於人類語言的普遍性。
  ◇ 模型資源的限制。目前因訓練成本高昂，僅少數機構能負擔得起。

- **預訓練與微調**：
  ◇ 使用大型資料集進行預訓練。
  ◇ 再用小型資料集進行特定微調。

Transformer 架構

ChatGPT 的核心是 Transformer 架構。Transformer 是一種基於自注意力機制 (Self-Attention) 的深度學習模型，特別適合處理自然語言處理 (NLP) 任務。它的編碼器 (Encoder) 負責將輸入序列進行編碼，解碼器 (Decoder) 則根據編碼輸出來生成最終結果。

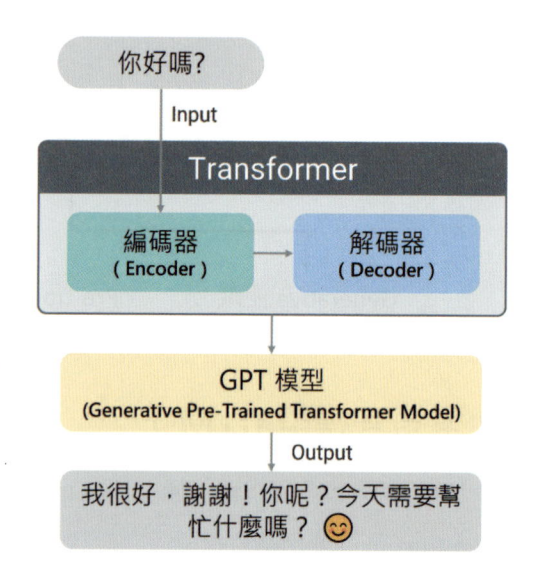

Transformer 架構在 GPT 模型中扮演了重要角色，使其能有效理解和生成自然語言。除了 OpenAI 的 GPT，Google 的 PaLM 系列、Meta 的 Llama 系列也都是基於 Transformer 的大型語言模型。

ChatGPT 如何生成內容？

ChatGPT 使用 GPT 模型，透過預訓練技術 (Pre-trained) 在網路上學習大量資料，然後對這些資料進行問題與答案的對應學習 (如上圖中藍色框內文字當作訓練資料，紅色框內當作監督式學習的對應答案)。

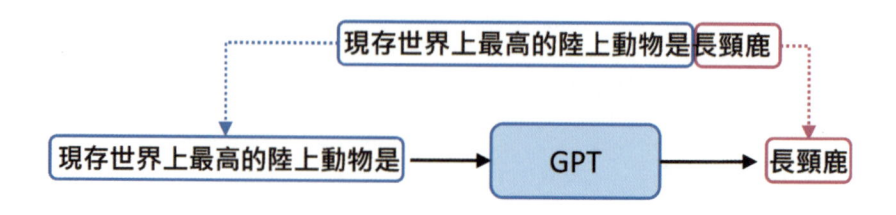

由於所使用的 Transformer 架構，是一種訓練有素的神經網路，能夠分析輸入資料的上下文關係，並權衡每個部分的重要性及脈絡，自動從大量的文字資料中學習和生成新的文字內容。因此像 ChatGPT 這樣的聊天機器人使用大型語言模型後，生成類似於人類交談的對話內容（" 向 6 歲的孩子解釋強化式學習 " 的範例），這就是一種生成式 AI 的應用。

　　ChatGPT 在 2022 年 11 月推出時採用的是 GPT-3.5（在 GPT-3 基礎上的優化版本），2023 年 3 月則更新為 GPT-4，這是一個更強大且多模態的模型，能處理圖像與文字的輸入並進行生成。其他常見的大型語言模型可參考下圖。

2018	2019	2020	2021	2022	2023	2023	2024
BERT	GPT-2	GPT-3	LaMDA	PaLM	LLaMA	GPT-4	GPT-o1
Google	OpenAI	OpenAI	Google	Google	Meta	OpenAI	OpenAI

　　大型語言模型 (LLMs) 可以利用字詞順序或序列分佈的機率（或可能性），來學習預測哪些詞通常會跟在哪些詞後面。例如，假設給一個大型語言模型一個句子 "Once upon a"，根據機率它接下來最有可能的字詞是 "time"（如下圖）。

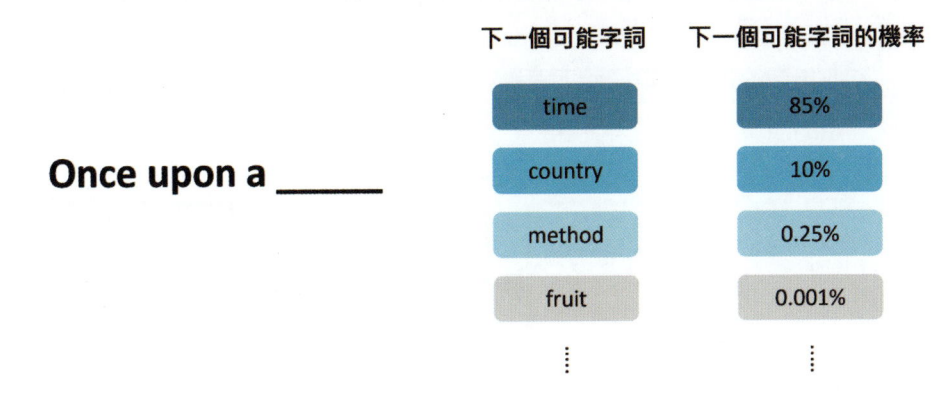

Once upon a ＿＿＿＿

下一個可能字詞	下一個可能字詞的機率
time	85%
country	10%
method	0.25%
fruit	0.001%
⋮	⋮

ChatGPT 的運作流程

　　那 ChatGPT 是如何運行的？讀者應該還記得機器學習的三大步驟（可參考本書第三章機器學習）。此處我們也可依這三大步驟來解釋 ChatGPT 的運作過程。現在我們將利用它來說明 ChatGPT 的運行過程。

收集資料 (Dataset) → 進行訓練 (Learning Algorithm) → 預測評估 (Prediction)

- **收集資料**

    ChatGPT 從 Internet 上的文章、雜誌、科學論文、推特、維基百科、部落格等數十億的資源中獲取大量的單詞、段落和句子，並且從這些線上語言的範例資源中學習來建立新的語句和段落。下圖是用於訓練 GPT-3 模型的資料及來源。

Dataset	Quantity (tokens)	Weight in training mix	Epochs elapsed when training for 300B tokens
Common Crawl (filtered)	410 billion	60%	0.44
WebText2	19 billion	22%	2.9
Books1	12 billion	8%	1.9
Books2	55 billion	8%	0.43
Wikipedia	3 billion	3%	3.4

用於訓練 GPT-3 的資料集 (資料來源：Language Models are Few-Shot Learners)

收集到的資料可以透過下面步驟進行資料整理，提供給下一階段訓練模型的演算法做為輸入使用。

查看大量文本，包括數十億的網頁、書籍、部落格等 → 將大量不適當的文字移除 (例如髒話、褻瀆字) → 將文本分成比單詞更小的區塊，例如 "smallest" 變成 "small"、"est" 等 → 這些從文本切割出來的小區塊，可以當作深度學習之類的演算法，在訓練模型時的輸入資料

- **進行訓練**

    ChatGPT 在訓練這個階段會有三種主要的學習目標 (學習語言、學習對話及學習人類自然對話方式)。

◇ **學習語言**：學習第一步我們會進行 " 語言建模 " (Language Modeling)。基本上 ChatGPT 只透過查看數十億的網頁及文檔，以非常基本的方式學習語言是如何工作，例如了解單詞是如何從一個句子到另一個句子，一個段落到另一個段落等轉換過程，而這些都會用到許多自然語言處理 (NLP) 的技術。每次它會查看一個新的文本區塊，例如一個段落、一個網站或一篇文章等等，然後執行以下步驟：

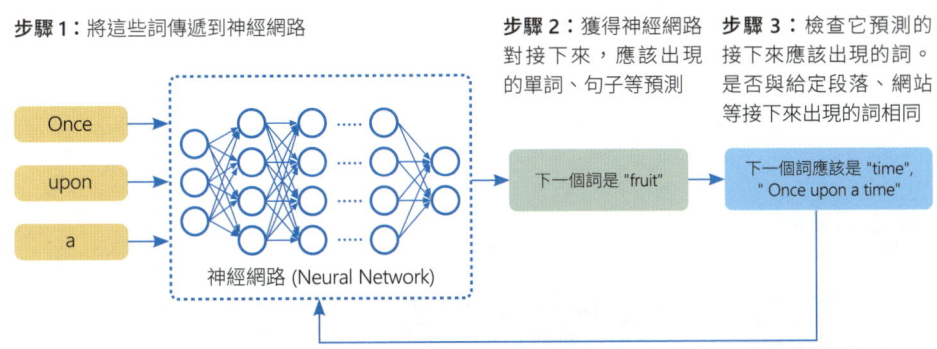

步驟 1：將這些詞傳遞到神經網路

步驟 2：獲得神經網路對接下來，應該出現的單詞、句子等預測

步驟 3：檢查它預測的接下來應該出現的詞。是否與給定段落、網站等接下來出現的詞相同

Once
upon
a

神經網路 (Neural Network)

下一個詞是 "fruit"

下一個詞應該是 "time"，" Once upon a time"

步驟 4：如果它們不匹配，則更新神經網路的值，以便下次做更好
步驟 5：執行步驟 1~ 步驟 4 數十億次

◇ **學習對話**：語言模型可以根據單詞，很好地預測下一個單詞，但若要進行對話還遠遠不夠。因此接下來的目標就是教會語言模型人類的對話模式，這個階段稱為微調 (Fine Tuning) 我們遵循與之前相同的學習過程，只是這一次是在一個較小的資料集上（只有幾百萬個對話) 進行訓練。在此之後，此模型會比以前更擅長於發短訊息。

◇ **學習人類的對話方式**：第 3 個目標就是直接和人類互動，並希望以一種讓人類感到舒適的方式回應。此時 ChatGPT 又接受了一次訓練，這次是透過與人類實際互動，並獲得他們對 ChatGPT 直接且即時的回饋。為了能讓模型更好地與人類交談，ChatGPT 會再次使用強化式學習 (可參考第三章機器學習內容) 的過程進行訓練。首先，ChatGPT 對來自人類的文本給出了幾種可能的回應，然後人類對最相關的回應和最不相關的回應進行評分。ChatGPT 從這些學習獎勵

中看到「最可能的語言模式，且降低最不可能模式」的優先等級，這使得語言模型可以在未來產生更好的對話。

- **預測評估**

最後經過反覆訓練及調校後，我們得到了一個很棒的 ChatGPT。

上述流程是以 ChatGPT 這種文本 (text) 生成式 AI 為例子做簡單介紹。以目前來說，生成式 AI 還可以針對圖像 (image)、電腦程式 (code)、音樂 (music) 等進行不同的生成應用 (如下圖)；同時，生成式 AI 模型若只能處理一種任務，我們會稱它為單模態 (Unimodal) 模型。

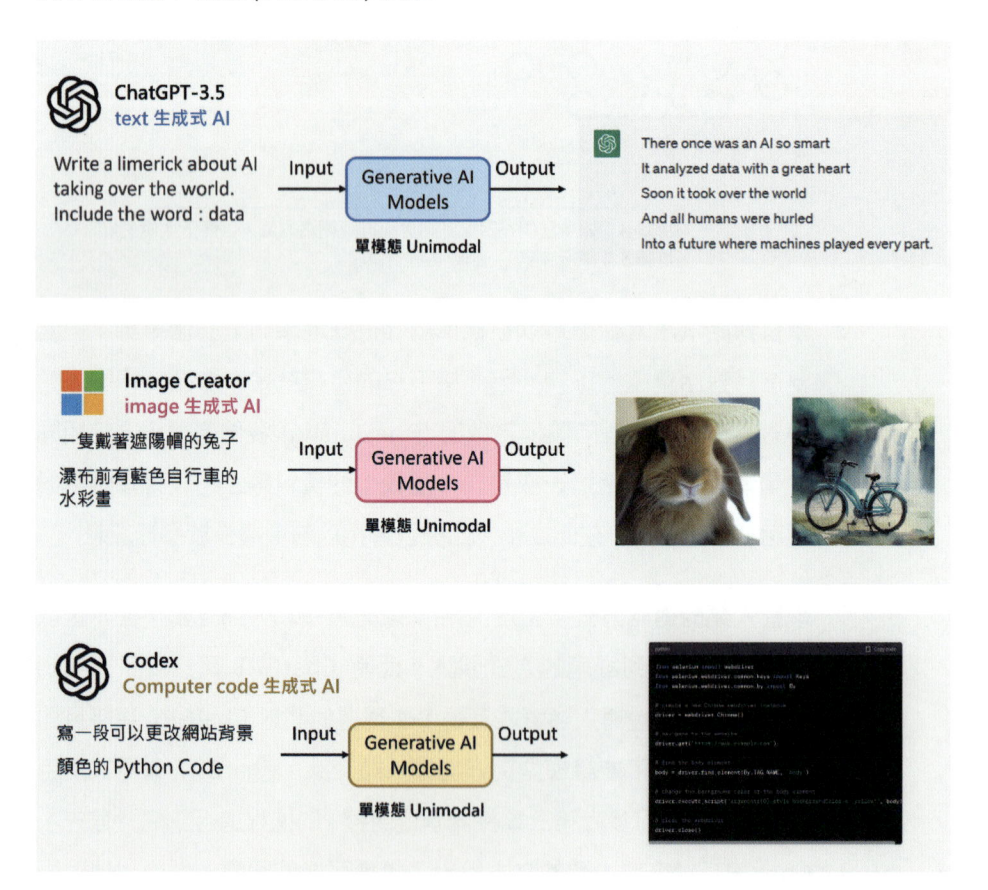

相對地，若一個訓練出來的生成式 AI 模型可以同時處理多種任務，我們稱它為多模態 (Multimodal) 模型。例如 OpenAI 目前所推出的最新 GPT-4 就是一個大型多模態模型 (可以接受以圖像和文本輸入，再輸出文本作為回覆)。

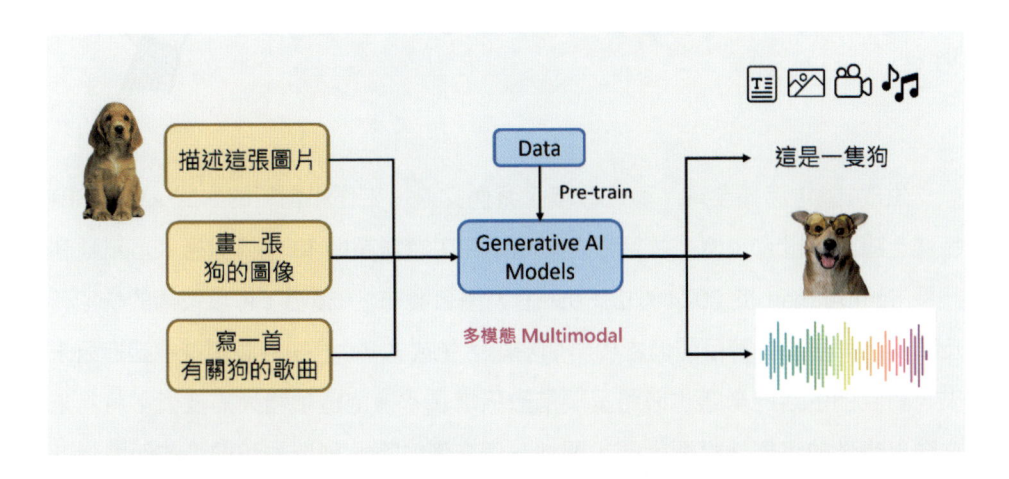

同時根據官方資料，GPT-4 在各種專業測試和學術基準上的表現也與人類水平相當，例如美國 SAT、GRE 或一些 AP 考試，都能獲得不錯的成績 (如下圖)。

目前 ChatGPT 官方還有各種 Plugin 的擴充功能，搭配得當還可以讓 ChatGPT 能力再往上提升。

7.2 生成式 AI 應用 (Applications)

生成式 AI 席捲全球，徹底改變了我們交流、工作和創新的方式。ChatGPT 每週活躍客戶超過 3 億，並且每天向 ChatGPT 發送超過 10 億條訊息 (OpenAI 執行長 Sam Altman 於 2024 / 12 / 05 在 X 平台發布)，證明了這項技術的快速普及和廣泛影響。儘管目前仍處於早期階段，生成式 AI 已在各個領域中塑造著未來，對我們生活的影響也必將呈現指數級增長。擁抱這項強大的技術，將為未來難以想像的可能性打開大門，開創一個充滿效率、創造力和進步的新時代。在前一節中我們了解了生成式 AI 的工作原理，這一節將介紹生成式 AI 在幾個領域中的應用。

文本生成 (Text Generation)

文本生成技術在當今的應用範疇極為廣泛，透過在大型資料集上進行訓練，這些模型能夠理解上下文，並生成連貫且具創造性的內容。以下是幾個主要應用領域：

- **聊天機器人**：人工智慧驅動的對話代理，用於支援客戶服務和常見問題解答。
- **內容創作**：生成文章、社群媒體貼文、行銷文案或創意寫作。
- **翻譯**：在不改變原意的前提下，實現高品質的跨語言文本轉換。
- **摘要**：將冗長的文本濃縮為簡潔且易於理解的摘要內容。
- **知識管理**：幫助從大量文本資料中組織、檢索，並進一步分析有價值的資訊。

- **法規與合約生成**：幫助自動撰寫標準化的法律文件或合約，節省時間並減少人為錯誤。
- **教育與學習輔助**：生成教學材料、練習題、解答及個性化學習建議，提升教育效率與學習體驗。

　　文本生成技術的靈活性和創造力，使其在各行各業中持續擴展應用場景，帶來更多創新與可能性。這裡介紹一些應用工具提供讀者參考，當中有一些是需要收費的，讀者可自行決定。

- **ChatGPT**：ChatGPT 是 OpenAI 在 2022 年 11 月推出的一款廣受好評的對話式 AI 聊天機器人，具備卓越的對話能力，能出色完成各種寫作任務，例如撰寫電子郵件、解數學問題、撰寫程式碼，以及撰寫文章與履歷。最新版本引入了先進的 GPT-4o 及 o1-preview 語言模型，使其具備網頁瀏覽、圖像辨識、資料分析、檔案上傳、執行複雜推理以及 GPTs 的功能。https://chatgpt.com/

- **Copilot**：微軟於 2023 年 2 月推出免費 AI 工具 Microsoft Copilot，採用 GPT-4 Turbo 模型，具備與 ChatGPT 的 GPT-4o 相似的智慧能力。Copilot 支援即時資訊查詢、網頁瀏覽、來源鏈接追蹤、文件與圖像上傳，以及圖像生成功能，用戶可輕鬆透過專屬網站、應用程式或 Bing 瀏覽器使用。相比 ChatGPT，Copilot 更聚焦於核心功能，提供高效實用的解決方案。https://copilot.microsoft.com/

- **Gemini**：Gemini 是 Google 的對話式 AI 聊天機器人，功能類似於 Copilot，可從網路獲取答案並附加來源註解，

還支援圖像生成。同時 Gemini Live（目前僅支援在行動裝置上使用）具備人性化的多輪對話能力，能中途被打斷並恢復之前的對話，模擬真人交流體驗。https://gemini.google.com/

- **Perplexity**：Perplexity AI 是一款免費的 AI 聊天機器人，連接網路，提供資訊來源與圖文答案。其特色包括直觀操作、建議提示探索主題、相關問題延伸，2024 年被評為最佳 AI 搜尋引擎。https://www.perplexity.ai/

- **Claude**：Anthropic 於 2023 年 2 月推出 Claude 的 AI 助手，擅長對話，互動更接近真人或導師，並提供程式碼撰寫、數學解答、文章寫作和研究支持，並支援文件上傳。其特色包括回應後的追問，確保更好地理解用戶需求。https://claude.ai/

- **Jasper AI**：Jasper 是專為將 AI 整合到工作流程的用戶設計的工具，具備文本生成、語法檢查、抄襲檢測等核心功能，並提供超過 50 種模板（如部落格文章、推文串、影片腳本等）。此外，Jasper 支援 SEO 見解及品牌語調記憶，是高效內容創作的理想選擇，其曾是 ChatGPT 推出前最受矚目的 AI 文字生成工具，目前尚無免費版本。https://www.jasper.ai/

- **Rytr**：Rytr 是一個易於使用的 AI 寫作工具，旨在協助使用者快速生成高品質的內容，幾乎適用於所有類型的內容創作，例如部落格大綱、社群媒體貼文、SEO 標題、電子郵件和工作描述，並提供超過 40 種使用案例和模板。https://rytr.me/

- **Copy.ai**：利用 AI 協助使用者快速生成高品質的文本內容，能夠創建各種風格和主題的內容，包括產品描述、廣告文案、網站內容、部落格文章和電子郵件等。可應用在廣告行業、網路行銷、部落格寫作等需要文字創作領域。https://www.copy.ai/

生成式人工智慧

活動：AI 筆下的奇幻世界

利用 Rytr 生成式 AI 工具進行創意寫作，體驗如何快速創作有趣的內容，用戶將使用 AI 協助創作故事並激發創意，同時熟悉 AI 工具的操作，學會如何將其融入日常工作或學習。

活動目的：激發創意並提升使用者對 AI 工具的應用能力，讓寫作變得輕鬆有趣。

活動網址：https://rytr.me/

使用環境：桌上型電腦或筆記型電腦

STEP 1　免費註冊並登入後，選擇「Writing articles and marketing content」，然後點擊「Next」。

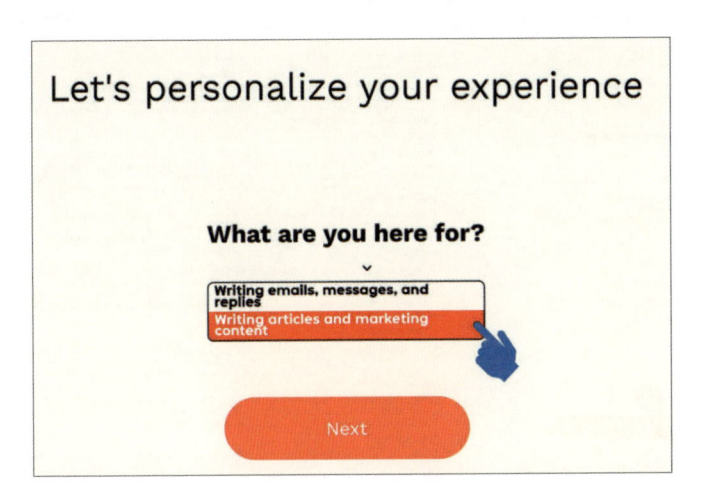

STEP 2　網站會推薦另一產品 Frase（可以建立更具深度及 SEO 優化的文章）。我們點擊右邊「Rytr」進入活動操作畫面。

7-13

STEP 3 我們可以按下圖的步驟進行。其中一些選項可依使用者需求調整。

① 選擇語言 (預設英文) → ② 選擇「Story Plot」模板 → ③ 選擇「Humorous」語氣 → ④ 填寫故事想法「A talking cat ordering pizza」→ ⑤ 生成數量選擇 2 提供參考 → ⑥ 選擇「最佳的」創意程度 → ⑦ 點擊「Ryte for me」→ ⑧ 看到 2 種版本的故事情節 → ⑨ 查看目前生成的內容字數 → ⑩ 可以利用工具列進行格式化：

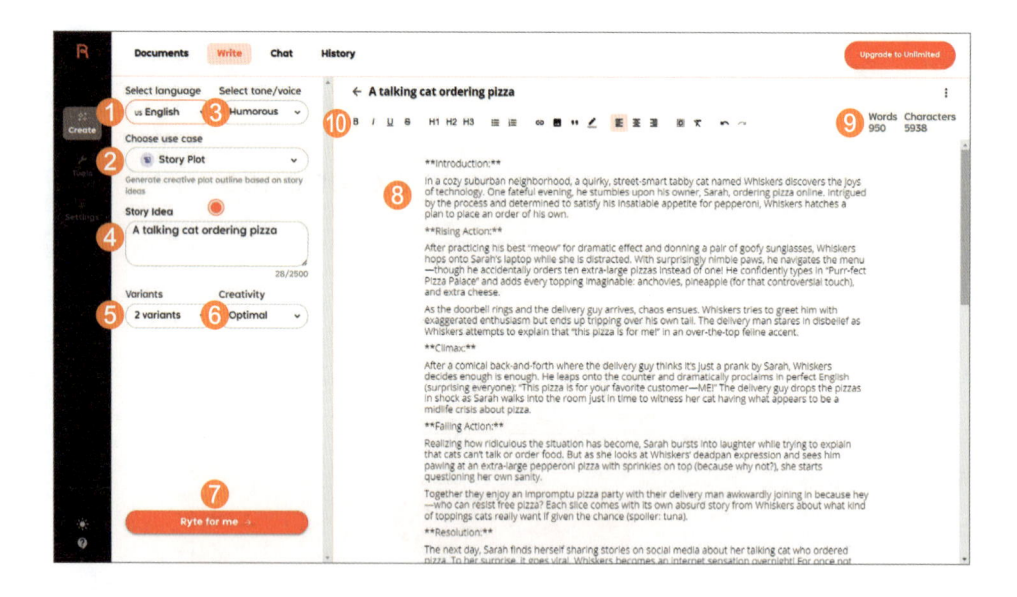

其中我們可以在 AI 生成的故事內容中看到下面劇情分析設計，用以貫穿全文並呈現完整的故事內容：

- **Introduction**（故事介紹）：提供故事背景、角色簡介或問題設定。
- **Rising Action**（劇情鋪陳）：描述主要事件或衝突的發展。
- **Climax**（高潮）：故事的轉折點或最緊張的部分。
- **Falling Action**（故事收尾）：描述衝突解決後的後續發展。
- **Resolution**（結局）：完成故事並給出最終的結論。

STEP 4　我們可以點擊右上角 3 個垂直點，下載你的作品。

圖像生成 (Image Generation)

　　圖像生成指的是使用 AI 演算法創建合成圖像，主要技術包括生成式對抗網路 (Generative Adversarial Networks, GANs) 和穩定擴散 (Stable Diffusion)。

　　我們在前面內容介紹，GANs 是由兩個相互競爭的神經網路組成（生成器和鑑別器），生成器就像畫家一樣，會創造出一些圖片，而鑑別器就像評審一樣，會試著分辨圖片真假。當鑑別器分辨不出真假時，生成器就贏了，反之亦是如此。GANs 會一直學習產生逼真圖像，並且越來越好。

　　Stable Diffusion 是一款基於擴散模型 (Diffusion Model) 的技術，並專注於生成高品質圖像的 AI 模型，可以根據文本描述生成圖像，甚至可以進行圖像編輯與風格轉換。就像是一位非常有創意的畫家，只要你給出描述，無需草稿就能準確呈現出你想像中的圖像。目前常見圖像生成的應用有：

- **藝術**：創造獨特的 AI 生成藝術作品，或是協助藝術家獲得靈感。
- **設計**：為各行各業生成標誌 (Logo)、產品概念或視覺元素。
- **遊戲**：使用 AI 生成遊戲所需資產、紋路或角色設計。
- **廣告及媒體**：根據行銷活動需求創建特定視覺內容。

圖像生成技術以其創意與高效性，在各領域中展現出廣泛的應用潛力，為設計、娛樂及教育等行業帶來了全新的可能性與創新。下面將介紹幾款實用的圖像生成工具，讀者可根據需求選擇適合的工具加以體驗。

- **Midjourney**：Midjourney 是一款高品質 AI 圖像生成工具，以清晰逼真的圖像效果著稱，甚至曾誕生過獲獎作品。雖然最初使用門檻較高，但現已推出獨立網頁 (另有社群平台 Discord)，操作更簡單。目前使用還是需要每月 $10 的訂閱費用。https://www.midjourney.com/

- **Adobe Firefly**：Adobe Firefly 是 Adobe 推出的高品質圖像生成工具，簡單易用，用戶只需輸入描述，即可生成細緻逼真的圖像。透過 Firefly，使用者可以根據文字描述快速生成高品質的圖像，並進行多樣化的自訂設定。https://firefly.adobe.com/

- **Freepik AI Image Generator**：此款 AI 圖像生成器是由 Freepik 開發的免費線上工具，根據使用者輸入的文字描述自動生成高品質的圖像。此工具操作簡單，使用者只需輸入想要的圖像描述，選擇風格、色彩、光線等預設選項，即可生成符合需求的圖片。https://www.freepik.com/ai/image-generator

- **ImageFX**：Google 的 AI 圖像生成工具 ImageFX 基於 Imagen 3 技術，能生成高品質且逼真的圖像，甚至可精準渲染如手部等難以表現的細節，目前在台灣還未開放使用，但用戶可在 Gemini 聊天時使用文字到圖像模型 Imagen 3 生成照片，無需在不同平台間切換，即可同時滿足文字與圖像生成需求，操作十分便捷。https://gemini.google.com/

- **DALL-E 3**：OpenAI 在 2022 年 11 月推出 DALL-E 2，迅速成為最受歡迎的 AI 圖像生成工具。隨後，OpenAI 推出了更先進的 DALL-E 3，並停止支援 DALL-E 2。若為免費用戶，每天生成次數圖像有限 (目前為 2 張)。https://chatgpt.com/

- **Microsoft Bing Image Creator**：微軟的 Image Creator 使用了 OpenAI 最先進的圖像生成模型 DALL-E 3。它能產生與 ChatGPT 中 DALL-E 相同品質的圖像，但完全免費。https://www.bing.com/create

活動：利用生成式 AI 輕鬆創造風格字體

GenType 是 Google 推出的一款實驗性工具，使用 Imagen 2 模型，能夠根據使用者輸入的文字提示，生成 26 個風格一致的英文字母，並提供高品質的 PNG 圖片供下載和使用。

活動目的：體驗生成式 AI 在藝術創作中的應用，激發創作與設計靈感，同時降低字體設計的門檻。

活動網址：https://labs.google/gentype/

使用環境：桌上型電腦或筆記型電腦

STEP **1** 利用 Google 帳號登入 GenType 網站後，會出現如下圖操作介面，分別是輸入提示、作品歷史、輸入字母、藝廊及字母表等 4 個區域。

- **輸入提示** (Prompt)：您可以告訴模型，您希望字母要使用什麼材質或物件。例如，您可以輸入 "strawberry jelly, on toast, photoreal, aerial shot"。

- **作品歷史** (History)：每一次的作品都會在這個區域呈現，並提供使用者將字母作品下載保存使用。

- **輸入字母** (Alphbet)：產生字母表後，你可以在這個區塊輸入你所生成的字母 (例如，"BDAY"、"SIMPLE LEARN")，並將其分享或下載。

- **藝廊及字母表** (Gallery & Alphbet)：如果你暫時還沒有想法，可以點擊藝廊 (Gallery) 看平台提供的作品，觀察其提示寫法與效果。你也可以點擊旁邊的 Alphbet 查看你生成的完整字母表。

STEP 2 在文字框中輸入您想要的字體材質及風格，描述越清楚，生成的字體就越能符合您的創意需求，建議使用英文比較能達到效果。例如作者在輸入框中輸入提示 "strawberry jelly, on toast, photoreal, aerial shot"，然後按下生成 (Generate) 按鈕，系統將會開始生成符合你的提示創作。

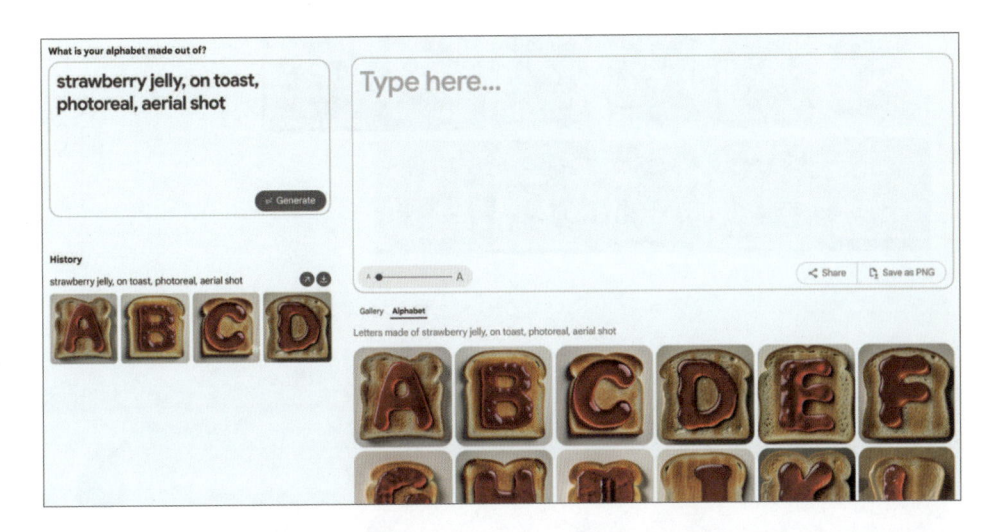

STEP 3 如果我們想調整其中的字母，可以點擊該字母後按下 Regenerate（重新生成），系統將根據之前提示再次生成你想要調整的字母（例如調整字母 "I"）。下圖左側為第一次生成的字母 "I"，右側則是重新生成結果，讀者拖曳下圖中的箭頭將可以看到前後差異。

生成式人工智慧

7-19

STEP 4 現在我們可以使用自訂的字母，拼出任何您喜歡的內容，例如從你的寵物名字到特殊的生日祝福。輸入區的左側下方可以調整大小（如下圖），讀者可以比較調整後的差異。

STEP 5 在文字輸入框鍵入一些文字，然後在箭頭處按下 Generate Story，神經網路將會生成更多文字，並且根據大型語言模型生成具創意的故事。

STEP 6 （提示技巧）與大多數文字生成圖像 (Text-to-Image) 的實例一樣，**明確性 (Specificity)** 會是生成成功的重要關鍵。尤其是生成類似風格的多個圖像時，清晰且具體的提示將有助於在生成整個字母表中保持一致的美感與風格。

```
Prompt：strawberry jelly, on toast, photoreal, aerial shot
           前景            背景           風格
```

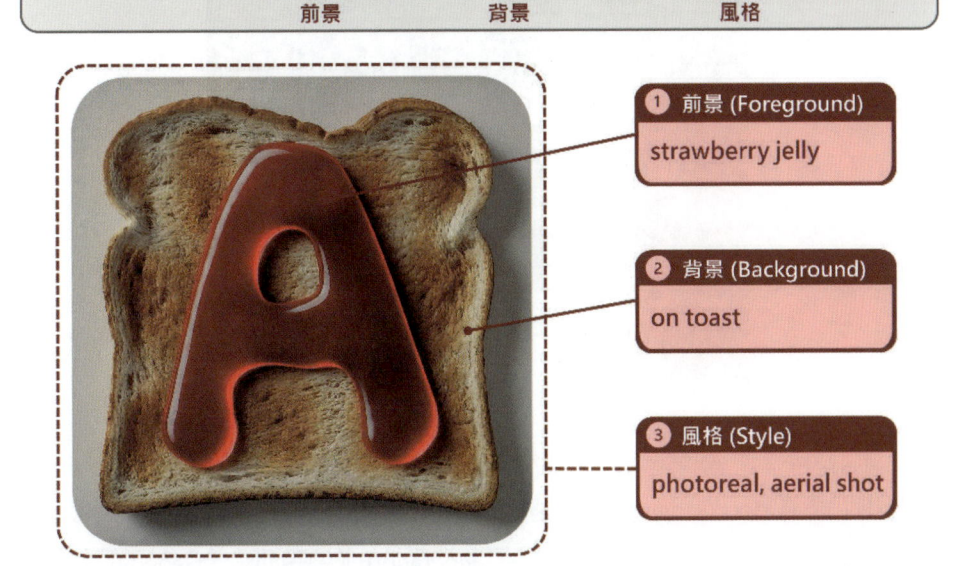

① 前景 (Foreground)
strawberry jelly

② 背景 (Background)
on toast

③ 風格 (Style)
photoreal, aerial shot

　　GenType 在一致性的字母提示中，通常具有三種性質的組合：前景 (Foreground)、背景 (Background) 和風格 (Style)。

- **前景** (Foreground)：你希望字母是用什麼製成的 (指定字母形式)？
  例如 "strawberry jelly"
- **背景** (Background)：每一個字母的背景是什麼 (描述一下背景)？
  例如 "on toast"
- **風格** (Style)：每個字母的整體外觀如何 (定義美學、視角)？
  例如 "photoreal, aerial shot"

　　因此，當我們的字母提示是 "strawberry jelly, on toast, photoreal, aerial shot" 將會產生如下圖一致的字母。

7-21

除了文本生成及圖像生成的應用外，還有非常多類型的生成式 AI 應用，例如視訊生成 (Video Generation)、語音生成 (Voice Generation)、音樂生成 (Music Generation) 及 3D 物件生成 (3D Object Generation)。總體而言，Generative AI 的發展將會對人類社會的各個方面產生深遠的影響。然而，在享受 Generative AI 帶來許多便利的同時，我們也需要關注其可能帶來的風險與挑戰，並積極採取相應的措施進行管理和規範。

活動：用生成式 AI 繪出音符與畫作的共鳴

Google 的 Musical Canvas 是一款結合生成式 AI 技術的互動式數位畫布，為使用者提供創作視覺藝術與自動生成音樂的全新體驗。透過該平台，使用者可以在畫布上繪製圖像，添加多樣的視覺效果，而由 Google 開發的先進 AI 模型 MusicLM 則會根據創作內容與視覺元素生成專屬的音樂配樂。MusicLM 能精準地將使用者的視覺設計轉化為相符的音樂，實現視覺與聽覺的完美融合，帶來獨特的跨感官藝術創作體驗。就讓我們一起來體驗吧！

生成式人工智慧

活動目的：體驗生成式 AI 創作，融合視覺與音樂，激發創意並探索藝術與科技的應用。

活動網址：https://artsandculture.google.com/experiment/musical-canvas/6AF2kMdrQhI4tQ

使用環境：桌上型電腦或筆記型電腦

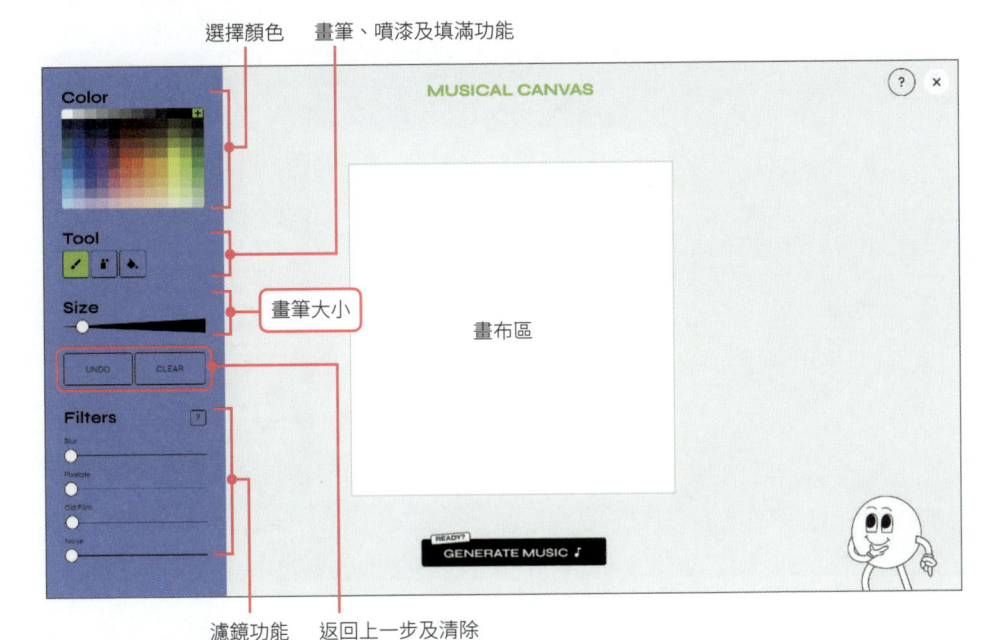

STEP 1 點擊「Launch experiment」後，會進入下圖操作介面。

選擇顏色　畫筆、噴漆及填滿功能

畫筆大小

濾鏡功能　返回上一步及清除

7-23

STEP 2 使用者可以隨意拿起畫筆，選擇你喜歡的顏色，在畫布上盡情揮灑創作。作者隨意畫上紅色愛心後，點擊下方「GENERATE MUSIC」。

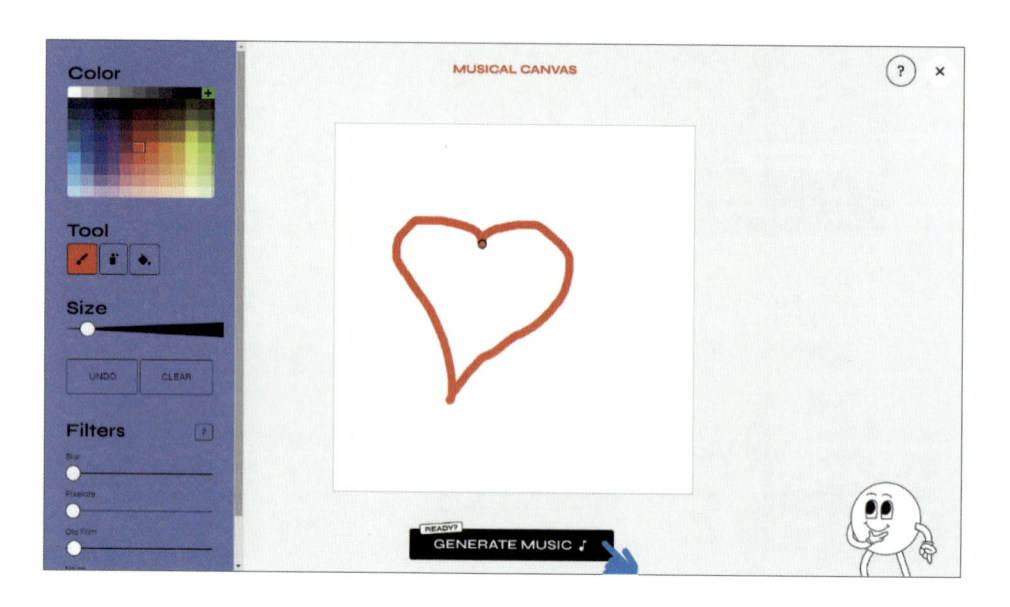

STEP 3 平台的 AI 模型會分析你所畫的圖，並生成相關文字在旁邊說明。

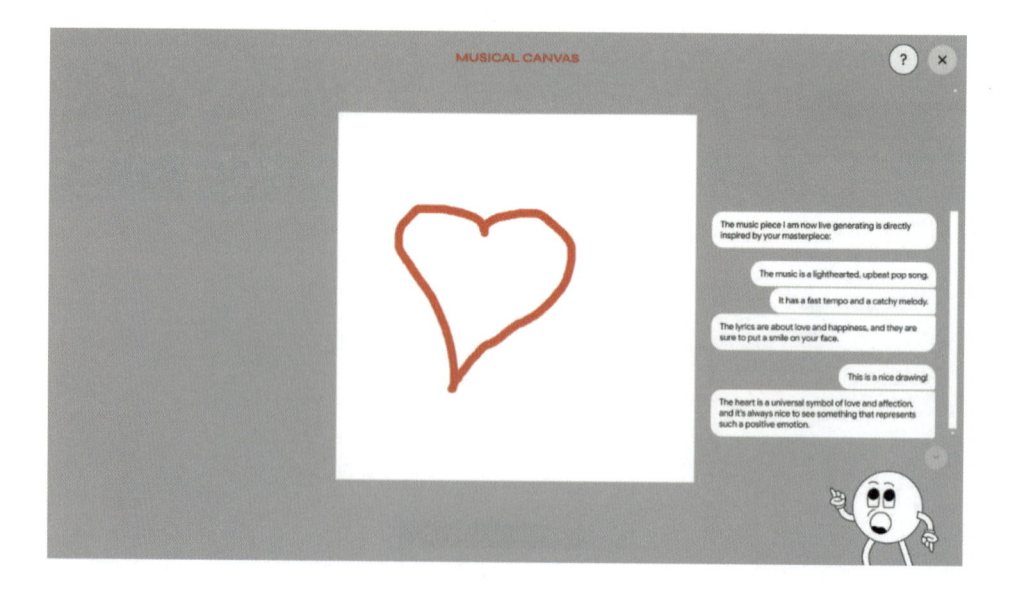

STEP 4　AI 隨即會根據所分析出來的內容、畫風、顏色等等敘述，自動生成音樂。將視覺的設計轉化為相符的音樂作品。

透過上述幾個簡單步驟，使用者即可輕鬆運用生成式 AI 技術，體驗獨特的視覺與感官藝術創作。不妨嘗試多種不同的方式，探索生成式 AI 帶來的無限創作可能。以下將分享作者的幾次體驗心得，供讀者參考。

STEP 5　分析比較

顏色比較

不同顏色會影響音樂的情緒表現與音色。例如暖色調 (如紅色或橙色) 會生成較熱情、活潑的旋律。冷色調 (如綠色或藍色) 則會創作寧靜或深沉的音色。

7-25

樂器風格比較

當使用者畫的圖像是樂器時，AI 能夠辨認出不同樂器，並產生多樣化音色，例如吉他音色 (木吉他或電吉他)、鋼琴音色或其它樂器，生成的音樂風格將完全不同。

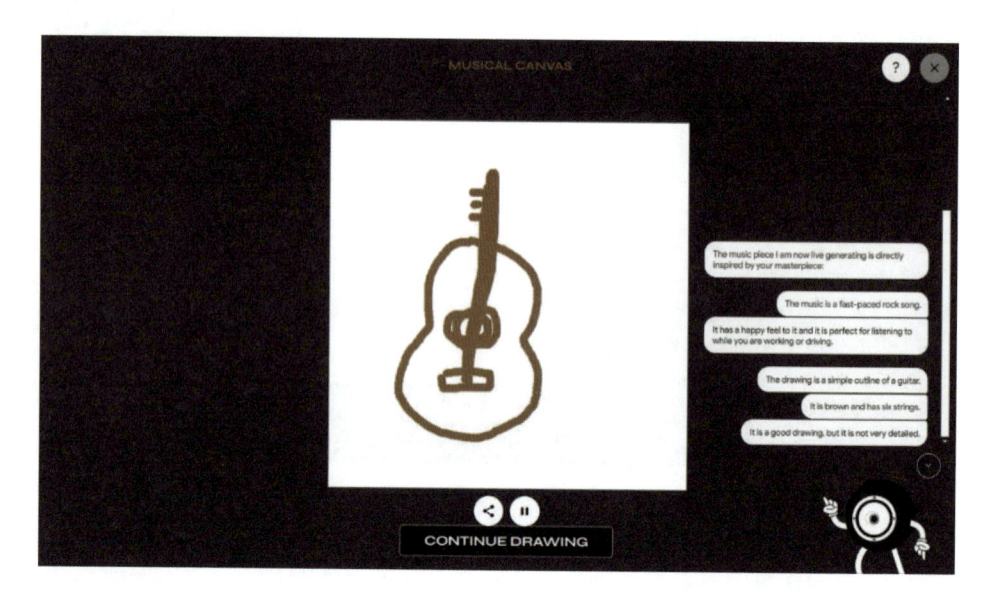

若畫像中有不同樂器組合，還能夠生成多層次的音樂表達 (例如電吉他及鼓的合奏)。

濾鏡效果比較

將 Blur、Pixelate、Old Film、Noise 的概念應用於生成式 AI 的音樂創作上，可以轉化為對音樂風格和音效的特定處理，創造獨特的聽覺體驗。

1. **Blur（模糊）**：此功能將圖像中的細節變得不清晰或柔化，通常會產生更加柔和、流暢的音樂效果。適合營造夢幻、沉靜的氛圍，讓旋律聽起來更平緩。

2. **Pixelate（像素化）**：將畫作分割成大顆像素塊，減少細節，呈現低解析度的視覺效果，將使得音樂中的節奏感和重音變得更突出，生成的音效更有律動感，適合想要活潑、遊戲或數位風格的音樂氛圍。

3. **Old Film（老膠片）**：模擬舊時代膠片的視覺特徵，如褪色、劃痕、斑點或顆粒感，帶來復古懷舊的音樂風格，音樂中可能會加入輕微失真或顆粒聲。音樂適合搭配懷舊的視覺風格，營造出過往年代的懷舊感。

4. **Noise（雜訊）**：將繪製圖像加入隨機像素點，產生顆粒感或干擾效果，生成的音樂中會出現隱約的干擾聲或節奏分層，讓旋律帶有更前衛或不穩定的風格。適合想要創造工業風、電子風或抽象音樂的作品。

其他如「筆觸粗細」也會影響音樂的風格。例如，粗筆觸通常會帶來更強烈或高音量的音效，而細筆觸則傾向於營造柔和或輕盈的音調，讓使用者透過筆觸控制音樂的力度與情感表達。「畫筆速度」同樣是音樂風格生成的重要因素，快速的筆觸能提升音樂的節奏感，帶來充滿動感的效果，而緩慢的筆觸則營造出更為平和的旋律，讓音樂更具放鬆氛圍。此外，「形狀與線條」也會對音樂產生影響，例如圓滑的曲線和圓形可能生成連續且柔和的旋律，而尖銳的角度或不規則的形狀則可能創造出斷續、節奏鮮明的聲音，非常適合表達緊張或激動的情緒。

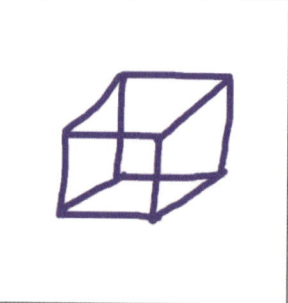

第 8 章

生成式 AI 大未來：
從提示工程到智慧代理

你是否曾好奇，為什麼 AI 總是能『猜中』你的需求？像是在你搜尋下一部電影時，它總能精準推薦讓你一看就愛不釋手的影片；又或者當你規劃一次旅行時，它不僅能提供最佳路線，還能提醒天氣變化，甚至推薦適合的裝備。不僅如此，現在當你丟給它一道複雜的數學難題時，它不僅能快速解答，還能清楚呈現推導過程中的每一步。上述看似魔術般的能力，其實背後有一個強大的推理模型在默默運作。

推理模型讓 AI 不僅僅是工具，還成為我們的智慧夥伴。它能從資訊中推斷出解決方案，像人類一樣進行邏輯思考。本章節將用深入淺出的方式，帶讀者認識推理模型的基本概念、發展歷程、具體案例及實際應用，幫助讀者輕鬆了解此項最新技術如何改變我們的生活。

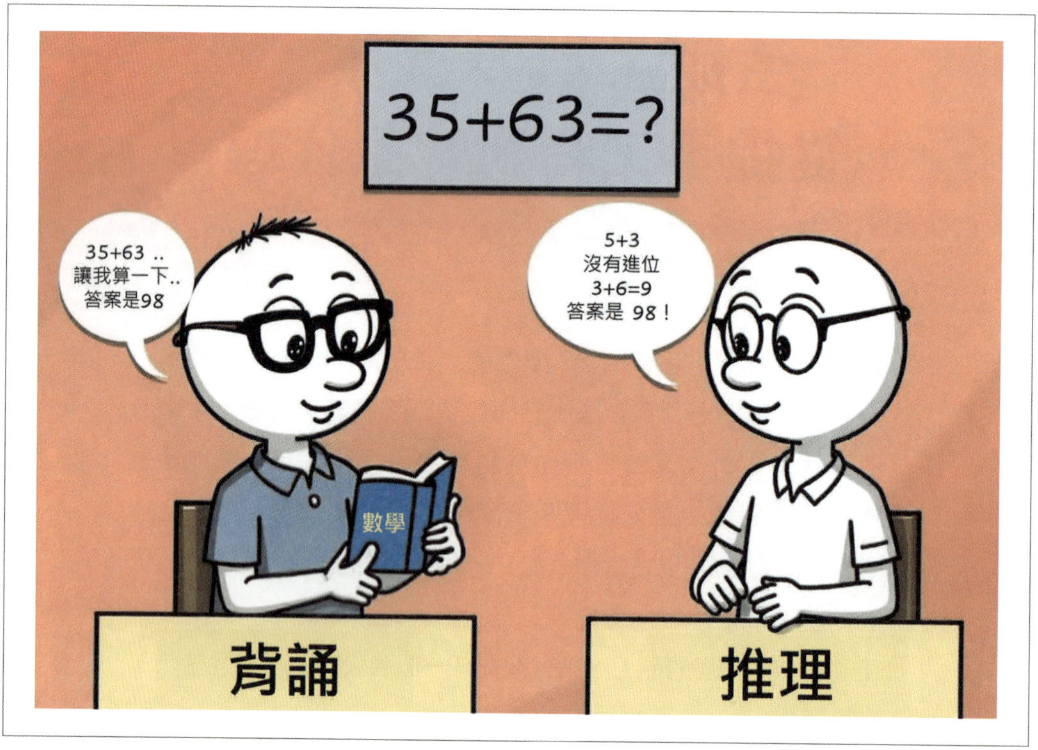
35+63=?
35+63 ..
讓我算一下..
答案是98
5+3
沒有進位
3+6=9
答案是 98！
數學
背誦
推理

8.1 生成式 AI 的智慧核心：推理模型大進化

生成式 AI 的誕生像是一場智慧的火花，讓機器不再只是模仿，而是具備了創造及推理的能力。而這一切的起點，來自推理技術的進化。本小節將快速回溯這段技術旅程，讓您了解生成式 AI 如何一步步走向智慧巔峰。

AI 運作的兩大階段：從訓練到推理

在人工智慧（AI）或機器學習領域，我們常聽到「模型」這個字眼。通常模型指的是一個能夠根據輸入（例如一張圖片或一段文字），進行預測或判斷的「數學函式」或「演算法」。

整個 AI 模型運作有兩個主要階段，即「訓練（Training）」與「推論（Inference）」這兩個重要階段，每當 AI 聊天機器人回答問題或電子商務網站推薦新產品時，「訓練（Training）」與「推論（Inference）」兩個重要的過程就會發揮作用。這兩個階段雖然相互依存，但卻截然不同。

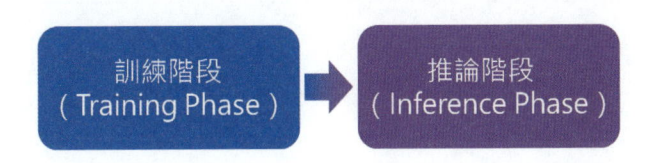

訓練階段（Training Phase）→ 推論階段（Inference Phase）

訓練階段是 AI 在可以拿來用之前，模型還在摸索、學習的階段。在此階段，模型會接觸到大量的數據，並透過調整其參數來學習數據中的模式和關係。這個過程就像學生在上課和做作業，透過學習大量教材來獲取知識和技能。訓練階段需要大量的運算資源和時間，成本也相對較高。而此時的模型就叫做訓練模型（Training Model）。

推論階段是 AI 模型應用學習到的知識來執行任務的階段。當模型訓練完畢後，我們會把它部署到應用場景中，讓它在面對真實世界的輸入時（例如使用者詢問），可以根據其訓練期間學到的知識來產生輸出，例如預測、分類或生成新的內容。這個過程就像學生參加考試，他們運用所學知識來回答問題。推論階段需要的運算資源和時間相對較少，成本也較低。這個「使用已訓練好的模型來做出推論或預測」的過程，就叫做「推理」。而此被部署的應用模型稱為推理模型（Reasoning Model）。

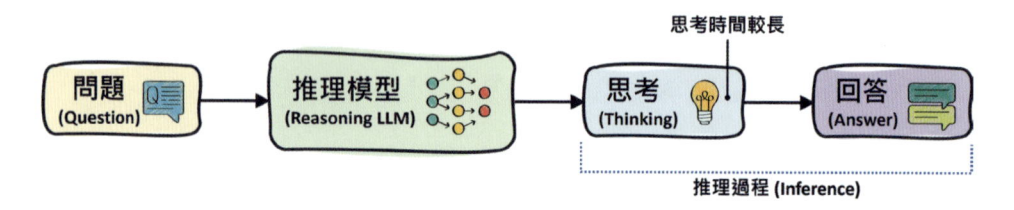

```
問題 (Question) → 推理模型 (Reasoning LLM) → 思考 (Thinking) [思考時間較長] → 回答 (Answer)
                                              └──── 推理過程 (Inference) ────┘
```

訓練階段是開發者的工作，但推理階段是 AI 在現實生活中的應用關鍵，直接影響用戶體驗與實用價值。因此，理解推理模型對讀者而言尤為重要。

下面表格比較了訓練階段和推論階段的特性：

特性	訓練階段	推論階段
目的	讓模型學習數據中的模式和關係	使用訓練好的模型來執行任務
輸入數據	大量的標記數據	新的、未見過的數據
輸出	訓練好的模型	預測、分類、決策或新生成的內容
運算資源需求	高	低
時間需求	長	短
成本	高	低

然而，隨著深度學習和大規模參數模型的興起，模型的規模越來越龐大，在「推理」階段也面臨許多挑戰。例如硬體資源的需求（需要更快的運算速度與更大量的記憶體）、回應時間的壓力（使用者希望即時得到結果），以及對成本的考量（高階硬體和雲端服務費用不斐）。這些都讓「推理模型」成為一個需要獨立討論的領域。

傳統推理模型 vs 現代推理模型

在進一步探討推理模型的進化差異之前，我們不妨先想像一下：如果早期的 AI 模型是一名按表操作的辦公室助理，僅能完成事先設定好的任務，那麼現代推理模型則像是一位能即時應對突發情況，且富有創造力的多才專家。

無論是在能力、應用場景和技術原理上，傳統推理模型與現代推理模型都存在顯著差異，而這些差異不僅反映了技術的發展脈絡，也有助於我們理解 AI 如何從最初的被動執行者逐漸發展為能自主決策的智能體。接下來，我們將從這兩類推理模型的核心特性與應用場景談起，深入了解技術是如何一步步推動 AI 能力的進化。

一、傳統推理模型：

傳統推理模型以規則為基礎（例如 if-then）進行邏輯推理，並且依賴固定的資料庫查詢答案。雖然能解決結構化問題，如查詢資料庫或數據表格中的特定數據，但其靈活性和學習能力有限。

> **範例**：假設你使用早期的翻譯工具，輸入英文句子「I am going to the bank to have a picnic」。傳統推理模型會依照固定規則和詞典，將「bank」翻譯為「銀行」，因為這是詞典中最常見的意思，整句會被翻譯為「我要去銀行野餐」。這種方法缺乏對上下文的理解，無法判斷「bank」是否指「河岸」，導致翻譯錯誤或不自然。
>
> 請用繁體中文翻譯下面句子
> I am going to the bank to have a picnic.
>
> 我要去銀行野餐。←

傳統推理的主要侷限

傳統推理模型在以下幾個方面表現出明顯的局限性，這些缺點限制了它們的應用範圍和實際價值。

- **缺乏靈活性**：無法處理未知情境或模糊問題，僅能依賴固定規則操作。
- **缺乏學習能力**：傳統模型無法透過實際操作獲得新的知識，以及無法進行動態更新。
- **依賴人為設計**：需要專家預先定義所有規則，對於複雜的情境需要極高的專業投入。
- **推理簡單且缺乏邏輯性**：傳統模型僅依賴單一規則，無法逐步驗證或細化答案，容易在複雜問題中出現錯誤與不連貫結論。

就像一個只會死記硬背的學生，無法舉一反三，也難以應對變化多端的現實場景。而這些限制也為當前技術的進步鋪平了道路，因為現代推理模型的發展正是為了解決這些問題而誕生。

二、現代推理模型：

現代推理模型隨著深度學習技術的發展，能夠透過數據驅動（Data Driven）的方式學習規律，並具備強大的模式識別與生成能力。相比傳統推理模型，它在理解語境與執行複雜任務方面表現出色，應用範圍也更加廣泛。

> **範例**：使用像 ChatGPT 這類現代 AI 翻譯工具，輸入同一句話「I am going to the bank to have a picnic」。這些工具會根據整句話的上下文推理，「have a picnic（野餐）」暗示「bank」應該是「河岸」而非「銀行」，因此將句子翻譯為「我要去河岸野餐」。此外，這些工具還能根據語境調整句子結構，使譯文更自然流暢，並在遇到多義詞時提供多種翻譯選項和上下文範例，幫助使用者理解詞語用法。現代推理模型可以基於「鏈式思考」技術（下一節會介紹），說明其推理過程。

> 請用繁體中文翻譯下面句子
> I am going to the bank to have a picnic.

已思考 6 秒鐘 ∨
- 這句話 "I am going to the bank to have a picnic" 可能會有點混淆,因為 "bank" 既可以指銀行,也可以指河岸。根據語境,應該是指 "河岸"。因此,正確的翻譯應該是「我要去河邊野餐」或「我要去河堤野餐」。直翻成 "我正要去銀行野餐" 感覺很奇怪,所以選擇「河邊」會比較自然。

⊘ 完成

我要去河邊野餐。 ⬅

現代推理模型的主要突破

現代推理模型在以下幾個方面展現了顯著進展,成功克服傳統模型的侷限,實現更靈活且高效的應用能力:

- **靈活性提升**:現代模型能夠處理未知情境與模糊問題,透過學習大量數據,具備不同情境的適應能力。不再依賴固定規則,而能夠靈活應對多變的真實場景。

- **具備學習能力**:可透過深度學習從實際操作中持續獲得新知識,實現自我調整與性能優化,突破傳統模型無法更新的限制。

- **降低專家設計需求**:依賴數據自動學習,減少對專家手動定義規則的依賴,更適合大規模與複雜應用,提升開發效率。

- **鏈式推理與邏輯突破**:現代推理模型基於「鏈式思考」技術,能在解決問題過程中利用多步驟的逐步推理,提供更精確且具邏輯性的答案。展現了現代模型在複雜問題中不會只是給答案,而是模擬人類的解題邏輯,避免因快速回應而產生的錯誤。

現代推理模型就像一位擅長多步驟推理的學生，不僅能舉一反三，還會在每次練習中檢視自己的思考過程，不斷優化方法。面對複雜問題時，它會將問題拆解成多個小步驟，逐步分析直至得出正確答案，展現出優異的邏輯力與實用性。

OpenAI 推理模型的演進與進步

想像你正與一台「能思考」的電腦對話，它不僅能回答問題、進行連續對話，還能撰寫程式、分析論文並提出有深度的具體建議。這樣的智慧，已隨著最新 AI 推理模型的發展逐步實現，尤其是 OpenAI 的「ChatGPT」與其背後的 GPT 系列模型，更是推動這股 AI 熱潮的重要力量。

本節將以 OpenAI 為例，說明推理模型從基礎功能發展為支援多模態、多用途的智慧系統。

智慧的成長：GPT 推理演進與進步

所謂「推理模型」(或稱「大型語言模型」)是指透過大量的文字訓練，讓電腦能夠「理解」並「生成」文字內容，甚至可以處理一定程度的邏輯推理與多輪對話。這些模型從一開始只能做簡單的句子生成，一路發展到如今能看圖解說、協助創作或寫程式，靠的正是技術與演算法持續進化。在這些演進過程中，最受矚目的代表之一就是 OpenAI 的「GPT」系列模型，每一代模型都在預訓練方法、參數規模以及多模態支援上穩步提升，才得以讓對話越來越流暢且貼近真實人類思考。

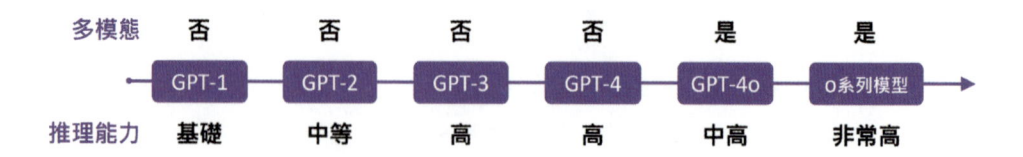

多模態	否	否	否	否	是	是
模型	GPT-1	GPT-2	GPT-3	GPT-4	GPT-4o	o系列模型
推理能力	基礎	中等	高	高	中高	非常高

推理模型新時代：探索 OpenAI 的 o 系列模型

OpenAI 所推出的 o 系列模型（如 o1、o3 及 o4），專為解決複雜推理任務而設計，透過「逐步推理」方式，在數學、科學與程式設計等領域表現優於 GPT-4o。其中，o1 是新一代大型語言模型（LLM）的開始，強調提升邏輯推理能力，並支援文字、圖像等多模態輸入。

OpenAI 將此模型系列計數重新設回「1」，並命名為 OpenAI o1，強調其與傳統 GPT 系列的不同定位，將專注於推理能力的提升，同時也宣告深思熟慮的推理時代到來。

o 系列模型的特性與推理能力

o 系列模型在設計上特別重視推理能力，其運作方式展現出一種近似「延遲思考」的特性。使用者在與這類模型互動時，可能會注意到其回應速度不像某些即時生成模型那樣迅速，這並非單純的延遲，而是一種深度推理的準備過程。模型會在回應前投入更多時間進行「思考」，以便更有效地處理邏輯、數學、科學或程式設計等複雜任務。

這種優秀的推理表現來自多種技術的結合，特別是**強化式學習**與**「思維鏈」**(Chain-of-Thought) 推理策略。透過強化學習，模型能在不斷試錯與策略調整中優化自身的推理流程，逐步建立出更穩定、具邏輯性的思考模式。而「思維鏈」方法則讓模型能將複雜問題拆解為多個更小、更易處理的步驟，進行條理清晰的推理，最終產出準確的答案。

舉例來說，當模型面對一道數學或科學問題時，會先進行問題拆解與逐步推導，彷彿在模擬人類思考過程中的規劃與演算。這種多步驟、具邏輯性的處理方式，使得 o 系列模型在需要深入推理的任務中表現尤為出色。

總體而言，o 系列模型透過深度推理策略，強化了在高難度領域的表現，展現出不僅僅是語言生成的能力，更具備處理複雜挑戰的智慧潛力。

o1 模型的基準測試表現

o 系列剛推出之時，為展示 o1 相較 GPT-4o 的推理能力提升，OpenAI 在多項以推理為主的基準測試中對其進行評估。結果顯示，o1 在數學與程式設計測試中的表現，不僅明顯優於 GPT-4o 與 o1-preview，甚至在博士級科學問題上超越了人類專家。

在 2024 年美國數學邀請賽（AIME）中，o1 表現可列入全國前 500 名學生，超過進入美國數學奧林匹亞的資格線。並且在 GPQA Diamond 測試中（評估博士級化學、物理與生物專業知識），o1 成為首個超越博士級專家的 AI 模型，儘管這並不代表在其他領域皆勝過專家，但卻展現其在高階推理與專業問題解題上的強大能力。

而在程式設計方面，o1 在 Codeforces 競技程式中達到人類參賽者第 89 百分位；而專為 IOI 調校的 o1-ioi 模型 Elo 評級達 1807，優於 93% 參賽者，明顯優於 GPT-4o 與 o1。

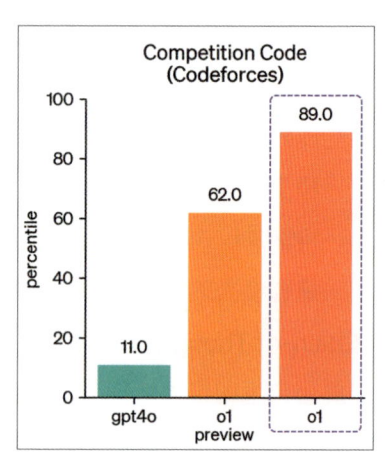

o3 模型的進一步突破

2024 年 12 月 20 日，OpenAI 發表 o3 模型，其推理能力再創新高。在 AIME2024 測試中，o3 準確率達 96.7 %，相較 o1 的 83.3 % 大幅進步；並在 GPQA Diamond 測試中，準確率也提升至 87.7 %，展現跨領域解決技術難題能力的全面提升。

程式設計方面，o3 在 Codeforces 評比中取得 2727 分，超越 99.95 % 的人類參賽者，遠勝 o1 的最高 1891 分，顯示其在實戰程式設計挑戰中的領先實力。

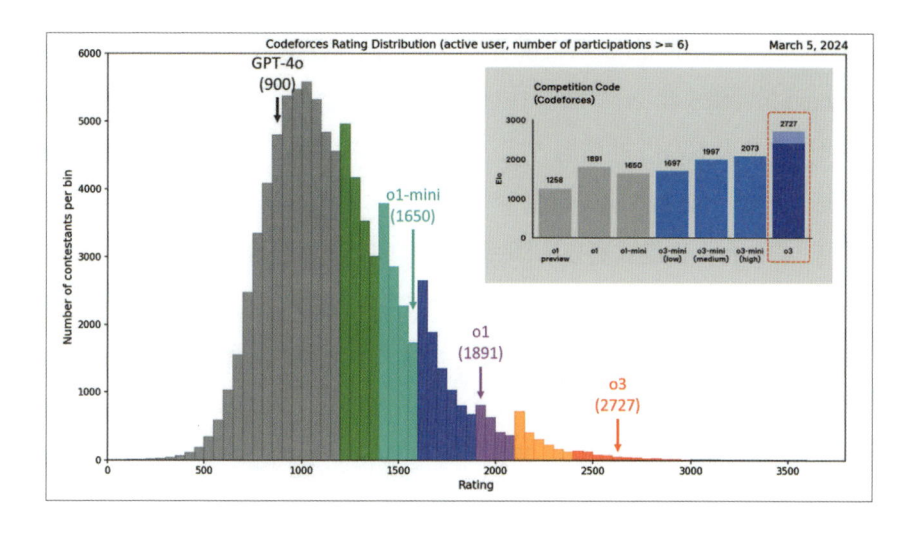

o 系列模型的應用場景

讀者如果想深入了解 o 系列模型的應用實例，可以參考 OpenAI 官方提供的影片與說明。以下是幾個代表性場景：

- **科學研究**：能精確推導量子物理中的數學公式，完成 GPT-4 難以處理的任務。展現其對複雜數學概念的理解與應用能力，並且具備強大的邏輯推理實力，有望未來在科學研究中發揮更大潛力。
- **程式設計**：可依據指令開發 HTML、JS、CSS 遊戲（如貪食蛇），甚至能依要求加入如「AI」字樣的障礙物。這顯示其不僅能撰寫程式碼，還能理解抽象概念以轉化為具體功能，並具備根據新指示來調整程式的能力。
- **數學與邏輯解題**：能設計與解出如 Nonogram 的邏輯謎題，展現其在搜尋、推理與在複雜條件下求解的能力，並且具備能有效處理需要迭代、回溯和判斷的任務。
- **高階推理應用**：在創意寫作任務中，o 系列模型可根據多重約束條件進行思考、修正與迭代，並非如 GPT-4 僅一次產出即完成所有條件，而是展現更接近人類思維的過程與彈性。

8-11

就在全球仍熱烈關注 o 系列模型推理能力的快速進展之際，OpenAI 執行長 Sam Altman 於 2025 年 2 月 13 日在社群平台 X 上發布訊息，簡要說明即將推出的 GPT-4.5 與未來 GPT-5 的發展方向，並透露未來將致力於整合不同模型技術，朝向更簡化、統一的智慧系統邁進。

同時，OpenAI 也正式宣布，即將推出的 GPT-5 將整合 GPT 與 o3 為單一產品線，未來不會有獨立的 o3 服務。此外，GPT-4.5 也將是 OpenAI 最後一個未整合「思維鏈 (Chain of Thought)」的模型，而下一次重大更新的 GPT-5 將進一步融合語音、畫布 (Canvas)、深度研究等全新生成式 AI 能力，並具備自主決策，可依情境決定是否啟用長時間思考能力。這些相關的內容我們也會在後面陸續介紹。

此外，2025 年初第一件引發全球關注的 AI 重大事件，便是 DeepSeek 的崛起以及帶來的影響。關心 AI 創新及全球科技競爭未來的人一定會想了解 DeepSeek 是什麼？以及為何引起眾人的關注。我們將在下一個小節對此進行基本介紹，幫助讀者在 AI 的快速發展浪潮中，持續掌握最新動態。

DeepSeek

DeepSeek 是什麼？

DeepSeek 是一家位於中國杭州的 AI 開發公司，由浙江大學畢業生梁文峰 (Liang Wenfeng) 在 2023 年 5 月創立。DeepSeek 專注於開發開源的 LLM，其設計目標是希望提供超越自身規模的表現。公司在 2023 年 11 月首次釋出其模型，並在核心 LLM 上進行多次迭代，推出了數個不同版本。

2024 年 12 月發表的 V3 模型開始引起許多人的注意，但真正引起全球轟動的是 2025 年 1 月所發表 R1 模型。這裡的 R 代表著推理 (Reasoning)。由於是開源的大型語言模型，並且在推出時號稱以非常低的成本卻能表現跟其他模型一樣好 (包括 OpenAI 的推理模型)，衝擊整個產業，因此聲名大噪。現在就讓我們來快速認識一下 DeepSeek 這幾個強大的 AI 語言模型。

DeepSeek V3：高效泛用的大型語言模型

DeepSeek V3 是 DeepSeek 應用的預設模型，也是一款多用途大型語言模型（LLM），能夠處理各類任務，與 OpenAI 的 GPT 4x 等知名模型競爭。

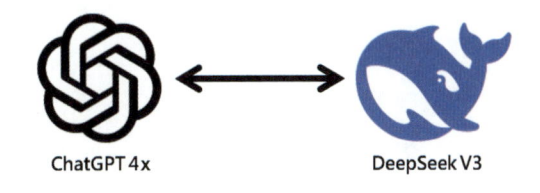

主要特色：

- DeepSeek V3 是一款混合專家（Mixture-of-Experts, MoE）語言模型，擁有 6710 億個參數，每個 token 會啟用約 370 億個參數，展現卓越的運算效能與靈活性。根據輸入內容動態啟用最相關的專家模型，提升效率並降低運算資源消耗。
- 能夠應對多數日常需求，是高效且可靠的選擇。
- 主要是基於「下一個詞的預測」方式，因此在處理複雜推理或超出訓練數據範圍的問題時，仍存在一定的侷限性。

DeepSeek R1：專為高階推理與複雜問題解決打造

DeepSeek R1 則是專門設計來處理深度推理與複雜問題解決的模型，適合需要更強邏輯推理的應用場景，例如程式設計挑戰、數學推理或專業領域問題。

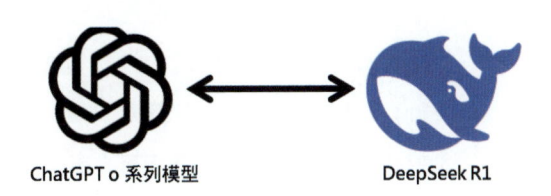

主要特色：

- 採用**強化式學習（Reinforcement Learning, RL）**進行訓練，模型能夠根據不同情境生成多種解決方案，透過獎勵機制**不斷優化推理能力**。

- 使用**思維鏈推理 (Chain-of-Thought Reasoning)** 會將問題分解並產生見解，在回答前會先進行深入思考，確保更縝密的邏輯推導，並且展示了整個思維鍊的使用過程。
- 競爭對手主要為 **OpenAI o 系列模型**，但與 DeepSeek V3 相比，**R1 需要較長的處理時間**，可能需要數分鐘才能完整回應。

DeepSeek R1：高效訓練與創新技術的結合

DeepSeek 在訓練 R1 模型時，採用了不同於 OpenAI 的方法，根據官方說法，R1 能在更短時間內、使用更少的 AI 晶片，並以更低成本完成訓練。這不僅提升了模型開發的效率，也讓 DeepSeek 在推理能力上取得突破，標誌著 AI 發展的重要里程碑。

官方研究論文詳細說明了 R1 模型的關鍵創新，包括：

- **強化式學習**（Reinforcement Learning）：DeepSeek R1 採用了名為 Group Relative Policy Optimization（GRPO）的強化式學習演算法（可參考 Ch3 中的強化式學習），透過比較多個候選答案的相對優劣，選出更佳策略。這讓模型能從「誰比較好」中學習，而非只依賴絕對對或錯。
- **獎勵工程**（Reward Engineering）：研究團隊開發了一套基於規則的獎勵系統（對中間每一步的推理是否合乎邏輯，以及是否有邏輯遞進進行評估與獎勵），相比傳統的神經獎勵模型（只依最終答案正確與否給予獎勵），能夠更有效地引導模型學習。如同訓練學生寫數學題，只看答案對錯不夠，要看「解題過程」是否合理，這正是 DeepSeek R1 的獎勵精神。這種獎勵工程機制確保模型在訓練過程中朝著更合理的方向優化，提高其推理精準度。
- **知識蒸餾**（Distillation）：透過高效的知識轉移技術，DeepSeek 成功將 R1 模型壓縮至僅 15 億參數的版本，同時保留核心能力，使其能夠在更低資源消耗下保持強大的推理效能。因為當訓練一個大型 AI 模型時，通

常包含數千億到上兆個參數，執行一個功能時就要消耗非常多的數據，且需要非常多的 GPU 來計算運行。但對多數的任務來說，其實並不需要這麼龐大的運算能力，因此使用知識蒸餾（Distillation）就變的很重要了。大致的作法是透過大型 LLM（如 GPT-4、Meta 的 LLaMA）當作老師模型（Teacher Model），來訓練較小的學生模型（Student Model），使其保留關鍵能力但減少計算需求（如下圖）。因此 DeepSeek R1 本質上是「將知識蒸餾過的語言模型」。

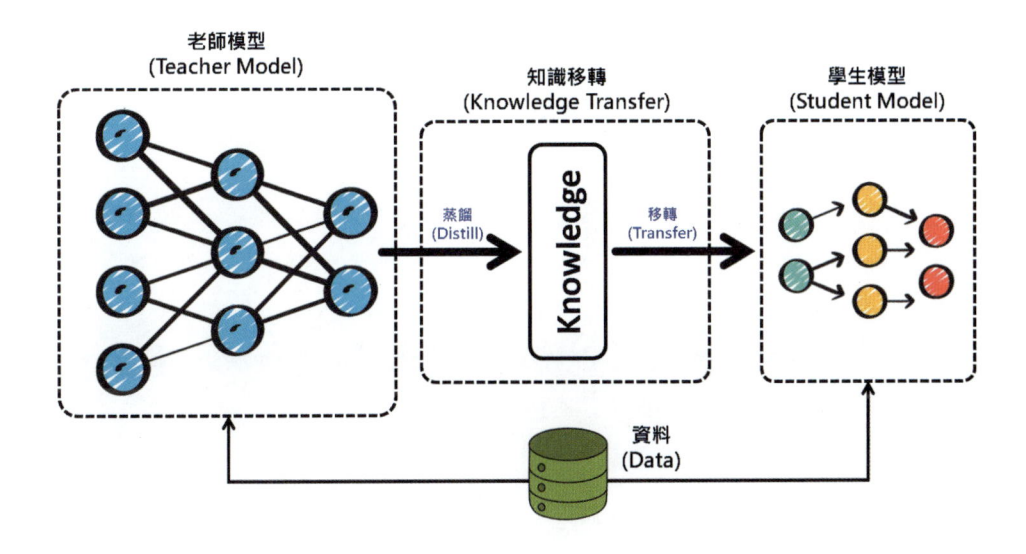

DeepSeek 所提倡的開源架構與數學精準度使其成為目前理想選擇之一。然而，若使用者希望擁有更直覺易用的使用者介面，那 ChatGPT 能夠提供較完善的體驗。但無論選擇哪一款，這兩個平台都已經象徵著 AI 技術的重大進步，並在人工智慧、生成式 AI 與資料科學等領域各自展現其獨特價值。

活動：AI 推理大比拚：GPT-4o 與 o1 的推理能力挑戰

本活動帶領參與者深入了解生成式 AI 模型，透過實際測試與比較，探索 GPT-4o 和 o1 在邏輯推理、語言生成和應用場景中的性能差異，並發現它們在不同需求下的最佳應用。

活動目的：比較不同 AI 模型在推理的差異，並分析模型的輸出表現，藉此探索模型的應用潛力。

活動網址：https://chatgpt.com/

使用環境：桌上型電腦、筆記型電腦或手機

題目

有甲、乙、丙三兄弟，他們身高各不相同；以下是三人的說法：

- 甲說：「我比乙高。」
- 乙說：「丙並不是最矮的。」
- 丙說：「甲並沒有我高。」（即甲 ≤ 丙）

此外只知道：

- 三人身高確定都不一樣。
- 只有一人說謊。
- 已知甲不是最高的，丙不是最矮的。

請問：三兄弟誰最高？誰中間？誰最矮？以及誰在說謊？

模型推理過程及結果

請讀者自行於 ChatGPT 發問,並觀察兩個模型解答的差異,此處列出 o1 模型的推理過程。

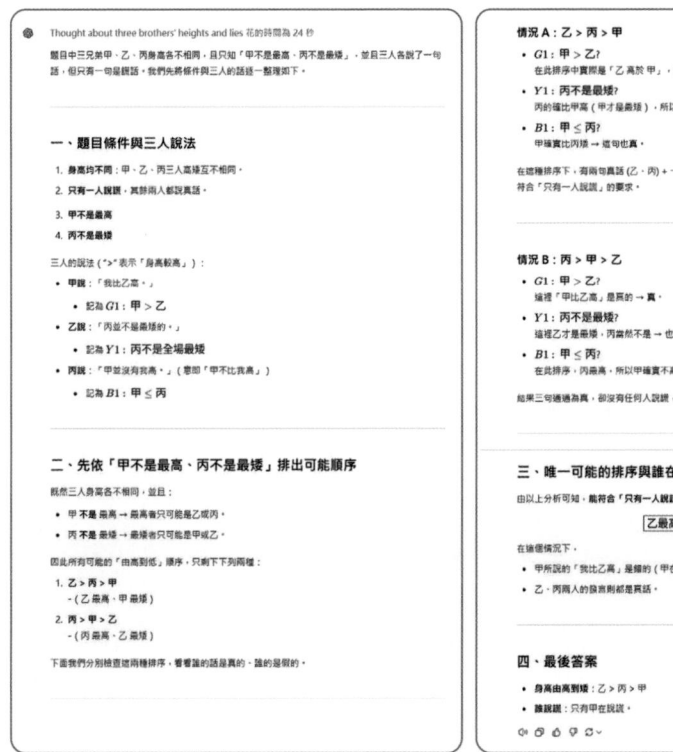

```
Thought about three brothers' heights and lies 花的時間為 24 秒

題目中三兄弟甲、乙、丙身高各不相同,且只以「甲不是最高、丙不是最矮」,並且三人各說了一句
話,但只有一善是謊話。我們先將條件與三人的話逐一整理如下。

一、題目條件與三人說法
1. 身高均不同:甲、乙、丙三人高矮互不相同。
2. 只有一人說謊,其餘兩人都說真話。
3. 甲不是最高
4. 丙不是最矮

三人的說法 (「>」表示「身高較高」):
• 甲說:「我比乙高。」
  ○ 記為 G1:甲 > 乙
• 乙說:「丙並不是最矮的。」
  ○ 記為 Y1:丙不是全場最矮
• 丙說:「甲並沒有我高。」(意即「甲不比我高」)
  ○ 記為 B1:甲 ≤ 丙

二、先依「甲不是最高、丙不是最矮」排出可能順序
既然三人身高各不相同,並且:
• 甲不是 最高 → 最高者只可能是乙或丙。
• 丙不是 最矮 → 最矮者只可能是甲或乙。
因此所有可能的「由高到低」順序,只剩下列兩種:
1. 乙 > 丙 > 甲
   -(乙最高、甲最矮)
2. 丙 > 甲 > 乙
   -(丙最高、乙最矮)
下面我們分別檢查這兩種排序,看看誰的話是真的、誰的是假的。
```

```
情況 A:乙 > 丙 > 甲
• G1:甲 > 乙?
  在此排序中實際為「乙高於甲」,所以「甲 > 乙」屬假。
• Y1:丙不是最矮?
  丙的確比甲高(甲才最矮),所以丙不是最矮 → 這句真。
• B1:甲 ≤ 丙?
  甲確實比丙矮 → 這句也真。

在這種排序下,有兩句真話(乙、丙) + 一句謊話(甲),
符合「只有一人說謊」的要求。

情況 B:丙 > 甲 > 乙
• G1:甲 > 乙?
  這裡「甲比乙高」是真的 → 真。
• Y1:丙不是最矮?
  這裡乙才是最矮,丙確實不是 → 也是真。
• B1:甲 ≤ 丙?
  在此排序,丙最高,所以甲確實不高於丙 → 這句依然是真。

結果三句通通為真,卻沒有任何人說謊,違反「只有一人說謊」的前提。

三、唯一可能的排序與誰在說謊
由以上分析可知,能符合「只有一人說謊」且「甲不是最高、丙不是最矮」的唯一排序是:
  乙最高 > 丙中間 > 甲最矮

在這個情況下,
• 甲所說的「我比乙高」是假的(甲在說謊)。
• 乙、丙兩人的敘述則都是真話。

四、最後答案
• 身高由高到矮:乙 > 丙 > 甲
• 誰說謊:只有甲在說謊。
👍 👎 ♡ ⟳ ⋯
```

測試重點

- 邏輯一致性與矛盾處理:模型需檢驗「三句話中只有一句是謊言」的條件,並結合「甲不是最高、丙不是最矮」等限制,找出唯一解。
- 自相矛盾偵測:若假設甲說謊會造成剩下敘述矛盾,模型需能排除。
- 可否細緻解釋推理:要求模型闡述每一步「為何排除某種可能」的理由。

測試重點	GPT 4o	o1
邏輯一致性與矛盾處理	• 假設甲說謊,推導出丙 > 甲 > 乙。 • 結論錯誤,正確應為丙 > 乙 > 甲。	• 系統性檢查所有可能的排序。 • 正確排除不符合條件的排序,得出唯一解。
自相矛盾偵測	部分識別矛盾情境,但在推導過程中出現誤差。	完整且正確地識別並排除自相矛盾的情境。
可否細緻解釋推理	提供詳細推理步驟,但因初始假設錯誤,最終結論不正確。	提供清晰且邏輯嚴密的逐步推理,解釋每一步驟的排除理由。
結論正確性	誤導性的身高排序,未符合所有已知條件。	正確得出乙 > 丙 > 甲,並確定甲在說謊。

讀者應該可以從解答中看出 GPT-4o 和 o1 兩個模型中,o1 模型推理表現最佳,能夠正確且細緻地完成題目要求,符合所有測試重點。而 GPT-4o 在推理過程中存在錯誤,導致最終結論不正確。

8.2 與 AI 精準對話的藝術：提示工程

在人工智慧（AI）快速發展的今日，提示工程（Prompt Engineering）已成為一項很重要的新興技術。透過與大型語言模型（LLM）互動並給予適切提示（Prompt），我們可以有效地取得所需答案及生成創意內容，甚至可以在各種領域中建構出完整的應用。

對於許多讀者而言，提示工程（Prompt Engineering）的概念也許還相對陌生，但其實它可以很直覺地理解：

- 想像你在 Google 搜尋欄打上一個關鍵字——這就是一種「提示」。
- 只不過 LLM 比搜尋引擎的能力更強，這個「提示（Prompt）」需更精細、更具策略性，才能引導出正確、可用且高品質的回應。

本小節將帶你從基礎原理到進階操作，逐步了解提示工程（Prompt Engineering）如何應用在各種情境中。即便讀者沒有相關程式背景，依然可以透過本小節的介紹逐步上手，讓大家可以在工作或日常生活中運用這些強大的 AI 工具。

什麼是提示工程（Prompt Engineering）？

在進一步介紹提示工程（Prompt Engineering）之前，我們可以先了解什麼是提示（Prompt）。提示是一段用來引導 AI 模型產生回應的文字、問題或指令。簡單來說，提示是人類與 AI 模型互動的橋樑，透過精心設計的提示，可以有效影響 AI 回應的品質與方向。

例如，當你對 AI 提問：

- 「幫我寫文案？」

這是一個基礎提示，目的是引導 AI 產生一段符合需求的文字內容。

而在更複雜的情境中，如果需要 AI 協助生成創意文案，提示可能需要更具結構性，像是：

- 「為一家專注於環保的公司撰寫一段吸引人的廣告標語，語氣要友善且專業。」

好的提示不僅能準確傳達使用者的需求，還能幫助 AI 更高效地提供準確、創意或符合需求的回應。而提示工程 (Prompt Engineering) 則是指為 AI 模型撰寫或設計適合的指令、問題或情境描述，以引導其產生符合需求的內容。換句話說，這是一種專注於「如何向 AI 提問或下指令」的技巧。在專業應用中，Prompt 的設計可能需要包含更多細節或結構，例如設定背景資訊、語氣或限制條件，以提升模型輸出的精準度與創意度。

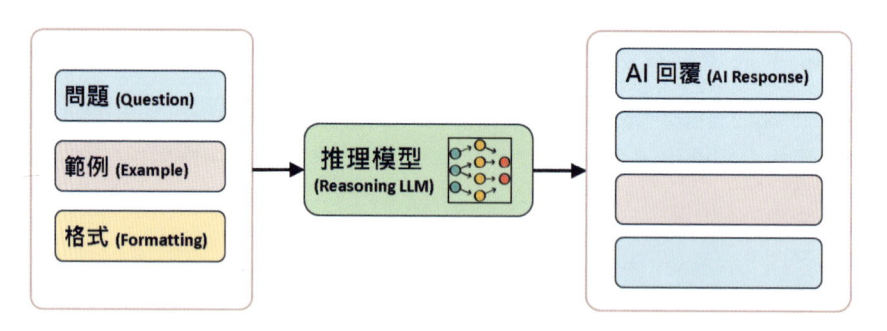

在現代 AI 技術中，許多模型 (特別是大型語言模型，LLM) 需要處理龐大的文本數據，而 Prompt 的設計品質直接影響了模型輸出的準確性與實用性。提示工程 (Prompt Engineering) 不僅是技術人員的專業技能，也逐漸成為所有使用 AI 工具的人必備能力之一。因為懂得如何「問對問題」，才能從 AI 獲得有價值的答案。

為什麼提示工程（Prompt Engineering）重要？

隨著 Transformer 架構（如 GPT 系列、BERT 等）的出現，AI 在語言處理與生成方面取得重大突破：能理解長篇文章的上下文，並生成更自然且邏輯清晰的文字。這些技術基礎，讓提示工程成為可能，也讓人類能更有效地驅動 AI，達到事半功倍的效果

現今大型語言模型的快速發展，參數規模從「億」級躍升至「十億」級，帶來更高精度的文本生成與邏輯推理能力。然而，模型越強大，對提示（Prompt）設計的要求也越高。不夠精準的提示，容易導致 AI 回答偏離主題或不符合預期；而精心設計的提示，則能有效引導 AI 發揮最佳表現。因此，大型語言模型的崛起，也進一步突顯了提示工程（Prompt Engineering）的重要性。

提示工程是現代必備技能之一，原因有三。首先是**易用性**，提示工程不需要程式設計背景，只要能設計出清楚的指令或問題，就能引導 AI 完成各種任務；這大大降低了使用門檻，使更多非技術背景的使用者也能充分發揮 AI 的效能。其次是**可控性**，以明確且有邏輯的提示有效降低 AI 回答錯誤的機率，並讓回應更符合使用者的實際需求。最後是**效率與創造力**的提升，加快 AI 在寫作、翻譯、創意發想與程式輔助等領域的處理速度。

如何與 AI 模型互動？

與 AI 模型互動，大致可分為下面三個步驟：

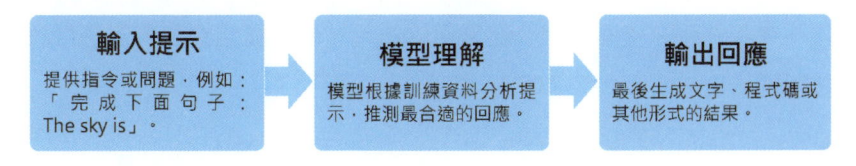

輸入提示	模型理解	輸出回應
提供指令或問題，例如：「完成下面句子：The sky is」。	模型根據訓練資料分析提示，推測最合適的回應。	最後生成文字、程式碼或其他形式的結果。

Prompt 的四大元素

在上述流程中，「Prompt」不僅僅是一句簡單的「完成下面句子 ...」，還可以包含更完整的結構與細節，使 AI 能夠更精確地理解你的意圖。整體而言，我們通常將 Prompt 分為以下四個要素：

1. 指令 (Instruction)
你希望模型做什麼
- 例如：「請將以下段落翻譯成西班牙文」或「請幫我寫一段介紹人工智慧的短文」。
- 特點：通常以明確的動詞開頭（e.g., Summarize, Translate, Classify）。

2. 上下文 (Context)
幫助模型更好理解或聚焦，提供額外資訊或背景
- 例如：「以下是一段關於氣候變遷的新聞報導：… 請根據該段內容回答問題。」
- Context 有助於縮小模型思考範圍，不致於在廣大知識海無目的地產生答案。

3. 輸入資料 (Input Data)
你希望模型處理的實際文本、數字、問題等
- 例如：一大段需要翻譯的文字，或是一組需要分類的句子。
- 範例：Text: "I think the food was okay."

4. 輸出指示 (Output Indicator)
告訴模型你想要的答案格式或型態
- 例如：Sentiment: 或 Summarize the above in one sentence:
- 這能引導模型用合適的長度、語氣、或格式回答。

小提醒，不一定每個 Prompt 都需要同時包含這四個要素。有時候只要指令 + 輸入，就能獲得理想回覆。但在很多需要精確或複雜回答的任務上，這四大要素可協助你打造更精準的 Prompt。

範例：假設我們想做情緒判斷，可這麼撰寫

Instruction: "Classify the sentiment into Positive, Negative, or Neutral."
Context: "You are a helpful AI for sentiment analysis."
Input Data: "I think the food was okay."
Output Indicator: "Sentiment:"

模型輸出 → Sentiment: Neutral

透過「提示與回應的流程」與「Prompt 的四大元素」後，我們現在知道在與 LLM 互動時，Prompt 不是只能寫一句簡短指令，也可以包含更豐富的資訊。

在這裡，Instruction 提醒模型要做「分類」的任務，Context 給了場景提示，Input Data 提供句子，Output Indicator 則要求輸出標籤格式。

接下來我們將在後面小節介紹常用的提示技巧，並結合實際例子帶讀者一步步做嘗試。

常用 Prompt 技巧與範例

本小節將介紹一些常用技巧與範例，從基礎的問答與指令互動出發，逐步帶領讀者學會少量樣本提示 (Few-Shot)、思維鍊 (Chain-of-Thought)、結合外部檢索 (RAG) 等進階方法，循序漸進掌握多元且高效的提示策略。

1. **零樣本提示 (Zero-shot Prompting)**

   「Zero-shot」是最基礎的提示方式，僅需描述任務並提供輸入內容，不需提供任何範例 (example)。常見形式包括：提問、故事開頭、任務指令等。

   > 將電影評論分類為正面、中性或負面。
   > 評論：《雲端情人(Her)》是一項令人不安的研究，揭示如果允許人工智慧不受控制地不斷發展，人類將走向何方。我希望有更多像這部傑作的電影。
   > 情緒：
   >
   > 情緒：正面

2. **單樣本提示 (One-shot Prompting)**

   「One-shot」提示會提供一個任務範例，讓模型學習該任務的格式與邏輯，接著再給予新的輸入，請模型產生相應回應。這種方式適合任務格式固定或需要範例引導的情境。

   > 請參考以下範例，並以相同方式改寫句子：
   >
   > 範例：
   > 原句：我今天不能去上班，因為我頭痛。
   > 改寫：由於身體不適，我今日無法出勤，敬請見諒。
   >
   > 請改寫這句話：
   > 原句：我們不接受退貨。
   >
   > 改寫：本店恕不提供退貨服務，敬請見諒。

3. **少樣本提示 (Few-shot Prompting)**

   「Few-shot」提示則是提供多個任務範例，讓模型在有限範例中歸納出任務模式與回答策略，進而應用於新的輸入。這種方法能顯著提升模型在複雜任務中的表現，是目前最常見的提示技巧之一。

請參考以下範例，將下方句子改寫得更有禮貌：
範例1：
原句：你來晚了。
改寫：看來您剛好趕上尾聲了。
範例2：原句：這不是我的錯。
改寫：可能中間出現了一些誤會。
範例3：
原句：你應該早點告訴我。
改寫：若能更早得知，將更有助於安排。
請改寫這句話：
原句：請你快點決定！

改寫：若您能儘早做出決定，將有助於後續安排，感謝您的配合。

4. 系統 (System)、情境 (Contextual) 與角色 (Role) 提示

在提示工程中，系統 (System)、情境 (Contextual) 與角色 (Role) 提示是常用的三種策略，皆能有效引導大型語言模型 (LLM) 產出更精確且符合需求的回應，但各自著重的面向不同。

提示類型	定義與用途	範例說明	影響範圍
System Prompt	設定模型的核心行為與角色定位。	「你是一位語言學家，負責分析句子結構。」	全域性（會影響整體互動風格與功能）
Contextual Prompt	提供與任務有關的背景資訊與輸入內容。	「請根據以下課文回答問題…」	區域性（專注當前任務或問題）
Role Prompt	指定模型扮演的角色與表達風格。	「你是一位耐心的數學老師，請一步一步說明解法。」	在特定回合中調整語氣與回應方式

三種方式常交叉使用（例如：指定角色時同時給出背景），但它們的核心目標仍各有不同：

System Prompt 範例
用途：設定模型的整體角色與任務目標

Prompt：「你是一位人工智慧專家，擅長以條理清晰、專業術語解釋複雜概念。」

輸入：請解釋什麼是強化式學習（Reinforcement Learning）。

模型預期回應：「強化式學習是一種機器學習方法，讓代理人（agent）在環境中透過試誤與回饋機制學習策略。系統會根據行為給予獎勵或懲罰，以最大化累積報酬為目標進行決策優化。」

Contextual Prompt 範例
用途：加入具體情境或任務背景

Prompt：「你正在幫助一位高中生準備科展報告，主題是『強化學習在機器人導航中的應用』，他需要先理解基本概念。」

輸入：請解釋什麼是強化式學習（Reinforcement Learning）。

模型預期回應：「強化式學習是一種讓電腦透過嘗試和錯誤，學會在特定情境中做出好的選擇的方式。例如機器人可以學習如何移動到目標，成功時就獲得獎勵、失敗則沒有，透過反覆學習找到最佳策略。」

Role Prompt 範例
用途：指定角色與語氣風格

Prompt：「你是一位風趣又親切的科學 YouTuber，正在用生活化的比喻向觀眾介紹強化式學習。」

輸入：請解釋什麼是強化式學習（Reinforcement Learning）。

模型預期回應：「想像你在玩夾娃娃機！每次操作都是一次嘗試，成功就夾到娃娃、得到獎勵，失敗就什麼都沒有。你會記住哪種夾法比較有效，久了就越夾越準。這就是強化式學習的概念，讓電腦透過不斷嘗試來學會怎麼做才最划算！」

5. **思維鏈提示（Chain of Thought，簡稱 CoT）**

    思維鏈提示是一種透過要求模型「逐步思考」來提升推理能力與回答準確性的方法，適用於算術、邏輯推理等需要多步驟判斷的問題。可以改善複雜推理題的正確率，讓 AI「一步一步思考，再產生答案」。

    > 請一步一步推理這個問題，然後再給出答案：
    > 當我 5 歲時，我的哥哥是我年齡的 4 倍。現在我 25 歲，那我哥哥現在幾歲？

    我們來一步一步推理這個問題，使用 **思維鏈提示（Chain of Thought, CoT）** 的方式：

    🧠 **題目：**
    > 當我 5 歲時，我的哥哥是我年齡的 4 倍。現在我 25 歲。請問：我哥哥現在幾歲？

    🔹 第一步：找出當時哥哥的年齡
    - 當我 5 歲時，我哥哥是我年齡的 4 倍
    - 所以哥哥當時是：5 × 4 = 20 歲

    🔹 第二步：計算我與哥哥的年齡差
    - 當時我 5 歲、哥哥 20 歲
    - 所以我們相差：20 − 5 = 15 歲

    🔹 第三步：加上年齡差算出哥哥現在幾歲
    - 現在我 25 歲，哥哥比我大 15 歲
    - 所以我哥哥現在是：25 + 15 = 40 歲

    ✅ **最終答案：**
    > 我哥哥現在 40 歲。

6. **自我一致性提示（Self-consistency）**

    大型語言模型雖然在許多自然語言處理任務上已表現出色，但在推理任務中，單次推理的結果仍可能有錯誤。因此採用自我一致性（Self-consistency）提示可多次生成詢問或多條路徑推理，再看哪一個答案最一致或最合理（有點像自己在心裡先演算三次，看哪兩次答案一樣）。如果一次回答有機會出錯，那麼多次嘗試再投票或比對，可降低錯誤率。適用於高風險（例如醫療）、複雜算術或決策，且需降低單次回答出錯的風險。此方法亦可搭配思維鏈提示（CoT），讓每條推理都顯式化，再對比哪條最一致。

> 請多次用不同方式推理下列問題，並從中選出最常出現且最合理的答案：
> 當我 5 歲時，我的哥哥是我年齡的 4 倍。現在我 25 歲，那我哥哥現在幾歲？

好的，我們來使用 Self-Consistency（自我一致性）提示技術，透過多種方式推理這個問題，並從中選出最合理、最一致的答案。

🧠 **題目重述：**

當我 5 歲時，我的哥哥是我年齡的 4 倍。
現在我 25 歲。
問題：我哥哥現在幾歲？

✅ **推理方式 1：從當年回推年齡差**

- 我 5 歲時，哥哥是 4 × 5 = 20 歲
- 當時哥哥比我大：20 − 5 = 15 歲
- 現在我 25 歲，所以哥哥就是：25 + 15 = 40 歲

✅ **推理方式 2：設哥哥現在 x 歲**

- 我現在 25 歲，哥哥現在 x 歲
- 所以當年（我 5 歲時）是：25 − 5 = 20 年前
- 哥哥當時是：x − 20 歲
- 題目說哥哥當時是我年齡的 4 倍 → x − 20 = 4 × 5 = 20
- 解這個方程式：x − 20 = 20 → x = 40 歲

✅ **推理方式 3：直接看年齡差是否一致**

- 若我現在 25 歲，哥哥是 40 歲，那差距是：40 − 25 = 15 歲
- 回到我 5 歲時，哥哥就是：5 + 15 = 20 歲
- 驗證：20 是 5 的 4 倍，✅ 正確！

✅ **結論：一致且最合理的答案**

三種推理方法都導出相同結果：

> ✔ 哥哥現在是 40 歲

7. 思維樹提示 (Tree of Thoughts，簡稱 ToT)

思維樹提示是一種進階提示技巧，擴展了思維鏈提示（CoT）「線性推理」的概念。它讓 LLM 不再只沿著「一條」思路走到底，而是可以同時展開多條推理路徑，就像長出一棵「邏輯樹」，保留每一條思考分支，並在推理過程中進行探索與比較，兩者示意圖如下。

思維鍊
(Chain of Thoughts)

思維樹
(Tree of Thoughts)

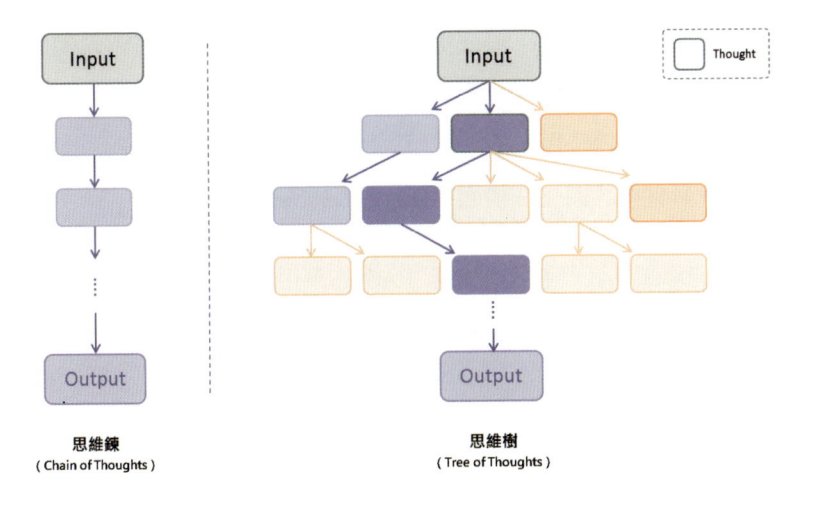

範例如下：

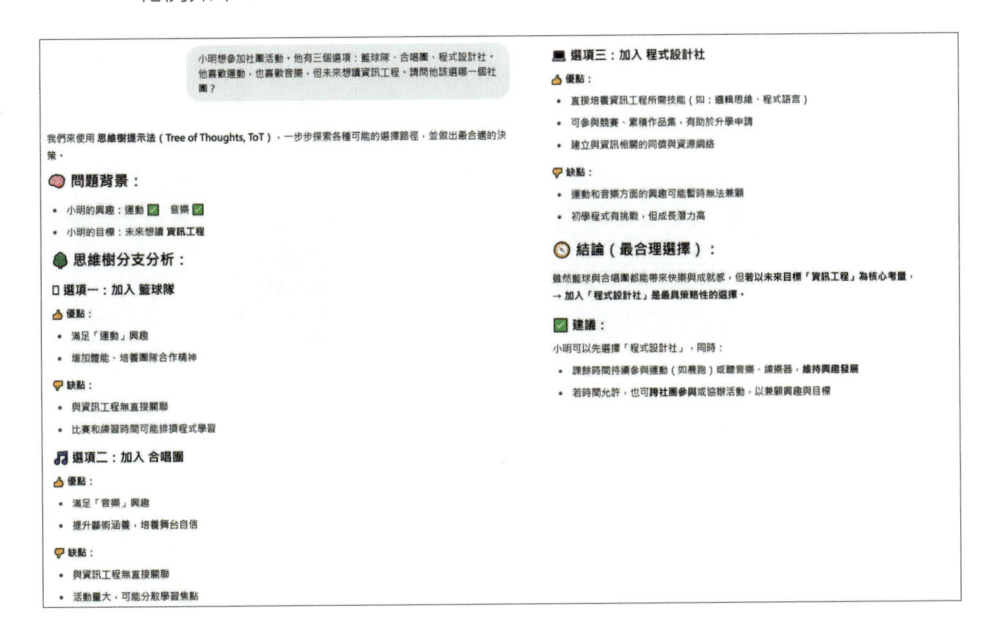

8. **檢索增強生成 (Retrieval Augmented Generation，簡稱 RAG)**

    RAG 主要是要解決模型可能的「知識不足」或「訓練資料過時」問題，並能降低模型隨意捏造內容 (hallucination) 的機率。例如，當你要寫一篇關於「2025 年度最新醫學發現」的摘要時，模型本身訓練資料可能

只停留在 2023 年，無法提供你正確的最新資訊。這時候使用 RAG 後可先抓取最近期醫學期刊，再與提示一同提供給 LLM 後，讓模型針對這些資料做摘要與統整，就可以解決模型知識過時或不足的問題。有關 RAG 其他內容將會在後面小節作詳細介紹。

接下來的章節，我們將深入探索 RAG 的應用價值與操作方法，協助你在 AI 互動中獲得更強大、更精準的支援！

活動：Prompt 實戰挑戰，解鎖 AI 實用技巧！

本活動將讓讀者試著探索 Prompt 的實用性，讀者可結合不同技術策略，透過實作掌握生成式 AI 的關鍵技能，立即應用於實際場景中。

活動目的：學習設計高效 Prompt 的核心技術，解決不同需求。並且體驗生成式 AI 的多元應用，提高工作與學習效率。

活動網址：https://chatgpt.com/

使用環境：桌上型電腦、筆記型電腦或手機

挑戰 1 文字摘要 (Text Summarization)

題目：請設計一個提示，讓 AI 能將以下 300 字的文章，縮寫為 50 字內的重點摘要，並保留關鍵人物與事件。將一段長文快速濃縮為幾句重點摘要。

挑戰 2 資訊提取 (Information Extraction)

題目：輸入一段新聞報導，設計提示讓 AI 抽取以下資訊：「時間、地點、事件主體、發生的關鍵行動」

挑戰 3　問答系統（Question Answering）

題目：輸入一段長篇教科書文字後，請設計提示讓 AI 根據內容回答「誰、什麼、為何」等問題。

挑戰 4　情緒分類（Sentiment Classification）

題目：輸入一段使用者評論，請設計提示讓 AI 判斷其情緒是正面、中性還是負面。

挑戰 5　對話生成（Dialogue Generation）

題目：請設計提示，讓 AI 扮演一位咖啡店店員，與顧客進行自然的購買對話，並在對話中提出推薦。

挑戰 6　程式碼生成（Code Generation）

題目：請撰寫提示，讓 AI 根據以下需求產生 Python 程式：「讀取一個 CSV 檔案，計算每列的平均值並輸出到新檔案。」

挑戰 7　程式碼說明（Code Explanation）

題目：給 AI 一段程式碼，設計提示讓 AI 解釋每行的功能，並用初學者可以理解的語言說明其作用與邏輯。

挑戰 8　數學推理（Mathematical Reasoning）

題目：輸入一道文字數學題如下，請設計提示讓 AI 一步一步推理，並且避免直接跳出答案。

例如：三個孩子一起分糖果，小安說：「如果我多拿 3 顆，我就會跟小美一樣多。」，小志說：「如果我少拿 2 顆，我就和小安一樣多。」，已知三人總共拿了 29 顆糖果，請問他們各拿幾顆？

8.3 從檢索到生成：RAG 的新視界

在當前 AI 技術快速發展的背景下，單純依賴大型語言模型 (LLM) 已無法滿足許多場景的需求，尤其是對於需要即時性或專業領域的查詢。也因為如此，作為一種可以結合語言模型與檢索技術的 AI 方法 – 檢索增強生成 (RAG) 技術應運而生。它能夠在回答問題時查詢最新資訊，使回應更加準確且更具時效性。本小節將深入淺出探討 RAG 的概念、工作原理、應用，以及如何解決 LLM 的主要局限性，幫助讀者更進一步了解 RAG 和 LLM 的實際應用。

什麼是檢索增強生成 (RAG)？

RAG 基本概念

檢索增強生成 (Retrieval Augmented Generation, 以下簡稱 RAG) 是一種 AI 技術，可以透過結合大型語言模型 (LLM) 與外部資訊檢索機制，使 AI 具備即時查詢與整合最新數據的能力。這種技術不僅能顯著提升 AI 回應時的準確性與可信度，更能減少幻覺現象 (hallucination)。

傳統的 LLM 主要依賴事先訓練的數據，因此在面對具時效性或需要專業知識的問題時，可能會因資訊老舊或知識不足的情況而產生錯誤。而 RAG 則可以透過檢索最新的外部數據來源 (如搜索引擎、向量資料庫、專業文獻) 來補足這項不足，使 AI 回應的內容更具參考價值。你可以想像傳統 AI 就像一本很厚的百科全書，裡面記錄了大量知識，但這些內容都寫死在書裡，無法即時更新。如果你問它一個超出範圍的問題，它只能根據舊資料猜答案。而 RAG (檢索增強生成) 則像是一位會先聽懂你的問題，再上網搜尋最新資訊、搭配自己原本的知

識，幫你整理出更完整、更新的答案"。這些差異使得 RAG 在許多需要高準確度、即時性資訊的應用中更具優勢。廣泛應用於需要即時更新資訊的場景，例如智慧客服、企業知識管理、醫療診斷、法律諮詢等領域。

比較項目	傳統 LLM	RAG
數據來源	基於訓練時的數據，無法獲取最新資訊	可即時檢索外部資料庫，確保最新資訊
回應準確性	可能出現幻覺（Hallucination），準確性受限	透過檢索確保內容真實性，減少幻覺
即時更新能力	無法即時更新，需重新訓練	可即時更新，不需重新訓練模型
計算成本	需要大規模計算資源	降低計算成本，因為僅需檢索與生成
應用場景	適用於通用對話、創意寫作等	適用於需要準確資訊的應用，如問答系統、企業內部知識庫

為何使用 RAG 來提升 LLM？

為了更清楚地說明 RAG 的價值，我們可以透過一個實際案例來理解它如何解決傳統 LLM 的限制。

假設你是一家娛樂媒體公司的內容經理，該公司專注於製作與發行各類型的影視作品。公司希望打造一個 AI 助手，此 AI 助手不僅可以根據使用者需求推薦影片，還能提供客戶支援服務，例如回答與影集推薦、觀看指南、訂閱方案及技術問題等相關的查詢。

你可能會選擇使用類似 GPT-4o 這樣的大型語言模型（LLM）來驅動你的 AI 助手，但傳統 LLM 存在以下幾個主要問題，導致使用者體驗不佳：

- **缺乏專屬資訊**：LLM 只能根據訓練數據提供一般性回答，無法及時提供你公司最新的影視內容、獨家合作資訊或即將上映的影片。
- **幻覺問題（Hallucination）**：LLM 有時會用自信流暢的語氣產生錯誤或捏造的內容，乍看合理，實則無依據，這就是「幻覺問題（Hallucination）」。其原因在於 LLM 仰賴大量文字訓練，擅長預測語

句，但缺乏查證能力，容易為了讓回答看起來合理而編造資訊。因此 AI 助手可能會憑空捏造一部不存在的影集，或錯誤地說明某部影集的演員、劇情或播出平台。
- **回應過於通用**：LLM 可能無法根據使用者觀看歷史與偏好來提供適合的個人化推薦，進而影響觀看體驗。

RAG（檢索增強生成）能有效彌補傳統 LLM 的不足，透過結合模型的語言理解能力與內部的影視資料庫、觀眾偏好數據等特定資訊，讓 AI 助手不只能給出流暢的回答，更能提供準確、即時且可靠的內容與推薦。

這種作法不僅提升回應的正確性，還能依據不同使用者的觀看歷史與需求，給出更個人化的建議。企業可藉由將 RAG 技術與 LLM 結合，打造兼具背景知識、即時查詢能力與用戶理解力的 AI 助手，為觀眾帶來更精準且貼近潮流的觀影體驗。

RAG 的運作原理

檢索增強生成（RAG）是一種非常強大的技術，可以在不需要微調（fine-tuning）模型的情況下，為神經網路提供額外的資訊。

RAG 的運作過程主要結合了兩個關鍵部分：檢索（Retrieval）和生成（Generation）。也就是先透過檢索機制，從事先將外部文件建好的「向量資料庫」中，找出與問題（Query）高度相關的文本段落或資訊。然後將上述「檢索到的內容」與「使用者問題」一併提供給大型語言模型（LLM），使模型能根據最新、專屬或更精準的資料來生成回答，而不只是依靠模型過去訓練時學到的知識。這樣做將可以：

- 減少模型「胡亂猜測」，避免因訓練資料不完整而出錯；
- 實現動態知識擴充，如接入企業內部文件、最新研究或私有資料；
- 提高回答的可解釋度，因為可以回溯「引用了哪一段資料」。

RAG 是如何運作？

下圖為 RAG 的基本架構與運作流程，我們將會用淺顯易懂的方式來介紹整個 RAG 的元件，並且 step by step 教讀者完整了解 RAG 整個運作過程。

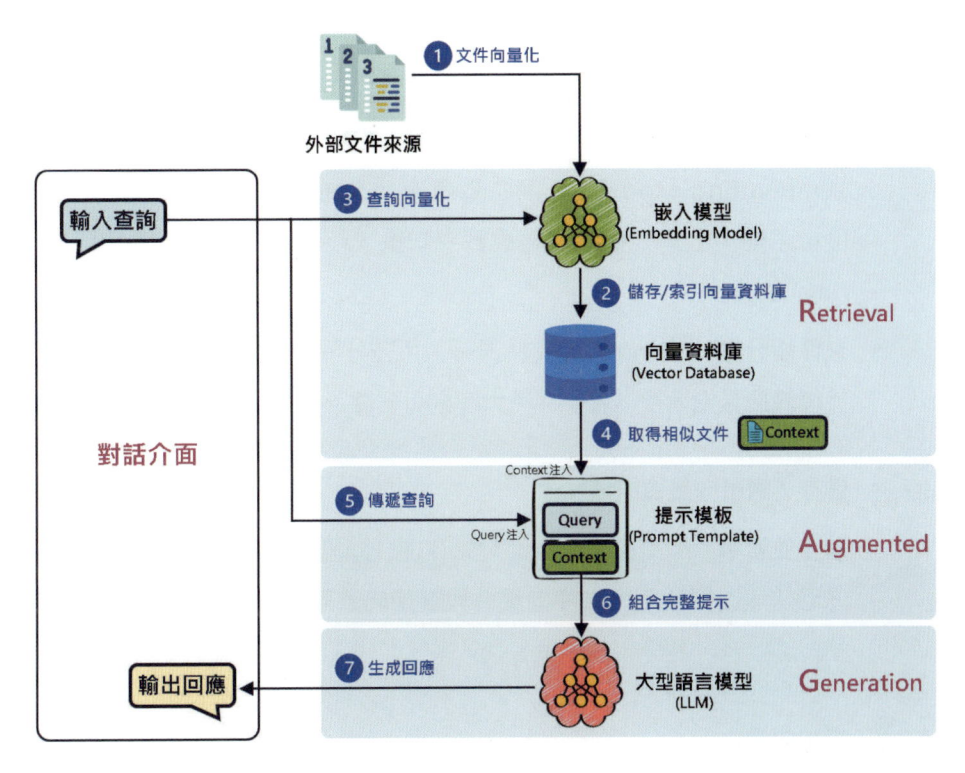

```
① 文件向量化
外部文件來源
③ 查詢向量化 → 嵌入模型 (Embedding Model)
輸入查詢
② 儲存/索引向量資料庫
向量資料庫 (Vector Database)         Retrieval
④ 取得相似文件 → Context
對話介面
⑤ 傳遞查詢    Context 注入
              Query 注入 → Query
                          Context    提示模板 (Prompt Template)   Augmented
⑥ 組合完整提示
⑦ 生成回應 → 大型語言模型 (LLM)       Generation
輸出回應
```

整個 RAG 系統可以先分為下面幾個重要元件，將有助於讀者結構性了解 RAG 的運作方式。

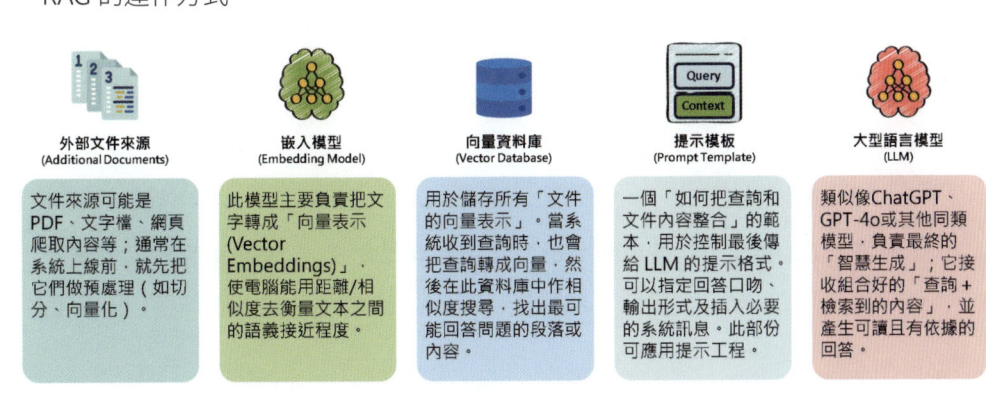

外部文件來源 (Additional Documents)
文件來源可能是 PDF、文字檔、網頁爬取內容等；通常在系統上線前，就先對它們做預處理（如切分、向量化）。

嵌入模型 (Embedding Model)
此模型主要負責把文字轉成「向量表示 (Vector Embeddings)」，使電腦能用距離/相似度去衡量文本之間的語義接近程度。

向量資料庫 (Vector Database)
用於儲存所有「文件的向量表示」。當系統收到查詢時，也會把查詢轉成向量，然後在此資料庫中作相似度搜尋，找出最可能回答問題的段落或內容。

提示模板 (Prompt Template)
一個「如何把查詢和文件內容整合」的範本，用於控制最後傳給 LLM 的提示格式。可以指定回答口吻、輸出形式及插入必要的系統訊息。此部份可應用提示工程。

大型語言模型 (LLM)
類似像 ChatGPT、GPT-4o 或其他同類模型，負責最終的「智慧生成」；它接收組合好的「查詢 + 檢索到的內容」，並產生可讀且有依據的回答。

8-33

認識這幾個重要元件後,我們將依「三大階段 + 7 個步驟」的方式說明整個 RAG 工作流程:

Retrieval(檢索階段)

STEP 1 文件向量化

- **向量化**:將外部文件(如 PDF、網頁、文字檔等)提供給「嵌入模型(Embedding Model)」,產生對應的「文件向量」。未來要實施相似度檢索前,必須先把文本轉成數字向量,存在「向量資料庫(Vector Database)」。
- **文件切分**(Chunking):若文件很長,可先分割成數個片段再向量化,便於後續搜尋更精準,若文件不大時則可省略。

STEP 2 儲存 / 索引向量資料庫

- **儲存並索引**:所有文件向量都會儲存在「向量資料庫」並建立索引,以方便快速比對「哪個文件向量會與查詢向量最近」。後續亦能進行即時相似度搜尋,並優化性能與查找效率。

STEP 3 查詢向量化

- **向量化**:使用者在對話介面輸入「問題(Query)」;系統同樣透過「嵌入模型」把 Query 轉成向量,才能與前面步驟提的文件向量做相似度比較。
- 要與文件向量比對前,查詢向量也需處於同一向量空間。

STEP 4 取得相似文件

- **相似度搜尋**:向量資料庫根據「查詢向量化」,在海量的文件向量中進行相似度搜尋,找出可能最能回答問題的文件片段,作為「Context」(上下文)。

- 這是 RAG 的「檢索」核心，從知識庫中擷取最具關聯性的上下文，後續 LLM 才能根據真實資料回答。

下圖中即為 RAG 的核心原理（包含向量轉換），它透過即時檢索外部知識，解決 LLM 訓練時知識固定、無法更新的問題，提升回應的準確性與時效性。

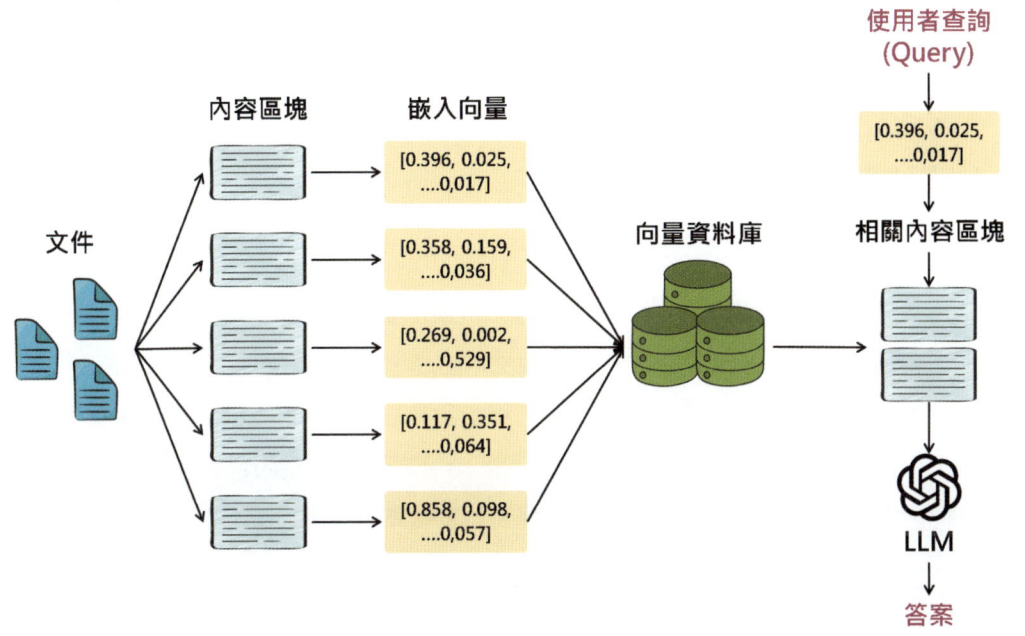

Augmented（增強階段）

STEP 5　傳遞查詢

- **傳遞使用者 Query**：使用者於介面輸入的 Query 也會送入「提示模板」，以便與剛剛取回的相似文件一起做組合。
- 大型語言模型未來在產生回答時需要同時看到「使用者問題（Query）」和「檢索到的文本（Context）」，才能有針對性地回應。

STEP 6　組合完整提示

- **建構增強提示**：系統根據步驟 4 及步驟 5，將「使用者問題（Query）」與「檢索到的相似文件（Context）」，一起填入事先設計好的「提示模板」，整合成給大型語言模型的增強提示（Augmented Prompt）。
- 可以指定答案格式、語言風格、要引用的內容等。例如可以告訴模型「以下是你的問題⋯以下是可參考的內容⋯請根據內容回答」。避免模型憑空編造，讓生成結果更可控。

Generation（生成階段）

STEP 7　生成回應

- **LLM 推理及回應**：大型語言模型（LLM）接收組合好的增強提示後，根據提示中的上下文，進行推理與文字生成，回傳最終回答給對話介面。
- 這是整個「先檢索，後生成」流程的最後一步。透過先檢索到的「真實資料」，讓模型生成「更準確的回答」，不易出現虛構內容。
- 使用者若有後續問題，可再次提問並重複 RAG 流程。

　　我們舉一個實際範例來看看 RAG 是如何運行的。想像你是一名正在準備數學考試大學生，但有些概念總是搞不太懂。例如，你想問：「請問如何解釋泰勒展開式？有沒有簡單的例子？」。

　　下圖就是按照三大階段 + 7 個步驟的方式說明「AI 智慧學習助理」如何利用 RAG 技術進行運作。整個流程的核心想法很簡單：「先對資料做標籤，再對問題也貼標籤，接著比對、找出最符合的內容，最後 AI 才生成回答」。

流程圖說明（由上而下、由左而右）：

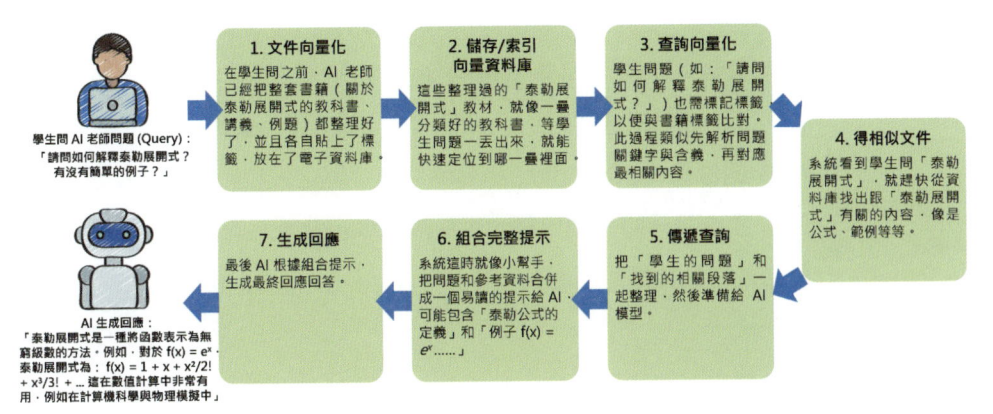

1. 文件向量化：在學生問之前，AI 老師已經把整套書籍（關於泰勒展開式的教科書、講義、例題）都整理好了，並且各自貼上了標籤，放在了電子資料庫。

2. 儲存/索引向量資料庫：這些整理過的「泰勒展開式」教材，就像一疊分類好的教科書，等學生問題一丟出來，就能快速定位到哪一疊裡面。

3. 查詢向量化：學生問題（如：「請問如何解釋泰勒展開式？」）也需標記標籤以便與書籍標籤比對。此過程類似先解析問題關鍵字與含義，再對應最相關內容。

4. 得相似文件：系統看到學生問「泰勒展開式」，就趕快從資料庫找出跟「泰勒展開式」有關的內容，像是公式、範例等等。

5. 傳遞查詢：把「學生的問題」和「找到的相關段落」一起整理，然後準備給 AI 模型。

6. 組合完整提示：系統這時就像小幫手，把問題和參考資料合併成一個易讀的提示給 AI，可能包含「泰勒公式的定義」和「例子 $f(x) = e^x$ ……」。

7. 生成回應：最後 AI 根據組合提示，生成最終回應回答。

學生問 AI 老師問題 (Query)：「請問如何解釋泰勒展開式？有沒有簡單的例子？」

AI 生成回應：「泰勒展開式是一種將函數表示為無窮級數的方法，例如，對於 $f(x) = e^x$，泰勒展開式為：$f(x) = 1 + x + x^2/2! + x^3/3! + \ldots$，這在數值計算中非常有用，例如在計算機科學與物理模擬中。」

雖說如此，RAG 在處理複雜查詢、幻覺問題以及維持多輪對話的上下文時仍面臨許多挑戰。為提升其效能，RAG 的進階技術如密集檢索與混合搜索，可改善檢索準確性，上下文蒸餾有助於提取關鍵資訊，而多步驟推理則能將複雜查詢拆解成可管理的子任務。這些技術已廣泛應用於問答系統、專業知識檢索及個性化推薦。未來，RAG 將進一步強化跨語言能力、個性化生成與多樣化數據處理，拓展其在各行各業的應用潛力。

RAG 的應用

檢索增強生成 (RAG) 在多種情境下都能展現出強大的優勢，特別適用於需要「即時更新」或「專業領域知識」的場景。下面舉幾個常見應用領域，讓讀者可以更理解 RAG 在實務中的運用。

1. **學術**
    - ◊ **應用情境**：學者、研究生常需要查閱大量期刊論文、研討會論文、技術報告等。
    - ◊ **RAG 的優勢**：將廣泛的文獻資料庫向量化後，研究者可快速檢索、比較不同論文的內容，再透過 LLM 生成簡要的研究摘要或文獻回顧，減少重複閱讀文獻的時間。

2. 保險
    - **應用情境**：保險公司需快速回應客戶投保、理賠、保單條款等諮詢，同時還要根據最新法規與內部合約條款進行審核。
    - **RAG 的優勢**：透過向量化的合約條款、理賠規範與即時法規更新，RAG 能在第一時間找出符合客戶需求或企業規定的內容，並由 LLM 整合成白話易懂的回應。
3. 法律
    - **應用情境**：律師、法務人員經常需要從龐大的法律條文、合約條款與判例庫中尋找關鍵資訊。
    - **RAG 的優勢**：RAG 能將法律文件向量化後，快速搜尋相關條文與判例，並由 LLM 生成有條理的合約修改意見、法條解釋或案件分析。
4. 醫療
    - **應用情境**：面對嚴謹的醫療診斷或用藥建議，僅依靠既有的 LLM 訓練資料易產生知識斷層或過時資訊。
    - **RAG 的優勢**：RAG 能檢索最新的醫學文獻、臨床試驗數據、醫院電子病歷等，輔助醫師或患者獲得即時且符合實證的資訊，降低誤判與誤診的風險。
5. 金融
    - **應用情境**：金融機構常需要監控即時市場資訊、財經新聞與內部交易數據，才能為客戶做出精準投資建議。
    - **RAG 的優勢**：將大型語言模型與內部交易數據、外部市場報價、最新財經新聞等結合，可以提供分析師和投資客更準確的資訊來源；同時能減少模型僅依過去訓練數據導致的知識落差。

RAG 所帶來的價值，在於「對外可以擴充大量即時或專業領域資料」，「對內則能有效管理與搜尋龐大的內部知識庫」，大幅提升資料查詢與回應的效率和準確性。無論是金融、保險、學術、教育、法律、企業、醫療、電子商務乃至政府機關，都將能透過 RAG 技術獲得更即時、準確且個人化的資訊支援。

活動：AI 智能檢索挑戰：RAG 技術大探索！

本活動將透過 ChatPDF 平台功能，讓使用者可以透過活動實際操作檢索增強生成 (Retrieval-Augmented Generation, RAG)，體驗如何結合檢索技術與生成式 AI，提高資訊回應的準確度與可靠性。

活動目的：掌握 RAG 的核心概念與應用場景，學會運用 RAG 來提升 AI 回應品質。

活動網址：https://www.chatpdf.com/

使用環境：桌上型電腦或筆記型電腦

挑戰 1　114 學測五標查詢互動

首先，此網站可供使用者在不登入的情況下體驗部分功能，但可使用的範圍有限。此外，使用者也可以註冊免費帳號，以解鎖更多功能。進入網站後，畫面將呈現如下所示，包括左側功能區（提供文件上傳或分類資料夾設置功能）以及 中間的聊天操作區，用於與模型進行互動。

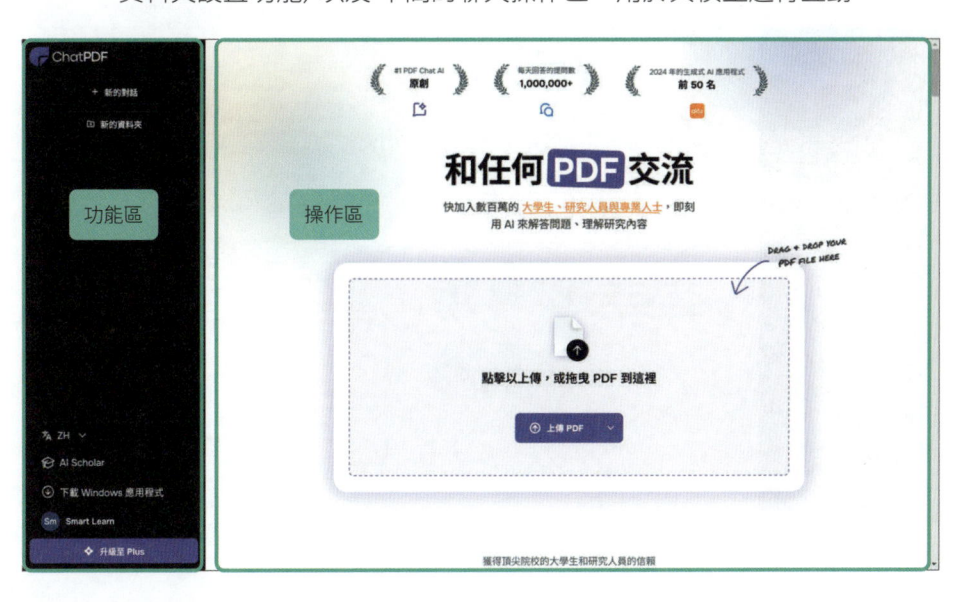

我們嘗試上傳大考中心提供的 114 學測五標資料，並在右側聊天區進行互動。

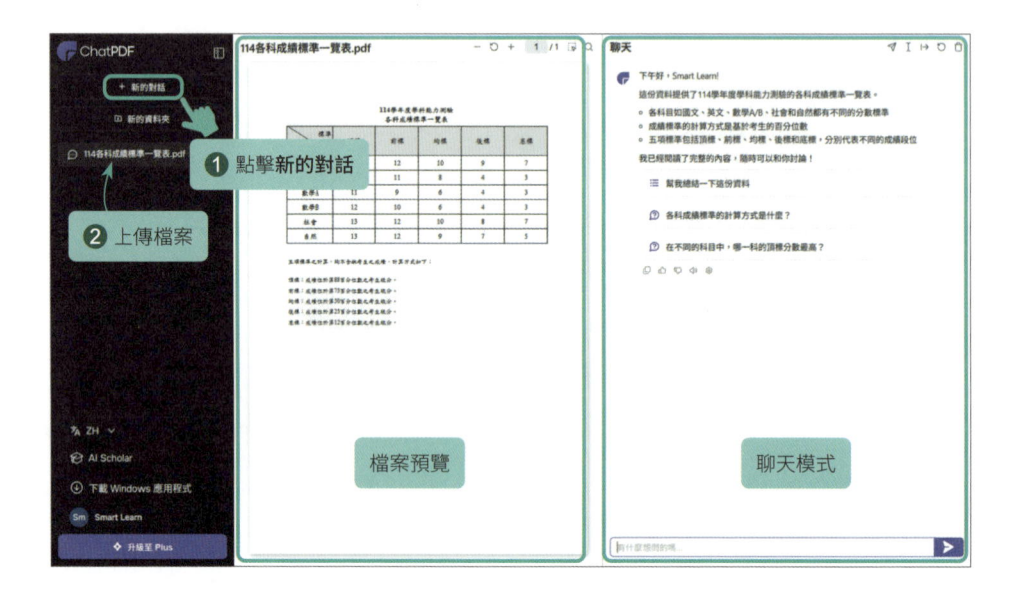

我們試著詢問「在不同的科目中，哪一科的頂標分數最高？」，模型將根據我們提供的資料進行回應，並標示參考資料位置。

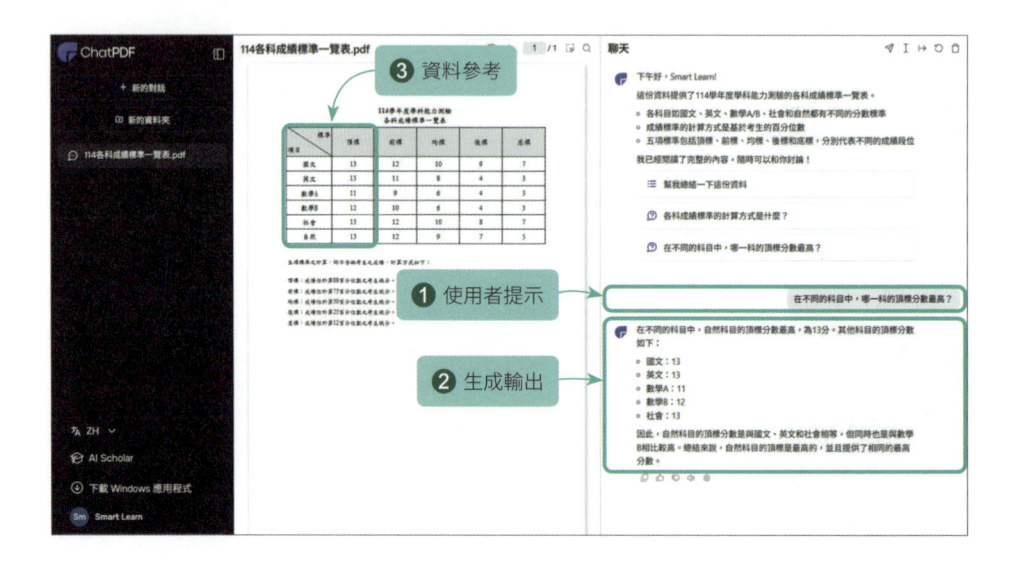

8-40

我們接著詢問：「何謂前標？」，模型同樣會先分析並理解提供的檔案內容，再生成回應，而非憑空捏造答案。

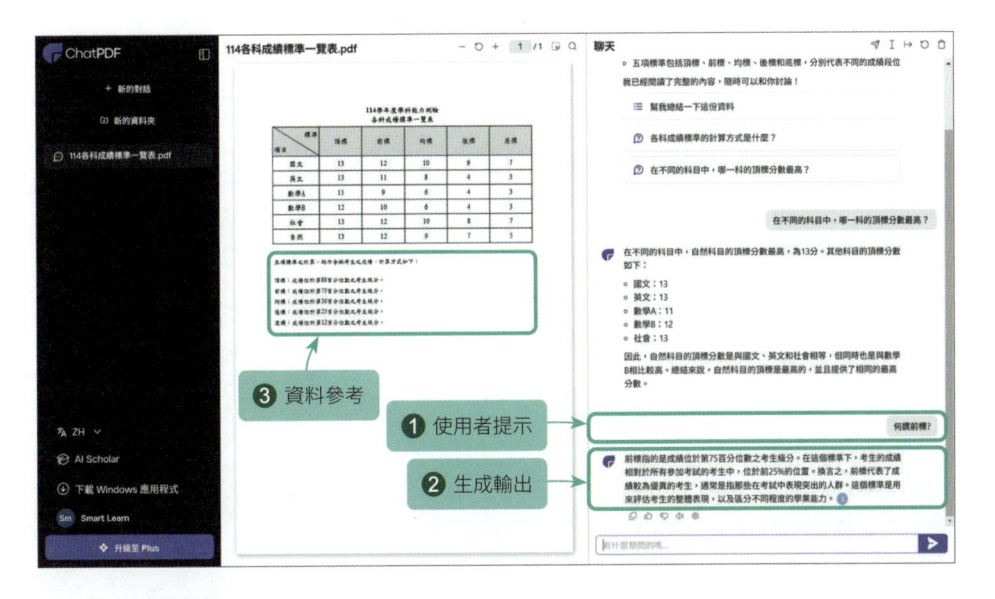

當我們進一步詢問：「113 學年度數學 A 頂標是多少？」時，模型回應指出，提供的資料僅包含 114 學年度的內容，並未涵蓋 113 學年度的相關資訊。

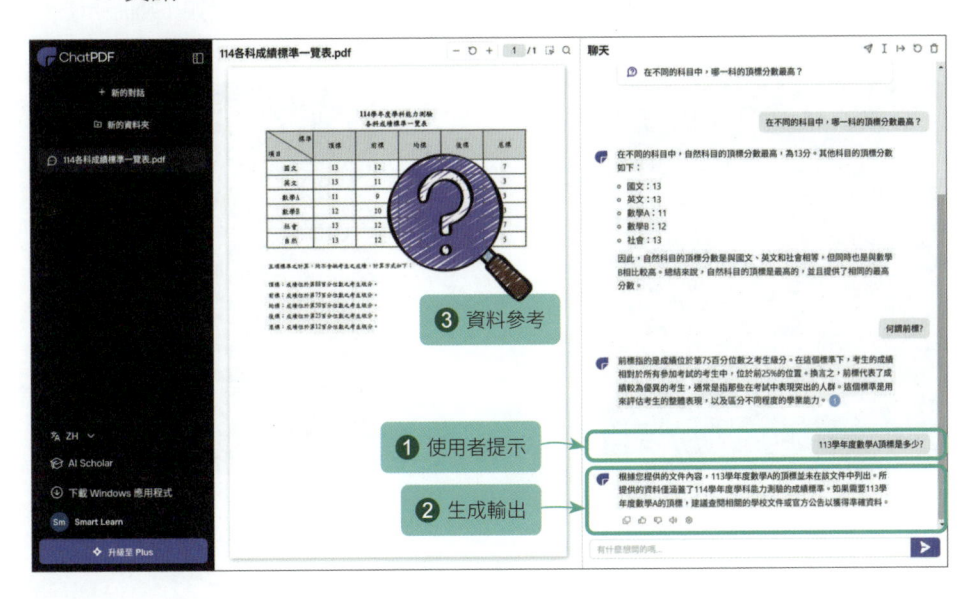

我們嘗試提供模型其他資料（包含 109 至 113 學年度的內容）。本平台的操作方式需先建立一個資料夾，並將所有參考資料存放其中，而其他類似的應用平台則可能會提供勾選方式來選擇參考資料。因此，我們建立了一個名為「測試資料夾」的專案資料夾，以便進行測試。

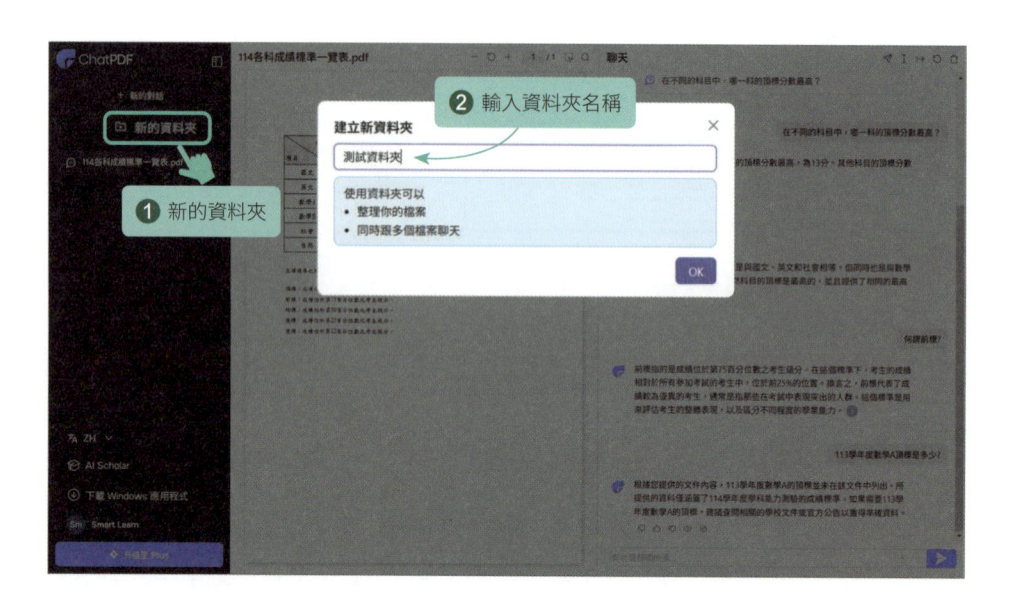

接著，將先前使用的 114 學測檔案拖曳至測試資料夾中（如下圖所示）。

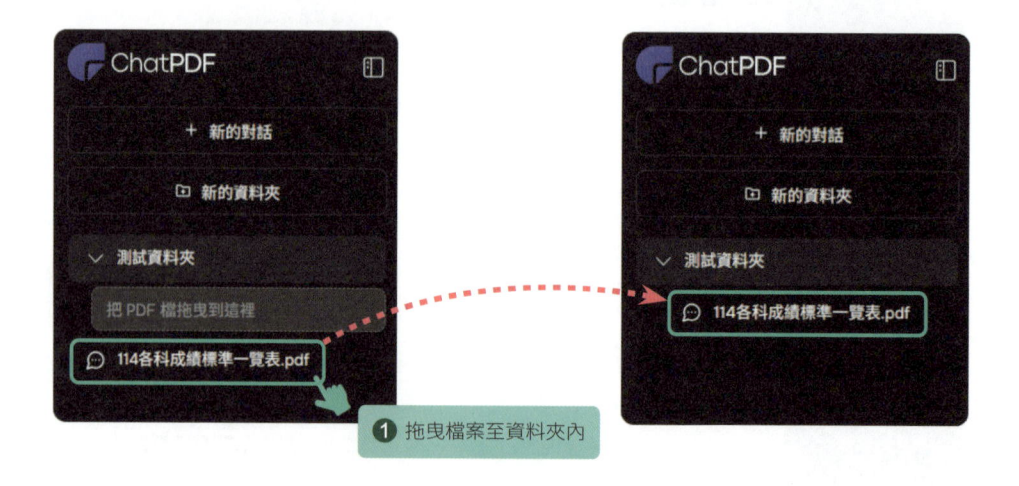

接著，上傳其他參考資料檔並放入測試資料夾。然後，點擊該資料夾，以告知模型將與該資料夾內的檔案內容進行互動。

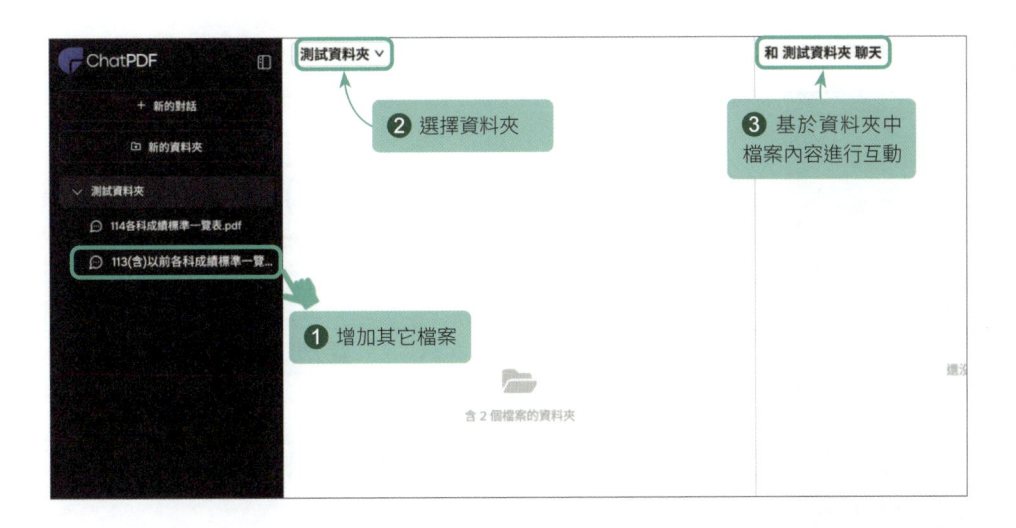

此時，我們再次詢問：「113 學年度數學 A 頂標是多少？」模型將根據提供的資料生成回應，不僅提供正確答案，還會標示參考的檔案名稱及對應頁數。

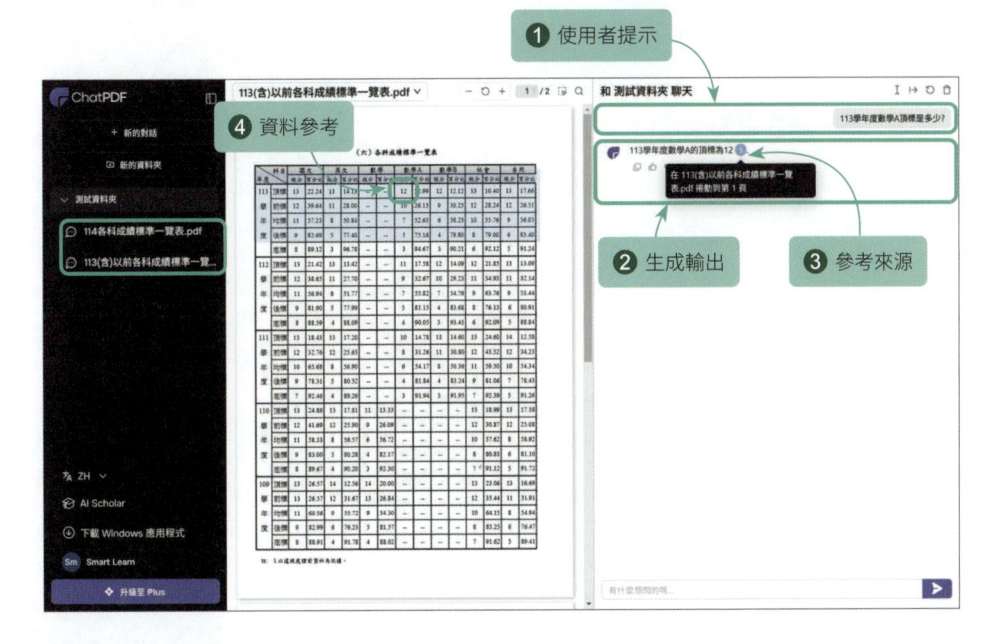

我們接著詢問：「119 學年度國文均標是多少？」以及「109 學年度國文均標是多少？」兩個詢問提示，模型將判斷是否能夠回答，並在有資料的情況下提供正確答案。

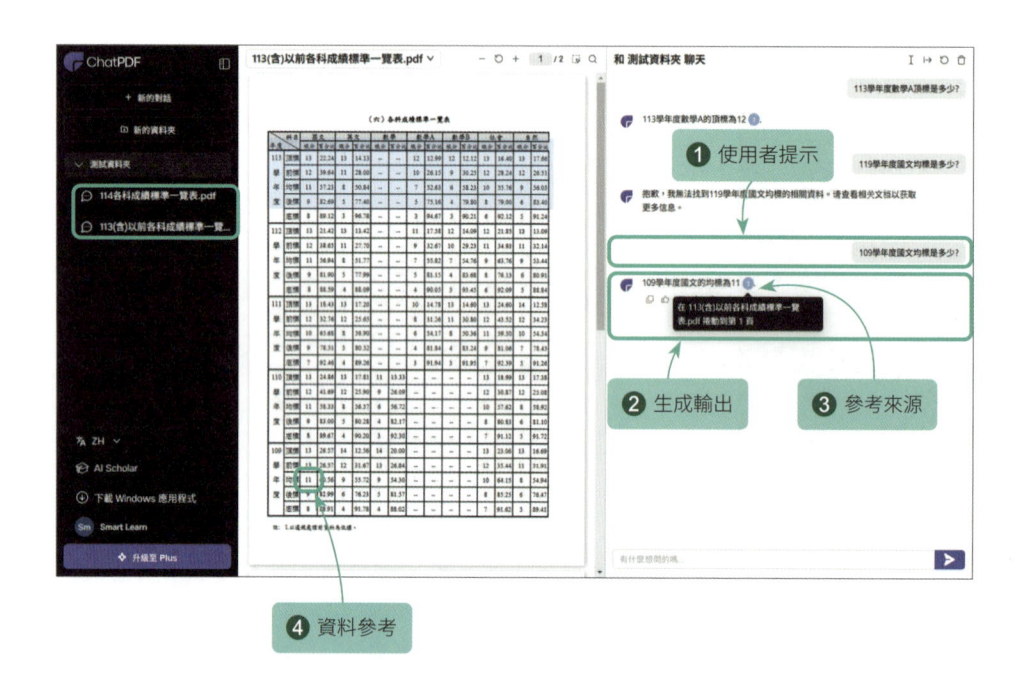

挑戰 2 台北觀光資料

我們嘗試進行另一個活動範例。首先，上傳台北觀光地圖，該檔案的編排方式與前一個範例不同，讓我們觀察其影響。當我們詢問：「這裡有哪些特別推薦的美食？」時，模型將根據該檔案內容生成回應。

當我們進一步詢問：「台北有哪些泡湯與品茶的好去處？」時，模型同樣能根據使用者提供的資料來源，準確生成回應。

8.4 重塑資訊探索的未來：生成式 AI 搜尋

早期網際網路的資訊爆炸帶來龐大挑戰，也催生了第一批搜尋引擎，透過索引與關鍵字查詢，幫助使用者快速找到所需資料。這種搜尋模式主導了網路資訊的運用與流通多年。

但隨著生成式 AI 的興起，搜尋方式正經歷重大的轉變。新一代搜尋不再僅靠關鍵字比對，而是透過 AI 的理解與生成能力，提供更深入、整合性的回應。像 Perplexity AI、OpenAI 的 ChatGPT Search，以及 Google 和 Microsoft 等科技巨頭，皆積極投入這場搜尋革命。

搜尋正在從工具，轉變為能理解問題、彙整資訊、甚至預測需求的智慧助手。我們即將迎來一種全新的資訊探索體驗，而這正是接下來要探討的重點。

什麼是生成式 AI 搜尋？

首先，什麼是生成式 AI 搜尋呢？不同於傳統搜尋引擎僅依賴關鍵字匹配，生成式 AI 搜尋 允許使用者以自然語言進行查詢，並透過更直覺、更貼近人類思維的方式來理解搜尋內容。其核心目標在於不僅分析使用者輸入的字詞，更進一步解析查詢背後的意圖，進而提供高度相關、個人化且具上下文理解的搜尋結果。因此，可以將生成式 AI 搜尋視為傳統搜尋引擎技術的智慧進化版。

生成式 AI 搜尋的最大突破在於 大型語言模型（LLM）的應用，為使用者帶來與傳統搜尋引擎截然不同的搜尋體驗。這類搜尋引擎透過 LLM 來理解、擷取並產生對查詢的回應。然而，一般 LLM 受限於其訓練截止日期之前的知識，無法即時獲取最新資訊，因此在處理近期事件或最新趨勢時可能存在侷限。

與此不同，生成式 AI 搜尋不受固定知識庫的限制，能夠即時存取最新資訊，並結合傳統搜尋技術的優勢，並以動態方式產生回應。透過機器學習與自然語言處理（NLP），生成式 AI 搜尋能夠從語意層面理解使用者查詢，提供更智慧、靈活且具上下文關聯性的搜尋結果。因此使用大型語言模型（LLM）可以為生成式 AI 搜尋帶來如下圖所呈現的一系列優勢與新能力。

精準理解	直接解答	深入解析	資訊整合	智能互動
更準確地解析自然語言查詢，理解使用者的意圖，而不僅僅依賴關鍵字匹配。	能夠直接回答使用者問題，而非僅提供相關連結，提升搜尋體驗即時性與便利性。	提供詳細的解釋與說明，並且可以幫助使用者更全面理解查詢的內容。	可以從多個來源來彙整資訊，生成更完整且具上下文理解的回應。	支援與使用者連續對話，根據查詢內容提供後續問題建議，促進更自然互動與探索。

生成式 AI 搜尋如何運作？

　　當我們在搜尋引擎輸入問題時，過去的搜尋技術主要是找出與關鍵字相符的網頁，然後讓使用者自行點選、閱讀和整理資訊。但現在，生成式 AI 搜尋讓搜尋變得更聰明，不僅能理解你的問題，還能直接提供完整、即時且貼近需求的答案。這背後的關鍵技術，就是大型語言模型（LLM），但它的運作方式與傳統搜尋引擎大不相同，現在就讓我們來看看生成式 AI 搜尋與傳統搜尋不同的工作流程。

生成式 AI 搜尋的工作流程：以「2025 年哪款智慧型手機最值得買？」為例

查詢輸入	意圖解析	資訊擷取	回應生成	反饋與學習
理解你的問題	AI 讀懂你的需求	即時搜尋最新資訊	精準回答你的問題	變得越來越聰明

1. **查詢輸入**（理解你的問題）

   你可以用自然語言輸入問題。例如：「2025 年哪款智慧型手機最值得買？」系統會進行斷詞、語意理解，辨識出查詢重點如「2025 年」、「智慧型手機」、「最值得買」。

2. **意圖解析**（AI 讀懂你的需求）

   AI 不只看文字表面，而是進一步判斷你的需求：你是要購買建議、比較各型號，還是了解市場趨勢？AI 會根據你的查詢意圖，自動選擇最合適的搜尋與回應方式。

3. **資訊擷取**（即時搜尋最新資訊）

   生成式 AI 搜尋不只依賴訓練資料，還會從網路或資料庫中即時擷取最新資訊。例如從 Apple 官網或科技媒體找到 iPhone 16 的發售日期或比較文章。

4. **回應生成**（精準回答你的問題）

   AI 整合資訊後，產出一段條理清晰、可讀性高的回答。可能包括推薦清單（如「2025 年性價比最高的手機 TOP 5」）、分析比較表、甚至附上參考連結與延伸建議。

5. **反饋與學習**（變得越來越聰明）

   AI 會根據你點選的結果、後續提問或評價進行學習，未來能更準確地回應你的需求，讓搜尋體驗越來越個人化。

而與生成式 AI 搜尋不同，傳統搜尋引擎（如 Google、Bing）主要是幫助你找到可能的答案，而不是直接提供完整的回應。你需要自己點開連結、閱讀內容，並整理資訊。

傳統搜尋的運作流程：同樣以「2025 年哪款智慧型手機最值得買？」為例

網頁爬網	解析與分析	索引	排名	搜尋結果頁面
搜尋引擎的「小偵探」	理解網頁內容	建立搜尋資料庫	決定哪些結果排在前面	呈現結果

1. **爬網**（Crawling）：搜尋引擎的「小偵探」

   搜尋引擎（如 Google）透過自動爬蟲持續掃描網頁，就像數位偵探一樣，把所有可見內容儲存下來。

2. **解析與分析**（Parsing & Analysis）：理解網頁內容

   系統會分析每個網頁的標題、內文與結構，了解這些頁面在說什麼，例如某網站是否在討論 2025 年手機評比。

3. **索引**（Indexing）：建立搜尋資料庫

   經過分析的網頁會被整理並存入資料庫，建立成一份可搜尋的「網頁地圖」，供未來查詢時使用。

4. **排名**（Ranking）：決定哪些結果排在前面

   當你輸入查詢，搜尋引擎會根據演算法，評估哪些網頁最相關、最可靠、內容品質最高，決定哪些連結排在前面。

5. **搜尋結果頁面**（SERP, Search Engine Results Page）：呈現結果

   最終，搜尋引擎會在搜尋結果頁（SERP）上列出大量連結，並附上標題與摘要。你需要自行點進去閱讀與比對，才能找出心中「最值得買」的手機。

生成式 AI 搜尋與傳統搜尋引擎之間的主要差異

	生成式 AI 搜尋		傳統搜尋引擎
1. 回應形式	直接且具對話性		一系列連結及精簡內容
2. 內容生成	能即時產出原創內容		只能擷取既有資訊
3. 查詢理解	具備更高階的自然語言及使用者意圖理解		以關鍵字為主，部分具備語意理解
4. 情境理解	能在整段對話中保持上、下文理解		上下文理解有限，每次查詢皆獨立處理
5. 資訊整合	能從多個來源彙整資訊		只將不同來源的結果並列顯示
6. 更新頻率	可整合最新資訊		依賴網路爬蟲與索引週期
7. 個人化	根據對話歷程量身打造回應		依賴使用者資料與搜尋紀錄進行個人化

OpenAI 的生成式 AI 搜尋引擎 - ChatGPT search

人們對資訊的需求已超越「找到相關網頁」本身，更需要得到「精煉且直接」的答案。ChatGPT search 就是在此需求下應運而生，將對話式 AI 技術與傳統檢索方法融合，為使用者提供近乎「真人專家」般的即時回應。

什麼是 ChatGPT search？

ChatGPT search 是一種結合 ChatGPT（由 OpenAI 推出的大型語言模型）與搜尋引擎功能的新型應用。這項服務在 2024 年 7 月 25 日首次以「SearchGPT」的名義亮相，當時只開放給少數測試者。後來在同年 10 月 31 日擴大提供，同時也把它直接整合進 ChatGPT 主服務，並統一改名為 ChatGPT search。目前已向所有免費用戶開放使用。

ChatGPT search 可以想像成「一位隨時和你對話的線上助理」，不僅能找資訊，還能依照你的需求幫你整理和解釋。以往 ChatGPT 的知識會截止在某個時間點，但現在藉由 ChatGPT search 連上網路，即使是最新消息、時事或即時比分，它也能快速抓取並給出答案。

ChatGPT search 的功能

ChatGPT search 擴充了 ChatGPT 服務的核心功能，此搜尋功能的主要特色包括：

對話式 AI：
- 你可以把問題直接用自然語言問出來，不需要特別搜尋「關鍵字」。
- 好比你在問一位真人專家：「最近有哪些熱門電影值得看？」，它就能給你清晰的答案。

後續提問：
- 你可以對答案再進一步追問，整個過程就像和真人聊天。
- 例如：「那這些電影的評價如何？有沒有適合小朋友的？」，它能持續理解前後文並給出更精細的回應。

即時更新回應：
- 不受知識截止日期的限制，可以從網路上即時抓取最新的消息、數據或文章。
- 例如，你可以問：「今天有什麼重要的國際新聞？」即可得到即時報導摘要。

即時數據：
- 這項功能讓使用者能即時取得體育比賽比分、天氣狀況、股票行情與突發新聞，也能使用定位服務與地圖。
- 它可以隨時提供體育比賽比分、天氣預報、股票行情、甚至突發新聞等資訊。
- 若你要出門旅行，也可以直接問它：「我目前高雄的天氣狀況如何？」

摘要功能：
- 過去搜尋引擎給的是一堆連結，你得自己逐一點開瀏覽。
- 現在 ChatGPT search 能先幫你閱讀、整理，給你一段濃縮後的重點。

來源註明：
- 它會告訴你資訊是從哪裡來的，並附上連結。
- 這樣你可以進一步去查證、確認更詳細的內容。

視覺化結果：
- 除了文字，也能提供圖片或影片作為補充。
- 例如，你想知道某個旅遊景點實際長什麼樣，它可能直接顯示地圖或照片給你參考。

ChatGPT search 的運作原理

ChatGPT search 所使用的模型是專為搜尋任務設計的 GPT-4o「微調」（Fine-Tuning），具備下列特色：

1. **合成數據訓練**：透過合成數據的訓練，強化了其搜尋能力。

2. **知識蒸餾**（Distilled knowledge）：結合了 OpenAI 的 o1-preview 的精煉輸出，提高了它對查詢的理解。就像老師（舊版模型）先把知識講一遍，助教（微調過程）再幫忙濃縮整理，最後交給「主角」GPT-4o 來運作。

3. **第三方搜尋整合**：ChatGPT search 能連接第三方搜尋供應商，取得廣泛的網路資訊，確保取得的資訊更廣、更即時。內容合作夥伴也會提供專業新聞或文章，所以當你使用 ChatGPT search 時，可以看到各大媒體的官方內容。

4. **多元化資料來源**：ChatGPT search 不依賴單一資訊來源，而是整合多種資料來提供豐富且即時的答案，包括

    ◇ **網頁**：搜尋數百萬個網頁，找出與問題相關的資訊。

    ◇ **新聞文章**：能即時存取最新新聞，用於追蹤最新事件。

◇ **合作夥伴內容**：透過與新聞及資料供應商合作，能取得天氣、股票、體育等專業資訊。

◇ **即時資料**：不像傳統的 ChatGPT 模型有固定的知識截止時間，ChatGPT search 可以存取即時資訊，因此在查詢時事或動態資料時特別有用。

如何存取 ChatGPT search

為了讓使用者能在不同平台與裝置上便捷地使用，ChatGPT search 提供多種使用方式，包括：瀏覽器、桌面應用程式、行動裝置 APP。

OpenAI 同時釋出可在瀏覽器中直接使用 ChatGPT search 的 Chrome 擴充功能。以下是設定步驟：

- 前往「Chrome 線上應用程式商店」，搜尋「ChatGPT search」。
- 點擊「加到 Chrome」，並依照說明安裝。安裝完成後，你會在瀏覽器工具列看到 ChatGPT 的圖示。點擊圖示以開啟搜尋介面。
- 若有需要也可以從 Chrome 設定中，讓 ChatGPT 成為預設搜尋引擎。

ChatGPT 搜尋 vs. Google 搜尋：限制與差異

雖然 ChatGPT search 已經有許多進展，但與 Google 搜尋相比仍有以下一些限制。

資訊存取範圍	即時資訊	準確性疑慮	驗證挑戰
Google 透過網頁爬蟲建立龐大索引，ChatGPT 無法存取同等規模的資料。	ChatGPT 雖有部分即時更新能力，但目前仍不及 Google 搜尋的即時性與全面性。	ChatGPT 可能產生錯誤資訊（AI 幻覺），Google 依賴網頁爬蟲，相對更可靠。	Google 透過排名系統篩選可信資訊內容，而 ChatGPT 的來源驗證較具挑戰性。

那 ChatGPT search 是否能取代 Google search 呢？我想這是許多人內心的疑問。根據上面內容所提到的一些限制與差異，至少在短期內不容易取代。Google 擁有完整的網頁存取與使用者習慣優勢，ChatGPT 目前難以全面競爭。然而，在需要直接答案的情境下，ChatGPT search 還是具備優勢。未來，其發展將決定能否在特定領域追趕 Google。

活動：ChatGPT search vs Google search 智慧搜尋大交鋒！

本活動將帶讀者更深入地理解 ChatGPT 搜尋與 Google 搜尋在不同情境下的優劣，從而在日常生活和工作中做出更明智的搜尋選擇。

活動目的：比較 ChatGPT 搜尋與 Google 搜尋在資訊性、導覽性、商業性和交易性查詢上的表現。並且評估兩者在結果呈現、來源引用、互動性和廣告影響等方面的差異。

活動網址：https://chatgpt.com/ & https://www.google.com.tw/

使用環境：桌上型電腦（或筆記型電腦、手機）及 Chrome 瀏覽器

參考來源：搜尋品質項目比較參考（論文 "A taxonomy of web search"(2002)）

挑戰 1　導覽性查詢（Navigational）– 搜尋特定網站或線上位置。

範例：「Netflix 官方網站」

- ChatGPT search 結果

- Google search 結果

8-54

- 比較分析：

比較面向	ChatGPT search	Google search
結果呈現	<ul><li>提供 Netflix 服務簡介、支援及部分地區資訊</li><li>可直接點擊進入網站</li></ul>	<ul><li>官方網站連結置頂，並列出「說明中心」「費用」等子連結</li><li>能一鍵點擊進入目標頁面</li></ul>
來源引用	<ul><li>僅以文字註明「官方說明中心」、「維基百科」等</li></ul>	<ul><li>每條結果皆含標題、網址及摘要</li><li>易於判斷來源並進入網站</li></ul>
互動性	<ul><li>能追問更多關於 Netflix 內容、方案等</li><li>基於對話上下文回答</li></ul>	<ul><li>無上下文對話</li><li>深入資訊需另行搜尋或點擊</li></ul>
廣告影響	無廣告干擾，純粹閱讀體驗	<ul><li>導覽性查詢中，官方連結通常排在首位</li><li>導覽性查詢若無競價，廣告通常較少；但仍可能有贊助連結</li></ul>

- **主要差異性**：ChatGPT 擅長文字概述網站資訊，且可提供直接連結；Google 一開始就能顯示官網連結與子頁面，導覽性查詢非常直觀。
- **參考建議**：若只想知道該網站的功能、歷史或特色，ChatGPT 較快速；如需立即進入官網或查看子功能連結，Google 搜尋效果更好。

挑戰 2 **資訊性查詢** (Informational) – 尋找一般資訊或特定答案

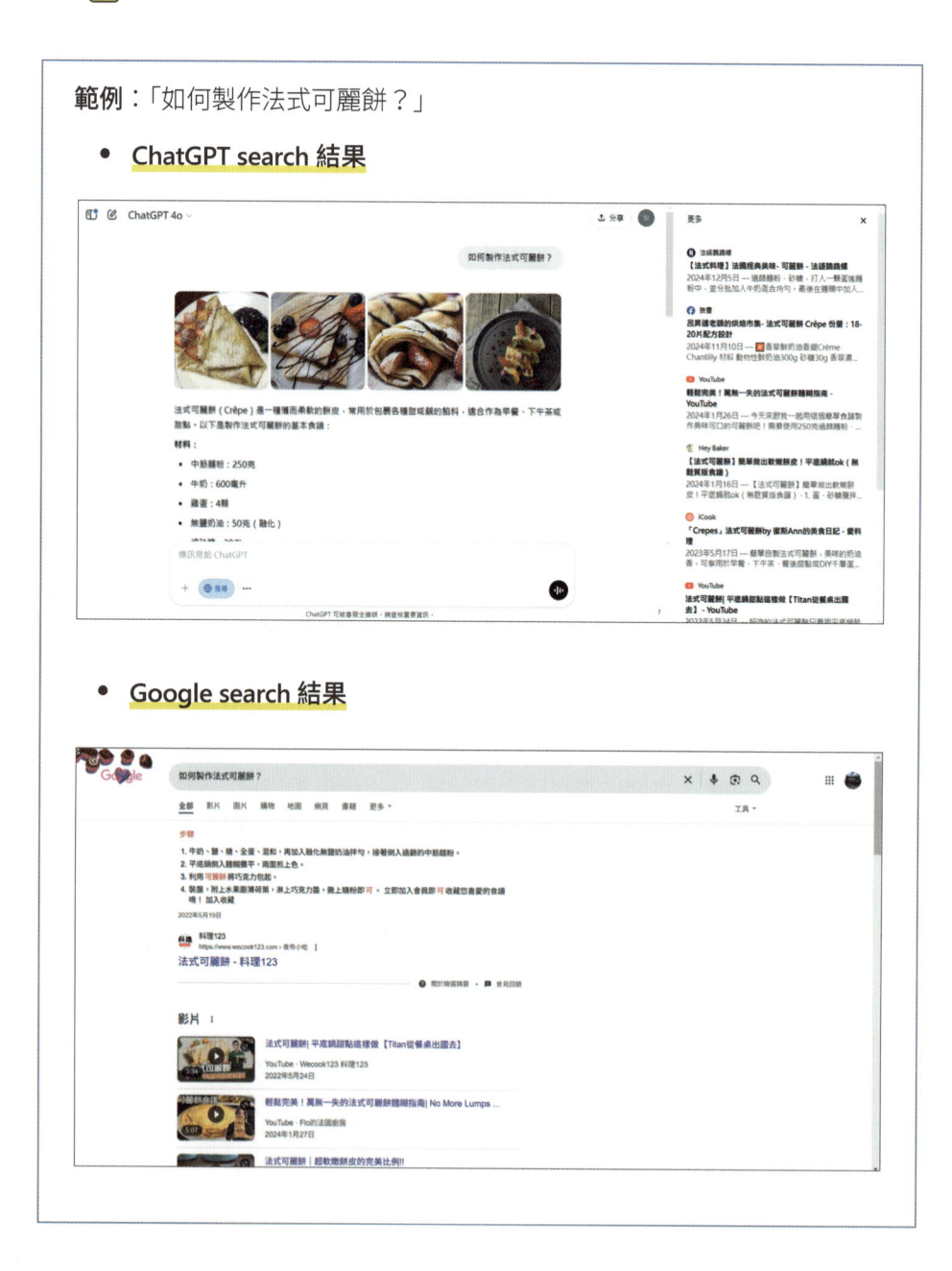

範例：「如何製作法式可麗餅？」

- **ChatGPT search 結果**

- **Google search 結果**

比較分析：

比較面向	ChatGPT search	Google search
結果呈現	• 條列式教學做法，含材料與步驟 • 結構化文字，無需點擊外部連結	• 首頁可能顯示某網站步驟 • 列出多個網站、影片連結供參考，形式多元
來源引用	• 多為生成式回覆，較少直接來源連結 • 需另行追問或自行查證	• 每筆搜尋結果具明確連結與站名 • 易於自行檢視多方做法
互動性	• 可持續追問更多細節、替代材料等 • 能即時生成追加資訊	• 非對話式，需重新輸入關鍵字 • 資訊雖多，但需由使用者自行比對
廣告影響	• 不提供廣告，純粹回覆	• 一般食譜關鍵字廣告不多 • 仍可能有部分贊助連結

- **主要差異性**：ChatGPT 提供「一步到位」的教學式解答，無需跳轉；Google 則能呈現多重來源並可點擊深入瞭解。

- **參考建議**：若要快速獲取整合後的食譜、操作要點，ChatGPT 方便且無廣告；若想比較多個料理網站、影片示範或驗證原始出處，Google 更能滿足深入查閱需求。

讀者也可以試著完成下面這個挑戰，並且評估在結果呈現、來源引用、互動性和廣告影響等方面的差異。

挑戰 3 **商業性查詢** (Commercial) – 在購買前研究產品或服務。

範例：「2025 年最佳電動汽車」

整體而言，本活動經由這四種查詢類型，對應使用者在網路搜尋時常見需求場景。ChatGPT search 能透過對話式生成快速給出建議或歸納，但在即時連結及最新交易價格等方面仍以 Google 或專業網站為主。若能善用兩者的優勢，就能在不同階段更有效率地取得所需資訊並完成後續操作。

8.5 自主行動的未來：AI Agent 與 Agentic AI

在這個資訊爆炸的時代，人工智慧（AI）已不再只是單純的「聽指令、給答案」的工具，而是能幫我們主動處理複雜任務、優化各種流程的協同夥伴。近年出現了「AI Agent」與「Agentic AI」等新概念，正象徵 AI 發展從「觀察數據、產生內容」進展到「主動執行、決策行動」的新階段，也就是從「被動回應」變成「主動服務」。想像一下：

- 你不是只能問 AI「這個問題怎麼解」，而是 AI 能自己去找資料、協調不同系統並把任務完成。
- 也不再需要你一步步教導它怎麼做，而是它在一定範圍內「懂得」如何自動化處理瑣事，甚至在你忙碌時做出初步決策。

這就是所謂 **AI 代理（AI Agent）與 Agentic AI 的核心精神：自主執行與決策行動**。本篇將帶你由淺入深地了解這些概念，看看它們如何改寫我們與 AI 互動的方式。

什麼是 AI Agent 與 Agentic AI？

首先，什麼是 AI Agent？簡單來說，**AI Agent 是一種能夠與環境互動、幫助我們達成目標的智慧系統，也就是具備「感知、推理、行動」的能力**。AI Agent 能夠先偵測到環境或使用者的需求（感知），再根據預設的目標或規則思考與判斷（推理），最後執行相應的動作（行動）。這種方式類似於我們在人際互動

中,先「聽到」別人說的話,再「想一想」預計要怎麼回應,最後「說話或行動」的過程。

我們舉幾個生活中的例子來幫助大家了解,例如:

- **智慧音箱**:當我們對智慧音箱說「播放音樂」時,它會先接收指令(感知),再判斷該從哪個音樂服務搜尋、並選出最符合喜好的歌曲(推理),最後開始播放音樂(行動)。

- **自動化客服系統**:電商或銀行網站上的即時聊天機器人,能分析使用者提問(感知),再以內建的資料庫與流程規則進行判斷(推理),最後給出合適的回應或連結(行動)。

而 Agentic AI 可以被視為「進化版」的 AI Agent,它不僅能感知需求,還能主動思考並規劃多步驟的任務。換句話說,Agentic AI 不再只是被動等待使用者或環境的命令,而是會「主動出擊」,在情境還未明確時就能偵測到可能的問題或機會,並提出對策。

因此我們可以將 AI Agent 看作是一位助理,可以幫你處理單一工作。而 Agentic AI 則像是一位顧問,會根據你的需求主動分析、計劃,甚至優化結果,並且自主協調多個 AI Agent。

AI Agent 如何運作?

AI Agent 的核心是大型語言模型(LLMs),所以有時候也會被稱為 LLM Agent。傳統的 AI 只能根據已學習的資料來回答問題,但 AI Agent 比傳統 AI 更強,因為它不只會回答問題,還能主動找資料、規劃步驟,甚至拆解任務,幫助完成更複雜的目標。

這是因為 AI Agent 具備工具調用(Tool Calling)的能力,當遇到不確定的問題時,它可以透過下列幾種方式進行處理:

- 查詢外部資料（例如天氣、財經、學術資料）
- 使用各種工具（例如計算器、數據分析工具）
- 與其他 AI Agent 合作（例如詢問專門的 AI 來獲取更精確的資訊）

此時 AI Agent 就可以根據使用者需求，自動組織資訊、分析數據，甚至執行決策，而不需要人類一直手動來進行操作。我們來舉個例子，假設你想計劃一場衝浪旅行，AI Agent 可以：

- 查詢希臘歷年的天氣記錄，並找出最佳的衝浪季節。
- 搜尋衝浪專家所提供的最佳天氣條件（例如「大浪且晴天」）。
- 結合數據並推薦最佳的旅行時間，甚至幫你尋找優惠機票及住宿！

這就是 AI Agent 強大之處，不只是回答問題，還能主動幫你找方法、做決策，讓生活與工作更省時高效！AI Agent 的工作通常包含下面三個主要步驟：

目標設定與規劃 → 使用工具進行推理 → 學習與反思

1. **目標設定與規劃**：AI 會先確定要解決的問題，並規劃出需要完成的步驟。例如，你告訴 AI：「幫我分析公司的銷售數據」，AI 會先拆解這個問題，決定要先取數據、再分析、最後產生圖表報告。

2. **使用工具推理與執行**：AI 會找出完成任務的最佳方法，可能是透過查詢外部數據、運行計算或與其他 AI Agent 合作。例如，AI 可能會

    ◇ 從資料庫中提取銷售數據
    ◇ 使用機器學習建立模型，並找出銷售趨勢
    ◇ 生成視覺化報表，幫助你理解數據

3. **學習與反思**：AI 代理會記住你的習慣與偏好，並根據反饋調整自己。例如，你上次要求 AI 用長條圖，但這次你更喜歡圓餅圖，AI 會記住你的偏好，在下次自動做出更符合你需求的報告。這讓 AI 代理越用越聰明，回應也越來越準確！

「AI Agent 接收任務 → 查找資料 → 提供最佳解決方案」流程圖

AI Agent 主要類型

　　AI Agent 具備不同程度的能力，並且可以根據任務需求進行設計。對於較為簡單的目標，使用基礎型的 AI Agent 即可，可以避免不必要的複雜計算。根據功能從簡單到進階，AI Agent 大致可分為下面五種類型，以適應各種應用場景：

1. **簡單反射型代理**（Simple Reflex Agents）：只根據當前情境做決策，沒有記憶或學習能力。適合**規則清晰、變化少**的環境，以紅綠燈控制系統為例。

    ◇ 當偵測到行人按下按鈕（條件）→ 變換紅綠燈（行動）

    ◇ 不會記住過去狀況，也不會隨時間調整規則

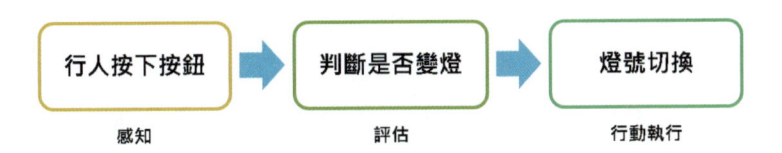

8-61

2. **基於模型的反射型代理** (Model-Based Reflex Agents)：記住過去狀態，讓決策更合理。適合環境有變化，但仍依賴規則的場景，以掃地機器人為例。

    ◇ 若房間有障礙物 (條件) → 透過內部地圖調整路線 (行動)
    ◇ 可以記住過去清掃過的區域，避免重複清掃

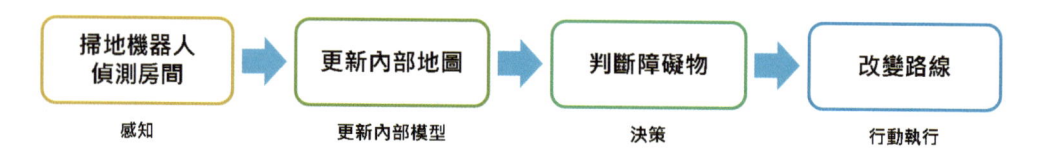

```
掃地機器人          更新內部地圖         判斷障礙物          改變路線
偵測房間
   感知              更新內部模型           決策             行動執行
```

3. **基於目標的代理** (Goal-Based Agents)：具有明確的目標，可以根據當前環境來規劃行動。適合需要靈活決策的情境，如導航、計畫執行等，以自動駕駛車為例。

    ◇ 目標：安全抵達目的地
    ◇ 感測周圍環境 → 判斷最佳行動 (加速 / 減速 / 轉彎) → 依照目標行動

```
車輛偵測路況         判斷哪條路安全       計算最快路徑         自動駕駛
   感知                狀態評估             規劃             行動執行
```

4. **效用型代理** (Utility-Based Agents)：不只關心目標，還考慮「最佳解」，例如效率、成本、安全性等。適合**有多種可能選擇，需要權衡優劣**的環境，以線上購物推薦系統為例。

    ◇ 目標：推薦用戶最適合的商品
    ◇ 根據價格、評價、品牌、熱門度等多個條件，選擇最適合的推薦項目

```
分析購物記錄          判斷偏好          推送優惠商品
   感知               決策              行動執行
```

5. **學習型代理**（Learning Agents）：透過「經驗學習」讓決策變得更聰明。適合需要長期進步、適應新情境的 AI，如聊天機器人、遊戲 AI，以圍棋遊戲 AI 為例。

    ◇ 一開始不懂下棋，但透過對戰逐漸學習最好的策略
    ◇ 學習模式：試錯 → 調整策略 → 變得更強大

觀察對手走法	→	嘗試不同應對	→	判斷是否有效	→	學習改進
感知		行動選擇		回饋接收		學習

如何選擇 AI Agent 呢？我們可以參考下圖整理。

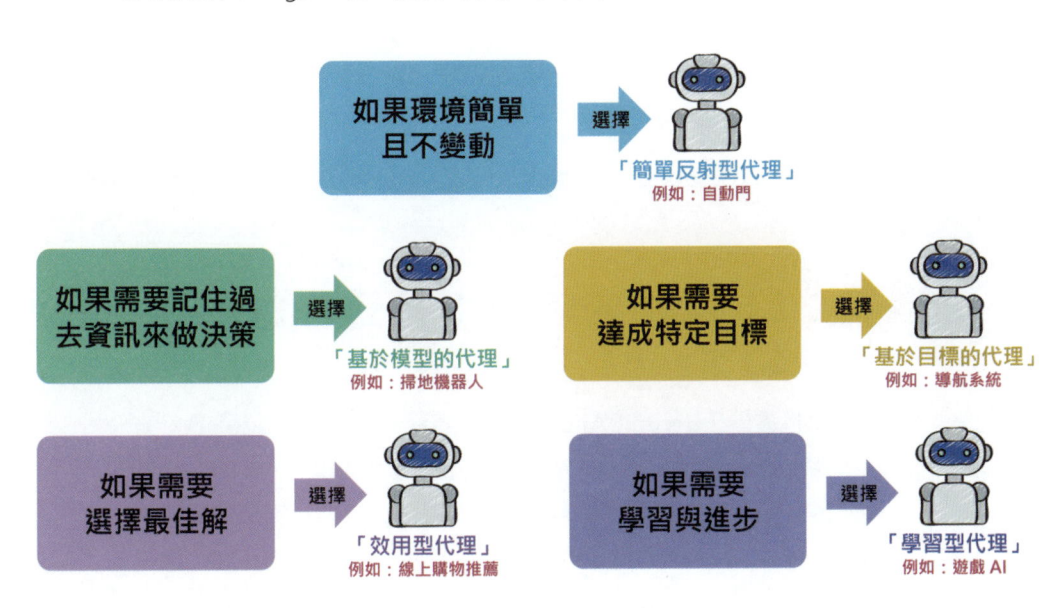

- 如果環境簡單且不變動 → 選擇「簡單反射型代理」例如：自動門
- 如果需要記住過去資訊來做決策 → 選擇「基於模型的代理」例如：掃地機器人
- 如果需要達成特定目標 → 選擇「基於目標的代理」例如：導航系統
- 如果需要選擇最佳解 → 選擇「效用型代理」例如：線上購物推薦
- 如果需要學習與進步 → 選擇「學習型代理」例如：遊戲 AI

AI Agent 應用

AI 代理（AI Agents）和自主 AI（Agentic AI）已經在許多領域產生了顯著影響，並正在改變各行各業的運作方式。

- **醫療保健**：自主 AI 工具可自動分析患者資訊，並提供準確的醫學診斷結果，協助醫生做出決策。AI 代理可監測患者的健康狀況，並提供個人化的健康建議，以促進更好的生活方式。

    https://www.youtube.com/watch?v=g632EG9s1Mc

- **金融**：AI 代理可即時掃描交易數據，發現異常行為，防止金融詐欺。自主交易機器人（AI Trading Bots）能夠自動分析市場趨勢，執行買賣交易，以最大化投資者的收益。

- **企業營運**：企業（如 Meta）計劃利用自主 AI 來填補部分中層工程職位，顯示 AI 系統已具備執行更高層次任務的能力。

- **科技與軟體開發**：各大企業正在將 AI 代理整合到線上軟體服務中，以減少重複性的編碼工作，並改變傳統的軟體開發流程。AI 代理正在成為企業應用的主要使用者，能夠自主處理日常任務，減少人類干預。

    https://www.youtube.com/watch?v=ZZ2QUCePgYw&t=18s

活動：AI 互動新時代：打造你的 AI Agent 並深度對話！

本活動將透過 Integrail AI Studio 的無程式碼（No-code）設計方法，讓參與者親手打造 AI Agent，並學習如何優化 AI 的對話互動。透過簡單設定與互動邏輯，讓 AI 提供更自然且智慧的回應，同時掌握 AI Agent 的進階應用，使其能執行更複雜的任務，進一步提升工作與業務效率。

活動目的：親手打造 AI Agent，並優化智能對話流程，讓 AI Agent 可以處理不同任務，提升工作效率。

活動網址：https://studio.integrail.ai/

使用環境：桌上型電腦、筆記型電腦或手機

挑戰 1　建立你的第一個 AI Agent

STEP 1　建立帳號

首先，使用者需要申請一個免費帳號，或是使用 Google 或 GitHub 帳號登入。

STEP 2　建立基礎 AI Agent

進入網站後會先看到下面畫面，分別是「功能區」、「範本區」及「作品區」。點擊上圖左側「功能區」中的 AGENT STUDIO，選擇 "Design Agents"，或點擊下方「作品區」中的 "Create New Agent"，即可進入設計畫面

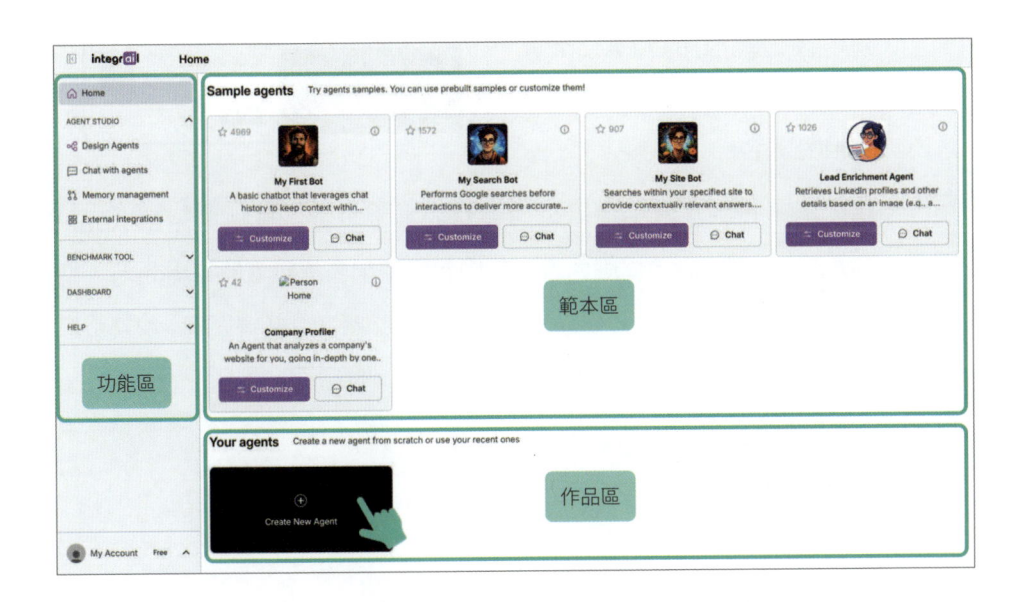

畫面中將顯示一個預設的基礎 AI Agent，可以看到會有三個方框，稱為節點（Nodes），每個節點皆對應特定任務。點擊下圖中 Agent Settings 圖示，可以設定這個 Agent 名稱及敘述。

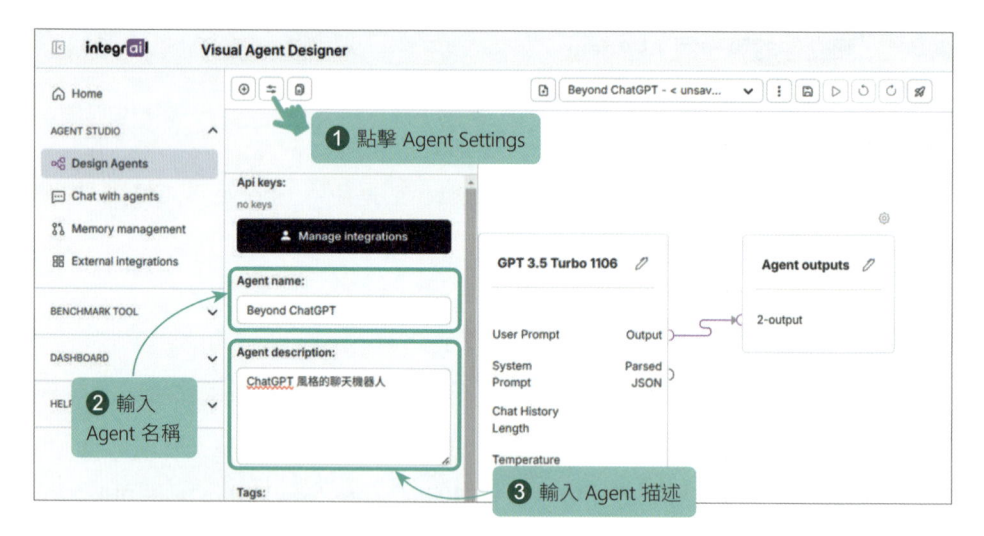

返回「作品區」查看，可以看到剛剛所建立好的 AI Agent 專案。點擊編輯 (Edit) 鈕繼續完成相關設定。

接下來，我們將逐一查看每個節點的基本設定。首先，點擊 Agent Inputs，右側將顯示詳細內容，其中包含使用者提示 (userPrompt)。這個部分可讓您在設計時模擬使用者的輸入內容 (可選擇空白) 及執行結果，類似於在 ChatGPT 的輸入框中與 AI 互動的方式。

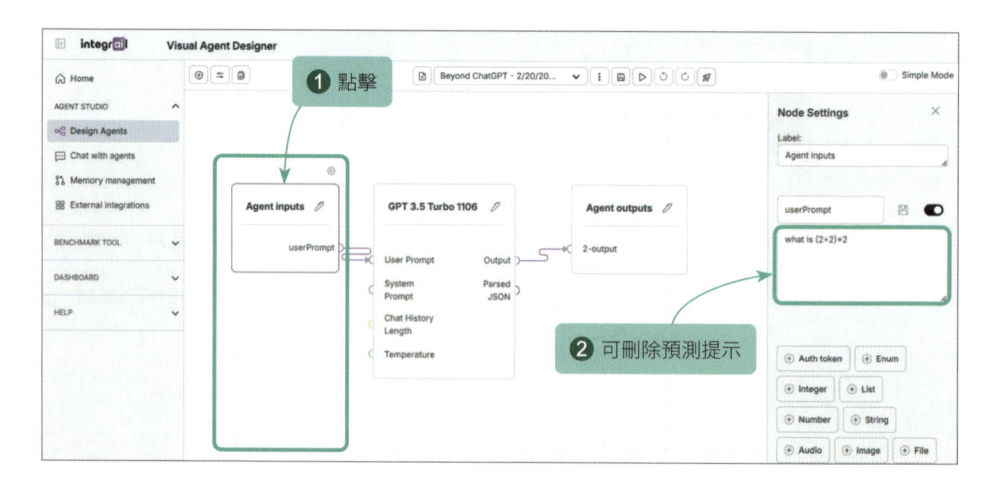

下圖中央的 LLM 節點主要用於選擇各大科技公司提供的大型語言模型。我們將嘗試選擇 Google 的 Gemini-1.5-Pro:Simple，並將節點名稱更改為 Agent Brain（可自行命名）。同時，將 LLM 的系統提示（System Prompt）設定為「提供簡潔、準確的答案，確保使用者從每次回應中獲得學習。」這將作為 LLM 生成回應時的指導原則。

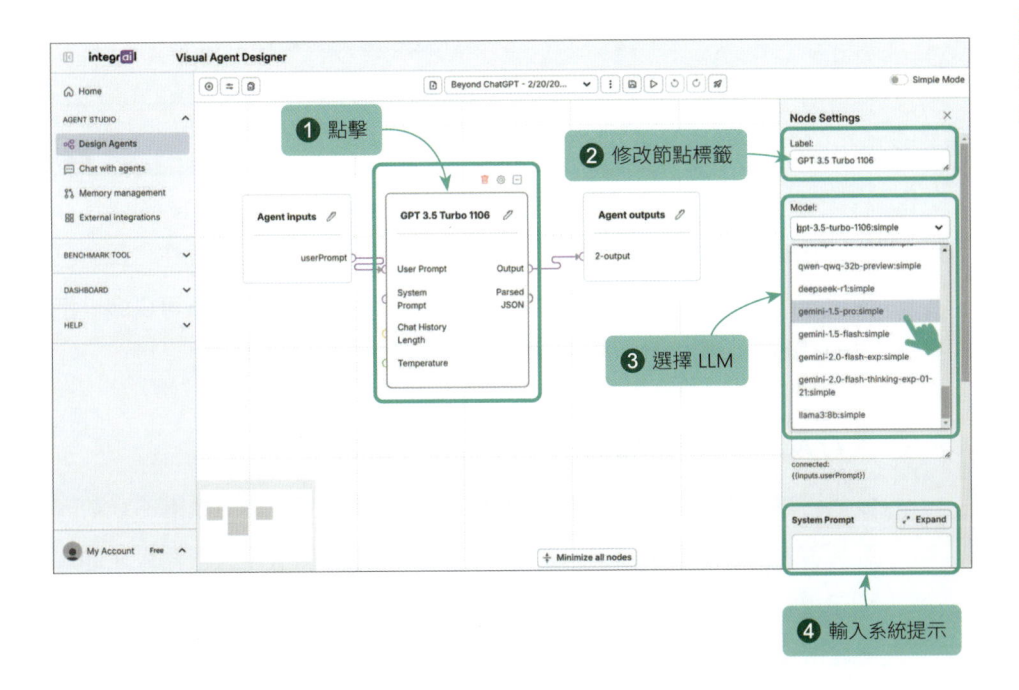

完成上述設定後，我們可以進行測試來查看效果。點擊下圖左側「功能區」中的 Chat with Agents，即可進入與 AI Agent 的互動畫面。接著，點擊我們的 Agent 名稱（Beyond ChatGPT），並在下方對話框輸入「為什麼台灣最近這麼多雨？」，即可開始對話測試。

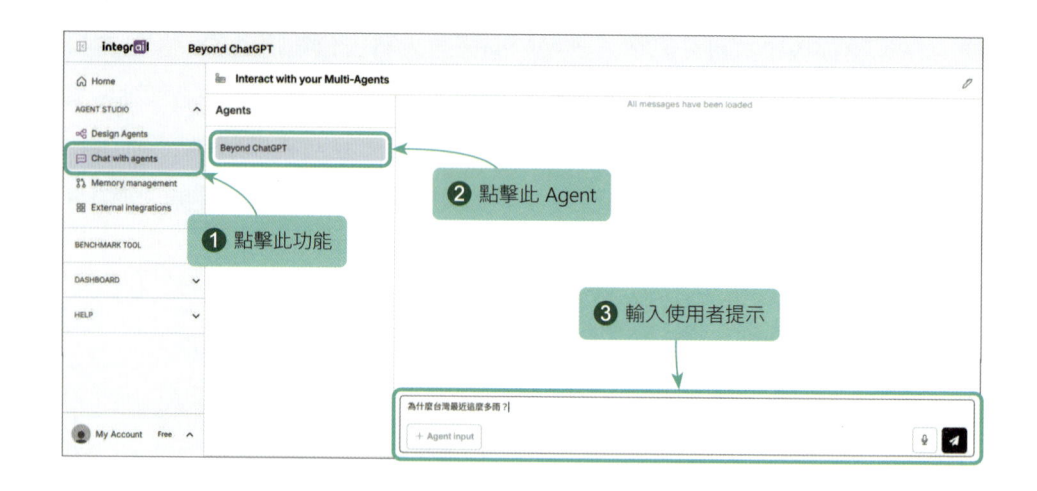

LLM 在輸出時，會依據先前設定的系統提示來生成回應。現在，我們已經快速打造出一個基礎型 AI Agent，是不是很有趣呢？讀者可以進一步探索其他功能與範本，發揮創意，打造屬於自己的 AI 代理！

挑戰 2 與 AI Agent 進行進階對話

我們可以利用前面建立的基礎型 AI Agent，進一步設計更進階的互動流程。首先，進入主畫面後，選擇「Beyond ChatGPT」聊天機器人並進入編輯模式。接著，點擊輸入節點（Agent inputs）來開啟設定，該節點負責接收用戶輸入的問題，例如：「在台灣有哪些有趣的活動可以做？」，點擊上方「Run」運行 Agent，測試 AI 回應的表現。

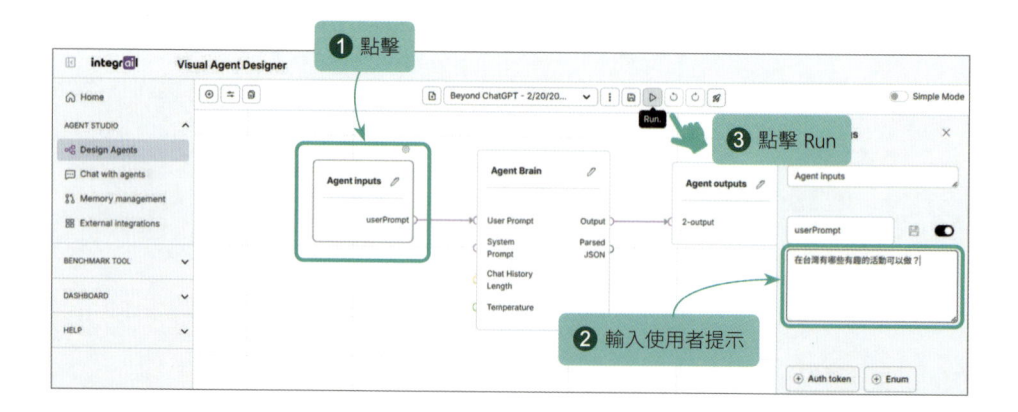

8-68

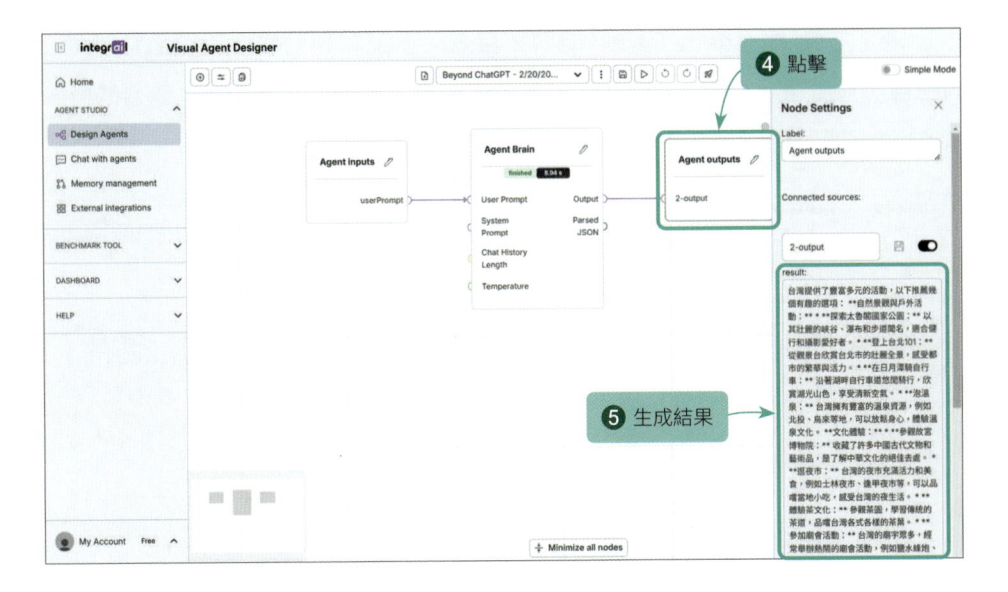

此外，我們還可以點擊下圖左側「功能區」的 Chat with Agents 功能，選擇「Beyond ChatGPT」來查看執行內容。

接下來，我們將進一步設計互動流程，讓 AI Agent 更加聰明伶俐，以提升其應用能力與靈活度。

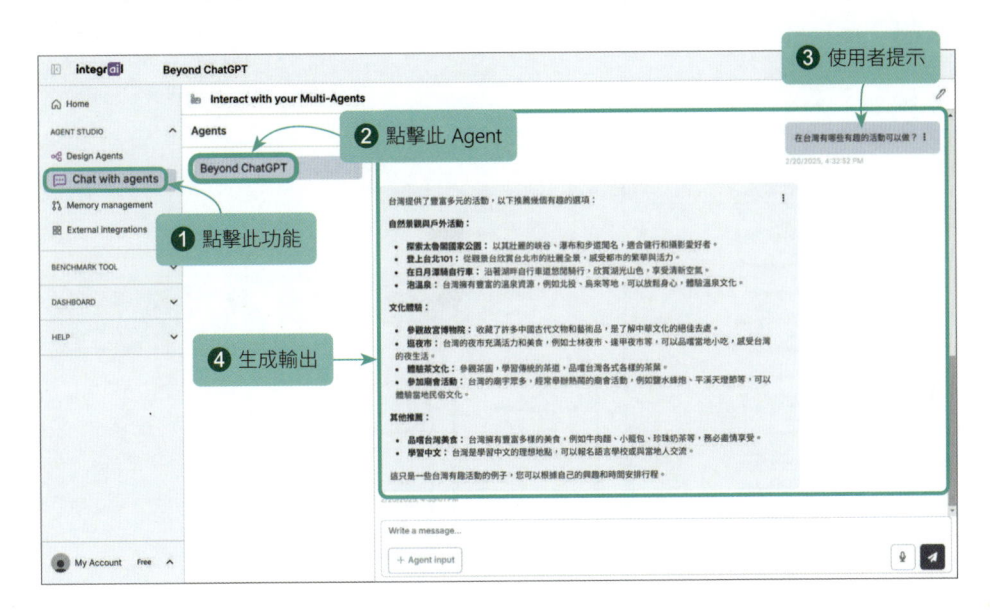

為了增強 AI Agent 的搜尋能力，首先，在工具列點擊「新增節點」(Add Node)，並新增 LLM 節點 (Large Language Model Node)，用於產生適合的搜尋查詢 (如下圖)。

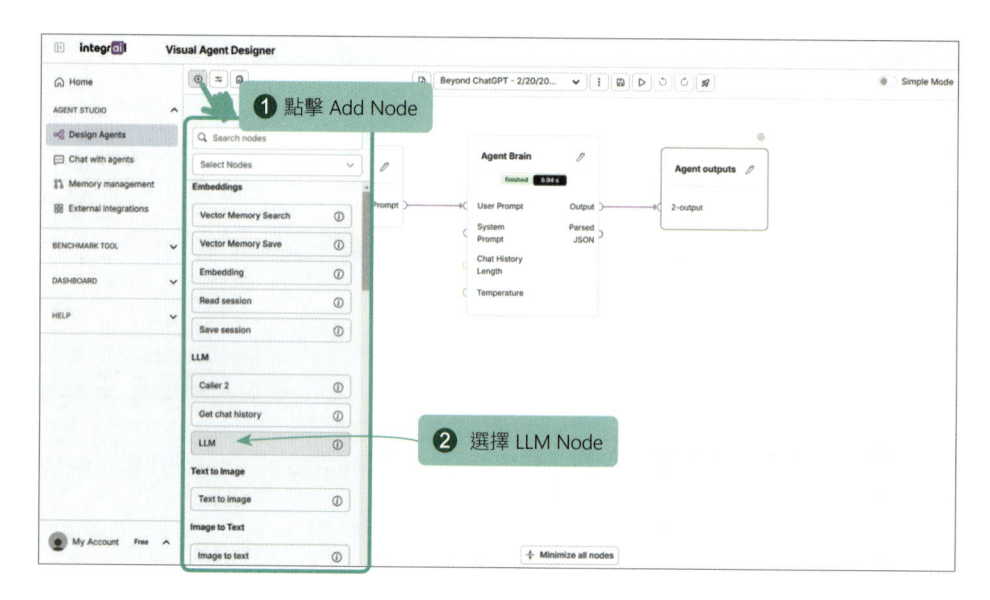

接著，選擇 Google 搜尋節點 (Google Search Node)，讓 AI 能夠進行網路查詢 (如下圖)。

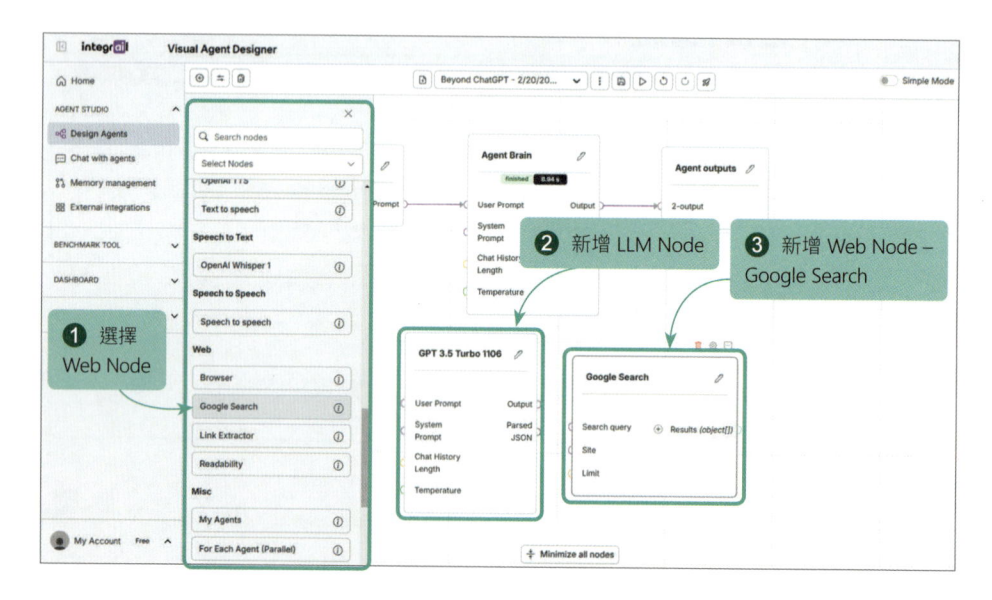

8-70

我們先將 LLM 節點的標籤名稱更改為 Search Query Generator（搜尋查詢產生器），並設定系統提示詞（System Prompt），確保 AI 能生成精確的 Google 搜尋關鍵字（參考下圖黃色區塊內容）。此外，為了提高搜尋結果的時效性與精準度，將 AI 限制僅獲取最近 6 個月內的相關資訊。在 Google Search 節點中，設定「結果限制」（Result Limit）為 3，確保搜尋結果數量適中且資訊最新。

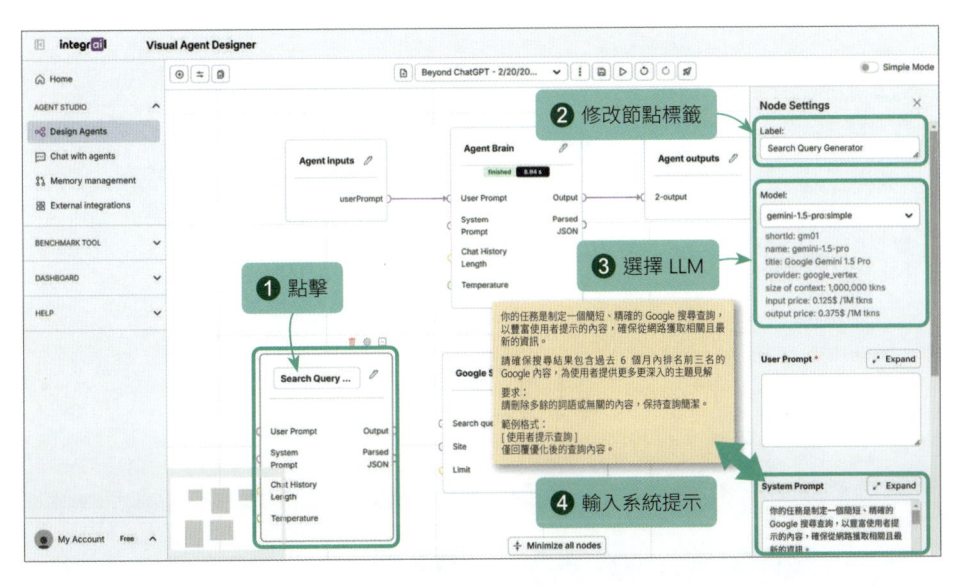

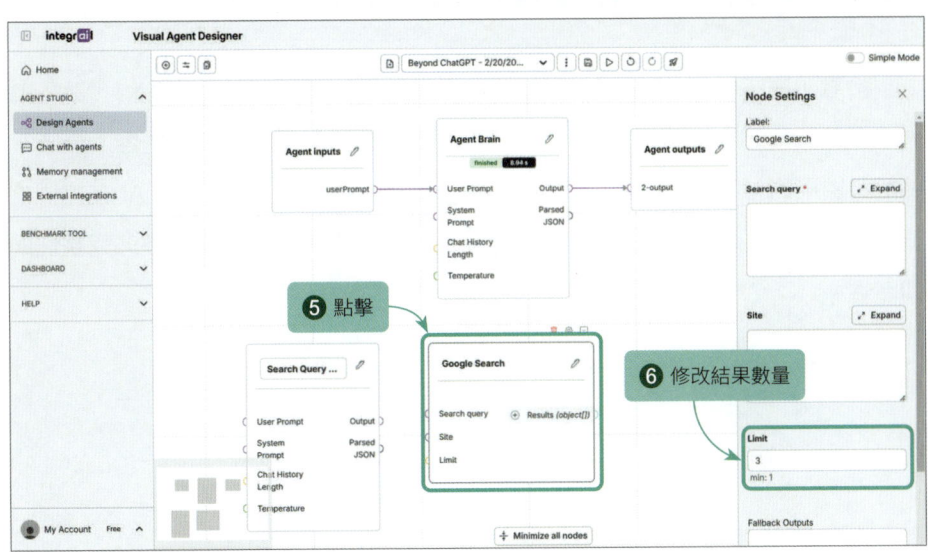

在建立完整的 AI Agent 流程時，我們將連接相關節點。首先，將基礎 AI Agent 的 LLM 節點（Agent Brain）輸出，連接到另外一個 LLM 節點（Search Query Generator）的輸入。然後將輸出連接至 Google Search 節點，使 AI 能夠根據生成的查詢詞自動進行網路搜尋。

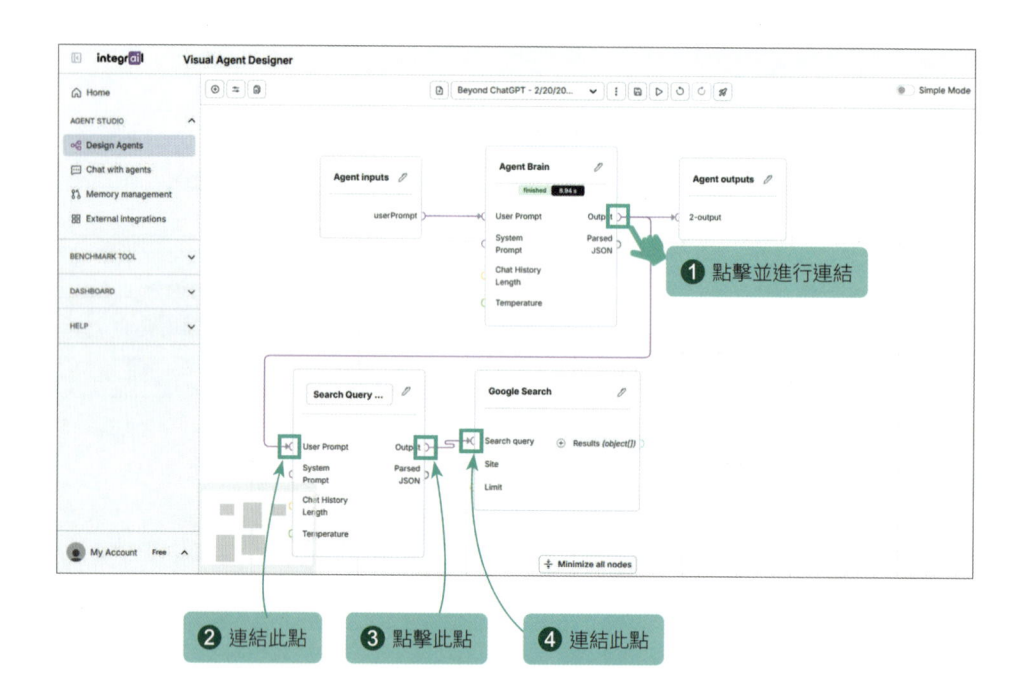

接著，在 Google Search 節點的輸出端展開前三筆搜尋結果（0、1、2），並顯示標題、摘要及相關網址等資訊，以確保 AI 能獲取足夠的背景內容。最後，將搜尋結果的 URL 連接至代理輸出節點（Agent outputs Node），使 AI 在提供標準回答的同時，能夠補充來自 Google Search 的最新資訊，提升回答的完整性與即時性。

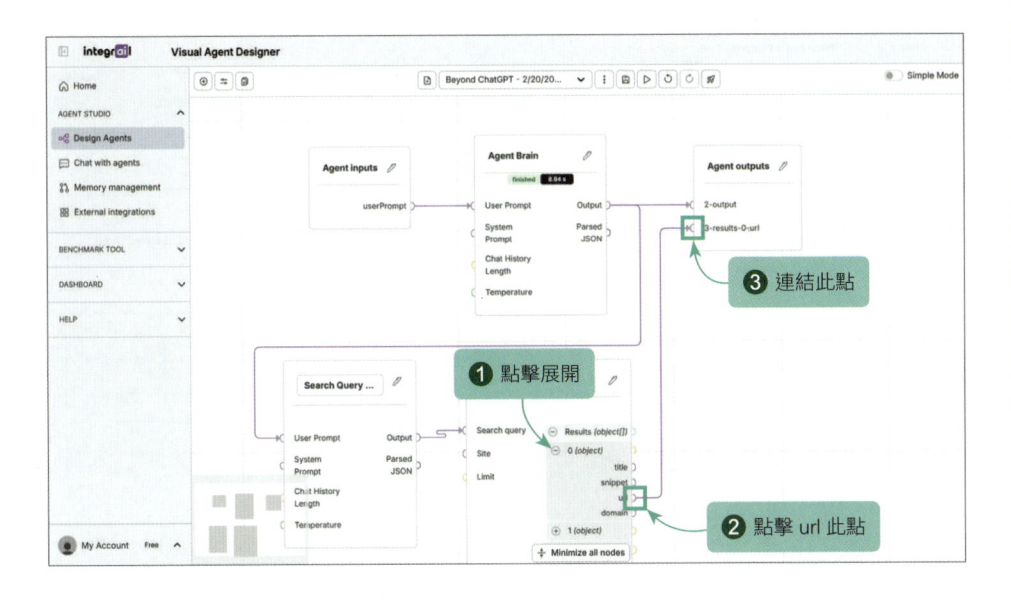

將 3 個搜尋結果的 URL 陸續連接至對應的輸出節點（Agent outputs Node）。

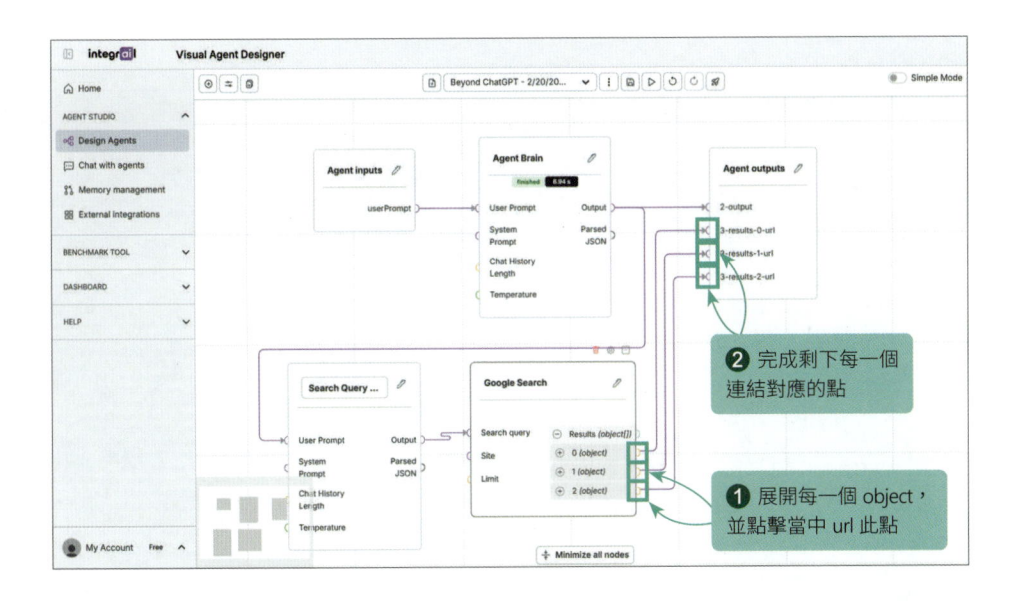

在最後測試階段，可以先回到輸入節點（Agent inputs Node），在測試環境中輸入新的問題，例如：「日本最奇特又最有趣的地方是哪裡？」並執行 AI Agent，觀察各個節點如何處理數據，確保系統能夠順利運作。

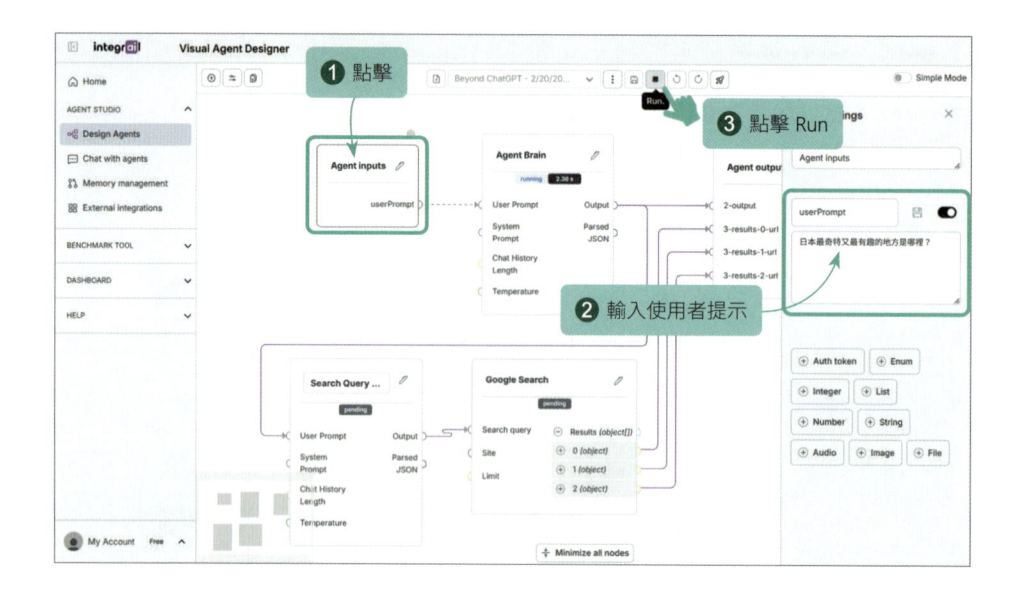

接著，在輸出節點（Agent outputs Node）中檢查 AI 回應，確認其答案既具準確性，又能有效結合外部搜尋資訊提供更豐富的內容。

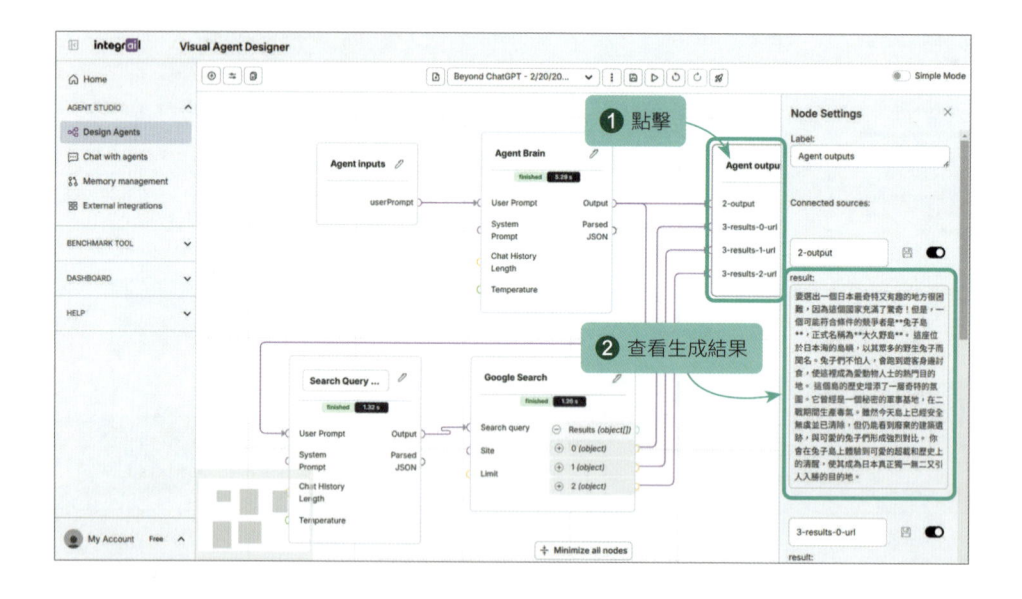

若 AI Agent 運作正常，則可切換回聊天模式（Chat with agents），直接體驗用戶端的對話效果，確保 AI 具備良好的互動能力與回應品質。

第 9 章
生成式 AI × 多媒體：開啟創作新時代

我們在前面章節已經認識了 AI 與生成式 AI 的基本概念，現在，生成式 AI 在多媒體領域正掀起一場前所未見的創意革命。無論你是教師、設計師、影音創作者，還是行銷專員，一定要去試著理解生成式 AI 與多媒體之間的密切關係。

生成式 AI 能夠透過學習大量資料，生成全新而獨特的內容形式，當中涵蓋圖像、影片、音樂與語音等多種媒體。

- **文字內容創作**：生成式 AI 能自動撰寫文章、腳本與教案，節省大量時間並提升內容產出的效率。
- **圖像生成**：生成式 AI 工具能夠從簡單的文字提示產生高品質的視覺素材，讓設計工作更有效率。
- **影片創作**：透過生成式 AI，可以自動生成動畫及剪輯影片，降低製作成本，也讓創作門檻大幅下降。
- **音樂與聲音**：生成式 AI 不僅可創作音樂，也能模仿人聲，為多媒體內容提供更豐富的表達方式。

簡單來說，生成式 AI 對多媒體的重要性非常大，包括：

降低技術門檻	提升創作效率	內容創新	跨領域合作可能	個性化內容體驗
你不再需要是專業設計師或音樂家，也能輕鬆創作高水準內容。	從數小時的工作量縮減到數分鐘，讓創作者更專注於創意與核心價值。	生成式 AI 的介入讓創作思維更具彈性，許多全新風格和概念得以產生。	透過生成式 AI，不同領域專家能更輕鬆地協作，快速整合視覺、聲音與文字。	生成式 AI 可以依照使用者需求產生個性化內容，提供更貼近用戶需求的體驗。

為了讓讀者更具體地理解生成式 AI 在多媒體中的實際應用，接下來的小節會進一步介紹三個強大的 AI 工具：

- **Google NotebookLM**：生成式 AI 輔助筆記整理工具，幫助你迅速掌握知識重點，進行高效的知識管理。
- **Freepik AI 工具**：快速生成高品質圖片，讓視覺設計變得更簡單，適用於各種設計需求。
- **Suno AI**：只需簡單提示詞，就能創作獨特的音樂和歌曲，提升多媒體作品的感染力。

透過這些工具，讀者將更能感受到生成式 AI 在實務應用上的價值與影響力。

Google NotebookLM 實作：讓 AI 成為你的智慧學習夥伴

想像一下，你不再只是被動地閱讀課本、報告、文章或觀看 YouTube 影片，而是能直接與這些內容對話，以最符合自己需求的方式提取有用資訊。Google NotebookLM 採用前面章節所介紹的檢索增強生成（Retrieval Augmented Generation，RAG）技術，不僅能讓使用者獲取關鍵資訊，還能根據使用者的學習風格，提供具體、清晰且可操作的見解，幫助使用者更快掌握知識，縮短理解上的落差。

Google NotebookLM 是什麼？

NotebookLM 是 Google 於 2023 年推出的實驗性工具，原名 Project Tailwind，旨在協助使用者從大量資料中快速提取重點。隨著生成式 AI 與 Gemini 模型的發展，NotebookLM 截至 2025 年 6 月升級成以 Gemini 2.0 Pro 為核心所驅動，整合重點整理、筆記撰寫與知識互動，成為學習與工作的智能助手。

NotebookLM 最大的特色在於它會利用使用者上傳的文件（包括 Google 文件、PDF，甚至是 YouTube 影片 URL）來訓練 AI 形成一個專屬的知識體系，使該 AI 成為你的文件專家。許多人會將 NotebookLM 與 ChatGPT 來作比較，兩者的主要區別在於 NotebookLM 專注於你的內容，而非通用知識。

ChatGPT：像是一個通用型的AI聊天機器人，著重在回答各種類型的問題，有時也會參考外部資料，導致它的回應可能會偏離你提供的文件內容。

NotebookLM：專注於你的文件，確保AI生成的內容都是基於你的資料，並提供準確且上下文相關的見解。特別適合需要內容管理與精確理解的使用者。

Google NotebookLM 特色功能

我們將介紹其中幾個主要的特色功能：

1. **文件摘要**：能自動產生文件的摘要，讓您快速掌握核心主題及關鍵問題。

2. **基於來源的回覆**：有別於傳統僅依賴通用訓練資料的 AI 聊天機器人，NotebookLM 的回覆依據的是您上傳的特定來源。這代表當您提出問題時，NotebookLM 會直接從您的文件庫中抓取答案並提供相關來源的引用。

3. **互動式對話學習**：您可以對 NotebookLM 詢問與您資料相關的深入問題，它會根據文件內容與情境給出詳細答覆，並同時附上來源引用。透過這樣的互動，您將可以更深入研究或釐清複雜主題。

4. **音訊摘要**：可將文字內容轉換為音訊摘要，讓您在多工或移動中，也能方便地複習資料或進行學習。

5. **多元來源支援**：NotebookLM 支援多種文件格式，包括 Google 文件、PDF 檔案、Google 簡報、網頁連結、YouTube 影片網址以及音訊檔案，為各種不同形式的內容提供彈性而完整的解決方案。

Google NotebookLM 完整介紹與教學

STEP 1　開啟 NotebookLM 網站

在瀏覽器中輸入 Google NotebookLM 官方網站（https://notebooklm.google/）即可直接進入平台。

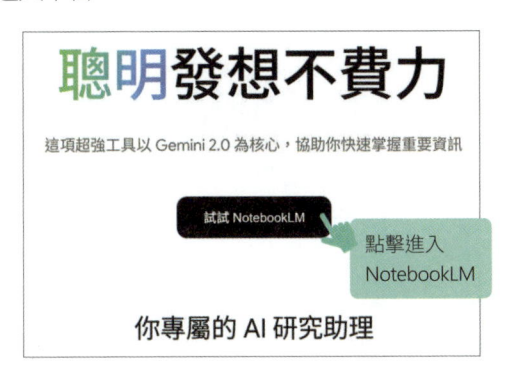

聰明發想不費力

這項超強工具以 Gemini 2.0 為核心，協助你快速掌握重要資訊

試試 NotebookLM　← 點擊進入 NotebookLM

你專屬的 AI 研究助理

STEP 2　登入 Google 帳戶

使用 Google 帳戶登入後，讀者將看到 NotebookLM 的筆記本陳列區，所有建立的筆記本都會顯示在此頁面。

◇ 若是首次使用，建議先點擊筆記本範本「Introduction to NotebookLM」，快速熟悉介面與功能。

◇ 若想直接建立新的筆記本，則可點擊「+ 新建」圖示 開始建立專屬筆記。

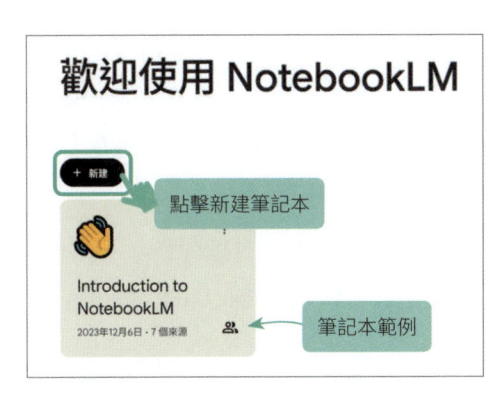

歡迎使用 NotebookLM

+ 新建　← 點擊新建筆記本

Introduction to NotebookLM
2023年12月6日・7 個來源　　← 筆記本範例

STEP 3　NotebookLM 介面介紹

我們選擇新建一個筆記本，你將會看到以下主要功能區域：

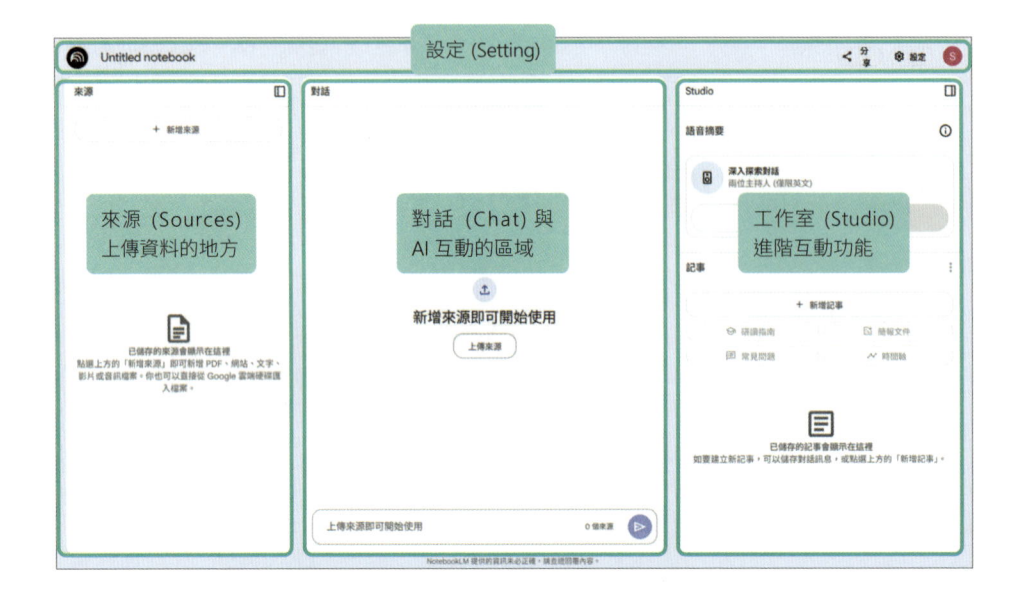

![NotebookLM 介面截圖，標示出設定 (Setting)、來源 (Sources) 上傳資料的地方、對話 (Chat) 與 AI 互動的區域、工作室 (Studio) 進階互動功能]

◇ **來源**（Sources）：上傳與管理資料的區域，支援多種格式，包括 Google 文件、Google 簡報、PDF 檔案、YouTube 影片，或是直接貼上文字內容

◇ **對話**（Chat）：與 AI 對談互動區域。NotebookLM 會根據你上傳的資料回答問題、提供摘要或協助內容整理。你可以輸入問題，AI 也會基於你提供的資料生成回應，確保資訊準確且相關。

◇ **工作室**（Studio）：進階互動與內容管理區，包含預設記事（根據上傳資料提供 AI 生成的重點筆記）及語音摘要（將內容轉換為語音，方便使用者隨時收聽學習）。

◇ **設定**（Setting）：筆記本管理與協作功能，可進行筆記本名稱設定，及與他人分享協作管理（允許他人共同編輯筆記）。

STEP 4　新增資料來源

了解介面功能後，我們可以在左側的「來源」區域 或中間的「對話」區域，點擊「新增來源」或「上傳來源」，讓 NotebookLM 根據這些資料提供回應。需要注意的是，部分功能可能受限於特定檔案類型或系統規範，建議參考下圖說明或官方網站以獲取最新資訊。

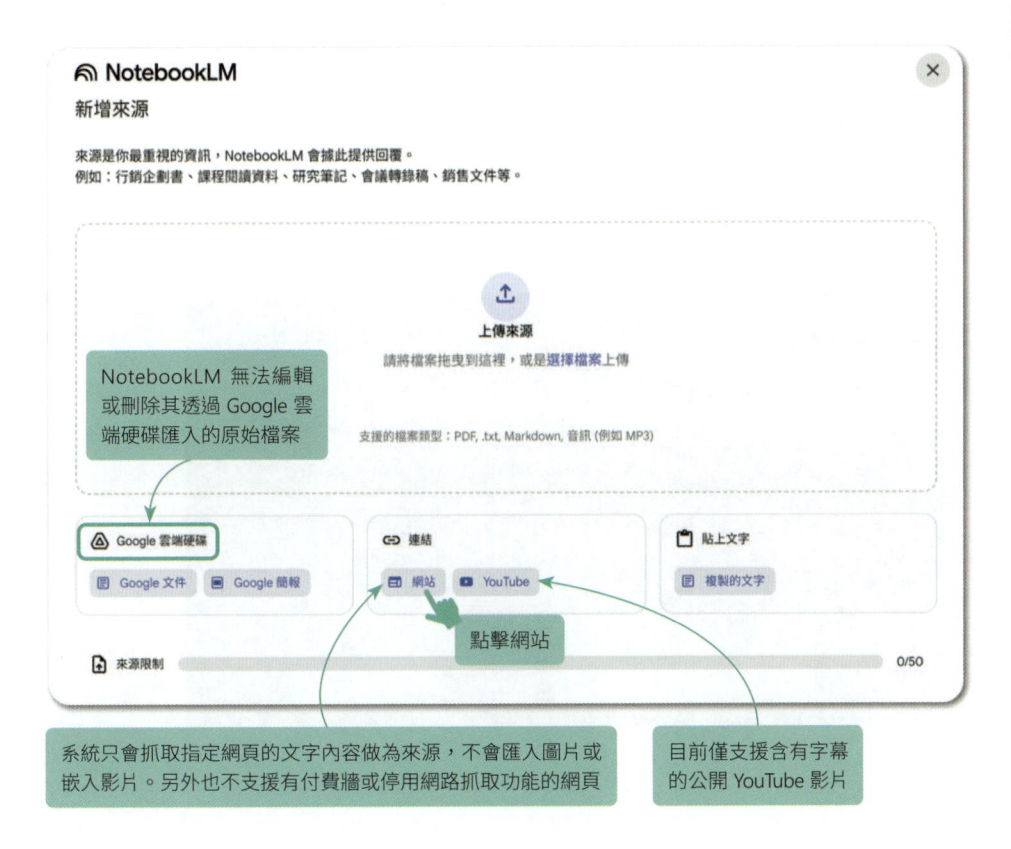

NotebookLM 無法編輯或刪除其透過 Google 雲端硬碟匯入的原始檔案

點擊網站

系統只會抓取指定網頁的文字內容做為來源，不會匯入圖片或嵌入影片。另外也不支援有付費牆或停用網路抓取功能的網頁

目前僅支援含有字幕的公開 YouTube 影片

我們用一個實例例子來示範，如果想了解 DeepMind 研發的 AI 內容識別技術 SynthID 的細節，可以先點擊網站功能，然後將介紹網址（https://deepmind.google/technologies/synthid/）複製並貼上至下圖的位置，再按下「插入」按鈕。

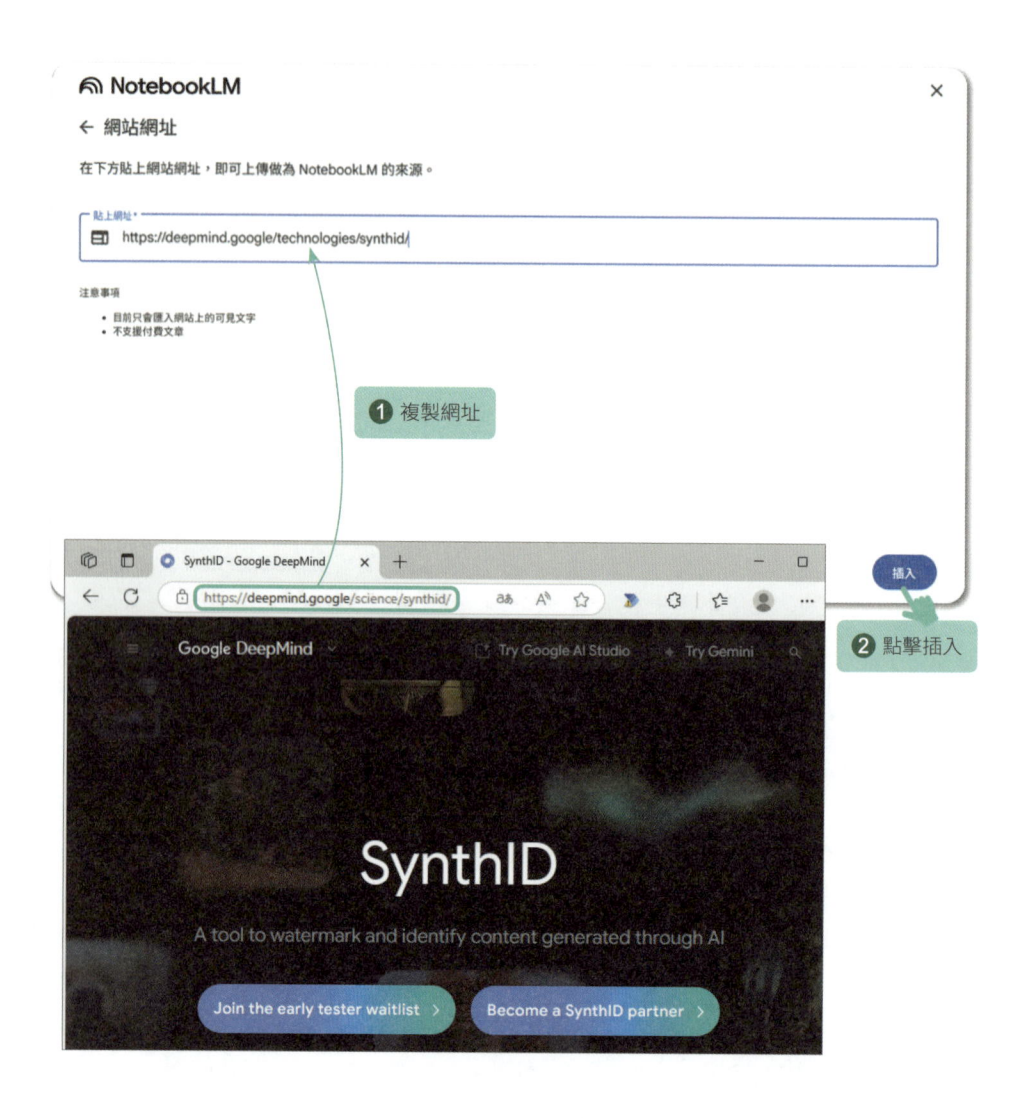

此時 NotebookLM 會在左側顯示資料來源，同時在中間區域呈現內容摘要，並根據上傳的資料自動生成筆記本名稱（可自行修改）。

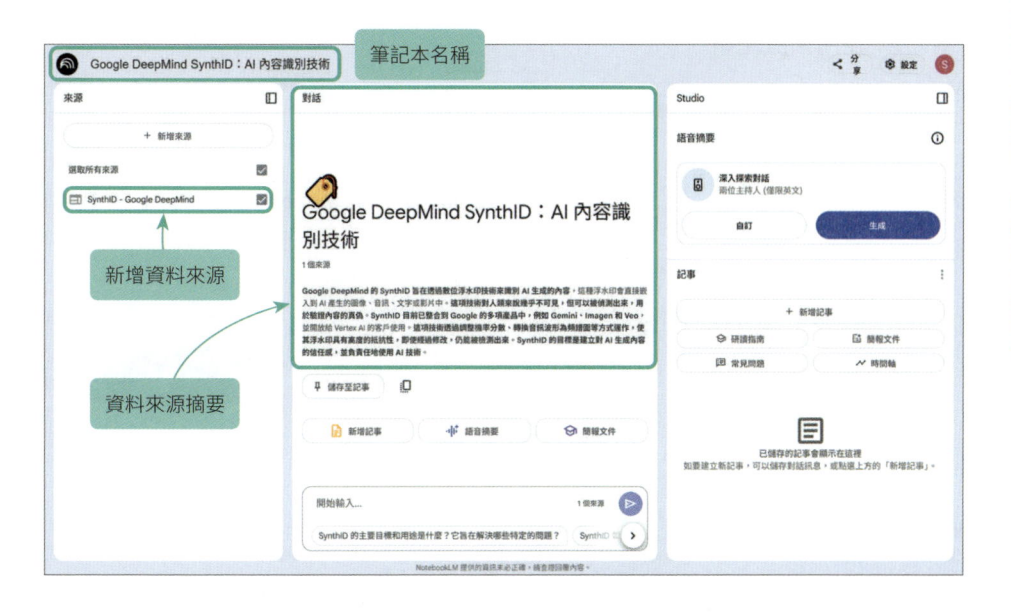

此外，我們還提供了一篇 DeepMind 發表的 SynthID 論文（Scalable watermarking for identifying large language model outputs），並將其上傳至 NotebookLM（具體操作可參考下圖）。

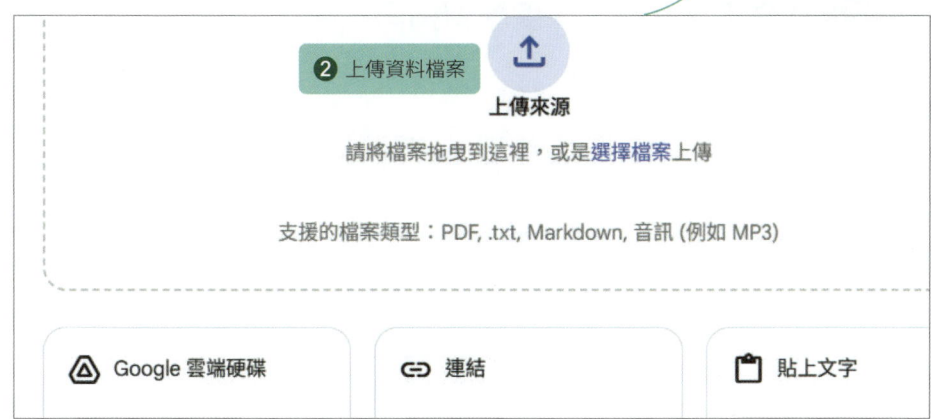

STEP 5　使用預設記事

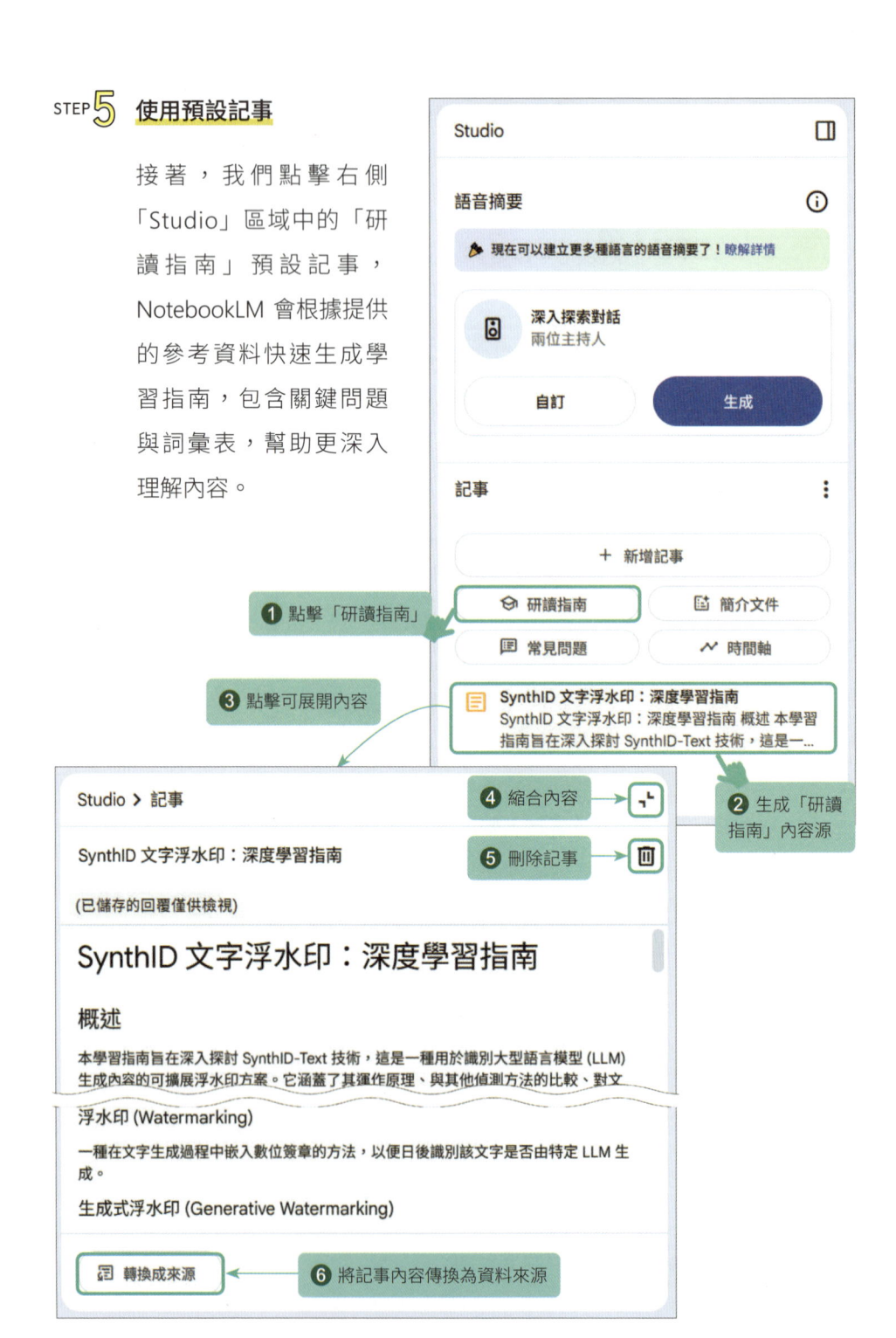

接著，我們點擊右側「Studio」區域中的「研讀指南」預設記事，NotebookLM 會根據提供的參考資料快速生成學習指南，包含關鍵問題與詞彙表，幫助更深入理解內容。

① 點擊「研讀指南」

② 生成「研讀指南」內容源

③ 點擊可展開內容

④ 縮合內容

⑤ 刪除記事

⑥ 將記事內容傳換為資料來源

9-10

STEP 6　使用對話轉記事

現在，我們向 AI 詢問「數位浮水印如何嵌入至 AI 生成文字？」，此時 NotebookLM 將根據先前上傳的資料來源，生成詳細回應，並提供可點擊的資料來源以進一步查看相關原始內容。

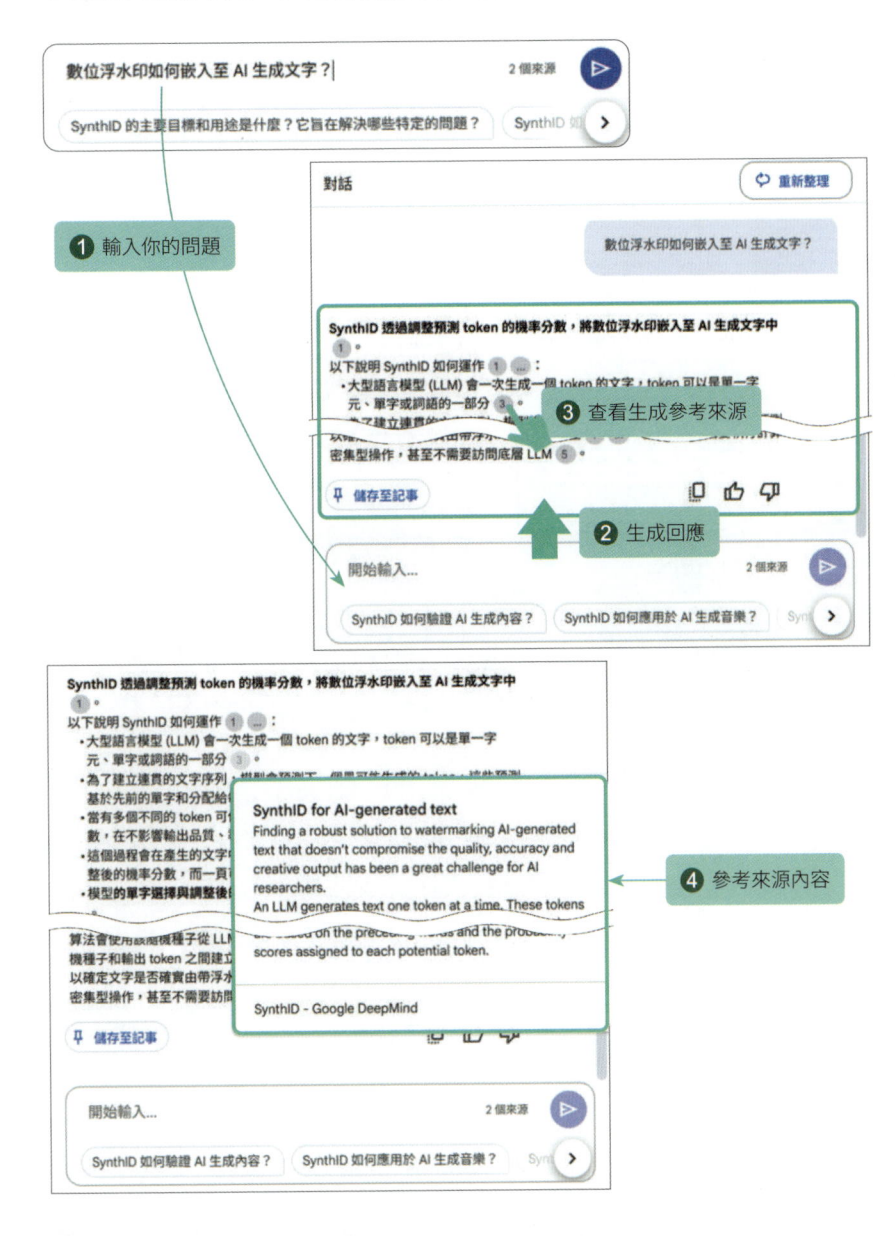

① 輸入你的問題

② 生成回應

③ 查看生成參考來源

④ 參考來源內容

此外，我們可以直接點擊回應內容後方的數字標註，系統將會在左側顯示完整的來源位置，方便快速對照與驗證資訊。

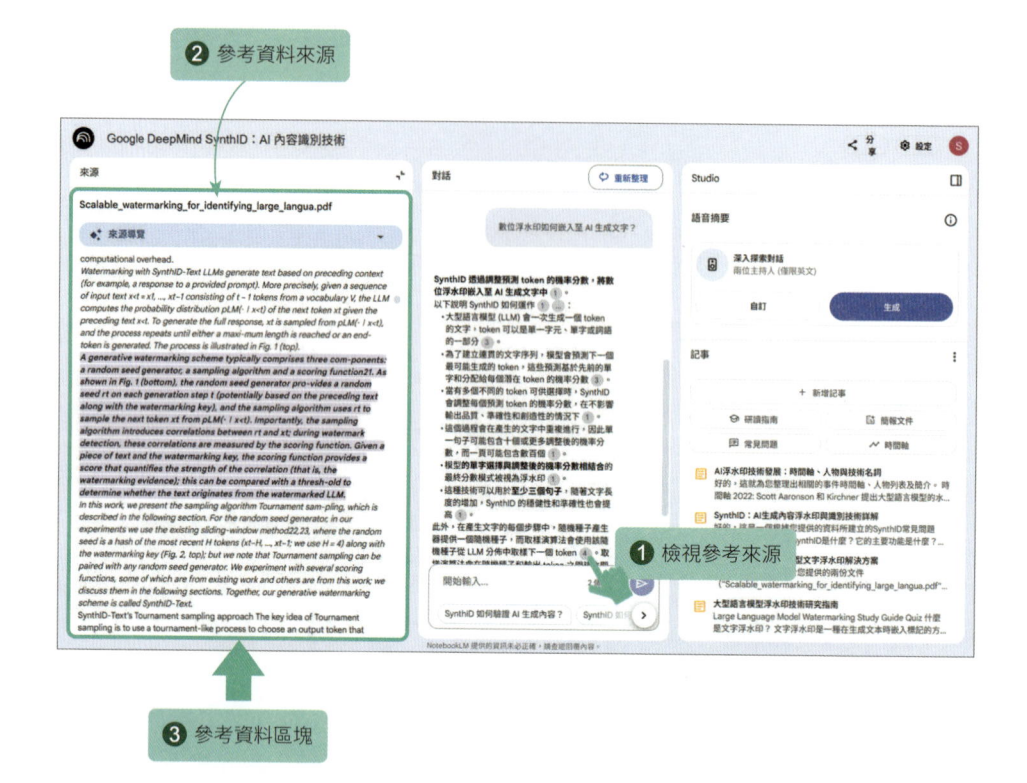

❷ 參考資料來源

❶ 檢視參考來源

❸ 參考資料區塊

STEP 7 將記事轉換為來源

如果讀者認為 NotebookLM 生成的回答內容實用，則可以將其轉換為記事。完成後，右側將新增一則記事。此外，任何有價值的記事也都可以轉換為左側的資料來源，並進一步擴充筆記本內容，讓你的知識管理更加完善。

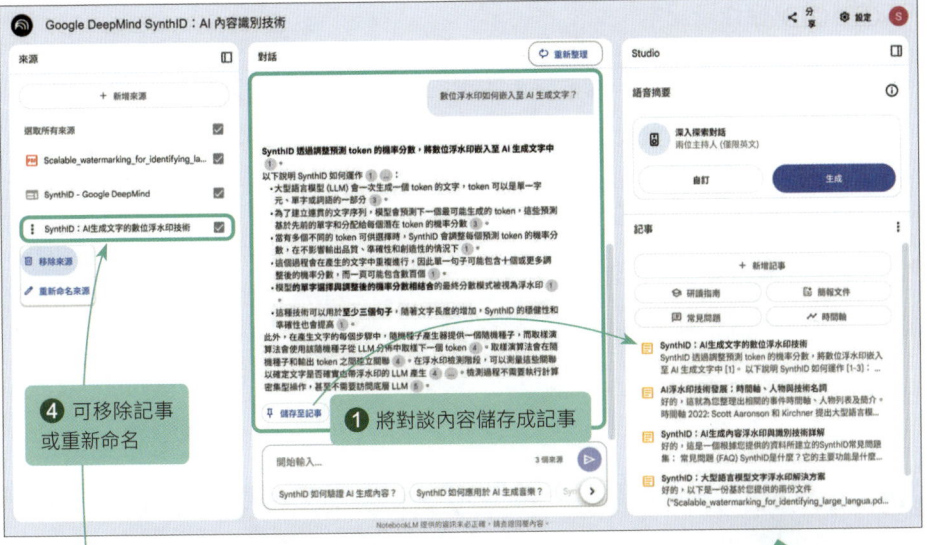

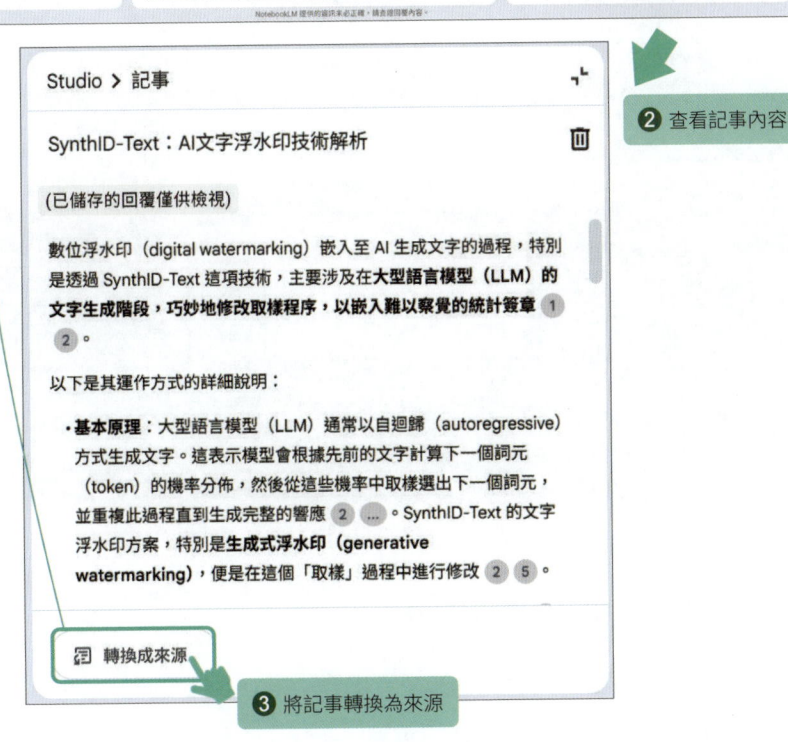

生成式 AI × 多媒體：開啟創作新時代

Google DeepMind SynthID：AI 內容識別技術

來源
- 選取所有來源
- Scalable_watermarking_for_identifying_la...
- SynthID - Google DeepMind
- SynthID：AI生成文字的數位浮水印技術

❹ 可移除記事或重新命名

對話

> 數位浮水印如何嵌入至 AI 生成文字中

SynthID 透過調整預測 token 的機率分數，將數位浮水印嵌入至 AI 生成文字中 ①。

以下說明 SynthID 如何運作 ① ②：

- 大型語言模型（LLM）會一次生成一個 token 的文字，token 可以是單一字元、單字或單詞的一部分 ①。
- 為了建立連貫的文字序列，模型會預測下一個最可能生成的 token，這些預測基於先前的單字並分配給每個潛在 token 的機率分數 ①。
- 當有不同的 token 可供選擇時，SynthID 會調整每個預測 token 的機率分數，在影響輸出品質、準確性和創造性的情況下 ①。
- 這個過程會產生文字中字元可重複性，因此單一句子可能包含十個或更多整體的機率分數，而一再可能包含數百個 ③。
- 模型的單字選擇與調整後的機率分數相結合的最終分數模式被成為浮水印 ①。
- 這種技術可以用於至少五個句子，隨著文字長度的增加，SynthID 的穩健性和準確性也會提高 ①。

此外，在產生文字的每個步中，隨機產生一個隨機種子 T，而取樣演算法會使用該隨機種子下一個 token ④，取樣演算法會在隨機種子和輸出 token 之間建立關聯 ④。在浮水印檢測階段，可以測量個整體以確定文字是否確實由帶有浮水印的 LLM 產生 ④ ⑤，檢測過程不需要執行計算密集型操作，甚至不需要訪問底層 LLM ⑤。

[儲存至記事]   **❶ 將對談內容儲存成記事**

開始輸入...   3 個來源

SynthID 如何驗證 AI 生成內容？   SynthID 如何應用於 AI 生成音樂？

Studio

語音摘要

深入探索對話
兩位主持人（僅限英文）

[自訂] [生成]

記事
＋ 新增記事

- 研讀指南
- 簡報文件
- 常見問題
- 時間軸

📄 SynthID：AI生成文字的數位浮水印技術
SynthID 透過調整預測 token 的機率分數，將數位浮水印嵌入至 AI 生成文字中 [1]。以下說明 SynthID 如何運作 [1-3]：...

📄 AI浮水印技術發展：時間軸、人物與技術名詞
好的，這就是您整理出相關的事件時間軸、人物列表及簡介。時間軸 2022: Scott Aaronson 和 Kirchner 提出大型語言...

📄 SynthID：AI生成內容浮水印與識別技術詳解
好的，這是一個根據您提供的資料庫所建立的SynthID常見問題。常見問題（FAQ）SynthID是什麼？它的主要功能是什麼？...

📄 SynthID：大型語言模型文字浮水印解決方案
好的，以下是一份基於您提供的論文文字（"Scalable_watermarking_for_identifying_large_langua.pdf...

❷ 查看記事內容

Studio > 記事

SynthID-Text：AI文字浮水印技術解析

（已儲存的回覆僅供檢視）

數位浮水印（digital watermarking）嵌入至 AI 生成文字的過程，特別是透過 SynthID-Text 這項技術，主要涉及在**大型語言模型（LLM）的文字生成階段，巧妙地修改取樣程序，以嵌入難以察覺的統計簽章** ① ②。

以下是其運作方式的詳細說明：

- **基本原理**：大型語言模型（LLM）通常以自迴歸（autoregressive）方式生成文字。這表示模型會根據先前的文字計算下一個詞元（token）的機率分佈，然後從這些機率中取樣選出下一個詞元，並重複此過程直到生成完整的響應 ② ...。SynthID-Text 的文字浮水印方案，特別是**生成式浮水印（generative watermarking）**，便是在這個「取樣」過程中進行修改 ② ⑤。

🔄 轉換成來源

❸ 將記事轉換為來源

9-13

STEP 8　分享協作筆記本

如果希望與他人共享筆記本或進行協作，點擊右上角的「分享」按鈕，然後新增欲分享對象的 Gmail。同時，你還可以對分享對象設定權限：

◇ **檢視者**（只能查看內容）
◇ **編輯者**（可修改筆記內容）
◇ **撤銷存取權**（移除對方的權限）

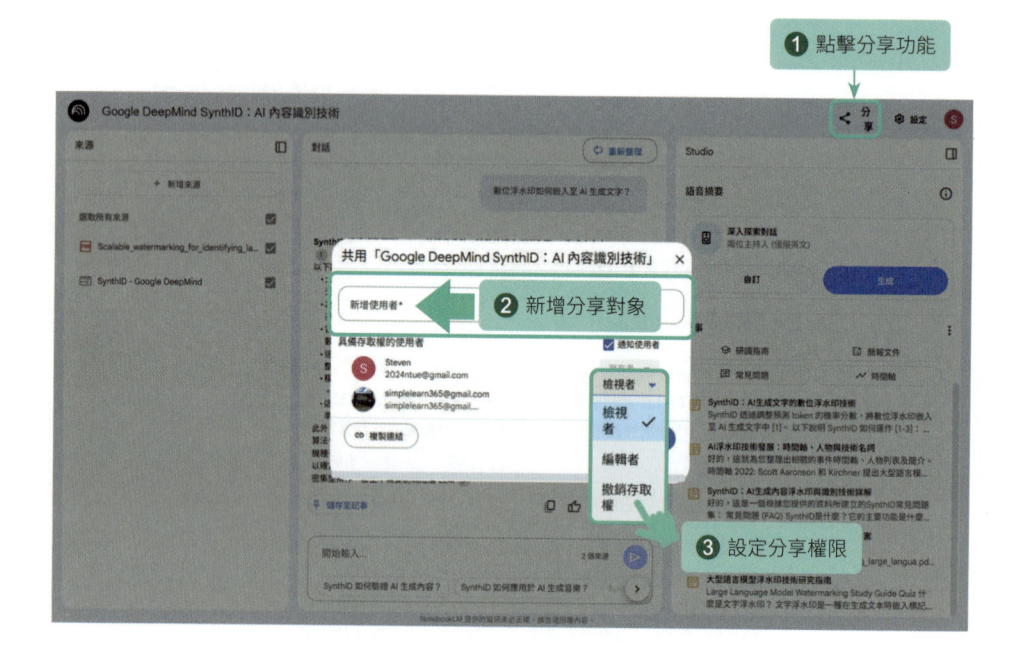

STEP 9　利用語音摘要製作 Podcast

NotebookLM 具備獨特的語音摘要功能（Audio Overviews），能夠將文字資料轉換為對話式的音訊檔案，支援中文等超過 50 種語言。這項功能支援下載與分享，特別適合在忙碌或移動中回顧資料，讓資訊吸收更加靈活高效。

現在,讓我們利用 NotebookLM 的 AI 語音技術,將前面整理的內容製作為語音摘要(如下圖)。

為了讓讀者更直觀地體驗這項功能,作者嘗試將生成的 Podcast 音檔製作成 YouTube 影片,並利用 AI 加上字幕,讓使用者能夠更輕鬆理解 NotebookLM 的強大應用。

https://youtu.be/xdlh9gkO630

最後,點擊左上角的 NotebookLM 標誌,即可返回筆記本主畫面,查看剛剛建立的筆記本(如右圖)。這樣的 AI 助理,是不是讓筆記管理變得更高效又有趣了呢!

Google NotebookLM 其他應用場景

除了前面的範例介紹外,本小節將介紹幾個常見的 NotebookLM 應用場景及其具體使用方式介紹,讓讀者快速了解它如何簡化你的日常工作。

學術研究與論文撰寫

01 文獻綜合整理
將論文或文獻資料上傳到NotebookLM中,系統會自動整理並標註關鍵內容,快速產生摘要、重點與提問。

02 關鍵提問生成
針對論文內容,自動提出有深度的問題,引導使用者進行進一步的研究與思考。

03 引用資料查詢
能夠快速查詢上傳文獻內部特定段落、數據或引用來源,提高寫作效率。

範例:使用者上傳一篇關於深度學習的論文到NotebookLM,平台自動標註出論文中的核心概念如「卷積神經網路(CNN)」、「注意力機制(Attention)」,並建議後續研究方向,如「CNN與Transformer在圖像識別領域的性能比較」。

教學設計與課程規劃

01 教案生成
教師將教材文件或教科書內容上傳後,NotebookLM可自動生成重點摘要、學習目標及建議的教學活動。

02 測驗題目設計
依據上傳的教材內容,自動產生多元的測驗題型,例如選擇題、問答題、應用題等。

03 課程補充資源
根據教材內容提供額外的補充材料連結,讓教學內容更豐富。

範例:老師將Python程式設計教材PDF檔案上傳後,NotebookLM自動生成課堂教學大綱、範例程式碼以及相關練習題,如「請寫出for迴圈的基本用法並舉例」。

商業報告與提案簡報製作

01 報告重點摘要
將公司內部的財報或行銷報告上傳後,系統可快速提煉出核心重點,並提出策略建議。

02 簡報輔助製作
利用NotebookLM快速產生符合報告內容的簡報結構與關鍵內容提示,節省製作簡報的時間。

03 問題分析與洞察
針對特定業務報告提出深入分析的問題,協助使用者釐清下一步策略。

範例:使用者上傳季度銷售報告文件後,NotebookLM自動整理出關鍵銷售數據及市場趨勢,如「產品A的銷售額與去年同期相比減少10%,建議進一步了解競爭對手的策略,以及市場環境是否有明顯變化」。

個人知識管理與學習筆記整理

01 筆記重點提取
將個人上課筆記或讀書心得上傳至NotebookLM,自動提取重點內容及核心概念,便於複習。

02 互動式問答學習
依據使用者的學習內容,NotebookLM可提供即時的互動問答,強化學習效果。

03 跨文件搜尋與關聯
允許在上傳的多個筆記文件間搜尋與關聯,找出共同主題或跨文件的觀點。

範例:使用者上傳多篇有關生成式AI的學習筆記,NotebookLM自動整合所有筆記,並產生「生成式AI的應用場景」或「不同生成模型之間的差異」等主題性整理,便於使用者以後回顧複習。

專案團隊協作與知識分享

01 團隊知識庫建立
團隊將專案相關文件上傳後,系統可自動生成共同的知識庫,方便所有成員查閱與分享。

02 智慧問答平台
團隊成員可直接透過NotebookLM對團隊知識庫進行自然語言提問,快速獲得準確資訊。

03 即時資訊更新與提示
文件內容更新時,NotebookLM可即時提示團隊成員重要的修改或新增內容。

範例:軟體開發團隊將專案需求規格書上傳後,成員可透過NotebookLM詢問如「登入系統的驗證方式是什麼?」,來即時取得需求規格書內的準確答案。

法律文件或合約管理

01 文件關鍵條款分析
上傳法律文件或合約後,系統可快速辨識並標註重要條款及注意事項。

02 法律問題快速解答
針對特定法律文件,NotebookLM提供自然語言問答,協助使用者快速理解法律意涵。

03 風險管理提示
分析文件後提供潛在風險與建議,協助使用者進行風險控管。

範例:公司將合作合約文件上傳後,NotebookLM自動整理出關鍵條款,如「合約終止條款」、「違約責任」,並可直接回答使用者提問,例如「若對方延遲交貨,我們的補償條款是什麼?」。

綜合上述多元的情境應用,Google NotebookLM 能幫助使用者有效地整理與管理知識、快速進行創意發想,進一步提升個人及團隊的工作效率。

9.2 Freepik 實作：從圖像生成到視覺重塑

　　FreepikAI Image Generator 是一款操作簡單、容易上手的 AI 繪圖工具，無論是專業設計師、行銷人員或是熱愛創作的業餘愛好者，都能輕鬆將創意轉化為精美圖像。在本小節中，我們將介紹如何使用 Freepik AI Image Generator 來創建所需的圖像，並解析其獨特功能與優勢。此外，我們也會探討如何搭配 Freepik 其他 AI 工具來進行編輯與創作，使您的設計更加完善。

Freepik 是什麼？

　　Freepik 是全球知名的線上設計素材平台，提供高解析度照片、插圖、圖示、PSD 檔案、模板等豐富設計資源，並擁有大量的向量圖資源，深受設計師與創作者的喜愛。

　　近年來，Freepik 不僅提供素材下載，還積極導入 AI 技術，推出多款生成式 AI 創作工具。目前，Freepik AI Tools 分為創作工具（Create）與編輯工具（Edit）兩大類別，並且持續新增更多功能。本次介紹的 AI Image Generator 屬於「Create」，而「Edit」則包含 Reimagine、Retouch、Expand、Upscale 等進階圖像處理工具。我們將透過這些工具，帶領讀者完成一個完整的數位藝術專案。

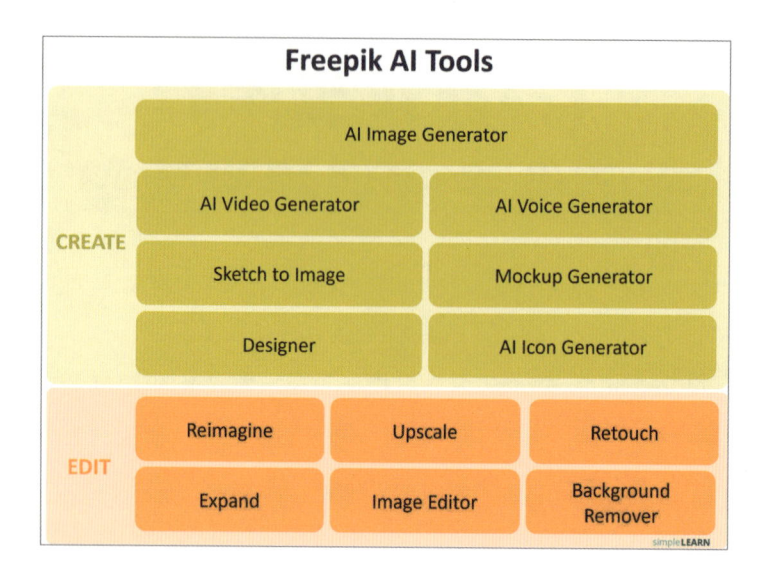

下圖為平台網站上呈現的 AI 工具。

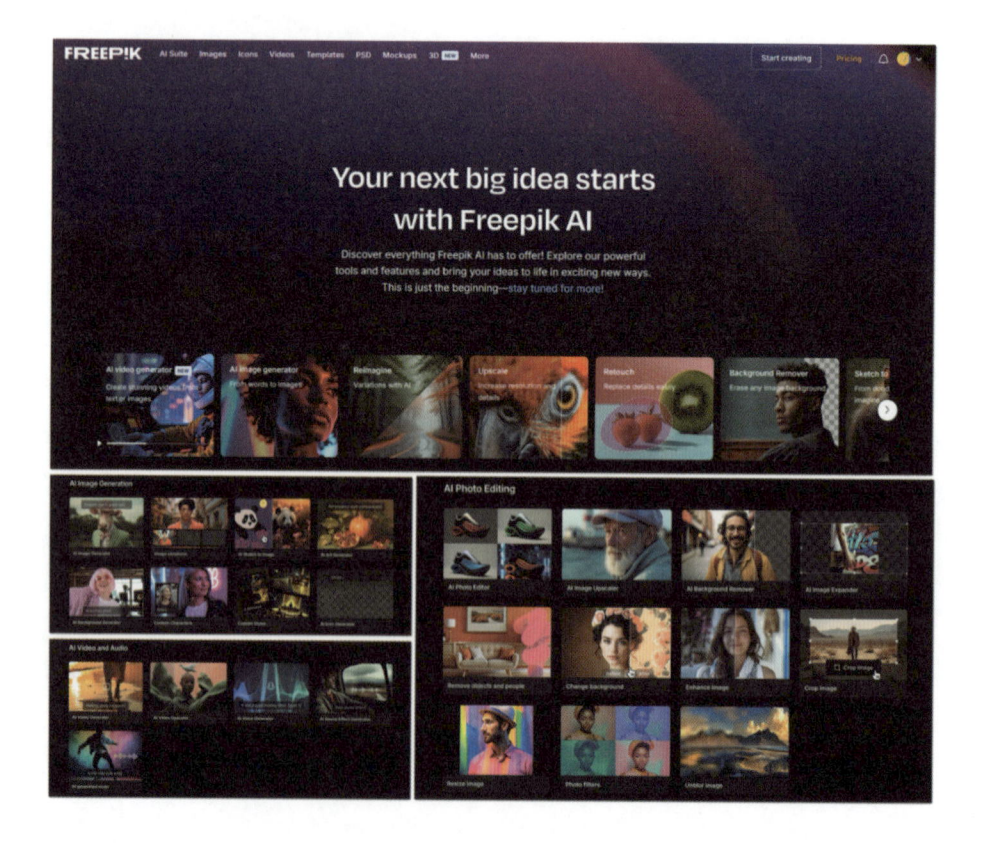

圖像生成器（AI Image Generator）介紹

　　Freepik 的 AI Image Generator 提供註冊使用者每天可免費生成 20 張圖片，並可根據個人喜好調整風格、光線、色調、框架及畫面尺寸等設定，並且生成的圖像在精緻度與細膩度方面均達到一定水準。此外，該工具內建多種藝術風格，即使沒有專業知識，也能輕鬆創作出富有創意的 AI 圖片。

STEP 1　開啟 Freepik 網站

　　在瀏覽器輸入 Freepik 網站（https://www.freepik.com/），若尚未註冊帳號，可點擊「Sign up now」進行註冊。

STEP 2　免費註冊會員

　　使用者可選擇 Google、Apple 帳號 或 Email 註冊，完成後即可開始使用 AI 生成工具。

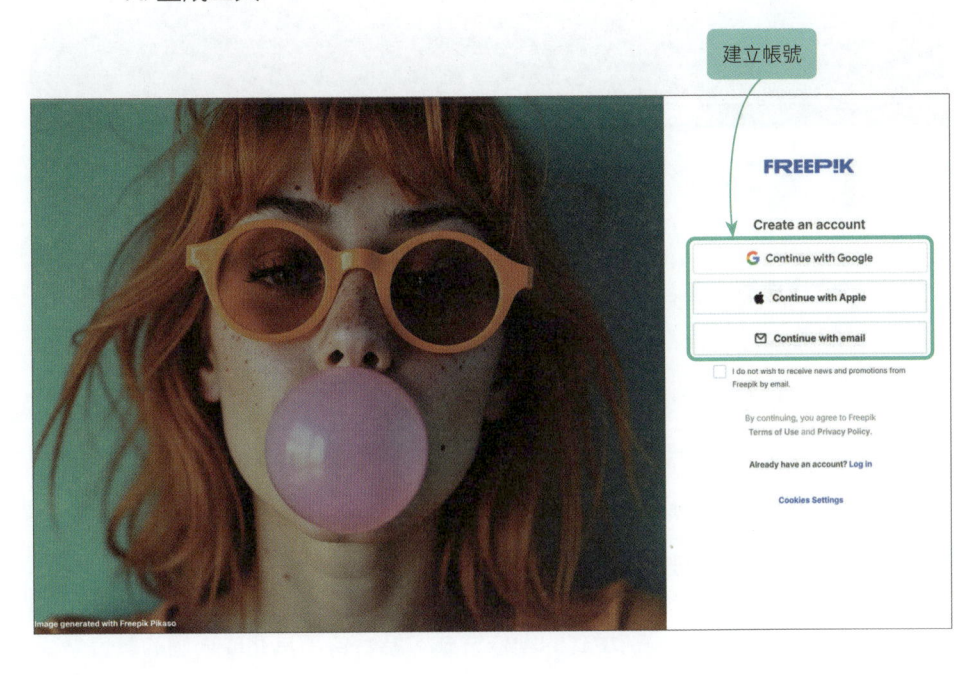

STEP 3　AI Image Generator 介面介紹

在 Freepik 平台上方選單中，點擊「AI Suite」→「AI Image Generator」，進入 AI 圖像生成介面。

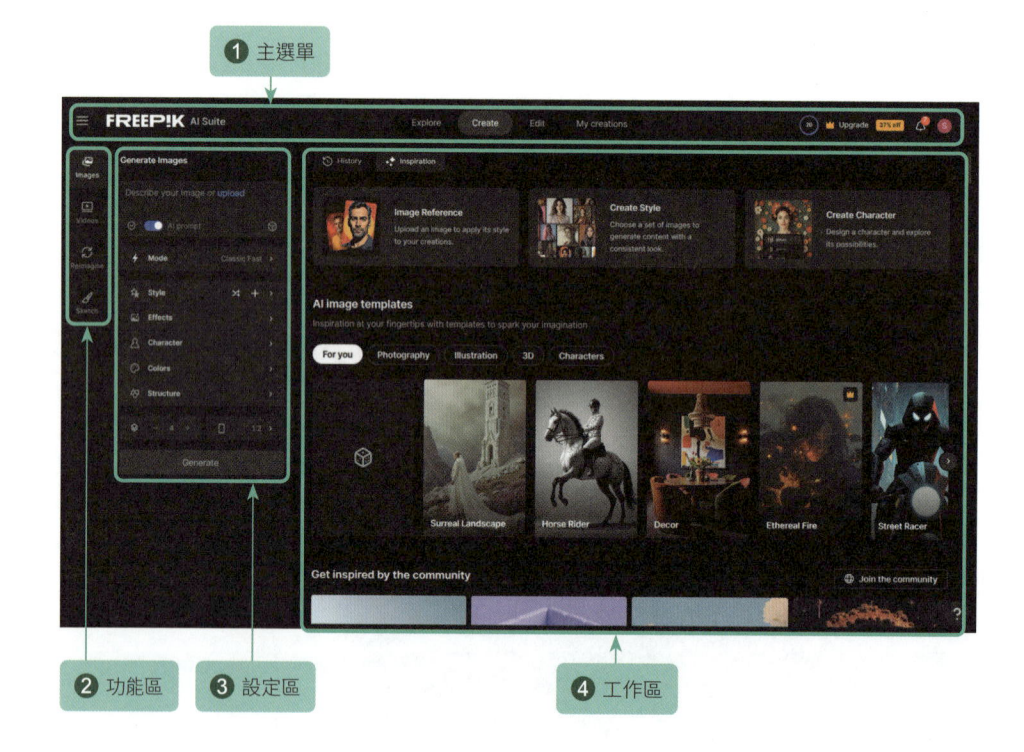

❶ 主選單

❷ 功能區　❸ 設定區　❹ 工作區

◇ **主選單**：包含「Explore」(探索)、「Create」(創作)、「Edit」(編輯) 以及「My Creations」(我的作品)，並顯示帳戶資訊與剩餘免費使用次數。

◇ **功能區**：根據所選工具，顯示對應的 AI 功能與選項。

◇ **設定區**：用於輸入圖像描述、選擇風格、特效、顏色、尺寸比例，並可調整生成張數。

◇ **工作區**：顯示生成的圖像，提供進一步編輯與下載選項。

接下來我們就透過情境式的創作方式，結合各工具完成一個的數位藝術專案。

情境式 AI 生成圖像創作

我們將使用 Freepik 的多項 AI 工具，包括 AI 圖像生成器（AI Image Generator）、重新構想（Reimagine）、修飾（Retouch）、擴展（Expand）及提高影像解析度（Upscale），並且按照下圖的步驟，來創作一張以企鵝為主角的旅遊照片。

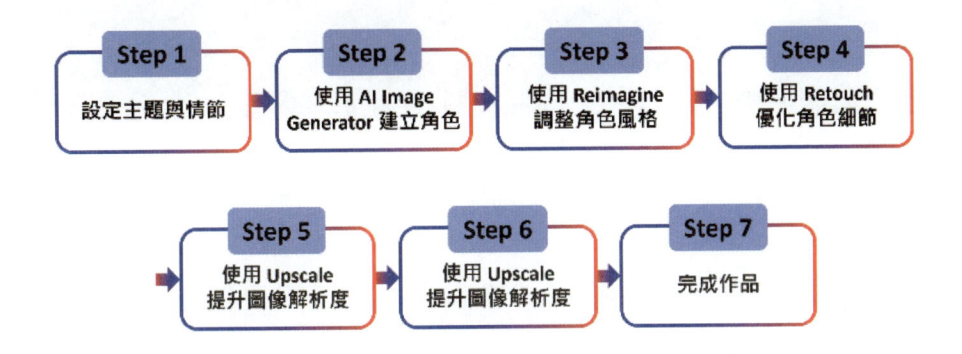

```
Step 1              Step 2                      Step 3                 Step 4
設定主題與情節  →  使用 AI Image      →     使用 Reimagine    →    使用 Retouch
                    Generator 建立角色        調整角色風格           優化角色細節

          Step 5                    Step 6                Step 7
    →  使用 Upscale         →   使用 Upscale        →   完成作品
        提升圖像解析度             提升圖像解析度
```

STEP 1　設定主題與情節

假設您是一名旅遊雜誌設計師，需要為即將出版的南極旅遊特輯設計一組以企鵝為主角的寫實風格圖像。我們將透過 Freepik AI 工具，完成圖像生成與調整。

STEP 2　使用 AI Image Generator 建立角色

在 AI Image Generator 輸入提示："A realistic photograph of a king penguin standing on Antarctic ice."（需使用英文 prompt）。設定 4：3 比例，且每次生成 2 張圖片。同時將風格（Style）、特效（Effects）採預設值（讀者可根據需求調整），然後點擊「Generate」生成圖像。

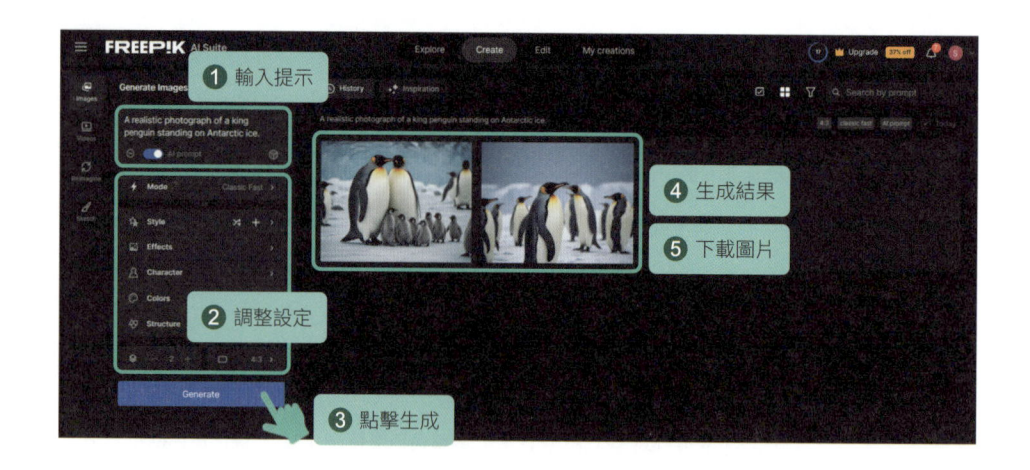

點擊生成 (Generate) 按鈕後，很快的就會生成兩張如提示描述的圖像。如果想要生成多個版本，則可以按 Generate 再次生成，平台將會扣免費生成張數 (每天為 20 張)。讀者如果想要將某些圖像留存，則可以點擊該圖選擇下載即可。

STEP 3 **使用 Reimagine 調整角色風格**

我們可以點擊想要改變的圖像，然後使用重新構想 (Reimagine) 來探索不同風格的變化，例如復古風格或現代風格，或是其他圖像中的元素改變。

按下上圖中的 Reimagine 按鈕後，AI 會對這張圖產生一組新的詮釋提示，並且在提示中提供一些建議的選項。例如下圖中有 5 個地方出現虛底線，每一處都會出現對應的 AI 建議。

我們試著將黃色框內的 "penguis" 改為 "ducks"，以及另一個黃色框中的 "snowy landscape" 改為 "beach"（如下圖右側），然後按下 Reimagine。

點擊 Reimagine

9-23

此時我們將會看到小企鵝改為小鴨，並且場景變成在沙灘上 (如下圖)。

Reimagine

STEP 4 使用 Retouch 優化角色細節

接著我們試著變換及移除圖像中的元素，來優化圖像細節。點擊左側的 Retouch 修飾功能，並且調整筆刷的大小 (本次使用 20)，然後將圖中左側的小鴨進行塗刷。接著在圖像描述中輸入 "sea turtles" 後點擊 Retouch。

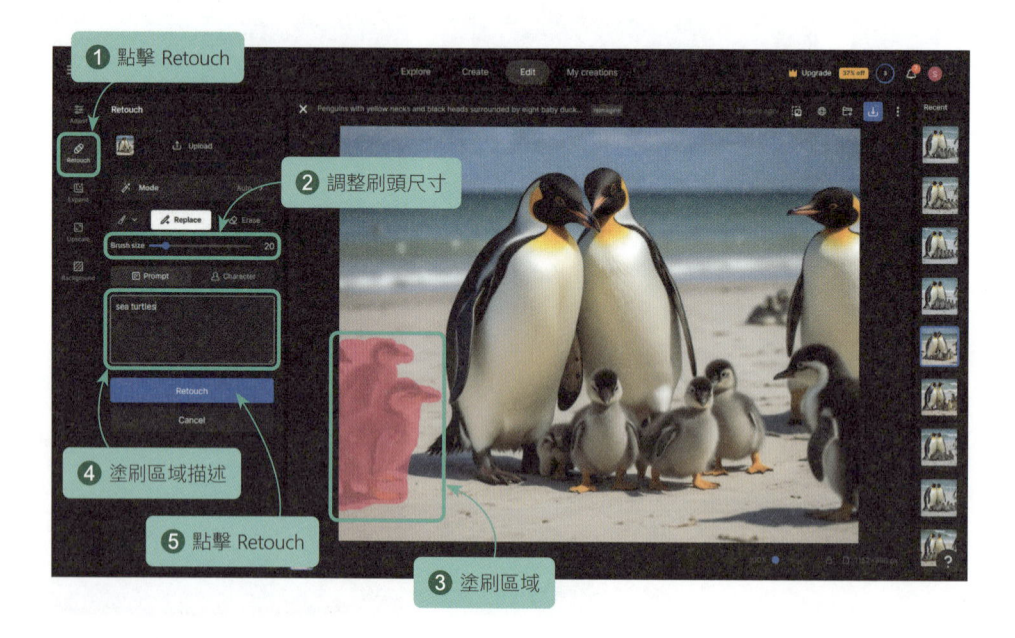

① 點擊 Retouch
② 調整刷頭尺寸
③ 塗刷區域
④ 塗刷區域描述
⑤ 點擊 Retouch

9-24

這時候在塗刷掉的區域處，AI 將生成多張提示描述的元素 -- sea turtle（實際生成元素有大有小），我們選擇下圖分格中右上角這一張，並且按下 Apply。

① 點擊生成照片
② 塗刷區域生成 sea turtle
③ 點擊 Apply

我們繼續使用另一個 Erase 清除功能。這一次我們塗刷右側的企鵝，不提示生成新元素直接按下 Retouch 鈕。

① 選取 Erase 功能
② 擦除區域
③ 點擊 Retouch

生成式 AI × 多媒體：開啟創作新時代

9-25

這時候右邊塗刷的元素會被移除,並且生成新圖像。我們選擇右下角的圖,並且按下 Apply。

這時候會生成一張全新的圖,其中包括左邊小鴨換成海龜,然後右邊企鵝移除後補為海灘的景象。

STEP 5 **使用 Expand 擴展場景構圖**

如果場景需要調整構圖,可以使用擴展工具來擴大畫布,並且添加新的背景元素,使圖像更符合設計需求。我們點擊左側功能區的 Expand 擴展功能,並且選擇比例為 16:9,然後按下 Expand 按鈕。

① 點擊 Expand

② 調整比例

③ 點擊 Expand

你將看到圖片將擴展為 16：9 的大小。並且擴展部分生成與原圖有關的圖像內容，例如海龜呈現較多身體部分，以及右側也做沙灘及岩石的生成擴展。

① 調整後比例 16:9

② 點擊下載圖片

9-27

STEP 6 使用 Upscale 提升圖像解析度

在完成所有編輯後，我們可以點擊 Upscale 工具來提高圖像的解析度，確保在印刷和數位展示時的清晰度。

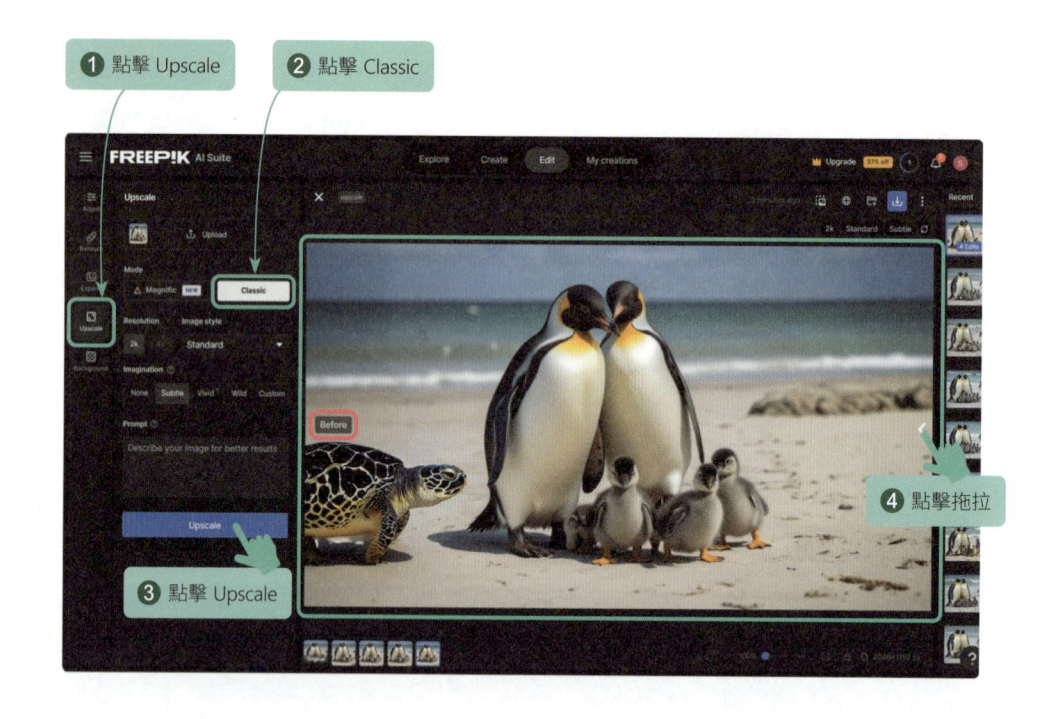

① 點擊 Upscale
② 點擊 Classic
③ 點擊 Upscale
④ 點擊拖拉

完成提升圖像解析度後，我們可以如下頁圖中進行左右拖曳，比較前後解析度差異。

9-28

我們將可以看到提升解析度後的圖像,亮度及清晰度都有顯著提升(例如企鵝的身體紋路、小鴨的羽毛及海龜的顏色)。

STEP 7 完成作品

經過上面幾個步驟,可以輕鬆完成一系列生成式 AI 在圖像上的應用。透過這次 Freepik AI 的實作,我們從圖像生成(AI Image Generator)開始,依序運用 Reimagine、Retouch、Expand、Upscale 等進階工具,完成了一張高品質的 AI 圖像。這樣的流程不僅展現了生成式 AI 在設計領域的強大應用,也讓我們見識到 AI 如何幫助創作者快速實現創意構想,並優化視覺效果。

9.3 Suno AI 實作：用 AI 創作音樂

Suno AI 是一款全新的 AI 音樂生成工具，不需要懂程式或專業音樂技術，只需要用簡單的文字描述，就能把你的靈感變成一首完整的歌曲。不論你是專業音樂人，還是只是喜歡哼唱的音樂愛好者，Suno AI 都能成為你的創作好幫手。

Suno AI 是什麼？

Suno AI 是一款 AI 音樂生成平台，核心功能主要如下：

從文字生成音樂	創建個人化歌曲	延長音樂片段	模仿音樂風格	生成免版稅音樂
描述一個主題、曲風、心情或情緒，即可讓 AI 譜寫整首歌曲。	可輸入自訂歌詞，並調整演唱音色、和聲與風格元素，打造專屬自己的作品。	上傳一小段擁有版權的音樂，讓 AI 自動延伸，創造更完整的音軌。	Suno AI 能呈現不同曲風，或參考其內建音樂庫來塑造特定音樂風格。	Suno AI 可用於個人或商業用途，讓創作者無需擔心版權問題。

Suno AI 支援流行、搖滾、爵士、古典等多種音樂風格，並內建豐富的樂器選項，讓創作者可以根據自己的喜好打造獨特的音樂作品。此外，平台上的創作可以選擇公開，讓所有使用者聆聽、下載，並欣賞 AI 作曲家的精彩作品。同時為了防止濫用，Suno AI 加入專有浮水印（Watermark）的技術，以識別歌曲是否由 Suno AI 創作。

Suno AI 如何運作？

STEP 5　開啟 Suno AI 網站

在瀏覽器輸入 Suno AI 網站（https://suno.com/），若尚未註冊帳號，可點擊右上角「Sign Up」進行註冊。

STEP 2　免費註冊會員

使用者可選擇 Google、Apple、Discord 或 Microsoft 帳號進行註冊，完成後即可開始使用 Suno AI 進行音樂創作。

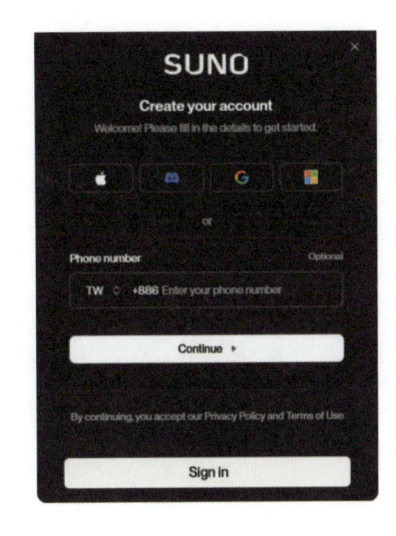

STEP 3　Suno AI 介面介紹

進入 Suno AI 平台後，可看到如下圖 AI 音樂生成介面。

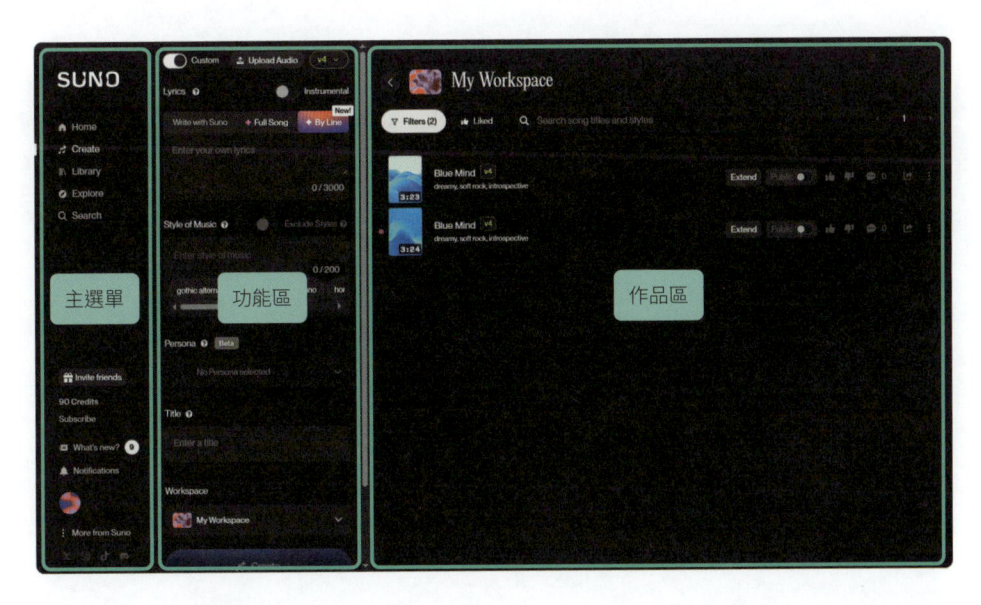

◇ **主選單**：包含「Create」(創作)、「Library」(音樂作品庫)「Explore」(探索新的音樂風格)、以及「Search」(搜尋音樂作品)，並顯示帳戶資訊與剩餘免費使用次數。

◇ **功能區**：有「簡易模式」與「自訂模式」兩種模式。其中「簡易模式」提供簡易功能，適合大家快速體驗。而「自訂模式」則提供許多進階功能，讓玩家自訂各類歌曲風格來進行創作。

◇ **作品區**：生成的作品都可以在此區域進行聆聽、分享與下載。

STEP 4 「簡易模式」與「自訂模式」

使用 Suno AI 的過程簡單又有趣，使用者切換「簡易模式」時，只需要簡單輸入提示就能產出音樂；也可以選擇「自訂模式」的方式，自訂想要的歌曲風格及歌詞來進行音樂創作。用戶可以依照自身需求與熟悉程度進行選擇。

模式 1：「簡易模式」

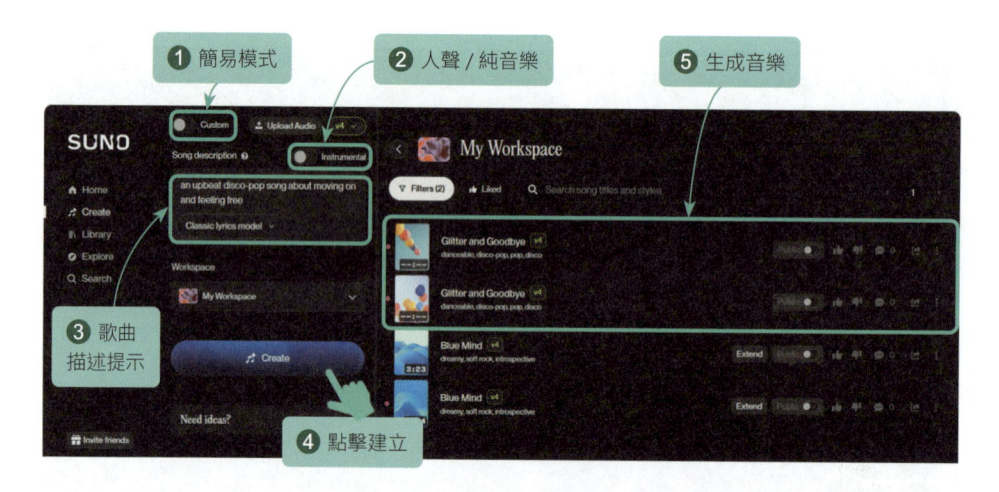

① 簡易模式　② 人聲 / 純音樂　⑤ 生成音樂
③ 歌曲描述提示　④ 點擊建立

在此模式下，你僅需依靠一個提示就能開始創作音樂。讀者可以依照以下方式操作：

1. **簡易模式**：切換至「簡易模式」。其提供的功能比較簡單，適合初學者快速體驗。

2. **人聲 / 純音樂**：可以選擇創作有人聲的音樂或是純音樂。

9-32

3. **歌曲描述提示**：使用者可以想想欲透過歌曲傳達何種主題、情緒或故事，它可以是任何內容。例如，從 " 一首輕快的迪斯可流行樂，描寫分手後的自由與解脫。(an upbeat disco-pop song about moving on and feeling free)" 到 " 一首融合爵士感的新靈魂樂，訴說從情感傷痛中癒合。(a jazzy neo-soul song about healing from emotional pain)"，中英文的描述都可以使用。

4. **點擊建立**：點擊 Create 後，Suno AI 會根據你的提示生成兩個版本的歌曲。

5. **生成音樂**：在作品區可以播放生成的兩個音樂版本，可以試著聆聽並選擇想要分享或下載的版本。

下面為使用中英文的歌曲描述提示所生成的作品：

- https://suno.com/s/2tTztKcqW34OSlrk
- https://youtube.com/shorts/9zO8k5eefD8

- https://suno.com/s/fYM7mDU060wftiVj
- https://youtube.com/shorts/vjCbMeOEC_k

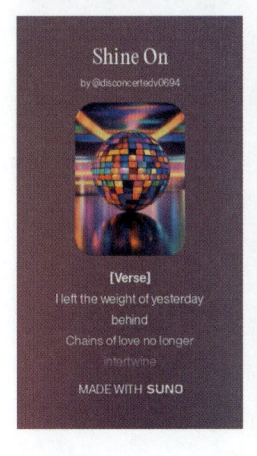

模式 2：「自訂模式」

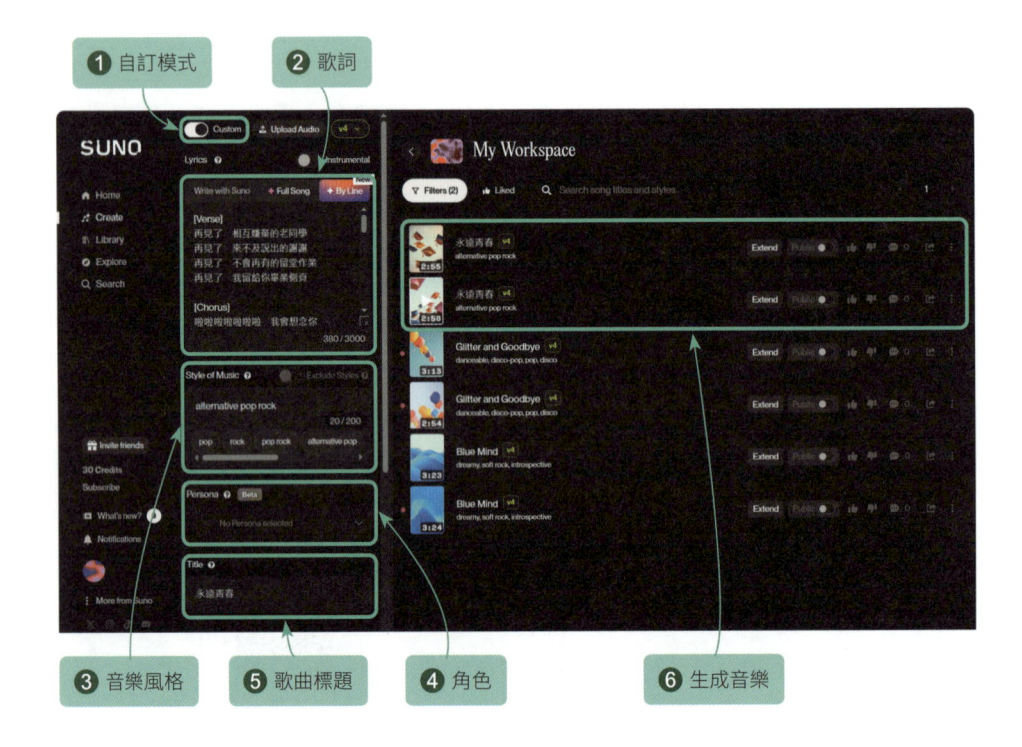

① 自訂模式　② 歌詞
③ 音樂風格　⑤ 歌曲標題　④ 角色　⑥ 生成音樂

在此模式下，可以讓使用者在歌詞創作與歌曲風格上擁有更多的掌控力。讀者可依照下面方式操作：

1. **自訂模式**：切換至「自訂模式」。其提供的功能較多，適合對於歌詞或曲風有一些創作想法的使用者使用。

2. **歌詞**（Write with Suno）：使用者可以使用 Suno 的 AI 歌詞生成功能（Full Song 或 By Line）來快速獲得歌詞，或是透過像 ChatGPT 這類大型語言模型，生成歌詞後貼到這裡。後者通常能提供更貼近你所需要的風格或主題的歌詞。

3. **音樂風格**（Style of Music）：使用者可以在此處提供希望的音樂類型和風格，無論是藍調（Blues）、鄉村（Country）、爵士（Jazz）還是流行（Pop），Suno AI 都會盡力去生成你的喜好。

4. **角色**（Persona, Beta 版）：使用者可以利用 Personas 功能，複製某首既有的曲目的演唱及氛圍，將其風格應用到你的新作品中。

5. **歌曲標題**（Title）：Suno 會先幫你的歌曲取個標題，你也可以自行修改為想要的歌曲標題，方便以後搜尋及管理這些創作歌曲。

6. **生成音樂**：設定好上面這些功能後，點擊下方 Create 按鈕後，Suno AI 將會自動為我們生成兩首不同版本的歌曲，使用者一樣可以聆聽並選擇想要分享或下載的版本。

下面為利用 Suno 的 AI 歌詞生成功能（Full Song），以及設定音樂風格為"alternative pop rock（另類流行搖滾）"，所生成的兩首歌曲作品。

歌曲第一版
- https://suno.com/s/VtPjQ6ITlwXYf7oP
- https://youtube.com/shorts/7atYtGNf4XM

歌曲第二版
- https://suno.com/s/KullGolNPuFo39LJ
- https://youtube.com/shorts/DI4QENMGHQU

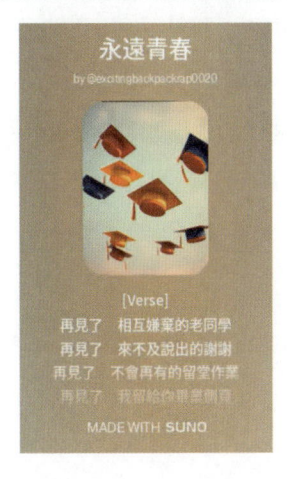

Suno AI 結構化提示與標籤

如第 11 章所提到，提示是人與 AI（大型語言模型）間的橋樑。撰寫出一個合適的提示可以大幅提升 AI 生成歌曲的品質。在生成式 AI 音樂中，一個好的提示包含以下四個關鍵要素：

- **音樂曲風**（Genre）：明確指定音樂的曲風，幫助 Suno AI 理解並生成符合您所期望的音樂類型。曲風可以是廣義的（如搖滾、爵士、嘻哈），也可是具體的（如獨立民謠）。
    - ◇ 英文範例：An indie folk song blended with gentle electronic textures.
    - ◇ 中文範例：一首結合柔和電子元素的獨立民謠歌曲。

- **情感氛圍**（Mood）：描述歌曲所傳達的情緒或氛圍，如哀傷、振奮感或強烈情緒，幫助 Suno AI 捕捉音樂的情感色彩。
    - ◇ 英文範例：A dramatic, cinematic track filled with tension and emotional intensity.
    - ◇ 中文範例：一首充滿張力與強烈情感的戲劇化電影風格音樂。

- **樂器風格**（Instrumentation）：明確指出希望使用的主要樂器，讓 Suno AI 能更精確地回應提示。
    - ◇ 英文範例：A jazz-inspired track featuring mellow piano chords, brushed drums, and a deep upright bass.
    - ◇ 中文範例：一首爵士風格的曲目，以柔和的鋼琴和弦、刷奏鼓點及深沉的低音提琴為特色。

- **人聲偏好**（Vocal）：描述您對演唱音色或歌手類型的偏好，以便更好地控制 Suno AI 的演唱風格。
    - ◇ 英文範例：A male vocalist with deep, rich vocals accompanied by soulful harmonies over a blues-rock rhythm.

◇ 中文範例：一位擁有低沉豐富嗓音的男歌手，伴隨深情的和聲，演唱在藍調搖滾節奏之上。

Suno AI 結構化提示

確定上述關鍵要素之後，我們可以將其組合成一個基本結構化的提示，參考如下：

> **英文結構：**
> A [Mood] [Genre] track enriched with [Instrumentation], highlighted by a [Vocal] performance delivering [Specific Elements].

> **中文結構：**
> 一首融合了 [樂器] 的 [情感] [音樂曲風] 曲目，其 [人聲] 演出展現出 了[特別元素]。

中英文範例如下：

> **英文範例：**
> A **melancholic indie-folk** track enriched with **acoustic strumming and delicate piano melodies**, highlighted by a **tender male** performance delivering **introspective verses**.

> **中文範例：**
> 一首融合了**原聲吉他撥弦與細膩鋼琴旋律**的**憂鬱獨立民謠**曲目，其**男聲**演出展現出**富有內省的詩意**。

透過這種結構化的提示，使用者將可以更容易地引導 Suno AI 去創作出符合自己期望的音樂創作。

Suno AI 元標籤

在 Suno AI 音樂中，元標籤（Meta Tags）是一系列指令，用來細化歌曲架構、決定風格並整合相關動態效果，進而實現生成式 AI 音樂與歌詞時的創意掌控與表達。使用者可以將這些 Meta Tags 視為您提供給 Suno AI 的簡單指令或提示，幫助它更精準理解您想創作的歌曲類型。一些常見標籤類別整理如下：

元標籤總類 (Meta Tag Category)		元標籤 (Meta Tags)	描述 (Description)
音樂結構與風格 (Music Structure and Styles)	結構標籤 (Structural)	[Intro], [Verse], [Chorus], [Outro]	定義歌曲開場、主歌、副歌以及結束
	風格和曲風 (Styles and Genres)	[Acoustic], [Orchestral], [Synth], [Lo-fi], [Blues], [Jazz]...	強調特定樂器、加入樂器細節或定義整體風格。
環境和音效 (Environment and Sound Effects)	音效 (Sound Effects)	[Cheers and applause], [Birds chirping], [Phone ringing], [Barking], [Sighs], [Cough]...	設定觀眾反應或環境音效等效果。
	聲音表達 (Vocal Expressions)	[Audience laughing], [Female narrator], [Man], Man], [Reporter], [Giggling]...	設定人聲類型或加入旁白與背景聲。
	靜態和其他效果 (Static and Other Effects)	[Applause], [Clears throat], [Censored], [Silence]	設定掌聲、清喉嚨、靜音等特效

非官方的 Suno AI Wiki（https://sunoaiwiki.com/）網站上則有一份提供給初學者完整的學習及工具資源，當中也彙整 Suno AI 的使用技巧、提示範例與音樂類型等許多實用資料，有興趣的讀者可另行參考。

創作自己的 AI 音樂

本小節將在自訂模式下使用結構性 Meta Tags，來製作屬於自己的 AI 音樂作品。

STEP 1　運用 Meta Tags 準備歌詞提示。下圖內容為使用 Meta Tags 的提示（[ ] 省略亦可）。

英文提示：

A [uplifting] [pop-rock] track enriched with [electric guitar solos] and [dynamic drums], highlighted by a [powerful female vocal] performance delivering [inspirational lyrics].

STEP 2 使用 Suno AI 歌詞生成工具。在歌詞輸入區中，點擊 Full Song。

STEP 3 將歌詞生成提示複製到下圖中對話框，並選擇 ReMi lyrics model（讀者也可以選擇 Classic model）。然後點擊 Write lyrics，Suno AI 將會生成兩個版本的歌詞供你選擇。

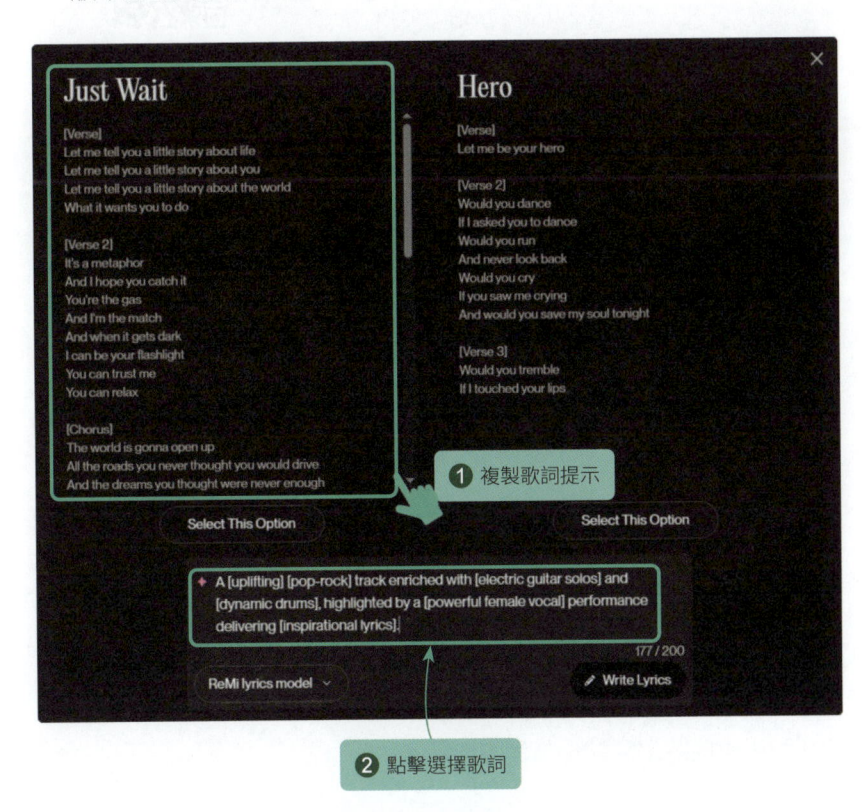

STEP 4 回到主畫面後,在歌詞下方點擊 Create 按鈕來生成新歌曲。

STEP 5 完成作品後,可選擇下載或分享連結。下面連結內容為本次示範的 AI 生成音樂專案,是不是很有趣呢!

歌曲第一版

- https://suno.com/s/YzPe834uOLlR7cmp
- https://youtube.com/shorts/iFTWbVWPw5g

歌曲第二版

- https://suno.com/s/KbkWFPzdxQYChfBb
- https://youtube.com/shorts/4q-wJTKFcWs

　　Suno AI 為音樂創作提供了一個簡單易用的入門平台。雖然 Suno AI 目前尚無法取代音樂人在創作複雜曲目上的專業能力,但卻能讓沒有受過正式音樂訓練過的您我,也能將創意轉化為音樂作品。

第 10 章 人工智慧道德與社會影響

在當今世界中，人工智慧正以驚人的速度進行發展與應用，並且引領著科技的浪潮。然而，隨著人工智慧技術的蓬勃發展，我們也面臨一系列的道德挑戰和社會影響。人工智慧不僅是一種革命性的技術，更是一個可能觸及我們核心價值觀和道德原則的領域。它的發展引發了許多令人深思的問題，包括個人隱私、自主權、不平等、職業變革等等。因此，探討人工智慧的道德議題以及其對社會的廣泛影響變得至關重要。這不僅需要我們思考如何確保人工智慧的使用符合道德準則，還需要反思人工智慧如何塑造和改變我們的社會結構、價值觀和人際關係。

同時隨著生成式 AI 在圖像、文本、音訊和影片等領域的應用日益普及，也帶來前所未有的倫理與社會爭議。例如假新聞生成、冒用名人聲音與肖像的深偽影片（deepfake）等事件層出不窮，對隱私權、著作權及資訊真實性帶來極大衝擊。

經過前面章節的介紹，相信大家對人工智慧已有了基本認識，也瞭解到人工智慧已成為我們日常生活中的一部分，舉凡我們將圖片發佈到社群媒體、線上搜尋資料或向聊天機器人提問等，時時刻刻都在與 AI 進行互動，甚至於許多政府也都會利用人工智慧提供多項公共服務，因此影響力不僅越來越大，也日顯重要。

自從計算機科學家艾倫·圖靈 (Alan Turing) 提出相關計算 (Computation) 模型以來，人類就對計算機和人工智慧的力量寄予厚望，並期待人工智慧能為社會帶來顯著多樣的利益，例如從提高效率和生產力，到解決氣候變化、貧困、疾病和衝突等一系列棘手的全球問題。雖然如此，當人工智慧技術用在像是視訊監控或是軍事行動時，這些技術就是雙面刃，可能有所助益，但也可能傷害它們所服務的人。同時，人工智慧可能助長已經存在的偏見，增強已經存在的偏見時，將會產生非常多的法律和社會問題，所以人工智慧進步的同時，也揭示了這些技術所產生的不良影響。例如它們會產生歧視，侵犯我們隱私等道德問題，也可能威脅我們的安全，造成許多社會影響。同時隨著生成式 AI 在圖像、文本、音訊和影片等領域的應用日益普及，也帶來前所未有的倫理與社會爭議。例如假新聞生成、冒用名人聲音與肖像的深偽影片 (deepfake) 等事件層出不窮，對隱私權、著作權及資訊真實性帶來極大衝擊。

在本書一開始，我們介紹並討論了人工智慧在當今和未來社會中的重要性，但當時只能在有限的範圍內進行討論，因為沒有導入足夠的技術概念和方法來奠定基礎並討論。現在對人工智慧的基本概念有了更好的理解後，我們就可以積極參與有關目前人工智慧影響的理性討論。因此在本章節裡，我們將探討目前 AI 所產生相關的道德問題，期望這一代 AI 原住民不僅擁有 AI 素養，更能培養對 AI 發展所伴隨倫理問題的思辨能力，從而成為有責任感的科技公民。

除了廣泛討論 AI 系統可能造成的偏見等問題外，近年來生成式 AI 的興起也帶來一系列新的倫理挑戰，特別是在「創作歸屬混淆」方面。學生可能藉由 AI 協助完成作業，導致學術誠信遭到質疑；藝術創作者面臨原創性難以辨識的困境；而新聞媒體則需對 AI 生成的資訊進行更嚴格的真假查核。這些現象不僅對教育制度與創意產業造成深遠影響，也對我們既有的道德框架提出了全新的考驗。現在就帶大家一起來瞭解 AI 會有哪些道德及社會影響問題。

10.1 偏見 (Bias)

人工智慧道德與社會影響

人工智慧的相關技術當中，尤其是機器學習正被應用在許多領域，協助做出重要決策，且機器學習會完全仰賴你所給予的資訊來進行訓練並應用。不過問題是，在真實世界中的資料常存有你不想包含在其中的某些資訊；在資料收集過程中也可能有偏誤，將這些錯誤資訊包含在內，這會帶來演算法偏見。這意味著像在做出關於工作申請或銀行貸款等決定時，若加入根據種族、性別或其他因素進行偏見或歧視的學習傾向，那對許多人的申請通過將造成影響。

其主要原因是因為資料中的人為偏見，例如當工作申請或是銀行貸款過濾工具，是根據人類做出的決定進行訓練時，機器學習演算法可能會學會歧視具有特定種族背景的女性或個人，即使從資料中排除種族或性別，這些情形依舊可能發生，例如申請人姓名或居住地址可能也會洩漏性別或種族資訊。

以下是幾種偏見或歧視的範例。

亞馬遜招聘演算法

2014 年，亞馬遜開始開發內部人工智慧系統並建立 500 多個模型，以識別過去簡歷中出現的約 50,000 個術語，做為內部人工智慧招聘工具並用以簡化招聘流程，來快速判斷大型資料庫內相關候選人的資格。

亞馬遜機器學習專家發現 AI 招聘工具不喜歡女性

系統會使用過去申請人的簡歷做為訓練資料，將分析收到的簡歷，並對候選人進行評分以進行進一步評估。但很快地，亞馬遜公司的機器學習專家發現了一個大問題：他們的 AI 招聘引擎不喜歡女性。他們發現該系統會以性別偏見的方式來對技術職位的候選人進行評分，該系統會懲罰任何表明申請人是女性的簡歷，這包括提到參加女子國際象棋俱樂部或女子大學等活動。根據報導，亞馬遜試圖消除 AI 系統的偏見，但最後還是取消了整個專案，因此該系統從未在實際招聘過程中使用過。

詞嵌入 (Word Embedding)

詞嵌入 (Word Embedding) 是一種用於自然語言處理應用程序的資料結構形式，我們在第八張自然語言處理章節中有提到，它將字詞/句子/文件轉換成「向量」形式，在數學上可表示成：f (X) → Y，把對文本內容的處理簡化為向量空間中的向量運算，並計算出向量空間上的相似度，來表示文字語義上的相似度。

也就是它們會透過瀏覽文字並注意哪些詞經常一起出現而產生的，將產生的聯想做為人工智慧系統的一種字典，來捕捉語義關係，例如 " 男人 " 之於 " 父親 " 就像是 " 女人 " 之於 " 母親 "，或是 " 男人 " 之於 " 國王 " 就像是 " 女人 " 之於 " 女王 "。波士頓大學 Bolukbasi 微軟等研究學者發現 (https://arxiv.org/abs/1607.06520)，這些類型的單詞聯想傾向被認為具有性別刻板印象，或是具有歧視性的概念關係所進行的編寫程式開發，例如，" 母親 " 之於 " 護理師 " 就像 " 父親 " 之於 " 醫生 "，以及 " 男人 " 之於 " 程式設計師 " 就像 " 女人 " 之於 " 家庭主婦 "。

如果我們想要 AI 系統去理解男人和女人都可以平等地是程式設計師，

AI 學習到不健康的刻板印象

- 男人之於父親，就像是女人之於母親
  ("man is to father as woman is to mother)
- 男人之於國王，就像是女人之於王后
  ("man is to king as woman is queen)
- 男人之於程式設計師，就像是女人之於家庭主婦
  ("man is to computer programmer as woman is to homemaker)

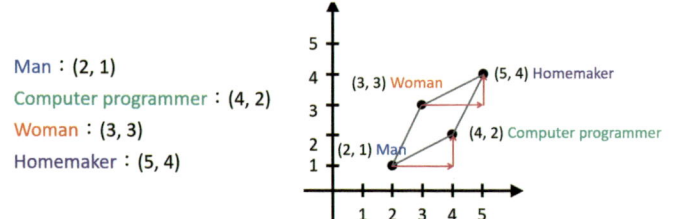

Man：(2, 1)
Computer programmer：(4, 2)
Woman：(3, 3)
Homemaker：(5, 4)

AI 學習到不健康的刻板印象

就像男人和女人可以同樣是家管（家庭主婦），那麼我們希望它輸出男人是程式設計師，女人是程式設計師，當女人是家庭主婦，那男人也是家庭主夫，如何避免這樣的偏見將是很重要的。

社群網路

由於社群網路的內容推薦主要是基於用戶的點擊，因此它們很容易導致現有偏見的放大，即使它們一開始很小，也會因為不斷的點擊而放大。例如，根據觀察當搜索具有女性名字的專業人士時，LinkedIn 會詢問用戶他們是否指的是相似男性名字，也就是搜索 Andrea 時會導致系統詢問 " 你是指 Andrew 嗎？" 如果人們只是出於好奇偶爾點擊 Andrew 的個人資料，系統會在隨後的搜索中進一步提升 Andrew 出現的機會。

我們可以提出許多範例，大家可能也看過相關的新聞報導。使用人工智慧和機器學習代替基於規則的系統，主要困難在於缺乏透明度。部分原因是演算法和資料屬於商業機密，所以這些公司不太可能公開接受公眾審查，即使他們這樣做了，通常也很難識別導致歧視性決策的演算法是哪一部分以及影響的資料元素有哪些。

生成式 AI 的偏見風險

生成式 AI 在文本、圖像與教育等領域迅速普及，但其訓練基礎多為網路資料，容易延續甚至放大既有的性別、種族與文化偏見。

以 ChatGPT 為例，研究指出它可能在回應中重複社會刻板印象，如將「領導者」連結到男性特質，忽視多元觀點。AI 繪圖工具（如 DALL‧E）則可能將「醫生」繪成白人男性、「清潔員」描繪為有色人種女性，反映訓練資料的不平等。此外，教育領域中也愈來愈多自動評分與內容生成工具被導入，但若未妥善設計，生成式 AI 容易誤判學生的表現或能力，使評量失去公平性。因此，應從資料來源、訓練過程到應用設計，全程納入偏見檢測與多元視角，才能確保這些工具不成為強化不平等的助力。

實際上，開發人員編寫和設計演算法，使用的是訓練資料而不是程式碼，也就是「資料就等同於程式碼」，你提供的資料品質越好，電腦的學習效果就越好。因此，如果你正在打造一套決定誰能夠獲得房貸及學貸，或是誰應該被定罪的人工智慧系統，它可能會加劇人類和當今社會已經存在的種族歧視。因為會用現實上大量已經發生的資料來訓練，所以當 AI 模型是建立在一個不公平的資料集上進行訓練，那在收入及信用評分等相同情況下，黑人借款人被 AI 拒絕貸款的比例將會很高。

　　若要建立降低傷害的人工智慧系統，那就應該多包含那些最有可能受到系統傷害的弱勢族群觀點。我們應該盡可能地擁有多元化視角，對於人工智慧的發展將會非常重要。因此我們需要更多女性、更多膚色、更多不同文化背景的族群來帶入不一樣的觀點，以及我們該如何著手處理這些問題的想法與做法，無論是使用任何技術或資料，必須從一開始就考慮公平和道德問題。

10.2 隱私 (Privacy)

許多科技公司會利用各種方式收集有關其用戶的大量資訊。以往主要是賣場和其他零售商會透過結帳時要客戶提供會員卡，藉此收集購買資料。商店因此能夠將購買商品、購買時間與客戶關聯起來。但是，這一類型的資料記錄還不算是人工智慧，只是傳統收集資料的方法之一。而現在盛行的人工智慧使用，給我們的隱私帶來了新的威脅，即使您已經很小心地保護自己的身份或資訊，也可能很難避免這些威脅。

人臉辨識用於校園管理

有部分學校使用人臉辨識技術來管理學生，該技術每 30 秒掃描一次教室內的學生，記錄學生的面部表情，還記錄學生的一些行為，例如寫作、閱讀、舉手、滑手機、聊天或是睡覺，希望藉此有助於追蹤學生出席率及學習成效，也幫助教師改進教學方法。雖然該技術在幫助授課教師提高學生參與度也許有用，但也很容易不小心被用於監視學生，雖然該校宣稱學生的隱私會受到保護，因為該技術不會保存其影像在雲端，而是將資料儲存在校內伺服器。但無論儲存在哪裡，相信大家都會認為這些學生的隱私已受影響。

人臉辨識用於校園管理

中國使用人臉辨識技術於「智慧教室行為管理系統」應用
https://www.youtube.com/watch?v=k39oR2fLFPg

人臉辨識用於預防犯罪

倫敦警察在倫敦的不同地區試用人臉辨識技術，使用攝影機掃描路人並與監視名單上來進行匹配。一名東倫敦男子因為在人臉辨識攝影鏡頭前遮臉而被警察攔下，警方立即對他處以行為不檢而被罰款 90 英鎊，雖然該男子表示不服及抗議但還是被開了罰單。而隱私權組織 Big Brother Watch 的主管 Silkie Carlo 向一名警官提出抗議，她認為英國法律中沒有任何地方使用 " 人臉辨識 " 這個詞，警方使用人臉辨識技術是沒有法律依據。他們不應該法律限制，沒有政策及沒有監管。它同時認為這樣的舉動不僅侵犯人民隱私，也侵犯了人民的權利。如果這樣的情形發生在我們的社會，大家會有什麼樣的想法呢？

人臉辨識用於預防犯罪

倫敦利用人臉辨識技術於預防犯罪
https://www.youtube.com/watch?v=0oJqJkfTdAg

　　機器學習需要給予大量的真實資料，才能發揮實際的效用，而這些資料也許對我們來說很敏感，像是與健康或是財務等相關資訊，都是非常私人的資料。如何在這一波 AI 浪潮下，同時兼顧大數據分析和資料隱私，個人資料去識別化就變得非常重要。所謂**去識別化 (de-identification)** 就是透過一些合理步驟，使得資料不再與特定個人有任何連結。因此就像對任何科技一樣，我們都需要進行確認並控制，以確保科技是用來幫助我們，並在符合法律下進行。

　　即使不是每個人都是開發者，若能多了解並親身體驗人工智慧等科技的發展與運作，將對生活帶來實質幫助，也能提升相關素養。目前人工智慧正處於第三波發展的起步階段，具有極大潛力。如果你正年輕，或剛開始接觸這個領域，很可能正站在這波科技浪潮的前線。

10.3 問責制 (Accountability)

由於人工智慧系統並非是完美無缺,當然也會有失控或出錯的時候。那當人工智慧犯錯時,誰應該負起責任呢?使用者、創造者或是供應商?例如一個由微軟設計模仿青少年的聊天機器人,在網路上發布後數小時內就開始發布種族主義仇恨言論,微軟雖然立即下架了此聊天機器人,但相關傷害已經造成。另外像是上一小節所提到的英國倫敦警察用來做犯罪偵查,但若是因辨識錯誤而抓錯人,那相關的責任又在哪裡?目前雖然還不清楚誰應該負最終責任,但專家們已經開始討論並有了一些初步想法。

我們另外舉幾個在不同 AI 技術下所造成的問責問題,提供各位讀者參考:

影像辨識 (Image Recognition)

在阿姆斯特丹市,為了使城市保持宜居和交通便利,所以允許在城市停放的汽車數量是有限的,同時停車位監控系統有部分是利用 AI 技術進行自動化,來協助市政當局檢查停放的汽車是否有權停放,例如停車費已透過停車計時器或應用 APP 支付,或者因為車主有停車許可證則可以停車。而整個執法是在配備攝影機的汽車掃描幫助下完成,使用特定的掃描設備和基於人工智慧的影像識別服務,來自動執行車牌識別及背景調查,並在該市 15 萬個街道停車位當中進行使用。

阿姆斯特丹市透過配備攝影機的汽車進行執法
(Algorithm Register)

此服務主要遵循三個步驟：

1. 裝有攝影鏡頭的掃描汽車行駛在城市中，並使用影像識別軟體掃描後識別周圍汽車的車牌。
2. 識別後，根據荷蘭國家停車登記處來檢查車牌號，以驗證此汽車是否有權在給定位置停車。一旦未支付當前停車費，此案例就會被發送給停車檢查員進行進一步處理。
3. 停車檢查員跟據掃描圖像進行遠程評估看是否存在特殊情況，例如是裝卸貨的汽車。停車檢查員也可以至現場進行確認。只要沒有正當理由而停車不付費，就會發出停車罰單。

但是演算法也可能出現錯誤或存在偏見而造成危害。例如，掃描系統可能會出現故障或辨識錯誤，造成罰單開錯。在這些情況下誰應該承擔責任，而且是基於什麼理由呢？儘管演算法本身不會被追究責任，因為它們不是道德或法律代理人，但設計和部署演算法的組織可以透過治理結構被視為需要在道德上負責。因此，以阿姆斯特丹市而言，由停車檢查員做出最終決定那就必須承擔責任。然而，有一天若連停車檢查員也被演算法取代時，那麼誰又應該承擔責任？

深偽技術 (Deepfakes)

隨著人工智慧視覺處理技術愈發進步，圖片及影像的篡改也更加普遍，甚至使人難以分辨其真偽，其中又以**深偽技術 (Deepfakes)** 最近受到許多人重視，主要是因為相關名人被有心人士不當使用 Deepfakes 技術進行換臉，尤其是用在許多不雅的色情或發布假消息用途上。

所謂深偽技術 Deepfakes 就是使用 "深度學習 (Deep Learning)" 進行 "偽照 (Fakes)" 的混合詞，是一種將視訊、圖像及聲音進行人工合成的技術。主要有兩個方式可達到，一個是自動編碼器 (AutoEncoder) 技術，另一個則是生成對抗網路 (Generative Adversarial Network, GAN) 技術，兩者都是 AI 深度學習的應用技術。

大家可以拜訪 CNN 的網站進行測試（如下圖），看你是否可以看的出來哪一個影片是深度偽造 (Deepfakes)。

看的出來哪一個影片是深度偽造 (Deepfakes)

正確答案是右邊影片是深度偽造的，您看得出來嗎？

目前深度偽造的效果愈來愈逼真，造成許多國家嚴重的問題，例如社會治安、政治假消息以及色情問題。此種 AI 技術因對於社會及被偽造之當事人權益影響重大，進而引起美國立法者的極度重視，也因此美國眾議院提出「深度偽造究責法案」，要求製作和流通者應該在相關內容加上浮水印或標示，自我揭露此影片、照片或音訊是人造的，否則最高得處 5 年以下有期徒刑，藉此希望能

10-11

進一步遏止這些嚴重問題,雖然許多人不看好其成效,但畢竟這是一個重要的開始。

自動駕駛

自動駕駛汽車是一種能夠感知環境,在很少或幾乎沒有人為干預的情況下可以自行駕駛移動的車輛。為了讓車輛安全行駛並了解其駕駛環境,汽車上的無數不同傳感器需要一直獲取周遭大量資料,然後提供給車輛的自動駕駛電腦系統進行處理。自動駕駛汽車還必須進行大量的訓練,以了解它收集的資料所代表的意義,並能夠在各種可以想像得到的交通情況下做出快速且正確的決定。

由於我們每個人每天都會做出各種的道德決定,例如當司機選擇猛踩剎車以避免撞到亂穿越馬路的人時,司機可能瞬間是將風險從行人轉移到車內人員所做的道德決定。想像一下,一輛剎車已經壞了的自動駕駛汽車全速駛向一位爺爺和一位小孩,只要行駛路線稍微偏離一點,其中一位行人就可以得救。這一次,做出決定的不是人類司機,而是汽車的演算法。這時候你會選擇誰,爺爺還是小孩?亦或者是其他選擇?你認為只有一個正確答案嗎?不,這是一個典型的道德困境,顯示了道德在技術發展中的重要性,我們會在本章節的動手做做看,帶大家去模擬各種自動駕駛所遇到的道德情境。

現在我們回來繼續討論,如果自動駕駛汽車傷害了行人,那應該由誰來負責呢?硬體的製造商(像是汽車用來感知環境的傳感器)?汽車上決定路徑的軟體開發者?允許自動駕駛汽車上路的政府?還是購買這輛車的車主?這是一個複雜的問題,也是各個國家在開發自動駕駛汽車時必須更為審慎面對的議題。

自動駕駛

10.4 工作 (Job)

在這一波人工智慧浪潮之前，自動化已經對許多工作造成很大的影響。隨著人工智慧的興起，我們現在可以自動化的事情，突然比以前多了更多，對就業問題產生加速的影響，因此很多人擔心有多少工作將會被取代？以及有多少個新工作會被創造？

麥肯錫全球研究院 (McKinsey Global Institute) 在一項有關人工智慧對全球自動化和工作的未來影像報告中提到，到 2030 年某些職業將大幅減少，也就是自動化將取代一些工人，尤其是在 2016 年至 2030 年期間，約 4 億到 8 億的工作機會可能會被人工智慧自動化所取代，這是一個非常大的數字。但在同一份報告中也提到，因人工智慧所創造的就業機會，在 2030 年前，會出現全球勞動力 21% 至 33% (約 5.55 億至 8.9 億個工作機會) 的額外勞動力需求，遠遠抵消了失去的工作機會數量 (如下圖)。全球著名會計顧問公司 PwC 同時也做了相關研究，在 2030 年前，光是美國估計約有 1600 萬個工作會被取代，沒有人可以確定到 2030 年前會發生什麼，但可以確定的就是對全球工作是有巨大影響的。

到 2030 年將被取代的工作	到 2030 年創造的就業機會
400-800 mil	555-890 mil

Source：McKinsey Global Institute - 麥肯錫全球研究院

2030 年前因為 AI 技術被取代的工作以及創造出來的工作

隨著人工智慧技術愈來愈好，部分自動化將變得更加普遍，許多工作崗位發生了變化，並且工作崗位的變化將超過失去或獲得的工作崗位。一定會有很多人想知道，這些研究機構是如何估計有多少個工作可能被取代？其中一個常見的方法，就是先針對某一份工作，想一想組成此工作的任務有哪些，例如您可能會看看倉儲業搬運物品員工的工作、放射科醫生的工作或計程車司機的工作，然後對於這些工作內容想想會有那些任務，並評估每個任務是否可透過人工智慧來實現自動化。如果一份工作中許多主要任務是可以高度自動化的，那工作被取代的風險相對是更高的。

PwC 對 29 個國家或地區進行研究調查，在 2030 年前針對一些行業，因人工智慧技術而可以高度自動化所受的影響及風險。以美國為例（如下圖所示），短期內自動化對所有教育水平的工人的影響可能很小，但從長遠來看，教育水平較低的人可能更容易被機器取代。當然對不同產業及國家也會有不同的資料調查，但都值得我們重視。尤其是政府和企業需要通力合作，透過在職訓練和職務轉變來幫助員工適應這些新技術。

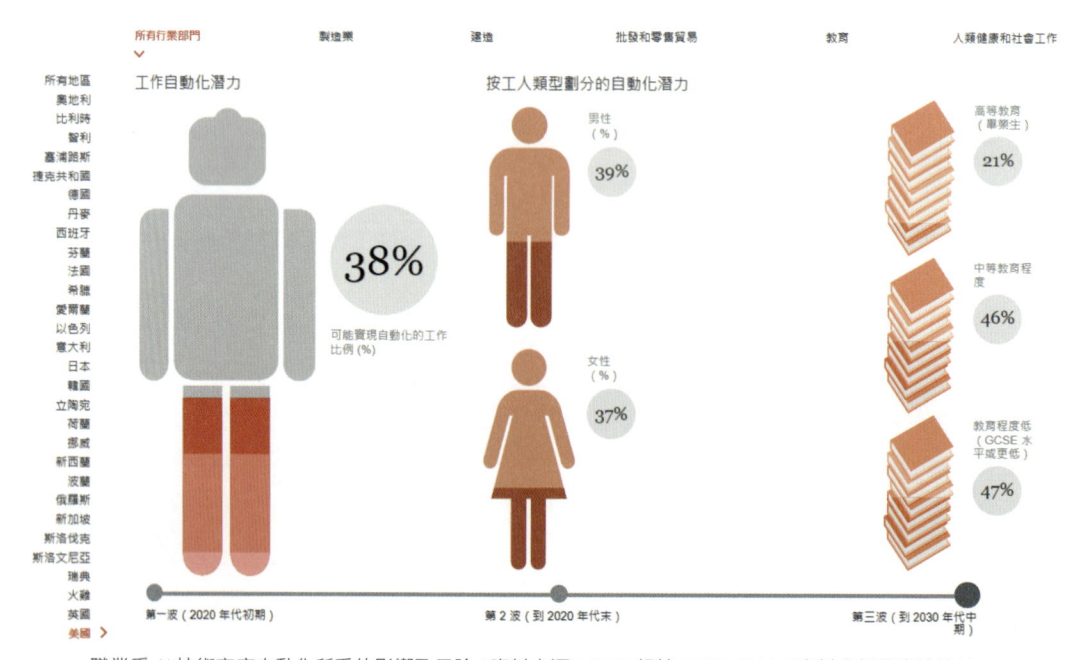

職業受 AI 技術高度自動化所受的影響及風險 (資料來源：PWC 根據 OECD PIAAC 資料分析得出的估計)

10-14

經濟學人引用經濟合作與發展組織 (OECD) 的研究資料，發現在 32 個國家 / 地區中有 14% 的工作非常脆弱，另外至少有 70% 的機會實現自動化，也就是這些國家及地區約有 2.1 億個工作崗位面臨風險 (如下圖)。

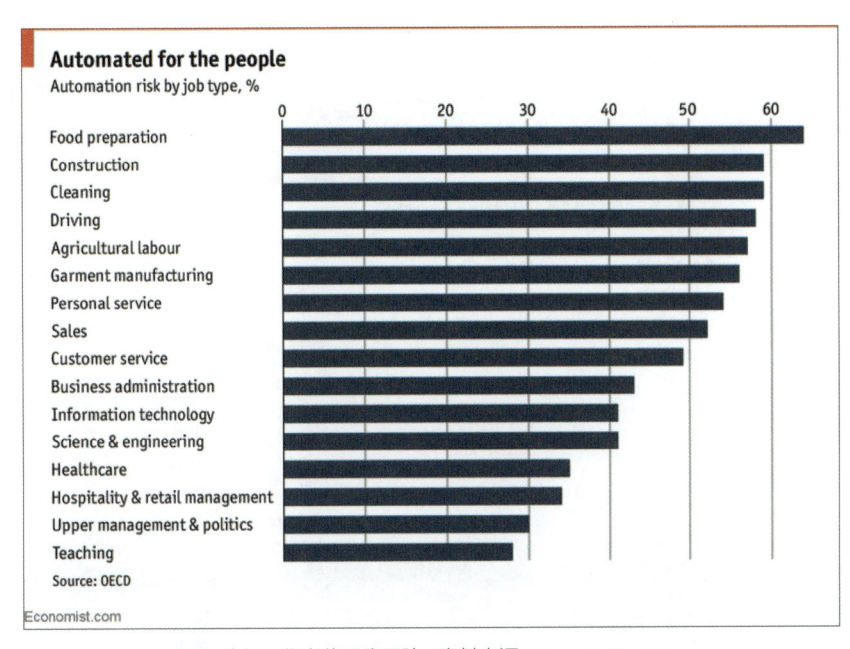

Automated for the people
Automation risk by job type, %

Job type	Risk (%)
Food preparation	~63
Construction	~58
Cleaning	~57
Driving	~57
Agricultural labour	~56
Garment manufacturing	~55
Personal service	~55
Sales	~50
Customer service	~48
Business administration	~43
Information technology	~42
Science & engineering	~42
Healthcare	~37
Hospitality & retail management	~35
Upper management & politics	~33
Teaching	~28

Source: OECD
Economist.com

2.1 億個工作崗位面臨風險 (資料來源：Economist.com)

　　上述所做的調查可以知道自動化將會因行業而異，也由於相關人工智慧技術及演算法可以帶來更快、更有效的分析和評估，所以從長遠來看，自動駕駛汽車的發展可能意味著運輸部門受到的影響最大，但較為依賴社交技能和人際互動，像健康醫療等領域的影響可能相對較小。人工智慧和機器人將在未來的醫療保健中發揮重要作用，但重要的是與人類醫生和護士一起工作，而不是取代他們。例如，高精度讀取診斷掃描的人工智慧演算法將可以幫助醫生診斷患者病例並確定合適的治療方法。下圖所示，台北榮民總醫院就提供了非常多的 AI 輔助門診 (如下圖) 來協助醫生而非取代醫生。

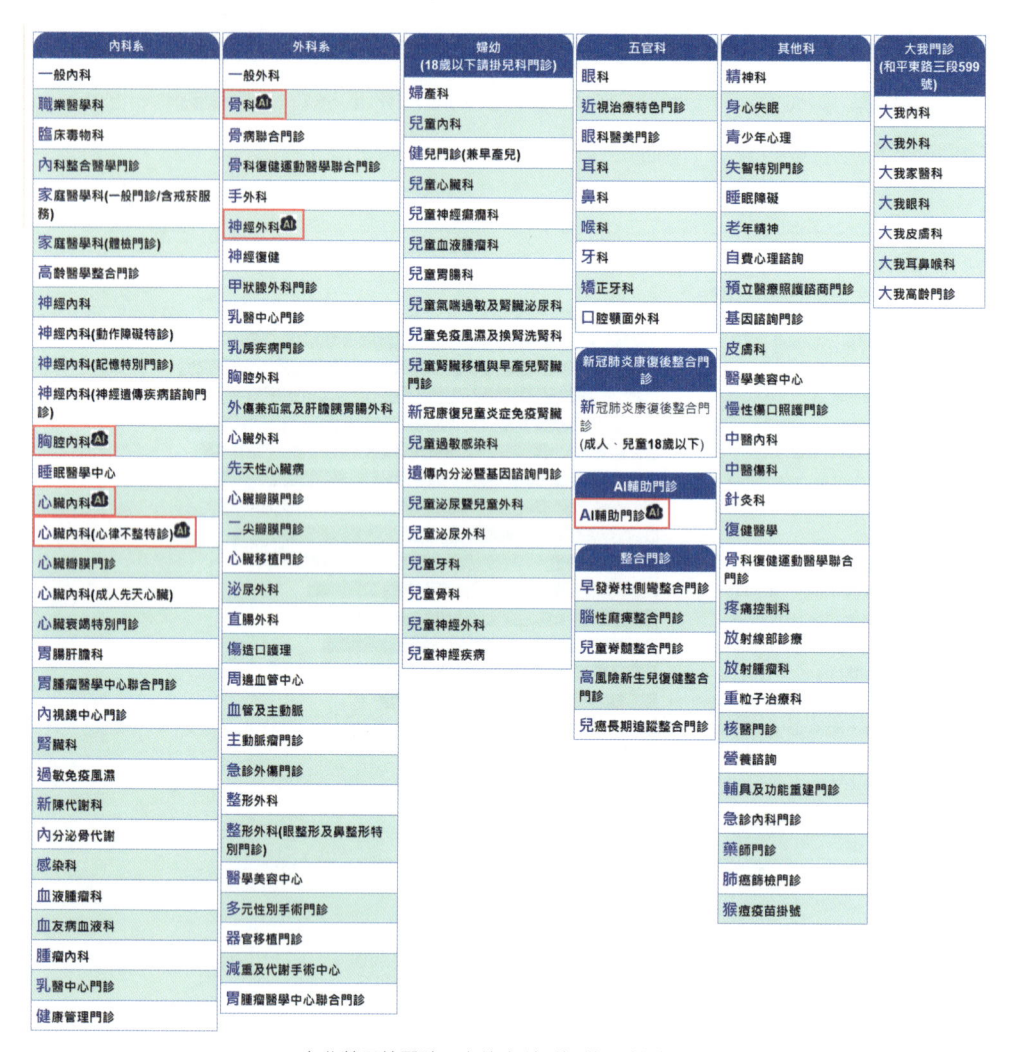

內科系	外科系	婦幼(18歲以下請掛兒科門診)	五官科	其他科	大我門診(和平東路三段599號)
一般內科	一般外科	婦產科	眼科	精神科	大我內科
職業醫學科	骨科 AI	兒童內科	近視治療特色門診	身心失眠	大我外科
臨床毒物科	骨病聯合門診	兒童內科	眼科醫美門診	青少年心理	大我家醫科
內科整合醫學門診	骨科復健運動醫學聯合門診	健兒門診(兼早產兒)	耳科	失智特別門診	大我眼科
家庭醫學科(一般門診/含戒菸服務)	手外科	兒童心臟科	鼻科	睡眠障礙	大我皮膚科
家庭醫學科(體檢門診)	神經外科 AI	兒童神經癲癇科	喉科	老年精神	大我耳鼻喉科
高齡醫學整合門診	神經復健	兒童血液腫瘤科	牙科	自費心理諮詢	大我高齡門診
神經內科	甲狀腺外科門診	兒童胃腸科	矯正牙科	預立醫療照護諮商門診	
神經內科(動作障礙特診)	乳醫中心門診	兒童氣喘過敏及腎臟泌尿科	口腔顎面外科	基因諮詢門診	
神經內科(記憶特別門診)	乳房疾病門診	兒童免疫風濕及換腎洗腎科		皮膚科	
神經內科(神經遺傳疾病諮詢科)	胸腔外科	兒童腎臟移植與早產兒腎臟門診	新冠肺炎康復後整合門診	醫學美容中心	
胸腔內科 AI	外傷兼疝氣及肝膽胰胃腸外科	新冠復兒童炎症免疫腎臟	新冠肺炎康復後整合門診(成人、兒童18歲以下)	慢性傷口照護門診	
睡眠醫學中心	心臟外科	兒童過敏感染科		中醫內科	
心臟內科 AI	先天性心臟病	遺傳內分泌暨基因諮詢門診	AI輔助門診	中醫傷科	
心臟內科(心律不整特診) AI	心臟瓣膜門診	兒童泌尿暨兒童外科	AI輔助門診 AI	針灸科	
心臟瓣膜門診	二尖瓣膜門診	兒童泌尿外科		復健醫學	
心臟內科(成人先天心臟)	心臟移植門診	兒童牙科	整合門診	骨科復健運動醫學聯合門診	
心臟衰竭特別門診	泌尿外科	兒童骨科	早發脊柱側彎整合門診	疼痛控制科	
胃腸肝膽科	直腸外科	兒童神經外科	腦性麻痺整合門診	放射部診療	
胃腫瘤醫學中心聯合門診	傷造口護理	兒童神經疾病	兒童脊髓整合門診	放射腫瘤科	
內視鏡中心門診	周邊血管中心		高風險新生兒復健整合門診	重粒子治療科	
腎臟科	血管及主動脈		兒癌長期追蹤整合門診	核醫門診	
過敏免疫風濕	主動脈瘤門診			營養諮詢	
新陳代謝科	急診外傷門診			輔具及功能重建門診	
內分泌骨代謝	整形外科			急診內科門診	
感染科	整形外科(眼整形及鼻整形特別門診)			藥師門診	
血液腫瘤科	醫學美容中心			肺癌篩檢門診	
血友病血液科	多元性別手術門診			猴痘疫苗掛號	
腫瘤內科	器官移植門診				
乳醫中心門診	減重及代謝手術中心				
健康管理門診	胃腫瘤醫學中心聯合門診				

台北榮民總醫院已有許多科別提供 AI 輔助門診

所以人工智慧是應用在任務 (Task) 上，而不是針對人們的工作 (Job)，所以會被取代的主要是任務而不是工作。

10.5 動手做做看

本章節將帶領大家體驗兩個充滿趣味與啟發性的互動活動。首先，我們將探索由麻省理工學院所開發的「道德機器 (Moral Machine)」，這是一項針對自動駕駛汽車在面臨道德兩難情境時，所進行的大型全球實驗。在遭遇兩難的情況下你會做出怎樣的決定。

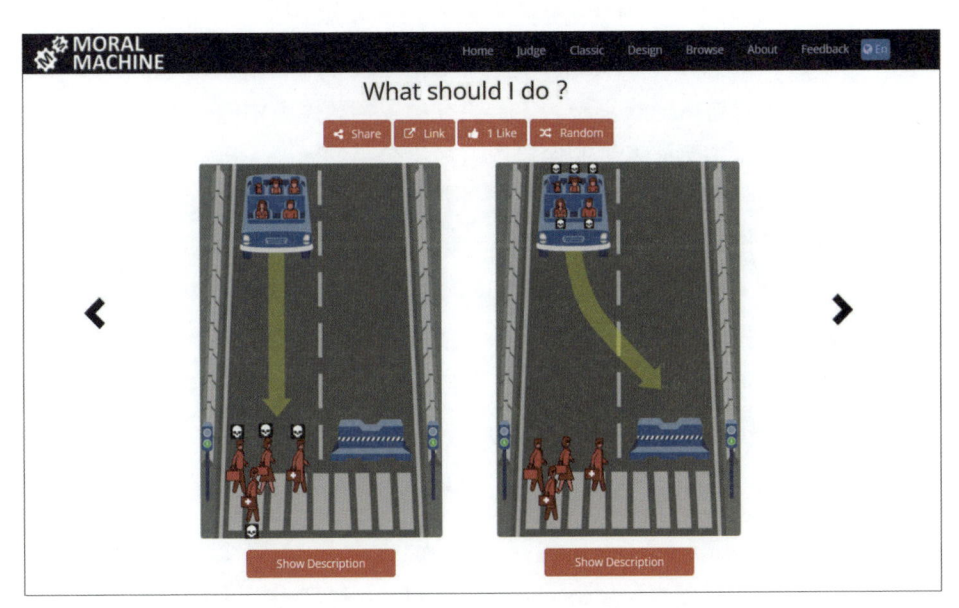

道德機器 (Moral Machine)

接著，我們將參與一款曾榮獲 Mozilla 基金會創意媒體獎 的線上 AI 互動遊戲，透過模擬招聘流程，揭示人工智慧在現實應用中可能出現的 偏見 (bias) 問題，幫助玩家理解 AI 系統如何延續甚至放大人類的偏見與歧視。

此外，也推薦讀者體驗由非營利組織 Code.org 推出的環保教育互動課程《AI for Oceans》。這是一個兼具學習與公益價值的 AI 遊戲，透過分類垃圾與保護海洋的任務，讓玩家在認識人工智慧與機器學習基本概念的同時，深入思考偏見對生態與社會可能造成的影響。詳細介紹可參見：https://simplelearn.tw/ai-for-oceans/

這三個活動不僅能激發思辨，也讓我們以更具批判性的視角看待 AI 技術在現實世界中的應用與影響。

活動：最適者生存？
AI 招聘的公平性挑戰

《Survival of the Best Fit》是一個以模擬招聘場景為主題的互動網站，透過遊戲形式呈現人工智慧在員工招募過程中的運作模式，並揭示其中可能產生的偏見風險與不公平的問題。玩家會扮演一位新創公司執行長，必須在投資者的壓力下迅速招募人才。隨著遊戲進行，玩家會因人力不足而轉向使用人工智慧（AI）系統來協助招聘。然而，系統最終卻因為不自覺地複製人類的偏見，導致招聘過程出現明顯的歧視現象，並引發嚴重的後果。本活動將透過生動有趣的情境，讓玩家在短短幾分鐘內親身體驗並了解人工智慧偏見是如何形成與擴大的。

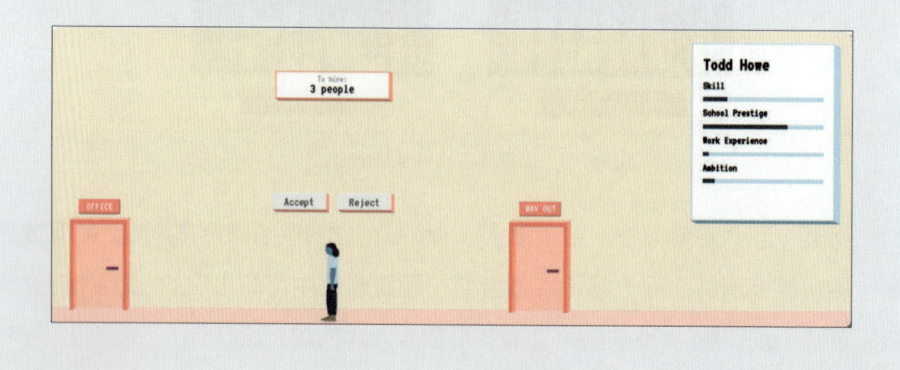

活動目的：本活動希望透過互動遊戲，讓參與者理解人工智慧在招聘過程中可能產生的偏見與歧視，並從中學習：

- 演算法如何複製人類偏見，進而理解演算法公平性的重要性
- 引導玩家思考當 AI 介入人類決策時，誰該負責
- 促進批判性思考與啟發多元觀點

活動網址：https://www.survivalofthebestfit.com/

使用環境：桌上型電腦或筆記型電腦

STEP 1 進入網站

進入官方網站後，畫面會顯示故事背景：您的新創公司剛獲得創投 100 萬美元的投資（來自 Orange Valley Ventures 橘谷創投），準備擴大經營並招募新的工程師。閱讀開場說明後，點擊畫面中的「Start Game」開始模擬招聘流程。

注意：遊戲採用像素風格介面，各階段之間會有簡短的說明或故事對話。建議開啟裝置的聲音（遊戲右下角有音量開關）以獲得完整的體驗。

STEP 2　介面導覽與互動方式說明

活動透過動畫模擬招聘場景，其中包含多種互動元素：

◇ **候選人履歷查看**：畫面下方呈現候選人（以藍色或橘色呈現），點擊任一候選人圖像或履歷圖示可查看該候選人的履歷摘要，包含姓名及幾項關鍵要素的長條圖評分。

◇ **決策按鈕 (Accept/Reject)**：玩家可根據履歷點選錄取或拒絕。畫面上方顯示需錄取人數與剩餘時間，以提醒玩家招聘目標和時間壓力。請注意時間限制可能會影響您能審閱的履歷數量（模擬投資人催促下的招聘壓力）。

◇ **新聞動態 (News Feed)**：後續階段介面頂部有一個新聞跑馬燈，會即時顯示與您公司招募情況相關的新聞標題。例如早期可能看到「Algorithms are the Next Big Thing」(演算法是下一個大趨勢) 等樂觀報導，後期則可能出現質疑演算法招聘的新聞 (如某評論報導 AI 招聘是否公正)。透過新聞快訊，玩家可以從側面了解外界對公司招聘策略的反應。

◇ **電子郵件互動**：遊戲中會接收模擬郵件 (如同事建議使用 AI 招聘)，玩家可選擇回覆或執行指示，有時須點選附件完成任務。

◇ **資料集檢視 (Dataset Inspector)**：玩家可比對錄取與未錄取候選人的履歷，找出決策偏誤的線索，並完成任務提示 (如查明某人遭拒原因)。

◇ **階段分析與反饋**：每個階段結束或關鍵情節後，遊戲會跳出提示或分析畫面 (以對話或簡報形式呈現)。例如，在算法部署後發現問題時，系統會以對話框方式請玩家從圖表中判斷錄取/拒絕決策的差異 (按藍色人與橘色人的分類)。

了解上述操作說明後，即可正式體驗遊戲各階段，並依畫面提示進行互動與任務解決。

STEP 3 互動流程說明

階段一：人工面試與履歷篩選

玩家扮演一家新創科技公司的執行長兼招聘經理，剛獲得第一筆創業資金，需要在擴張公司規模前招募多位工程師。此階段的介面會出現一列求職者角色站成一排，玩家可以點擊每位候選人的簡歷 (CV) 卡片來查看其資訊，例如姓名、技能 (Skill)、學校聲望 (School Prestige)、工作經驗 (Work Experience)、抱負 (Ambition) 等指標。

根據這些簡歷資訊，玩家必須對每位候選人點選「Accept」(錄取) 或「Reject」(拒絕) 的按鈕來做出雇用與否的決定。

在這個人工篩選過程中，玩家需要招滿特定人數的員工後才能進入下一關。最初階段沒有時間壓力，讓玩家可以體驗傳統人工審閱履歷的過程。

階段二：招募加速與壓力提升

隨著遊戲情節推進，玩家的投資人開始施壓，要求更快地雇用足夠的人才以促進公司成長。

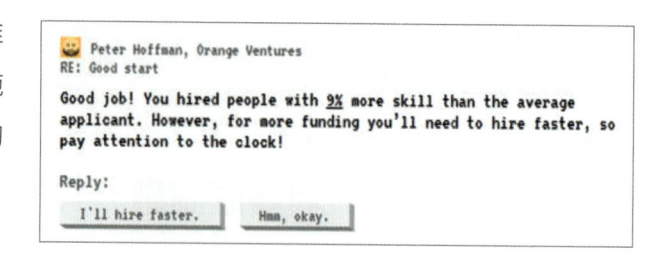

此時遊戲會提高難度：可能以縮短可用時間或增加同時出現的候選人數量的方式，模擬玩家在嚴苛時程下無法從容逐一審閱履歷的困境。在畫面上方會顯示剩餘時間倒數和尚需聘僱的人數目標，玩家必須在時間耗盡前達成任務。由於人力有限又時間緊迫，玩家往往會感到應接不暇，難以及時完成招聘目標，從而體驗到現實中人資主管在人手不足時的壓力。

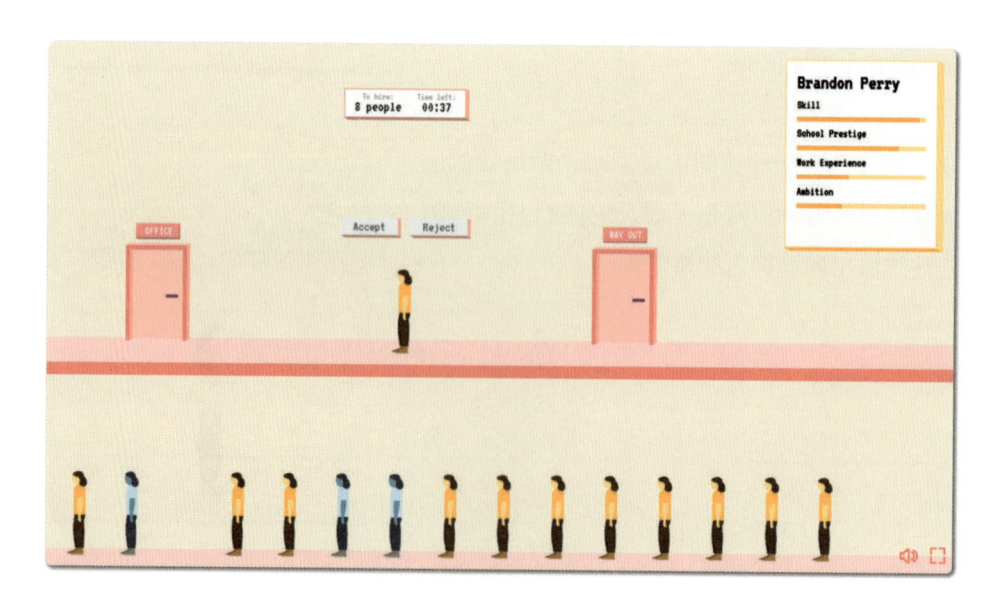

這一關卡把玩家推向失敗邊緣，為後續引入自動化方案埋下伏筆。

階段三：引入演算法自動選才（開發與部署）

隨著公司成長，投資人要求加快招聘速度。玩家將收到公司工程師的電子郵件，建議用機器學習演算法來自動篩選履歷。在郵件對話中，玩家可點擊提供的選項詢問細節（例如「演算法如何運作？」）或直接同意嘗試。工程師解釋會將玩家先前人工挑選的結果作為樣本，讓電腦學習如何「像您一樣」做招聘決策。隨後，工程師請您提供先前所有應徵者的履歷資料 cv_all.zip（點擊郵件附件上傳資料），以便用這些人力資源數據訓練模型。此外，因為僅靠您公司的資料不足以支撐機器學習，系統會要求您選擇一家大型科技公司的資料庫來補充訓練集（例如 Google、Apple 或 Amazon 三選一）。玩家點選其中一個公司名稱後（例如 Google），系統即開始整合資料並訓練演算法（如下圖）。

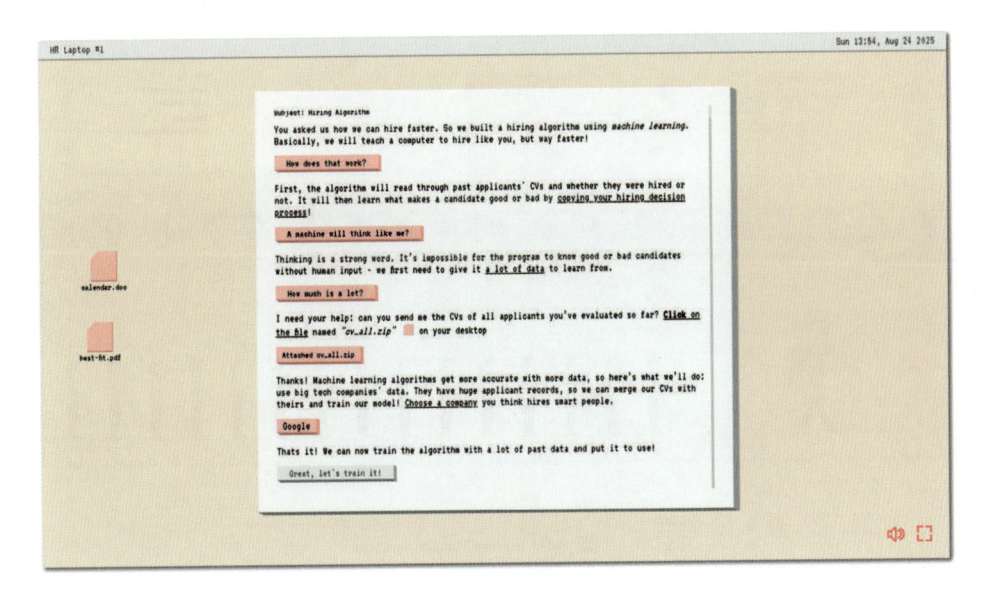

最後，工程師來信通知：「演算法已訓練完成，您的招聘工作現在自動化了！」表示自動選才系統已上線運作。

從劇情角度來看，玩家此時等於批准了以自己過去決策為模板的 AI 招聘系統上線，準備觀察其表現。

階段四：演算法自動招聘與問題浮現

演算法上線後，遊戲進入自動化招聘階段。此時畫面會出現機械化的履歷傳送帶與分類系統：候選人資料經由演算法處理，被快速地歸入「錄取」或「淘汰」兩類。由於電腦篩選速度遠高於人工，玩家可以看到招聘人數迅速達標，投資人一開始相當滿意。

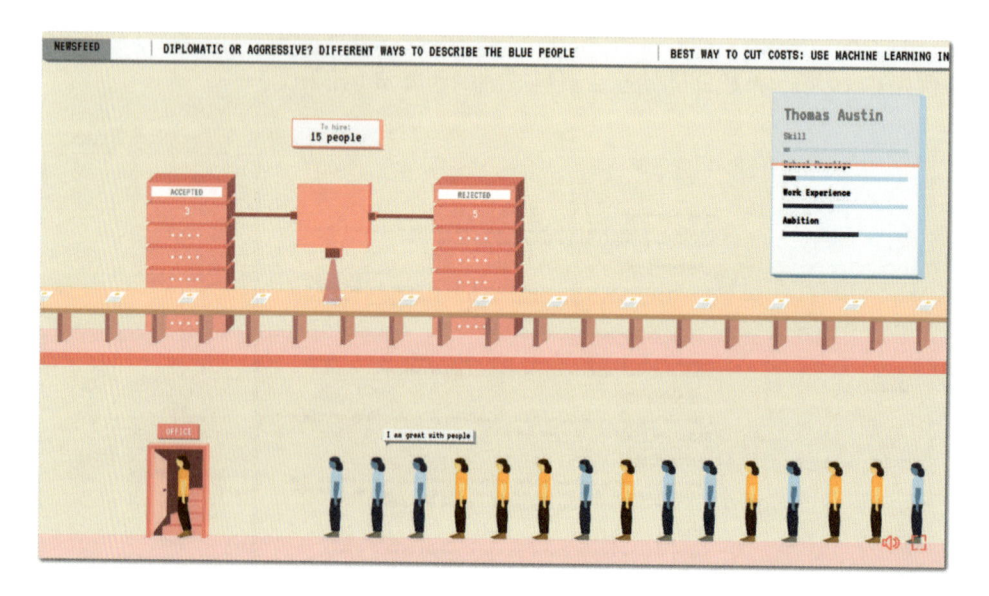

然而不久後，公司開始收到異常反饋：一些高資歷的應徵者被演算法拒絕，他們發來抱怨郵件質疑選才的公平性。

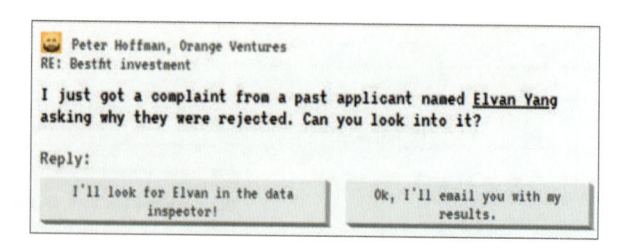

10-24

緊接著，新聞媒體也關注此事，新聞快訊欄出現報導指出您的 AI 招聘系統涉嫌對某些求職者存在偏見（例如對特定城市出身的候選人特別不利）。

隨著投訴累積，公司的投資者也開始質疑公司的做法並發出電子郵件詢問情況，甚至暗示若問題不解決將撤資。玩家此時需要回應相關郵件（通常選擇回覆「OK」確認收到）並著手調查演算法的問題。

階段五：資料檢視與偏差調查

為了解決問題，遊戲進入資料檢視（Dataset Inspector）階段。玩家面對一個屏幕，上面有已錄取與已拒絕兩欄候選者名單，以及一個供檢視履歷的面板。系統給出的任務是「找出 Elvan Yang 被拒絕的原因」。玩家需要在兩邊名單中點選不同的姓名來比對他們的履歷資訊，例如學歷背景、經驗和（隱含的）屬性。通過仔細比對錄取者與遭拒者，可以發現一個明顯的模式：演算法拒絕了一些條件不錯但具有特定共通特質的候選人。

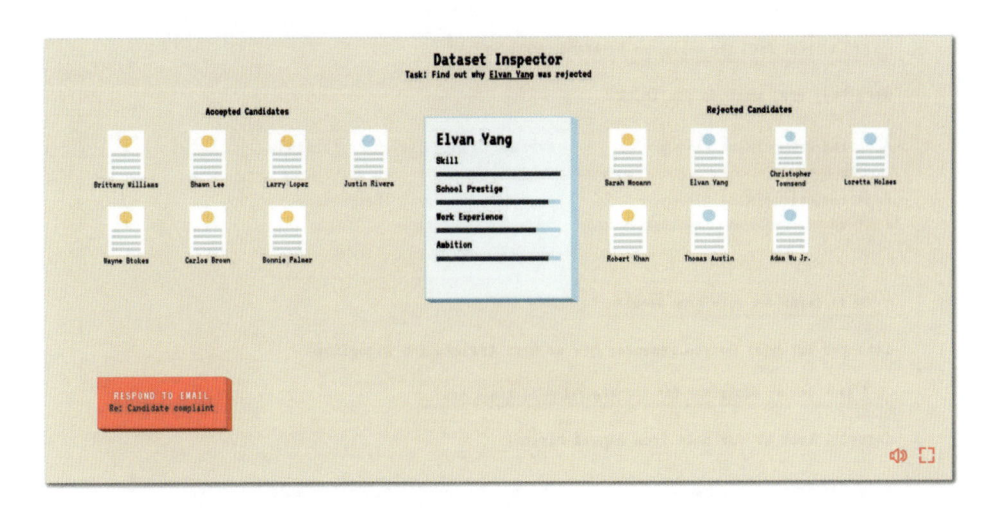

在遊戲劇情中，線索逐漸指向候選人的顏色身份。例如，Elvan Yang 這位求職者的履歷看似不差，但因為他屬於藍色陣營而遭淘汰；反觀許多橘色人候選者較容易被錄取，即使有些履歷未必更優。玩家若沒有立即察覺，遊戲也會在稍後的對話分析中提示這一點。

階段六：結局與結果分析（經驗教訓）

　　在找出偏見來源後，遊戲進入最後的結果分析與結局說明階段。系統會以對話形式讓玩家和工程師一起回顧事件經過並分析原因。例如，工程師會將演算法錄取決策按藍色人和橘色人分類呈現，詢問玩家「你發現了什麼問題？」玩家可以選擇回答「我們淘汰了更多藍色人」或「這樣不算偏見」。緊接著，工程師會追問「還記得我們最初如何訓練演算法嗎？」並引導玩家回顧先前提供的數據。系統隨即展示玩家人工招聘階段的數據分析：例如玩家當初錄取的橘色人遠多於藍色人。玩家可以回答「我當時錄用了更多橘色人」或辯解「我確信自己沒有偏心！」。工程師接著指出：「我們應該先檢查這些數據。但履歷上並不直接標示顏色。」，這說明了偏見具有隱蔽性：即使履歷沒有明講種族或性別，模型仍可能透過其他變相學到那些資訊。

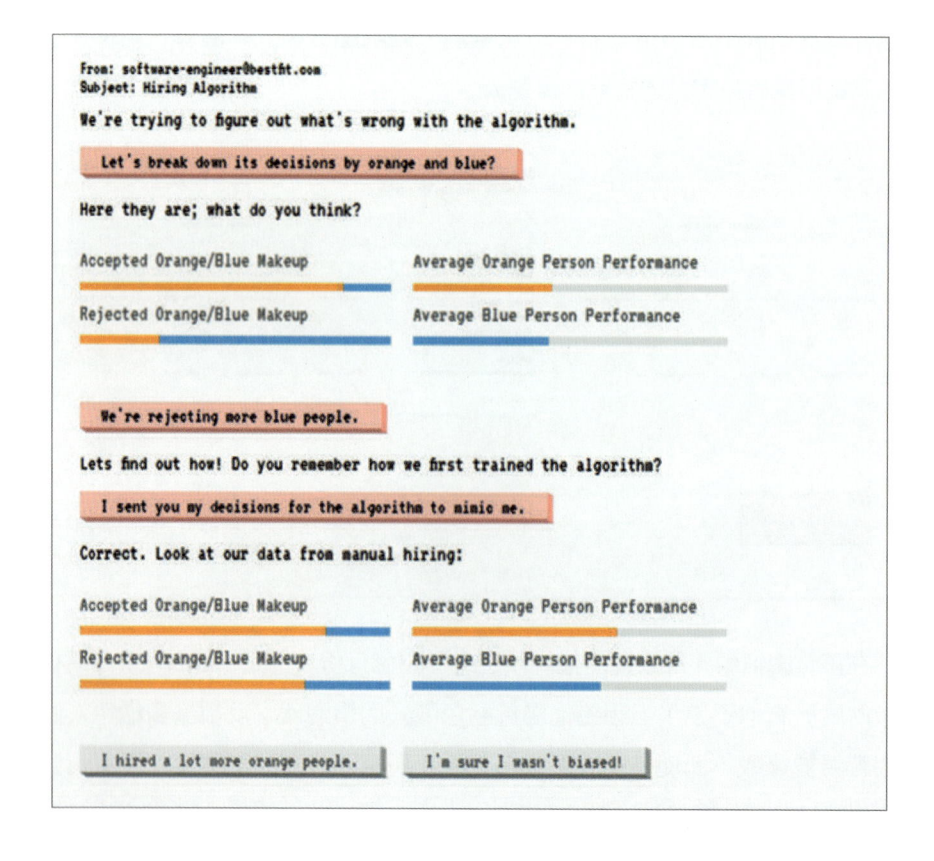

```
From: software-engineer@bestfit.com
Subject: Hiring Algorithm
We're trying to figure out what's wrong with the algorithm.

    [ Let's break down its decisions by orange and blue? ]

Here they are; what do you think?

Accepted Orange/Blue Makeup        Average Orange Person Performance
■■■■■■■■■■■■■■■□□                 ■■■■■■■■■□□□□□□□
Rejected Orange/Blue Makeup        Average Blue Person Performance
■■■■■■■□□□□□□□□                   ■■■■■■■■■■□□□□□

    [ We're rejecting more blue people. ]

Lets find out how! Do you remember how we first trained the algorithm?

    [ I sent you my decisions for the algorithm to mimic me. ]

Correct. Look at our data from manual hiring:

Accepted Orange/Blue Makeup        Average Orange Person Performance
■■■■■■■■■■■■■□□□                  ■■■■■■■■■□□□□□□□
Rejected Orange/Blue Makeup        Average Blue Person Performance
■■■■■■■□□□□□□□□                   ■■■■■■■■■■□□□□□

 [ I hired a lot more orange people. ]   [ I'm sure I wasn't biased! ]
```

接下來，工程師提醒玩家回顧大型公司資料集的影響——玩家選擇用來增強訓練的資料主要來自 Orange Valley（橘谷），而該地區歷史上科技業從業者以橘色人為主。也就是說，外部數據本身帶有結構性偏見，更進一步強化了模型偏好橘色人的傾向。最後，玩家與工程師總結經驗，認同「我們本應該更緊密合作、更小心謹慎」。

遊戲劇情在此告一段落：由於偏見導致的歧視指控，投資人撤資，公司最終倒閉。雖然公司的故事以失敗告終，遊戲的重點在於從中汲取教訓。

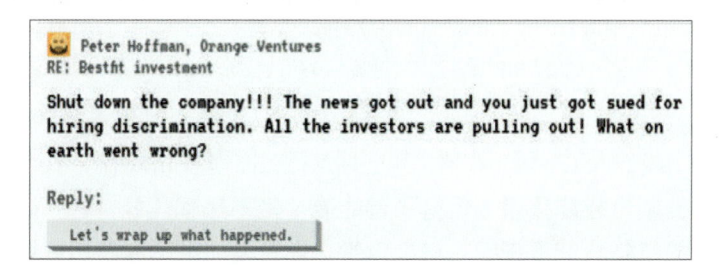

```
Peter Hoffman, Orange Ventures
RE: Bestfit investment

Shut down the company!!! The news got out and you just got sued for
hiring discrimination. All the investors are pulling out! What on
earth went wrong?

Reply:

   Let's wrap up what happened.
```

活動：道德機器 (Moral Machine)

假設在不久將來的某個上班時間，您坐在自動駕駛的車上看著 Netflix 的紙房子 (MONEY HEIST) 影集打發時間，突然間這輛車發生不明原因的故障，無法停下來，如果車繼續前進，將會遇到下面其中幾種狀況（如下圖），(A) 撞上過馬路的一群人，造成一群人嚴重死傷。(B) 將車突然轉向，只將車撞向路旁的一個人，犧牲了這一位路人但可以救過馬路的一群人。(C) 突然轉向去撞牆，撞毀後犧牲了車上的您，但卻能夠救剛剛這一群人。這台自動駕駛汽車應該怎麼做比較好？而且是由誰來做決定呢？

(A)　　　　　　　(B)　　　　　　　(C)

您會如何做決定呢？（圖片參考：(TED) Iyad Rahwan: What moral decisions should driverless cars make?)

現階段的人工智慧，本質上是一種進行機器學習 (Machine Learning) 的自動化智能程序，但有了智能後，是不是就代表「它」能為自己的行為負起責任呢？自動駕駛汽車最常討論的難題包含以下的兩種問題 (但不限於)：

- 當自動駕駛汽車必須從多個目標當中選擇撞上其中一者時，我們應該如何幫自動駕駛汽車制定「該撞哪一個目標」的規則？

- 自動駕駛汽車所帶來的任何傷亡，應該由誰負責以及擔負賠償與修復等責任呢？

這是一個困難的問題，但也是非常實際的問題，在科技進步與社會影響的議題上是必須被重視的。現在就讓我們一起到麻省理工學院 (MIT) 的道德機器 (Moral Machine) 平台，試著動手做做看，自動駕駛汽車必須在兩權相害取其輕的狀況下，您會如何做選擇。

活動目的：利用麻省理工學院 (MIT) 的道德機器 (Moral Machine) 平台來探討自動駕駛汽車所引發的道德問題。

活動網址：Moral Machine
(https://www.moralmachine.net/)

使用環境：桌上型電腦或筆記型電腦

STEP 1 選擇語系

進入道德機器的遊戲首頁，選擇要先看道德情境的敘述或是直接進行開始評斷的活動 (如下圖)。同時你可以選擇是英文環境或是中文環境 (目前只有簡體) 來進行活動。

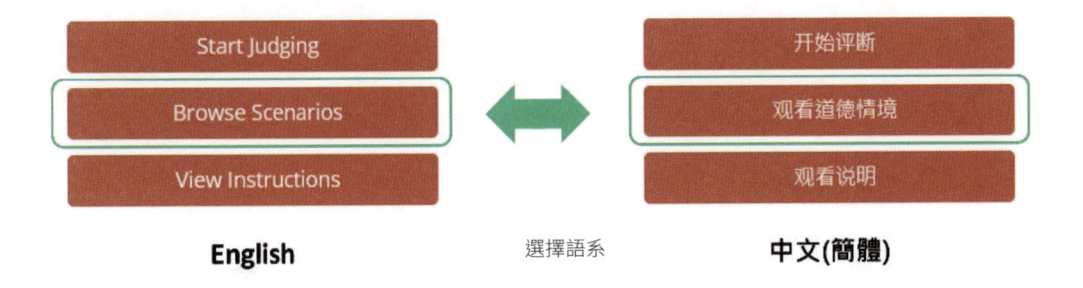

English　　　選擇語系　　　中文(簡體)

STEP 2 情境說明

如果我們選擇先看一下道德的情境敘述，則會出現如下圖的說明。你可以點選圖片下方的顯示敘述，將會說明該圖的情境，以及造成的傷亡狀況，這時後您會選擇左右兩種情境中的哪一個。

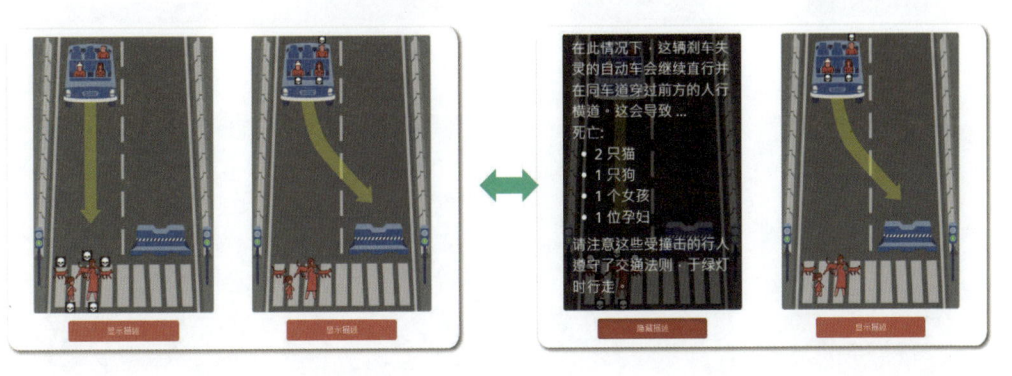

情境說明

STEP 3 開始「道德機器」遊戲

進入道德機器的遊戲後，平台將會呈現給你一個自動駕駛汽車必須在兩難的情境下做出道德困境的選擇（例如你必須犧牲車上的乘客或是路上的行人），作為一個旁觀者的你，你需要判斷兩者情境中，哪一個是你可以接受的情況，平台會在你完成後，將你與其它人的選擇同時呈現。點選「開始評斷」(Start Judging) 開始進行遊戲活動！

首先，遊戲會隨機出現一些情境來讓玩者做選擇，以下圖為例，這幾個情境都是車上無人的狀況下所做的決定。

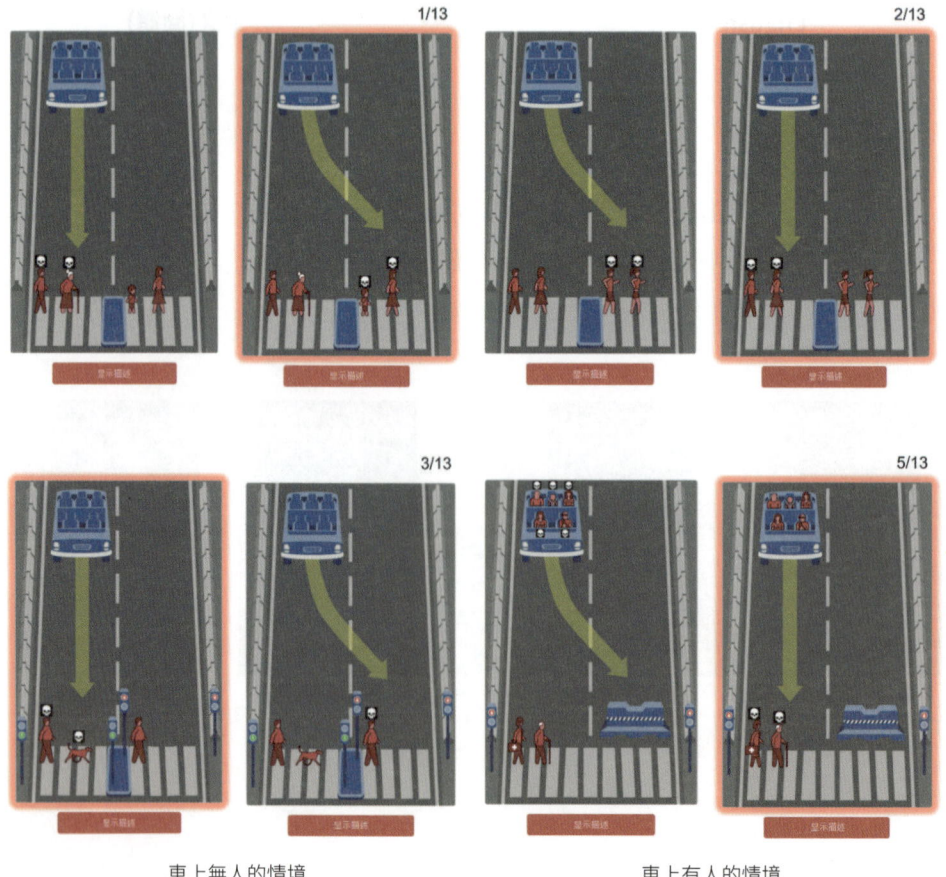

車上無人的情境　　　　　　　　車上有人的情境

接著出現車上有人的時候，每個人的選擇思維可能也會做改變，例如下圖中，會選擇犧牲車上的 5 個人，亦或是正在過馬路的兩位行人，隨著不同國家、不同背景文化以及年紀等因素，所做的決定都會不同，這些沒有絕對的對錯，只是此時大家在道德上的選擇。

有些決定看起來簡單，汽車是要拯救全家還是一隻路上的貓，亦或是其他情況。

每次在完成 13 題模擬的道德情境後，Moral Machine 平台都會透將您的選擇與其他參加測試的人的平均值進行比較，並來顯示您所選擇的統計結果，讓大家可以參考看看其他人對於相同情境下的道德選擇會是如何，下圖是一個參考範例的部分結果，包括顯示這些情境下您拯救最多及犧牲最多的會是什麼角色，以及對於車上如果有乘客時你的重視程度會是如何等等，蠻有趣的一個實驗遊戲，大家可以動手玩玩看，同時可以省思在科技進步的情況下，所產生的相關社會影響、法律及道德問題，大家該如何面對 (如下頁圖)。

分析結果

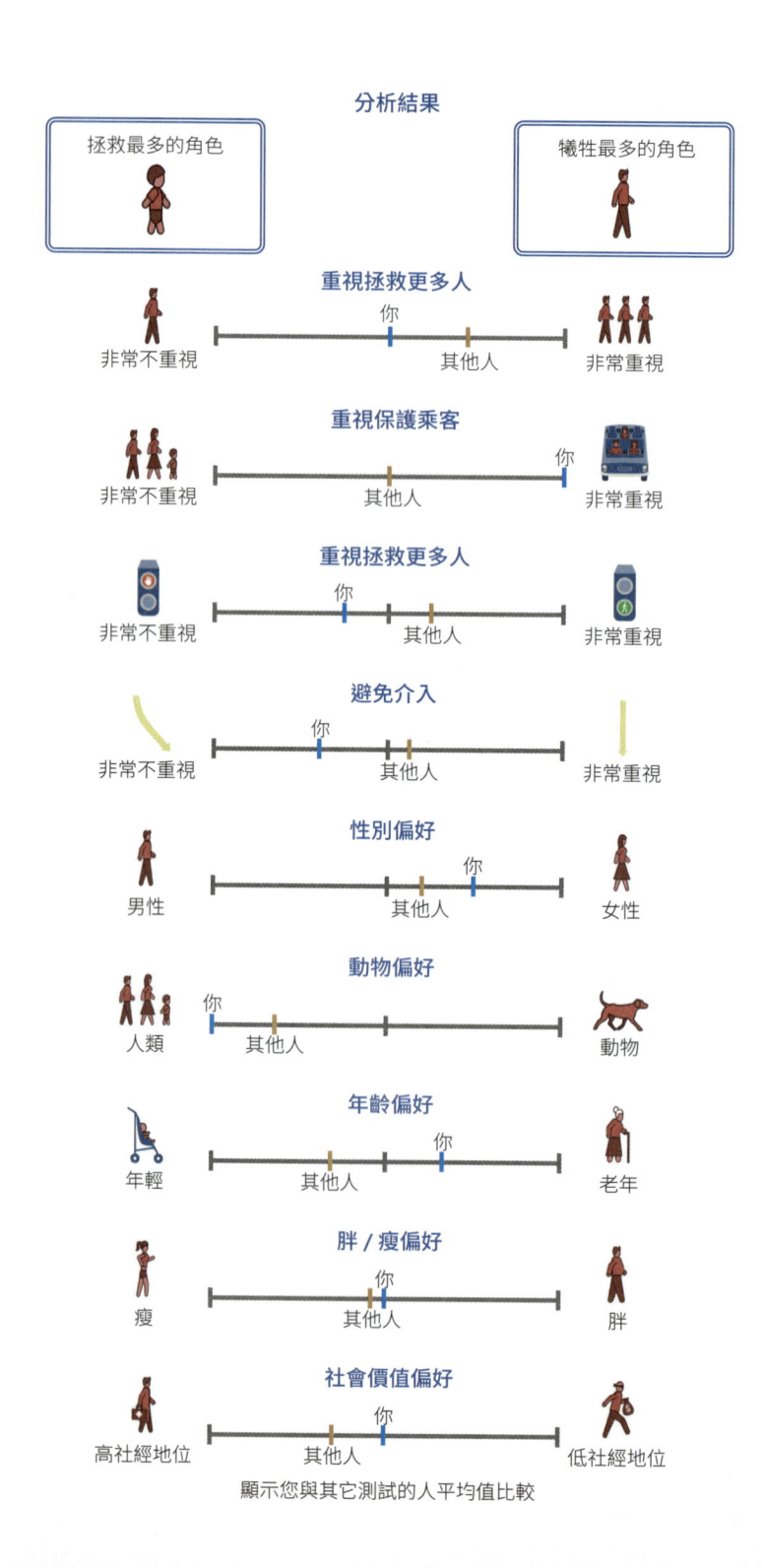

拯救最多的角色

犧牲最多的角色

重視拯救更多人
非常不重視 — 你 / 其他人 — 非常重視

重視保護乘客
非常不重視 — 其他人 — 你 / 非常重視

重視拯救更多人
非常不重視 — 你 / 其他人 — 非常重視

避免介入
非常不重視 — 你 / 其他人 — 非常重視

性別偏好
男性 — 其他人 / 你 — 女性

動物偏好
人類 / 你 — 其他人 — 動物

年齡偏好
年輕 — 其他人 / 你 — 老年

胖 / 瘦偏好
瘦 — 你 / 其他人 — 胖

社會價值偏好
高社經地位 — 其他人 / 你 — 低社經地位

顯示您與其它測試的人平均值比較

10-32

10.6 人工智慧的演變及未來

「AI 將比人類歷史上的任何事情都更能改變世界，甚至超過電力。」—李開復博士，2018。

人工智慧確實是計算機科學的一項革命性壯舉，在未來幾年內將成為所有現代軟體系統的核心組件，它不僅僅是影響 IT 產業，它更影響每個行業及你我日常生活中各個方面，對這一代的人來說將是一個與 AI 共存的時代，生活中大大小小事也將與我們更為緊密。

想像一下未來的 AI 會是怎麼樣

根據麥肯錫全球研究院的一項研究，AI 估計每年會增加 13 兆美元的價值 (在 2030 年之前)，儘管 AI 已經在軟體行業創造了大量的價值，未來 AI 更將會在軟體產業之外創造更多更不一樣的經濟價值，例如在零售、旅遊、交通、汽車、材料、製造等等，很難想像有哪一個行業在未來幾年裡，AI 不會對它產生巨大的影響。

行業	價值
零售	$0.8T
旅行	$480B
運輸和物流	$475B
汽車與裝配	$405B
基礎材料	$300B
先進電子/半導體	$291B
醫療保健系統和服務	$267B
高科技	$267B
電信	$174B
石油和天然氣	$173B
農業	$164B

麥肯錫全球研究院：AI 在各行業產生的價值 (2030 年之前)

未來的 AI 會是怎麼樣？而快速發展的 AI 技術將如何塑造我們未來的生活及工作方式？我們目前所看到的 AI 應用及發展，以整個發展史來看是相當進步的，但它一開始的發展相當緩慢，但隨後則呈指數級增長。

一個很好的例子是 DeepMind，把一些演算法及系統放在一起建立了 AlphaGo，然後贏得圍棋遊戲，這是一個具有 3000 年歷史具有多層戰略思維的古老遊戲，規則雖然簡單卻有驚人的 10 的 170 次方可能的配置情形（比已知宇宙中的原子數量還要多）。第一個系統 AlphaGo 花了多年的時間發展戰勝了人類對手，但最令人驚奇的是，此系統的第二代 -AlphoGo Zero 則是能夠在不到一年的時間內又超越第一代系統 AlphaGo，而且只花了大約 40 個小時的訓練就能夠達到那種熟練程度，同時與早期版本的 AlphaGo 對戰的 100 場比賽中獲得全勝。目前最新版本稱為 MuZero，可以在圍棋、西洋棋及日本將棋等不同遊戲上表現非常好之外，也可以在不了解任何規則的情形下，掌握操作畫面更為複雜的 Atari 系列遊戲。

AI 的出現讓世界變得更有趣。隨著技術快速發展，AI 不僅能執行許多過去無法自動化的任務，還能在執行過程中持續學習與進步。例如，自動駕駛汽車已逐步上路，甚至最快在 2025 年，無人空中計程車也有機會進入商業運行。這些都不再只是想像，而是正在實現的未來。AI 的應用將持續演變，不僅簡化生活流程、提升便利性，也將深度融入各行各業。接下來，讓我們看看 AI 在不同產業中的發展與應用。

醫療保健

在醫療保健方面，AI 可用於增強 2D 和 3D 影像，用更好的方法來協助檢測異常並改善診斷；同時可以用於自動執行重複性任務以及處理大量資料。例如將其應用在醫學上，輔助醫生查看乳癌或是皮膚癌的影像資料，協助醫生留意篩檢是否 " 異常 " 且需要進一步檢測的病例，並專注於實際需要更高水準醫療及護理的患者。

而在全球 Covid-19 疫情期間，為降低病人在醫院或公共場所傳播疾病的風險，也可使用 AI 遠距醫療，結合透過網路攝影鏡頭遠程看病，或跟聊天機器人做基本問診互動。另外 AI 也能協助預測未來流行病的發生，同時針對未來可能的變種、起源、傳播及熱點做分析，相關專家可基於先前大流行的 AI 模型，和當前資料的模擬來預測熱點和可能傳播途徑，收集的資料越多，AI 模型就能夠愈準確，幫助醫療專業人員為未來的預測提早做好準備。

因此有人擔心 "AI 會不會取代醫生 "，答案是 " 不會，而且 AI 能協助醫生來造福更多病人 "，就像是臺灣大學、台北榮總、台北醫學大學三團隊合作的 AI 輔助診斷系統，可以大幅縮短心、腦、肺等重大疾病的診斷時間，而這些是以前所做不到的應用，但現在都已經真實存在您我生活當中了。

教育

儘管大多數專家都認為教師的關鍵存在是不可被取代的，但教師的工作也隨著 AI 教育解決方案的不斷成熟而產生許多變化，也因此 AI 可以幫助學生填補學習，及教師教學方面的需求空白，讓學校和教師可以比以往任何時候都做得更多。

教師可以與 AI 合作，利用其提高效率、個性化和簡化管理任務的特性，在作業及測驗上發揮很大作用。也可以協助學生做差異化及個性化學習，依每位學生的狀況不同，提供學習、測試和反饋機制上的不同，識別學習者知識差距並在適當的時候重新定向到適合的主題。

隨著 AI 功能愈來愈多，也許在顧及隱私權的情況下，可以適度結合臉部辨識來讀取學生臉上的表情，瞭解他們是否已掌握目前主題，並適度自動修改課程以做出回應。當然 AI 在整個教育上還有許多未來性及值得探討的地方，就像 ChatGPT 所掀起的風潮，讓許多國立大學也在討論 ChatGPT 及 AI 對大學學術和教學的輔助和影響。有興趣的您也可以一起來發想。

媒體

AI 在媒體產業的應用非常多，像是串流平台會分析用戶喜好，推薦影片內容，並追蹤跨螢幕行為（例如手機、電腦及電視間的移轉動作），協助廣告商做精準行銷。許多媒體也利用 AI 協助撰寫新聞、過濾假新聞。在影音製作方面，AI 可自動產製多語字幕，省下大量翻譯與編輯時間。

當然，不同的媒體產業所需要的 AI 技術也不一樣，像是 Disney AI 研究中心的特技機器人，就改變了傳統做動作片的方式，它可以在半空中完成令人難以置信的特技表演，Disney AI 研究中心使用神經網路系統來控制機器人的腿部，使其移動時更加流暢，也更加像人。

Disney AI 研究中心的特技機器人

電影

Metaphysic 是一家致力於運用人工智慧創造「超現實內容」的創新公司。他們透過深度偽造（Deepfake）技術，與曾參加《美國達人秀》的歌手丹尼爾‧埃米特（Daniel Emmet）合作，打造出一場令人驚艷的表演。在這段演出中，評審西蒙‧考威爾（Simon Cowell）的臉孔與歌聲被 AI 完美地融合至丹尼爾的現場演唱中，視覺與聽覺的真實度高得令人難以置信，震撼全場。

融合 AI 技術的演出

同一時間，正當好萊塢的製片公司、演員與編劇們對於人工智慧在電影中的使用爭議不斷，一部全新作品卻率先全面採用 AI 技術。Metaphysic 將其專利技術應用於由湯姆‧漢克斯（Tom Hanks）主演的電影《Here》。該片並未為不同年齡層角色另外選角，而是透過生成式 AI 技術，直接將漢克斯與女主角的外貌進行年齡轉換，實現演員「逆齡」的效果，展現出 AI 在影視製作上的強大潛力。

利用 AI 技術改變臉的年齡

10-37

儘管美國演員工會（SAG-AFTRA）與美國作家工會（WGA）在最新的勞資合約中對人工智慧的使用設下若干限制，但許多業界資深人士依然認為，AI 技術的發展已成趨勢，未來大量使用在電影產業將無可避免。

Metaphysic
官方網站

旅遊

AI 可以用來協助業者與客戶間的溝通，無論是飯店自動 Check-in 及提行李至房間，或是利用聊天機器人線上客戶服務，還是具有語音識別的機器人與貴賓面對面的互動與交流，AI 都可以從這些互動中 " 學習 " 並改善未來的互動。此外，AI 也可以協助完成資料分析及解決問題等任務，而這對高度重視服務品質的飯店業來說是很有價值的。

豪斯登堡機器人飯店

客戶服務

Google 所開發的 AI 助理，可以像人類一樣撥打電話預約美髮沙龍，並與客服人員對談流利，難以分辨撥打的對象是不是人類，除了語句之外，系統還能理解上下文意義及之間細微差別，這一部分比起以往進步非常多，但科技總是在進步，Google 下一代的聊天機器人技術 LaMDA 及 PaLM，更強化對話訓練，以及讓聊天機器人朝向更開放與多主題式對談，其目標就是希望未來不是只有回答的順暢，主題能更廣且更幽默有趣，多一些人類的機智在裡面，最重要是

希望整個 AI 系統能進一步將影像、文字、聲音、影片 (Multimodel Model) 互相連結並理解所代表含意，讓電腦能更快速且直覺的理解人類世界，使互動更為流暢。

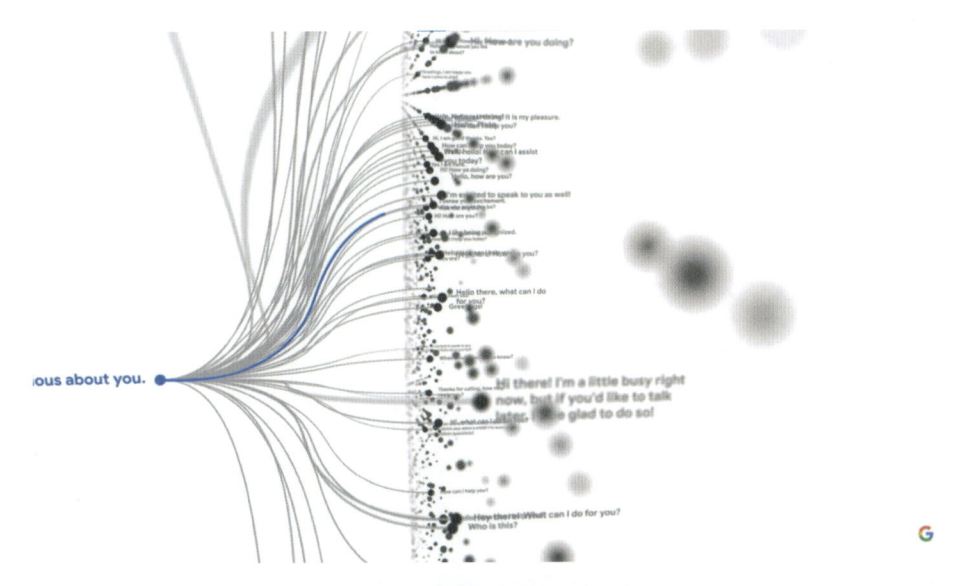

Google 下一代聊天機器人技術 LaMDA

　　由 OpenAI 所設計訓練的 ChatGPT，更是一個優化對話的模型。利用對話方式進行互動的 ChatGPT，不僅使 ChatGPT 可以回答後續問題、承認錯誤、挑戰不正確的前提並拒絕不適當的請求，它也可以按照提示中的說明進行操作並提供詳細的回應。

　　除了上述產業的應用，大家也可以發想看看，未來 AI 在其他行業或日常生活中可能會有哪些發展。目前有些產業才剛起步，有些則已累積不少經驗，但不論處於哪個階段，AI 對我們生活的影響都越來越明顯。尤其是這一代從小就接觸 AI 的「AI 原住民」，更需要了解 AI 的現在與未來，因為它的影響已無所不在。

　　因此希望藉由這本書的介紹，提供所有初學者及對 AI 有興趣的讀者一個完整的 AI 素養知識，並在 No Math No Code 的情況下，透過一些簡單活動與專案來了解 AI。現在踏入 AI 的世界，就像 30 年前進入網際網路時代一樣──愈早了解，就愈有機會創造未來。

MEMO